龚俊波　天津大学，教授

贺高红　大连理工大学，教授

胡　杰　中国石油天然气股份有限公司石油化工研究院，教授级高工

胡迁林　中国石油和化学工业联合会，教授级高工

胡曙光　武汉理工大学，教授

华　炜　中国化工学会，教授级高工

黄玉东　哈尔滨工业大学，教授

蹇锡高　大连理工大学，中国工程院院士

金万勤　南京工业大学，教授

李春忠　华东理工大学，教授

李群生　北京化工大学，教授

李小年　浙江工业大学，教授

李仲平　中国运载火箭技术研究院，中国工程院院士

梁爱民　中国石油化工股份有限公司北京化工研究院，教授级高工

刘忠范　北京大学，中国科学院院士

路建美　苏州大学，教授

马　安　中国石油天然气股份有限公司石油化工研究院，教授级高工

马光辉　中国科学院过程工程研究所，研究员

马紫峰　上海交通大学，教授

聂　红　中国石油化工股份有限公司石油化工科学研究院，教授级高工

彭孝军　大连理工大学，中国科学院院士

钱　锋　华东理工大学，中国工程院院士

乔金樑　中国石油化工股份有限公司北京化工研究院，教授级高工

邱学青　华南理工大学 / 广东工业大学，教授

瞿金平　华南理工大学，中国工程院院士

沈晓冬　南京工业大学，教授

史玉升　华中科技大学，教授

孙克宁　北京理工大学，教授

谭天伟　北京化工大学，中国工程院院士

汪传生　青岛科技大学，教授

王海辉　清华大学，教授

王静康　天津大学，中国工程院院士

王　琪　四川大学，中国工程院院士

王献红　中国科学院长春应用化学研究所，研究员

国家出版基金项目
NATIONAL PUBLICATION FOUNDATION

先进化工材料关键技术丛书

中国化工学会 组织编写

锂二次电池
原理、关键材料及应用

Principle, Key Materials and Applications
of Lithium Secondary Battery

孙克宁 张乃庆 王振华 等 编著

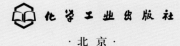

·北京·

内容简介

《锂二次电池原理、关键材料及应用》是"先进化工材料关键技术丛书"的一个分册。

锂二次电池作为新能源材料之一仍处于蓬勃发展之中。本书全面论述了锂离子二次电池（锂离子电池、锂空气电池和锂硫电池等）领域关键材料和新技术，主要内容包括锂离子电池的发展、锂离子电池正极材料、锂离子电池负极材料、锂离子电池电解质、锂离子电池隔膜、锂硫电池、锂空气（氧气）电池、锂离子电池生产技术、锂离子电池的应用等。全书内容以作者长期科研实践经验为基础，许多内容反映了该领域的前沿和应关注的关键问题。

本书内容丰富、实用，可以作为我国从事电池、锂离子电池研究、生产和使用的广大科技人员、工程技术人员有价值的工具书和指导书，也可作为高等院校电化学、新能源材料、新材料等专业师生的有益参考书。

图书在版编目（CIP）数据

锂二次电池原理、关键材料及应用/中国化工学会
组织编写；孙克宁等编著.—北京：化学工业出版社，
2021.5
（先进化工材料关键技术丛书）
国家出版基金项目
ISBN 978-7-122-37240-6

Ⅰ.①锂…　Ⅱ.①中…②孙…　Ⅲ.①锂离子电池－
材料－研究　Ⅳ.①TM912

中国版本图书馆 CIP 数据核字（2020）第 105482 号

责任编辑：朱　彤
文字编辑：向　东
责任校对：王　静
装帧设计：关　飞

出版发行：化学工业出版社（北京市东城区青年湖南街13号　邮政编码100011）
印　　装：中煤（北京）印务有限公司
710mm×1000mm　1/16　印张22　字数408千字
2022年1月北京第1版第1次印刷

购书咨询：010-64518888　售后服务：010-64518899
网　　址：http://www.cip.com.cn
凡购买本书，如有缺损质量问题，本社销售中心负责调换。

定　　价：158.00元　　　　　　　　　　　版权所有　违者必究

作者简介

孙克宁，北京理工大学特聘教授、博士生导师，入选教育部长江学者特聘教授、国家百千万人才工程，国防科技工业有突出贡献中青年专家。1985 年获哈尔滨工业大学电化学工程专业学士学位；1988 年获哈尔滨工业大学应用电化学专业硕士学位；1996 年获哈尔滨工业大学金属材料专业博士学位。长期从事能源电化学领域的科学技术研究，研究方向包括锂离子电池、新体系锂二次电池、燃料电池等。先后主持了国家"863 计划"、国家自然科学基金、科技部国际合作、国家科技支撑等多项国家、省部级科研项目。在 *Nature Communications*、

Advanced Materials、*Advanced Energy Materials* 等国际知名期刊发表 SCI 论文 350 余篇；获授权国家发明专利 66 件。获得 2018 年国家技术发明二等奖（第一完成人）、2003 年国家科技进步奖二等奖（第一完成人）、1995 年国家发明奖四等奖（第一完成人）及省部级一等奖 3 项。

张乃庆，哈尔滨工业大学教授 / 博士生导师，英国皇家化学会（FRSC）会士，国际电化学能源科学院 (IAOEES) 理事，黑龙江省杰出青年基金获得者。1999 年哈尔滨工业大学应用化学专业，获工学学士学位；2001 年哈尔滨工业大学应用化学专业，获工学硕士学位；2004 年哈尔滨工业大学环境工程专业，获工学博士学位。长期从事新能源储存与转换材料、器件及系统集成研究工作，研究方向包括锂二次电池、水系锌离子电池、燃料电池等。先后主持并参与了国家自然科学基金、国家"863 计划"、科技部国际合作、国家科技支撑、国防基础科研等多项国家、省部级科研项目。在 *Advanced*

Materials、*Advanced Energy Materials*、*ACS Energy Letters*、*ACS Nano* 等多个国际知名期刊发表 SCI 论文 200 余篇；授权国家发明专利 20 余项。2010 年获黑龙江省自然科学一等奖，2017 年获教育部科技进步一等奖，2018 年获国家技术发明二等奖。现任中国硅酸盐学会特种陶瓷分会理事、中国电工技术学会电池专业委员会委员、中国颗粒学会功能材料与界面科学工作委员会委员等学术兼职。

王振华，北京理工大学长聘教授、博士生导师。2003 年获哈尔滨工业大学化学工程与工艺专业学士学位，2005 年获哈尔滨工业大学应用化学专业硕士学位，2009 年获哈尔滨工业大学化学工程与技术专业博士学位。2009 年 9 月至今在北京理工大学从事教学科研工作，现任化学电源与绿色催化北京市重点实验室副主任，中国颗粒学会青年理事。长期从事新型电池材料的分子结构设计与界面调控、电子 / 离子在界面和体相的传递规律、关键材料的可控制备及构效关系等方面的基础研究，开发关键材料的规模化制备技术，研制高比能储能器件及高效能量转化装置。发表 SCI 论文 100 余篇，获 2018 年国家技术发明二等奖（第二完成人）、教育部科技进步一等奖 1 项（第二完成人）。

丛书序言

　　材料是人类生存与发展的基石，是经济建设、社会进步和国家安全的物质基础。新材料作为高新技术产业的先导，是"发明之母"和"产业食粮"，更是国家工业技术与科技水平的前瞻性指标。世界各国竞相将发展新材料产业列为国际战略竞争的重要组成部分。目前，我国新材料研发在国际上的重要地位日益凸显，但在产业规模、关键技术等方面与国外相比仍存在较大差距，新材料已经成为制约我国制造业转型升级的突出短板。

　　先进化工材料也称化工新材料，一般是指通过化学合成工艺生产的、具有优异性能或特殊功能的新型化工材料。包括高性能合成树脂、特种工程塑料、高性能合成橡胶、高性能纤维及其复合材料、先进化工建筑材料、先进膜材料、高性能涂料与黏合剂、高性能化工生物材料、电子化学品、石墨烯材料、3D 打印化工材料、纳米材料、其他化工功能材料等。

　　我国化工产业对国家经济发展贡献巨大，但从产业结构上看，目前以基础和大宗化工原料及产品生产为主，处于全球价值链的中低端。"一代材料，一代装备，一代产业"，先进化工材料具有技术含量高、附加值高、与国民经济各部门配套性强等特点，是新一代信息技术、高端装备、新能源汽车以及新能源、节能环保、生物医药及医疗器械等战略性新兴产业发展的重要支撑，一个国家先进化工材料发展不上去，其高端制造能力与工业发展水平就会受到严重制约。因此，先进化工材料既是我国化工产业转型升级、实现由大到强跨越式发展的重要方向，同时也是我国制造业的"底盘技术"，是实施制造强国战略、推动制造业高质量发展的重要保障，将为新一轮科技革命和产业革命提供坚实的物质基础，具有广阔的发展前景。

　　"关键核心技术是要不来、买不来、讨不来的"。关键核心技术是国之重器，要靠我们自力更生，切实提高自主创新能力，才能把科技发展主动权牢牢掌握在自己手里。新材料是国家重点支持的战略性新兴产业之一，先进化工材料作为新材料的重要方向，是化工行业极具活力和发展潜力的领域，受到中央和行业的高度重视。面向国民经济和社会发展需求，我国先进化工材料领域科技人员在"973计划"、"863计划"、国家科技支撑计划等立项支持下，集中力量攻克了一批"卡脖子"技术、补短板技术、颠覆性技术和关键设备，取得了一系列具有自主知识产权的重大理论和工程化技术突破，部分科技成果已达到世界领先水平。中国化工学会组织编写的"先进化工材料关键技术丛书"正是由数十项国家重大课题以及数十项国家三大科技奖孕育，经过200多位杰出中青年专家深度分析提炼总结而成，丛书各分册主编大都由国家科学技术奖获得者、国家技术发明奖获得者、国家重点研发计划负责人等担任，代表了先进化工材料领域的最高水平。丛书系统阐述了纳米材料、新能源材料、生物材料、先进建筑材料、电子信息材料、先进复合材料及其他功能材料等一系列创新性强、关注度高、应用广泛的科技成果。丛书所述内容大都为专家多年潜心研究和工程实践的结晶，打破了化工材料领域对国外技术的依赖，具有自主知识产权，原创性突出，应用效果好，指导性强。

　　创新是引领发展的第一动力，科技是战胜困难的有力武器。无论是长期实现中国经济高质量发展，还是短期应对新冠疫情等重大突发事件和经济下行压力，先进化工材料都是最重要的抓手之一。丛书编写以党的十九大精神为指引，以服务创新型国家建设，增强我国科技实力、国防实力和综合国力为目标，按照《中国制造2025》、《新材料产业发展指南》的要求，紧紧围绕支撑我国新能源汽车、新一代信息技术、航空航天、先进轨道交通、节能环保和"大健康"等对国民经济和民生有重大影响的产业发展，相信出版后将会大力促进我国化工行业补短板、强弱项、转型升级，为我国高端制造和战略性新兴产业发展提供强力保障，对彰显文化自信、培育高精尖产业发展新动能、加快经济高质量发展也具有积极意义。

中国工程院院士：

2021年2月

序言

随着新能源技术的高速发展，锂离子电池及电极材料的研究成为近年化学电源的研究热点，从 Goodenough 发明了锂电池正极材料到 1991 年日本索尼公司首个商业化的锂离子电池出现，锂离子电池迅速发展，成为 21 世纪化学电源的主要发展方向，其应用领域从 3C 电子产品逐步发展到储能、电动汽车等新兴领域，带动了新能源等领域的一系列变革。在这一发展过程中对锂离子电池的能量密度、寿命、安全性等诸多方面也提出了更高要求。我国锂离子电池关键材料、生产制造技术及装备发展迅速，市场占有率逐年提高。随着锂离子电池的广泛应用，锂资源的消耗日益增加，锂资源在地球上的储量有限，因此基于高比能量的锂硫电池、锂空气（氧气）电池等新型锂电池新体系、新材料的研究方兴未艾，相关基础研究及商业化都在深入和快速推进，锂电池的发展出现了技术及材料多样化的趋势。本书全面概述了锂二次电池及材料的发展和工程化应用与技术研究，对国内外相关领域的研究和发展也进行了比较全面的总结。

孙克宁教授多年来一直从事新能源与锂电池及材料的研究和工程化工作，在高比能量锂离子二次电池等方面取得了一系列重要成果。本书是孙克宁教授及其团队多年来的研究积累和总结，对国内外锂二次电池技术的新成果、新进步进行了很好的介绍，对锂二次电池今后的发展方向也进行了展望。本书内容涵盖了锂二次电池原理、关键材料及应用等多个方面。我相信本书的出版将对锂二次电池相关领域的科研人员有很高的参考价值，对推动我国锂二次电池技术的发展也具有重要作用和借鉴意义。我愿意推荐本书给全国有关读者。

中国工程院院士
欧阳晓平
2021 年 2 月

前言

随着国家对能源产业布局的调整，新能源汽车逐渐受到国家的重视。电动汽车的普及需要拥有高容量的储能装置，锂离子电池是目前电动汽车用动力电池的首选。随着电动汽车续航里程需求的增加，高比能量、高可靠性锂离子电池已经成为未来发展的重要方向，对于锂离子电池相关材料的要求也越来越高。

锂离子电池主要由正极材料、负极材料、电解液（质）和隔膜等部分组成，其性能主要取决于电池内部材料的结构和性能。为了提高锂离子电池的比能量，开发高比容量的电极材料非常关键。随着锂离子电池比容量的提升，电池的安全隐患也越来越得到重视，具有高耐热、高强度的新体系隔膜技术及固体电解质材料的开发显得非常重要。因此，对于高性能材料的研究一直是锂离子电池行业发展的重点。此外，受制于锂离子电池的理论容量，为了进一步提高电池的比能量，新型锂二次电池，一般为锂硫电池、锂空气（氧气）电池，将成为下一代锂二次电池重要的发展和研究方向。

本书综合了近年来锂离子二次电池（锂离子电池、锂空气电池和锂硫电池）领域的更新理论和技术发展现状，并结合了编著者多年来在高性能、高可靠性锂二次电池关键材料的构筑、界面改性及工程化应用方面的研究成果。全书内容主要如下：第1~5章分别介绍了锂离子电池的原理，锂离子电池的正极、负极、电解质、隔膜等关键材料，以及锂离子电池测试技术的基本原理和研究进展，特别是纳米技术和原位测试方法在高性能、高可靠性锂离子电池机理表征方面的研究现状；第6章、第7章分别介绍了锂硫电池、锂空气（氧气）电池，包括这两种新型锂二次电池的基本原理、正极材料、电解质和隔膜的研究进展情况；第8章、第9章全面阐述了近年来锂离子电池生产技术，以及在新能源汽车、军事领域、储能及其他方面的应用。本书在编著时，既重视锂离子电池的理论性研究，又注重锂离子电池的实践性技术与应用，还对未来新型高性能锂二次电池的发展方向进行了展望，具有一定的理论创新，还具有较强的实用和指导价值。本书可以作为从事电池及锂离子电池研究、生产、使用的广大科技人员、工程技术人员的参考书和工具书，同时也可作为各类高等院校电化学及新能源材料专业师生的教学参考书。

本书由北京理工大学、哈尔滨工业大学多位教师共同编著完成。编著者所在单位已有几十年从事电化学与化学电源方面教学、科研的丰富经验，具有产、学、研密切结合的优良传统，根据大量实践经验、自身成果编写了本书。其中，北京理工大学孙克宁教授编写了第一章和第九章，孙旺编写了第二章，樊铖编写了第三章，乔金硕编写了第四章，王振华编写了第五章；哈尔滨工业大学的范立双编写了第六章，赵光宇编写了第七章，张乃庆编写了第八章。全书筹划以及统稿工作由北京理工大学孙克宁教授完成。

鉴于锂离子二次电池技术涉及面广，目前正处于蓬勃发展之中，由于编著者水平有限，书中难免有疏漏和不妥之处，敬请专家和广大读者批评指正。

编著者

2021 年 3 月

目录

第一章
绪论　　001

第一节　可再生能源的能量存储和利用　　002
第二节　早期的金属锂电池研究　　002
第三节　锂离子电池体系的形成　　004
第四节　锂离子电池的发展　　005
　　一、锂离子电池正极材料　　006
　　二、锂离子电池负极材料　　009
　　三、金属锂负极　　010
　　四、锂离子电池隔膜　　012
　　五、锂离子电池液体电解质　　014
　　六、锂离子电池表征技术　　015
　　七、储能电池新体系与技术展望　　016
　　八、锂离子电池的应用　　018
参考文献　　019

第二章
锂离子电池正极材料　　023

第一节　层状化合物　　026

一、钴酸锂层状材料 　　　　　　　　　　027

二、镍酸锂层状材料 　　　　　　　　　　030

三、NCA 层状材料 　　　　　　　　　　035

四、三元层状材料 　　　　　　　　　　036

五、富锂层状材料 　　　　　　　　　　041

六、$Li_{1+x}V_3O_8$ 层状材料 　　　　　　　　　　048

第二节　尖晶石化合物 　　　　　　　　　　054

一、尖晶石 $LiMn_2O_4$ 　　　　　　　　　　054

二、尖晶石 $LiNi_{0.5}Mn_{1.5}O_4$ 高压正极材料 　　　　　　　　　　057

第三节　聚阴离子型$LiFePO_4$化合物 　　　　　　　　　　063

第四节　钒氧化物正极材料 　　　　　　　　　　067

第五节　氟化物 　　　　　　　　　　070

参考文献 　　　　　　　　　　078

第三章
锂离子电池负极材料　　　　085

第一节　概述 　　　　　　　　　　086

第二节　金属锂负极 　　　　　　　　　　087

一、锂枝晶的成核模型 　　　　　　　　　　088

二、锂枝晶的成核机制与成核时间 　　　　　　　　　　096

三、抑制锂枝晶的策略 　　　　　　　　　　099

第三节　嵌锂型负极 　　　　　　　　　　100

一、碳基材料 　　　　　　　　　　101

二、过渡金属氮化物 　　　　　　　　　　108

第四节　锂合金负极 　　　　　　　　　　109

一、硅基合金负极 　　　　　　　　　　110

二、锡基合金负极 　　　　　　　　　　115

三、锑基合金负极 　　　　　　　　　　117

四、合金材料的制备方法 　　　　　　　　　　117

第五节　转换反应负极 　　　　　　　　　　119

一、转换反应负极的储锂机制 　　　　　　　　　　120

二、转换反应负极的类型　122

参考文献　127

第四章
锂离子电池电解质　**133**

第一节　液体电解质　134
一、液体电解质概述　134
二、有机液体电解质　135
三、离子液体电解质　154
四、液体电解质的问题及发展趋势　165
第二节　聚合物电解质　166
一、聚合物电解质的类型及性质　167
二、聚合物电解质的制备　177
三、聚合物电解质的发展趋势　179
第三节　无机固体电解质　181
一、钙钛矿型　182
二、NASICON 型　183
三、LISICON 型　183
四、层状 Li_3N 型　184
五、氧化物玻璃电解质　184
六、硫化物玻璃电解质　185
七、Garnet 型锂离子固态电解质　185
参考文献　187

第五章
锂离子电池隔膜　**192**

第一节　锂离子电池隔膜概述　193
第二节　聚烯烃隔膜　196

第三节　复合隔膜　　　　　　　　　　　　200
　　一、无机涂层　　　　　　　　　　　　200
　　二、聚合物涂层　　　　　　　　　　　202
　　三、有机／无机复合涂层　　　　　　　204
　　四、原位复合　　　　　　　　　　　　205
第四节　新体系隔膜　　　　　　　　　　　209
　　一、聚对苯二甲酸乙二酯　　　　　　　210
　　二、聚酰亚胺　　　　　　　　　　　　210
　　三、间位芳纶　　　　　　　　　　　　212
　　四、聚对亚苯基苯并二噁唑　　　　　　213
　　五、纤维素隔膜　　　　　　　　　　　214
第五节　锂离子电池隔膜发展趋势　　　　　216
参考文献　　　　　　　　　　　　　　　　216

第六章
锂硫电池　　　　　　　219

第一节　锂硫电池概述　　　　　　　　　　220
　　一、锂硫电池的电化学工作原理　　　　220
　　二、锂硫电池存在的问题　　　　　　　221
第二节　锂硫电池正极材料　　　　　　　　222
　　一、多孔碳　　　　　　　　　　　　　222
　　二、非碳正极材料　　　　　　　　　　231
第三节　锂硫电池功能性中间层及改性隔膜　242
第四节　锂硫电池电解质　　　　　　　　　248
第五节　锂硫电池的发展趋势　　　　　　　250
参考文献　　　　　　　　　　　　　　　　250

第七章
锂空气（氧气）电池　　258

第一节　概述　　259
　一、锂氧气电池体系　　260
　二、锂氧气电池循环机理　　262
第二节　锂氧气电池正极材料　　264
　一、正极材料的研究进展　　264
　二、高稳定性自支撑锂氧气电池正极　　272
第三节　锂氧气电池电解质　　278
　一、锂氧气电池液体电解质有机溶剂　　278
　二、锂氧气电池液体电解质锂盐　　281
　三、锂氧气电池液体电解质添加剂　　281
参考文献　　283

第八章
锂离子电池生产技术　　289

第一节　锂离子电池结构及设计　　290
　一、锂离子电池的结构　　290
　二、锂离子电池的设计　　293
　三、锂离子电池的安全性　　297
第二节　锂离子电池生产工艺　　300
　一、圆柱锂离子电池的生产流程　　302
　二、软包锂离子电池的生产流程　　308
　三、方形铝壳锂离子电池的生产流程　　310
参考文献　　311

第九章
锂离子电池的应用　　　　　　　　　　**312**

第一节　锂离子电池在新能源汽车中的应用　　313
　一、新能源汽车概述　　313
　二、锂离子电池在纯电动汽车中的应用　　315
　三、锂离子电池在混合动力汽车中的应用　　317
第二节　锂离子电池在军事领域的应用　　319
　一、在陆军装备中的应用　　320
　二、在海军装备中的应用　　321
　三、在航空领域中的应用　　322
　四、在航天领域中的应用　　323
第三节　锂离子电池在储能及其他方面的应用　　324
　一、锂离子电池在储能方面的应用　　324
　二、动力锂离子电池的梯次利用　　325
　三、锂离子电池在电子产品方面的应用　　327
　四、锂离子电池在其他方面的应用　　327
参考文献　　328

索　引　　　　　　　　　　**329**

第一章

绪　论

第一节　可再生能源的能量存储和利用 / 002

第二节　早期的金属锂电池研究 / 002

第三节　锂离子电池体系的形成 / 004

第四节　锂离子电池的发展 / 005

第一节
可再生能源的能量存储和利用

20 世纪 90 年代后锂离子电池迅速发展，应用领域从 3C 电子产品逐步发展到储能、电动汽车等新兴领域。在这一发展过程中对锂离子电池的能量密度、寿命、安全性等诸多方面也提出了更高要求。在这一背景及需求的推动下，我国锂离子电池关键材料、生产制造技术及装备也得到了快速发展，市场占有率逐年提高。随着人类社会能源消耗问题与环境保护问题日益严重，诸如风能、太阳能、潮汐能、地热能等可再生能源逐渐被广泛关注和利用。然而这些可再生能源受到自然条件的限制，导致其产生的能量存在很大的不连续性。不稳定的能量供应造成了这些清洁的可再生能源并不能被直接利用[1]。

除此之外，耗电用户对能源需求的周期性变化，也造成了能量生产和使用时间不同步的问题。通常在低耗电期，需要将多余的电力以其他形式存储起来；而在高耗电期需要将存储的电力释放出来，进而满足电网的周期性负载变化。

随着国家"十三五"规划对能源产业布局的调整，电动汽车逐渐受到国家的重视。同传统内燃机车相比，电动汽车的能量利用率是前者的数倍，在极大程度上提高了能量的利用率，降低了对环境造成的污染。电动汽车的普及需要具有高容量、便携的储能装置，我国目前是世界上最大的汽车生产和消费国[2]，相关储能装置的研发与生产正在成为重要的产业发展方向。

第二节
早期的金属锂电池研究

20 世纪 80 年代，人们开始了对可充金属锂二次电池方面的研究。当时人们主要的关注点集中在金属锂及其合金为负极的金属锂二次电池。但是，金属锂负极在反复充放电过程中，由于电极表面不均匀（凹凸不平），表面的电场不均匀，造成了金属锂在充电过程中各位点沉积速度不同，进而导致金属锂粉化以及锂枝晶和海绵状锂的形成。

金属锂电池的安全性问题主要来源于在金属锂表面生成的锂枝晶。当锂枝晶生长到一定程度时，一方面可能会发生断裂，形成"死锂"，从而引起活性锂的损失和容量的衰减；另一方面形成的锂枝晶会刺穿隔膜，造成正负极的短路，产生大量的热，严重时会导致起火燃烧甚至爆炸[3]。1985 年 Moli Energy 公司发明的 Li/MoS$_2$ 体系电池，AA 型比容量为 600mA•h/g，工作电压为 1.2～2.4V，60mA 下循环寿命为 250 次。Exxon 公司开发了基于 Li/TiS$_2$ 的电池，并在初期取得不错的经济效益。同期，Sanyo Electric 公司商品化的 Li/Li$_x$MnO$_2$ 电池曾作为移动电话电源使用。但是，这些电池都因为安全问题而相继退出市场。表 1-1 列举了 20 世纪七八十年代开发的可充金属锂电池体系。

表1-1　20世纪七八十年代开发的可充金属锂电池体系

类型	负极	正极	液体电解质	制造商	年份
扣式	Li-Al	TiS$_2$	LiClO$_4$/DOL	Exxon	1978
	Li-BiPhSnCd	C	LiClO$_4$/PC-DME	Panasonic	1985
	Li-Al	PAN	LiBF$_4$/PC-DME	Bridestone	1987
	Li-Al	TiS$_2$	LiPF$_4$/4MeDOL-HMPA	Hitachi Mazwel	1988
	Li-LGH	V$_2$O$_5$	LiClO$_4$/PC	Toshiba	1988
	Li-PAS	PAS	LiBF$_4$/PC	Kanebo	1989
	Li-AlMn	Li$_x$MnO$_2$	LiCF$_3$SO$_3$/EC-BC-DME	Sanyo Electric	1989
圆柱	Li	TiS$_2$	LiAsF$_6$/2MeTHF	EIC Lab.	1979
	Li	SO$_2$	Li$_2$B$_{10}$Cl$_{10}$/SO$_2$	Duracell	1981
	Li	MoS$_2$	LiAsF$_6$/EC-PC	Moli Energy	1987
	Li	TiS$_2$	LiAsF$_6$/2MeTHF	W R Grace	1987
	Li	MbSe$_3$	LiAsF$_6$/PC-2MeTHF	AT&T Bell Lab.	1988
	Li	CuCl$_2$、SO$_2$	LiAlCl$_4$/SO$_2$	Altus	1989
	Li	LiMn$_3$O$_6$	LiAsF$_6$/DOL-TBA	Tadiran	1989

高性能的高氯酸盐电解质在反应中极易形成锂枝晶，出于安全性能的考虑，后来逐渐停止使用。Tadiran 开发的二氧杂环戊烷基电解质可以在 110℃ 以上时发生自聚，形成高阻抗从而终止电池反应，为电池提供安全保障。1989 年，Moli Energy 公司发现 AA 型电池中的热量产生同金属锂相关，开发了金属锂合金（早期是 Li-Al）作为负极改善电池安全性能的方法。然而合金的冶炼并不适用于 AA 型电池，因此基于锂合金负极的金属锂二次电池都是扣式电池。

虽然上述电池的研发及产业化进程极大地推动了金属锂电池的发展，且在一定程度上取得不菲的成果，但是金属锂的安全性问题始终没有得到根本解决。这也导致金属锂电池在电池发展早期仅仅是昙花一现。不过早期对金属锂电极的研究为当代的锂离子电池及未来的金属锂电池的发展夯实了基础。其中，有关电极材料、电极反应过程、液体电解质体系等理论及实践基础依然沿用至今。

第三节
锂离子电池体系的形成

金属锂电池的研发不尽如人意，人们开始将目光转向全新的电池体系。早在20世纪20年代，人们就知道无序相碱金属可以同石墨或未石墨化的碳材料形成嵌入化合物。这为后续锂离子电池的开发打下基础。

1977年，Whittingham研究了TiS_2电极材料。TiS_2质量轻，导电性好，并且在Li_xTiS_2（$0 < x < 1$）组成范围内没有相变，是潜在的电池正极材料[4]。但是，其工作电压偏低（2.0V），导致其只能在一些扣式电池中获得应用。1978年Armand报道了V_2O_5这种层状结构材料，在锂的嵌入前后存在较大的电压变化（$> 0.5V$），无法保证稳定的工作电压[5]。

1980年，Goodenough提出以氧化钴锂（$Li-CoO_2$）为正极材料的锂可充电电池[6]。$Li-CoO_2$的电压在4.0V左右，呈层状结构，是一种良好的可发生嵌入反应的正极材料。随后一年，三洋公司的H. Ikeda等在日本专利中公开了一种在有机溶液中使用的可以发生嵌入反应的材料——石墨[7]。而在1982年，贝尔实验室在其工作的基础上，发现锂可以在室温下嵌入石墨，并获得了美国专利。1985年，日本Asm Ahi Chemical公司的A. Yoshino等公开了世界上第一个使用嵌入式碳负极和钴酸锂（$LiCoO_2$）正极的新型电池，从此锂离子电池已经初具雏形。

1989年，日本索尼公司申请了碳/Li非水溶剂体系的锂离子电池专利[8]，并在1991年成功实现产业化。上述全新的可充电电池体系，有效避免了金属锂的使用，成功地解决金属锂及其合金作为负极的锂二次电池的安全性问题，并且在能量密度上显著优于之前的可充电电池[9]。以石墨作为参与嵌入反应的负极电极材料，生成的嵌入化合物LiC_6的电位同金属锂相差不大，因此不会造成显著的电压损失。在充放电过程中，锂离子在石墨层间的嵌入/脱出具有良好的可逆性，新体系电池因此具有优秀的循环性能。此外，碳材料本身的价格、环保、化学稳定等优势也进一步推动其商品化进程，自1991年实现商品化至今，依然受到市场上的广泛认可。

锂离子电池的充放电过程伴随有锂离子在正负极之间的迁移，因此早期人们形象地称其为"摇椅电池"。后来日本人将其命名为"lithium-ion battery"，我们通常将其翻译为锂离子电池。而事实上，锂离子电池的反应需要依靠锂离子在正负极的嵌入／脱出，其充放电原理如图 1-1 所示。

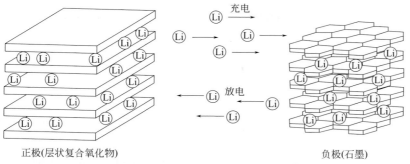

正极(层状复合氧化物)　　　　　　　　　　　负极(石墨)

图 1-1　锂离子电池充放电原理示意图

正极：　　　　$LiCoO_2 \longrightarrow Li_{1-x}CoO_2 + xLi^+ + xe^-$

负极：　　　　$6C + xLi^+ + xe^- \longrightarrow Li_xC_6$

总反应：　　　$6C + LiCoO_2 \longrightarrow Li_{1-x}CoO_2 + Li_xC_6$

在正极反应中，充电时锂离子从 $LiCoO_2$ 的八面体位置发生脱嵌，同时释放一个电子，Co^{3+} 被氧化为 Co^{4+}；放电时，锂离子嵌入八面体位置得到一个电子，Co^{4+} 被还原为 Co^{3+}。而在负极反应中，锂离子嵌入石墨的片层中的时候，石墨得到一个电子。此时该电子位于石墨的片层分子（graphene）平面上，并带有负电。带负电的石墨片层同带正电的锂离子之间形成静电作用力。

第四节
锂离子电池的发展

基于锂离子电池的电化学反应原理，要求正负极材料都能够可逆地嵌入／脱出锂离子。因此，锂离子电池正极材料通常选择氧化还原电位较高，且在空气中结构稳定的可嵌锂过渡金属氧化物；而商业常用的负极材料则通常选择电势尽可能接近金属锂电势的可嵌锂物质。通常来说，大多使用焦炭、石墨、中间相炭微球等碳素材料。

锂离子电池的液体电解质种类较多，通常采用含卤素锂盐的有机溶剂。而其中 $LiClO_4$ 是性能优异的电解质锂盐，然而由于其存在安全性问题并没有得到普及和应用。当前商品化的锂离子电池液体电解质锂盐通常为 $LiPF_6$，溶剂通常是碳酸丙烯酯、碳酸二甲酯、碳酸乙烯酯等一种或者几种的混合物。

　　隔膜通常采用多孔性聚烯烃树脂，由单层或者多层聚丙烯（PP）和聚乙烯（PE）微孔膜构成。

一、锂离子电池正极材料

1. 钴酸锂

　　$LiCoO_2$ 是第一种用于锂离子电池正极的材料。1980 年 Goodenough 等[10] 首先以碳酸钴和碳酸锂在高温下合成钴酸锂。该材料具有合成方法简单、循环寿命长、工作电压高、倍率性能好等优点，是最早用于商业化的正极材料，也是小型锂离子电池正极材料的最佳选择。但其中的钴元素毒性较大，资源紧张，价格昂贵且制作大型动力电池时安全性能难以得到保证。$LiCoO_2$ 理论比容量为 274mA·h/g，受结构限制，只有部分锂离子可以在其中进行可逆嵌入和脱出，实际比容量约为 140mA·h/g。后续的研究通常通过掺杂和包覆的方法对钴酸锂进行性能的改进。其中，以金属离子、稀土离子、非金属离子的掺杂为主。如铝元素的掺杂，不仅可以提高电压，改善结构稳定性，还可以降低成本，更加环保。包覆改性可以减少正极材料和液体电解质的直接接触面积，降低副反应的程度，提升循环性能。经过 30 多年的发展，经过改性后的 $LiCoO_2$ 材料是目前最为成熟的锂离子电池正极材料。$LiMO_2$（M=Co、Ni、Mn、Cr、Mo）材料也在 $LiCoO_2$ 大规模应用后得到了广泛关注。

2. 磷酸铁锂正极材料

　　$LiFePO_4$（LFP）是典型的橄榄石结构电极材料。Goodenough 等[11] 在 1997 年首先合成橄榄石型的 $LiFePO_4$，并研究了其作为正极材料的电化学性能。其工作电压为 3.4 V，实际比容量可达 150mA·h/g，具有价格低、热稳定性好、循环性能好、环境污染小、安全性好等突出优点，是大型电池模块首选应用的正极材料。但低电导率以及低离子迁移数导致 $LiFePO_4$ 的倍率性能非常差，且磷酸铁锂正极材料的堆积密度较低，体积能量密度不高，应用范围有限。学术界和产业界通常采用掺杂、包覆和颗粒纳米化等手段来改善 $LiFePO_4$ 的导电性能。Kan Zhang 等[12] 合成的具有氮掺杂碳和氧化石墨烯双层包覆的 $LiFePO_4$ 电极材料（图1-2），具有超高的倍率性能和超长的循环寿命：0.1 C 倍率下放电比容量达到 171.9mA·h/g，10C 放电比容量为 143.7mA·h/g，且循环 1000 次后容量保持率为 95.8%；将其颗粒纳米化可以大大缩短锂离子的迁移路径，从而改善其导电性能。Li 等[13] 通过一步溶剂热法合成具有 12nm 厚的 [100] 晶面取向的 $LiFePO_4$ 纳米片，在 0.1C 下，放电比容量可达 164mA·h/g，10C 的放电比容量也可达到 144mA·h/g。

与 LiFePO$_4$ 具有相同橄榄石结构的 LiMnPO$_4$ 由于其高电极电势引起各界的广泛关注，然而由于其导电性极差，目前多采用与 LiFePO$_4$ 混合形成固溶体的方法合成高压 LiMn$_y$Fe$_{1-y}$PO$_4$ 材料。

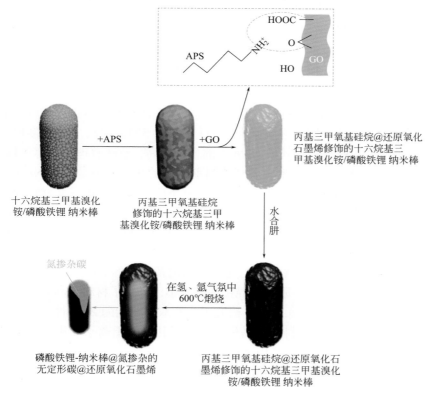

图 1-2 氮掺杂碳和氧化石墨烯双层包覆的 LiFePO$_4$ 电极材料

3. 镍钴铝酸锂

镍钴铝酸锂（NCA）是在镍酸锂材料基础上演化而来的，综合 LiNiO$_2$ 和 LiCoO$_2$ 的优点，不仅具有较高的可逆比容量，而且材料成本低；同时，掺铝后增强材料的结构稳定性和安全性，进而提高材料的循环稳定性。因此，NCA 材料是目前商业化的热门材料之一，其中以特斯拉公司产品为典型代表。但 NCA 材料同样面临着 LiNiO$_2$ 基材料的热稳定性差和储存性能差的问题。目前的主要解决办法就是通过优化合成工艺降低尺寸、调整形貌，以及采取体相掺杂改性和表面修饰改性等手段。G. Hu 等[14] 采用控制结晶法，以 LiOH·H$_2$O 为锂源制备 LiNi$_{0.8}$Co$_{0.15}$Al$_{0.05}$O$_2$ 正极材料，在 2.8 ～ 4.3V 电压范围内，0.2C 的首次放电比容量达到 190mA·h/g，30 次循环后容量保持率达到 91%。Liu 等[15] 通过熔盐法在 NCA 材料表面包覆一层电化学活性物质 $LiCoO_2$，具有较好的电化学性能；电压区间在 2.8 ~ 4.3V 范围内，0.2C 的倍率下首次放电比容量为 196.2mA·h/g，循环 50 次后容量保持率为 98.7%。

4. NCM 三元材料

由于 Ni、Co、Mn 属于同一周期，具有相似的核外电子排布及相近的原子半径，因而可以相互掺杂，形成具有 α-$NaFeO_2$ 层状结构的镍钴锰酸锂（NCM）三元正极材料。该材料综合三种正极材料的优点，在提升材料性能方面具有协同作用。层状镍钴锰三元复合正极材料是目前主流的新型锂离子电池正极材料，根据镍钴锰元素含量比例的不同，逐步衍生出 111、424、523、622、811 等多种不同镍钴锰比例的三元正极材料。其中 Ni 元素的含量越高，意味着理论比容量越大。因此，622、811 比例的高镍三元材料成为目前研究的热点。但是随着 Ni 含量的增加，材料的阳离子混排现象加剧且结构稳定性下降，导致高镍三元材料的循环和倍率性能往往不尽如人意。因此，在尽可能提高容量的前提下，研究者试图通过离子掺杂和表面包覆来改性，并取得不错的成果。目前研究较多的有 Mg^{2+}、Al^{3+}、Nb^{5+}、Cr^{3+}、Na^+ 等阳离子掺杂和 F^- 等阴离子掺杂手段。孙克宁课题组[16] 研究了部分掺杂 Mg^{2+}、Cr^{3+}、Al^{3+} 对三元材料结构及性能的影响，结果表明：掺杂 Cr^{3+} 后材料结晶状态良好，阳离子混排程度减小，提高了材料在高充电截止电压下的循环性能和倍率性能。Li 等[17] 研究了具有双重功能的 Zr 改性 811 高镍三元材料，发现 Zr 部分进入材料主体晶格，发挥了其降低阳离子混排和稳定晶体结构的作用，还有一部分 Zr 形成 Li_2ZrO_3 包覆在表面。

5. 氟化铁

近年来，过渡金属氟化物（M_xF_y，M=Fe、Mn、Co、Cu 等）逐渐受到关注，尤其是高容量、高电压、低成本的氟化铁（FeF_3）正极材料。氟化铁具有高离子键特性和小分子量，放电平台可以达到 2.7V vs Li^+/Li，比容量为 237mA·h/g。尽管 FeF_3 具有许多优点，但在实际应用中还存在一些问题，如导电性差和电极可逆性差。一般来说，解决这些问题有两种有效的方法：一种解决方法是设计独特的纳米结构，如纳米粒子、纳米线和纳米片等[18]，纳米结构材料可以增加表面积和反应位点，有利于可逆反应；另一种解决方法是结合高导电材料，如碳纳米管、石墨烯和导电聚合物等，提供快速电子转移通道，在一定程度上提高电化学性能。Li 等[19] 将氟化铁嵌入在有序介孔碳 CMK-3 内部，形成 FeF_3·$0.33H_2O$@CMK-3 复合结构。该材料具有超高的倍率性能与优异的循环性能，10C 下放电比容量可达 107mA·h/g，在超高的 50C 倍率下还有 78mA·h/g 的比容量，且循环 100 次比容量无衰减。

二、锂离子电池负极材料

锂离子电池负极材料经历了漫长发展，目前的研究主要分为碳基材料和非碳基材料。

碳基材料主要有石墨、中间相炭微球、石油焦等几种。石墨类碳材料是如今主要的商业化锂离子电池负极材料，具体包括天然石墨、人造石墨、改性石墨等。石墨类材料的理论比容量为 372mA·h/g，目前商业化石墨的实际比容量可达到 350mA·h/g，且首周库仑效率可达 90% 以上，发展相对成熟。人造石墨是由石油焦、沥青焦等焦炭材料，在高温下进行石墨化处理得到的[20]。该材料结晶性更小、晶粒更细，循环性能和倍率性能更加优异。虽然碳材料已投入商业化使用多年，但人们仍然在不断做着进一步研究与改性工作。碳材料自身较低的理论容量限制它的进一步发展与应用，对新负极材料的探索研究有着重要的意义。

目前研究较多的非碳基材料主要有硅材料和钛材料。硅材料由于具有超高的理论比容量（高温 4200mA·h/g，室温 3580mA·h/g）而有着极好的发展前景。但它的主要问题是在锂嵌入/脱嵌的过程中，会发生较大的体积变化（约 300%），会造成电极活性物质结构的破碎、脱落[21]，从而导致容量衰减过快，循环性能差。为了解决这一问题，主要从以下两个方面入手：

（1）将硅材料大小降低至纳米尺寸，来应对体积膨胀的问题；已成功地制备出零维尺度上的空心硅球、纳米硅颗粒[22]，一维尺度上的纳米线、纳米管[23]，二维尺度上的硅薄膜[24]，以及三维尺度上的硅纳米材料等。还可以通过改变硅材料的形貌结构来缓冲脱嵌锂带来的体积变化，从而提高电极的稳定性，但距离商业化应用还有很长的路要走。

（2）将硅与其他材料复合以缓冲体积上的膨胀。这一方法主要是将碳材料骨架的缓冲体积变化能力，优异的导电能力以及可以形成稳定的 SEI 膜等优点与硅材料的高比容量性相结合，得到具有高比容量、稳定循环性能的硅碳负极材料[25]。硅碳材料的复合方式主要有包覆、掺杂、嵌入等，制备方法有化学气相沉积、水热法、静电纺丝、球磨混合等，根据使用碳材料的不同，可对其进行如下分类：

① 硅/无定形碳复合材料　主要通过物理或化学的方法将硅颗粒包覆，之后经高温碳化形成硅/无定形碳复合材料。无定形碳层的形成有效地防止纳米硅颗粒的团聚，对稳定 SEI 膜的形成和电极的稳定性均有很大帮助。常见的碳源有蔗糖、葡萄糖、有机聚合物和柠檬酸等。最近，Jeong 等通过将纳米硅与蔗糖水热碳化的方法[26]，制备出的碳包覆材料比容量高达 878.6mA·h/g，且经过 150 次循环，仍可保持 92.1%。

② 硅/无定形碳/石墨复合材料　石墨具有良好的导电性能，与石墨复合得

到的复合材料有着更好的倍率性能和更高的库仑效率。Xu 等以球磨和热处理的方法将纳米硅、葡萄糖、羟基纤维素钠和石墨等混合制备得到西瓜状硅碳电极材料[27]，在 0.1C 首次放电比容量可达 620mA·h/g，在 55℃、0.5C 下循环 250 次，比容量仍可保持 80% 以上。

③ 硅／石墨烯复合材料　石墨烯与其他碳材料相比，具有更高的导电性，更好的力学性能。石墨烯表面含氧官能团丰富，与石墨烯复合可有效地增加材料的稳定性，并改善硅材料的电化学性能。Alkarmo 等将三维网状氧化石墨烯、氮掺杂碳和硅纳米片用一步法直接复合，并通过热处理得到硅／石墨烯／碳的复合材料；在 0.14A/g 的电流下，具有 740mA·h/g 的可逆比容量，且库仑效率大于 99%[28]。

④ 其他硅碳复合材料　近来研究发现，将金属或者其氧化物与硅碳材料复合在一起，利用材料间的协同作用可进一步提高材料的电化学性能。Zhang 等[29]通过高能球磨法制备 Si-Co-C 复合材料，其首次库仑效率为 83.3%，在 25 次和 50 次循环后比容量分别为 620mA·h/g 和 610mA·h/g。

钛材料的研究主要集中在钛酸锂，包括 Li_4TiO_4、$LiTiO_3$、$Li_4Ti_5O_{12}$ 和 Li_2TiO_7 几种材料。其中，$Li_4Ti_5O_{12}$（LTO）材料由于其优异的循环性能和平稳的放电曲线而深受关注。LTO 材料具有较高的电极电位（1.55V vs Li/Li$^+$），且在脱嵌锂的过程中仅有约 0.2% 的体积变化，被称为是"零应变"材料，具有更好的稳定性。但其理论比容量仅有 175mA·h/g。Zhu 等[30]通过水热法制备得到锯齿形的纳米片，并通过自组装的方法得到中空的 $Li_4Ti_5O_{12}$ 微球，在 30C 下放电容量为 108mA·h/g；在 1000 次循环后，容量保持率高达 94%。良好的稳定性和大电流放电的特点，使其在快充电池领域有着良好的应用。目前钛酸锂材料的主要问题是导电性能较差，在大电流下电极极化过高，因此研究的主要方向是提高材料的导电能力，进而改善在大电流下放电的能力。

三、金属锂负极

1. 金属锂负极概述

在 20 世纪 90 年代，索尼公司首先推出以碳材料为负极，含锂的化合物为正极的商用锂离子电池。经过几十年的发展，锂离子电池的各项性能逐渐提高，以碳材料为负极的锂离子电池的研究已接近理论容量，难以满足便携式电子设备、电动汽车等领域越来越高的使用要求。在锂二次电池中，金属锂以极高的比容量（3860mA·h/g）和最负的电势（-3.04V vs 标准氢电极）被认为是最具潜力的电极材料[31]。以金属锂为负极的金属锂二次电池被认为是极具前景的下一代高比能电池（如锂硫电池和锂氧电池等）。然而在锂离子反复沉积和析出过程中，由于表面的不均匀，金属锂表面容易生长出锂枝晶刺穿隔膜，造成短路引发安全隐患；并且电极材料还可能会发生粉化，造成活性物质损失；枝晶生长断裂后形成的"死锂"会降低库仑效率，增大内阻，缩短电池使用寿命[32, 33]。近年来，随着科技的发展和研究方法及工具的进步，金属锂负极受到广泛关注，并取得一些重要突破。

2. 金属锂负极改性研究

（1）液体电解质改性　　常见的液体电解质由锂盐、有机溶剂和添加剂组成，几乎所有成分对电池的性能都具有一定的影响。通过调控液体电解质中的组分来获得稳定的 SEI 膜可以提高锂负极的利用率。Ding 等在液体电解质中添加 Cs^+，一定浓度下 Cs^+ 的还原电位低于 Li^+，在 Li^+ 沉积过程中 Cs^+ 保持稳定不被还原[34]。当锂沉积不均匀在表面出现凸起时，Cs^+ 会吸附聚集在凸起位置，形成静电场阻止 Li^+ 继续沉积，从而抑制锂枝晶生长。Qian 等将 4.0mol/L LiFSI 分散到 DME 溶液中形成高盐浓度液体电解质。高浓度锂盐能固定液体电解质中大部分溶剂，表现出良好的稳定性；组装的电池在 $10mA/cm^2$ 的高电流密度下，可以稳定循环 6000 次[35]。

（2）固态电解质改性　　固态电解质因其优异的热稳定性、较高的机械强度和高剪切模量等特点，可以有效地抑制锂枝晶的形成。对于固态电解质来说，应用的最大障碍是离子电导率比较低。可以选择将无机陶瓷与有机聚合物复合的方式，提高固体电解质的离子电导率。崔屹等通过电纺方式将导离子的陶瓷骨架做成一维纳米线，之后将其分散到聚环氧乙烷基体中形成三维导离子网络，较大幅度地提高了离子电导率[36]。Zhou 等提出了一种聚合物-陶瓷-聚合物夹层结构电解质，利用 $Li_{1.3}Al_{0.3}Ti_{1.7}(PO_4)_3$ 和聚乙二醇丙烯酸甲酯与丙烯酸甲酯结合形成高机械强度的陶瓷块体，有效抑制了锂枝晶增长，提高电池循环寿命[37]。

（3）集流体改性　　在锂离子电池体系中，最常见的负极集流体是铜箔，金属锂在铜箔上的沉积不均匀，会导致锂枝晶的产生。崔屹等用一种空心纳米碳球作为铜集流体的包覆层，使金属锂的沉积均匀，而且碳层表面形成的 SEI 膜非常稳定[38]。郭玉国等通过自组装方法制备一种三维铜基集流体材料，其平均孔径为 2.1μm。三维亚微米级孔铜基集流体既可以提高电极的比表面积，降低有效电流密度，又可以实现负极表面电场均匀分布，从而实现对锂枝晶生长的抑制作用[39]。Yun 等设计制备一种 3D 多孔铜基集流体材料，同样可以减弱电场的极化。该材料在 $0.5mA/cm^2$ 的电流密度下循环 250 次后，库仑效率仍然保持在 97% 以上[40]。

（4）金属锂改性　　提高金属锂电池性能的有效方法之一是直接对金属锂进行改性。关兴隆、郭玉国等利用多磷酸盐和金属锂反应，在金属锂电极表面生成很薄而且均匀的 Li_3PO_4 层作为 SEI 膜[41]。光滑、致密的 Li_3PO_4 层具有较高的离子电导率和弹性模量，能够在液体电解质中稳定存在，将锂电极表面与液体电解质有效隔绝，减少副反应的发生，在循环 200 次后没有观察到锂枝晶的产生，如图 1-3 所示。崔屹等发明熔融复合的方法来制备复合锂负极；将亲锂性具有宿主结构的材料浸入高温熔融状态的锂中，通过毛细作用将锂吸入亲锂性骨架内部，得到的复合锂负极均表现出优异的性能[42, 43]。

目前，金属锂负极的研究已经取得了一定的进展，开发了许多新技术来抑制金属锂负极的锂枝晶生长，但对于如何保护金属锂及相关机理的研究仍处于初级阶段。接下来需要对金属锂负极的应用进行更深层次的研究，以实现高能量密度金属锂负极的实际应用，提高电池的安全性和使用寿命。

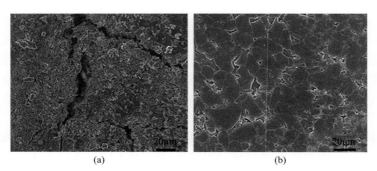

图 1-3　循环 200 次后锂电极和 Li_3PO_4 层表面形貌

四、锂离子电池隔膜

隔膜的作用是将电池正负极分隔开，避免电池内部短路，阻止电子在电池内部的传导，同时又使离子自由通过。因此，隔膜对于锂离子电池的性能具有重要影响，其结构和性能决定锂离子电池的内阻和界面结构，直接影响锂离子电池的充放电容量、循环稳定性和安全性等。

锂离子电池隔膜材料的选择需要考虑以下因素[44]：①绝缘性；②具有优良的力学性能，易加工；③化学性质稳定；④对颗粒、胶体或其他可溶物在正负电极之间的迁移有很好的阻隔作用；⑤能够快速被液体电解质浸润；⑥物理性质均一；⑦电阻小。这些特性能够有效地降低电池在大电流放电条件下的能量损耗。因此，在选择隔膜材料时需要综合考虑实用性、安全性、成本等因素。

锂离子电池隔膜材料的制备工艺大致上可分为干法和湿法两种。干法工艺是指将熔融的聚烯烃树脂挤压成膜，然后精确拉伸出紧密有序的微孔，在这样的工艺条件下，聚合物会定向形成片状晶体结构，且孔结构具有高度的方向性，在力学性能上表现为各向异性。湿法工艺则是将液态烃或者低分子量的造孔剂同聚烯烃树脂混合，加热熔化后挤压成薄片，拉伸后用挥发性溶剂将造孔剂萃取出来，形成微孔孔道。这种工艺可以通过控制溶液成分、挥发速度等来改变隔膜的结构和性质，还可以特定地设计隔膜的结构和力学性能。

目前，锂离子电池隔膜种类主要有织造膜、非织造膜（无纺布）、微孔膜、复合膜、隔膜纸等。由于聚烯烃隔膜具有较高的孔隙率、较低的电阻、较高的机械强度、较好的耐酸碱能力、良好的弹性及对非质子溶剂的保持性能，因此隔膜材料的研究主要集中在 PE、PP 等聚合物[45]。

PE 与 PP 微孔膜是最早用于锂离子电池的商业化隔膜，也是目前应用最广泛的隔膜。这两种隔膜具有强度高、化学稳定性好、热稳定性好、成本低等优点，满足现在市场上对隔膜材料的要求。目前聚烯烃隔膜正朝着厚度更薄的方向发展，以满足锂离子电池逐渐增长的性能需求，现已有企业推出厚度为 5 ~ 7μm 的超薄隔膜产品。

PP、PE 隔膜由于原材料特有的性质，其亲液性能、耐高温性能具有明显的局限性：一般来说，PP 的熔点约为 165℃，PE 的熔点约为 135℃；因此，提升隔膜性能的一大研究方向就是对制备隔膜的原材料进行改性。此外，在通用的薄膜中加入或复合具有亲液性能和耐高温性能等特性的材料是隔膜发展的另一方向。目前常用的工艺有涂覆、浸涂、喷涂、复合等。不同的改性工艺或复合的材料不同，会使隔膜的性能获得不同程度的提升。以聚烯烃隔膜为基材的复合隔膜产品，不仅保持聚烯烃隔膜原有的优点，还提高隔膜的耐热温度、亲液性能等，尤其是提高锂离子电池的安全性能，有利于锂离子电池的进一步广泛应用。

电池隔膜应满足两大基本特性：一是要求隔膜具有绝缘性能以防止电池短路，即隔膜原材料具有绝缘性能；二是隔膜上存在均匀的微孔，以便电池充放电时的离子通过。无纺布生产技术可同时满足隔膜的两大基本特性，并且该技术的原料适用范围广、生产成本低，是生产新型隔膜的主要技术发展和研究的方向。然而到目前为止，无纺布的厚度还不够薄，机械强度较差，且其自身孔径过大，无法做到完全有效绝缘，解决这一问题的办法是向无纺布中加入无机层，以减小孔隙尺寸。

除了传统的 PE、PP 隔膜，其他诸如液晶聚酯微孔膜、芳香聚酰胺微孔膜、丙烯酸树脂隔膜等多种聚合物微孔膜都在被尝试与聚乙烯隔膜共同压制来制备复合隔膜，人们期望这种复合隔膜具有更好的耐热性能。

孙克宁课题组开发了一种 PBO 隔膜新体系，隔膜的平均孔径约为 10nm，耐热温度高达 700℃。该隔膜可有效避免因电池热失控引起的局部短路，从而极大地提升电池的安全性[46]。此外，该隔膜同商用 Celgard 隔膜相比，拥有较高的离子电导率，更好的液体电解质浸润性，因此对电池的综合性能有较大提升。该隔膜制备方法简单，可以大批量生产，契合于当前隔膜的工业生产方式。

五、锂离子电池液体电解质

现有的锂离子电池已经难以满足电动汽车对高比能量和高安全性的要求。目前提高锂离子电池能量密度的主要方法是采用高容量负极材料和高压正极材料，这就要求电池体系中选用与之匹配的液体电解质。在锂离子电池发展早期，人们大量采用碳酸丙烯酯（PC）、碳酸乙烯酯（EC）、碳酸二乙酯（DEC）和碳酸二甲酯（DMC）的混合物作为电解质的溶剂[47]。碳酸乙烯酯（EC）是环状碳酸酯，有利于提高液体电解质的离子电导率；碳酸二甲酯（DMC）和碳酸二乙酯（DEC）是线型碳酸酯，区别于环状碳酸酯的特点是具有低黏度、低沸点以及低的介电常数。在早期 $LiPF_6$/EC+DMC 以及 $LiPF_6$/PC+DEC 体系被普遍用于锂离子电池的液体电解质体系，并沿用至今。然而这种传统的商业液体电解质在电压高于 4.3V（vs Li/Li$^+$）时易氧化分解，使得锂离子电池不可逆容量增大，并导致电池循环稳定性变差[48]。因此，研发与高压正极材料相匹配的液体电解质体系就变得尤为重要。常用的方法是设计新型耐高压溶剂和寻找高压液体电解质添加剂[49]。

当前较为热门的耐高压液体电解质溶剂有氟代溶剂、砜类溶剂、离子液体等。

氟代溶剂由于氟原子极强的电负性，使得氟代溶剂的氧化还原电位均高于传统的碳酸酯溶剂[50]。因此，氟代溶剂常被用于耐高压溶剂或固体电解质界面膜（SEI 膜）成膜添加剂。部分氟代溶剂已经实现商业化，常用的有氟代碳酸乙烯酯（FEC）、三氟碳酸丙烯酯（TFPC）、四氟丙基碳酸丙烯酯醚、三氟乙基甲基碳酸酯、二（三氟乙基）碳酸酯及三氟乙基碳酸乙酯。

砜类溶剂由于磺酰基的电负性强于羰基，因而具有更好的电化学稳定性[51]。同时，砜类溶剂还具有两个突出的优点：①磺酰基与锂盐有很强的相互作用，有利于实现高电导率；②耐燃性好，安全性高。常用砜类溶剂有乙基甲氧基乙氧基乙基砜（EMEES）、乙基甲基砜（EMS）、乙基甲氧基乙基砜（EMES）和甲氧基乙基甲基砜（MEMS）。

离子液体是指全部由离子组成的液体，有咪唑类、哌啶类和吡咯类等[52-54]。作为一种新型的有机溶剂，离子液体具有许多独特的物理化学性质，如蒸气压低、不易燃、热稳定性及电化学稳定性较高［氧化电位通常大于 5V（vs Li/Li$^+$）］，能够较好地满足当前对安全高压液体电解质的要求。

与新型高压溶剂相比，高压添加剂用量少、效果明显且成本低，因此受到更广泛的关注[55]。目前人们普遍认为的高压添加剂的作用机理是高压添加剂能在锂离子电池正极表面氧化分解形成致密的 SEI 膜，从而增加高压正极材料与液体电解质间的界面稳定性，进一步提高电池的循环稳定性。常用的高压添加剂有硼类添加剂、苯衍生物及杂环类添加剂、亚磷酸盐类添加剂和其他类型添加剂（如醚类、含硫类、有机硅类、离子液体等）。目前商用锂离子电池一般采用有机液体电解质或凝胶态电解质，这会导致锂离子电池在使用过程中存在液体电解质泄漏、燃烧、爆炸的危险，使用固态电解质是解决上述安全隐患的一种有效途径。

不同类型电解质及其性质对比见表 1-2。

表1-2 不同类型电解质及其性质对比

性质	液态电解液	凝胶电解质	固态电解质	
			有机高分子化合物（PEO基等）	无机材料（硫化物、氧化物等）
离子电导率	高，10^{-2}S/cm	适中，$>10^{-4}$S/cm	最高可达10^{-3}S/cm	最高可达10^{-2}S/cm
优点	应用广泛，包括3C产品和储能领域	无漏液问题	电化学稳定性高，安全性较高，具有柔性加工特性	安全性极高，适合长时间储存，高温性能好
缺点	易燃易爆，电化学稳定性不良		功率密度偏低，成本偏高，温度适应性不佳，循环寿命待提升	能量密度、功率密度有待提升，成本偏高

固态电解质具有极好的安全性，成为当前锂离子电池的研究重点之一。常见的固态电解质有聚合物固态电解质、氧化物固态电解质和硫化物固态电解质。

目前 LiPON 型电解质已经得到商业化应用，被认为是全固态薄膜电池的标准电解质材料[56, 57]。

六、锂离子电池表征技术

锂电池的电化学性能与电子及离子在体相与界面的输运、反应、储存行为有关。从原子尺度到宏观尺度，对电池材料在平衡态与非平衡态过程的电子结构、晶体结构、微观形貌、化学组成、物理性质的演化研究，对于理解锂离子电池中各类构效关系至关重要，这需要综合多种表征技术，可以说锂离子电池研究的发展是伴随着表征技术的发展而进步的。

一系列新的实验技术与理论方法在不断发展、日益加深，并不断推动锂离子电池的基础科学研究。原位技术的发展对锂离子电池的研究至关重要，通过原位技术观测电池内部各组件在充放电过程中的演化，例如电极材料的晶体结构变化等可以深入了解电池充放电制度、倍率、充放电深度、液体电解质、工作温度、电极结构等因素对电池各项性能指标的影响。目前发展较成熟的原位技术有原位X射线衍射、原位射线吸收谱、原位扫描电子显微镜、原位热重-差示扫描量热-质谱联用等。

七、储能电池新体系与技术展望

随着锂离子电池在便携式电子器件、电动汽车和规模化储能等领域的广泛使用，锂资源的消耗日益增加，已探明的锂资源在地球上的储量是有限的，就以目前锂资源的消耗程度和速度计算，在不考虑回收的情况下，当前地球上锂资源预计将在65年内被消耗殆尽[58]。另外，锂资源在地球上的分布是极其不均匀的，有70%的锂分布在南美洲地区[59]。这些情况导致锂资源（碳酸锂）价格在近几年里的大规模上涨，这将从成本方面严重制约锂离子电池在电动汽车和大规模储能领域的应用。因此，发展基于储量丰富的元素（钠、钾、镁等）的储能电池新体系，以实现下一代在资源和成本方面更具优势的新型储能电池的研发和推广，对于电动汽车及诸多储能领域的发展有着重要意义。

1. 钠离子电池

钠元素是地壳中储量第六丰富的元素（约为2.75%），而且分布区域广泛，原料开发成本低廉。同时，钠离子具有和锂离子相似的物理化学性质和脱嵌入机制[60]。因此，研发基于钠离子迁移的储能电池新体系对于开发下一代低成本、高性能的储能电池有着显著意义。除此之外，由于钠不和铝发生电化学合金化反应，在钠离子电池中可以采用轻而便宜的铝箔代替铜箔作为负极的集流体，这不仅可以进一步降低电池的制造成本，而且可以提升整个电池体系的能量密度[61]。

钠离子电池的工作原理与锂离子电池相似，是基于钠离子在正负极之间的可逆脱嵌入实现电能和化学能的相互转换。在正极材料方面，主要包括岩盐结构的层状氧化物、隧道型氧化物、聚阴离子型化合物、普鲁士蓝类和有机正极材料。无定形的硬碳材料由于具有较高的可逆比容量以及低的钠离子嵌入电位，循环性能优越，是目前最有应用前景的钠离子负极材料。除了硬碳负极之外，近年来，高比容量的合金类负极（锡、锑、磷等）和倍率性能突出的钛基负极类材料也得到广泛研究[62]。随着对钠离子电池电极体系研究的不断深入，电池性能不断提升，相信在不久的将来能实现钠离子电池在大规模储能领域的应用。

2. 钾离子电池

钾在元素周期表中与锂和钠处于同一族，具有相似的物理化学性质。钾资源在地壳中和海洋中的储量与钠资源是同样丰富的，碳酸钾的价格也仅为碳酸锂的

1/6。因此，发展钾离子二次电池对于降低电池的成本有着显著的意义[63, 64]。值得注意的是，由于在有机体系中，钾的氧化还原电位比锂和钠都要低，所以钾离子电池相比于锂离子电池或者钠离子电池，可能会具有更高的工作电压。与钠离子电池不同的是，钾离子在石墨里的脱嵌入是可逆的，因此石墨类材料作为钾离子电池负极材料已经得到广泛研究。另外，其他一些负极材料，如插层型、合金型、转换反应型等，也得到初步研究。在正极材料方面，包括普鲁士蓝类似物、层状金属氧化物和聚阴离子型等在内的含钾正极材料同样也取得一些进展。

3. 镁离子电池

在众多下一代非锂体系储能电池的替代产品中，镁离子的二价特性导致其体积能量密度高达 $3832mA \cdot h/cm^3$，将近锂电池体积能量密度（$2061mA \cdot h/cm^3$）的 2 倍。另外，镁资源在地球上的储量丰富，在地壳中的含量与钠或者钾相当；而且，与锂不同的是，镁的电化学沉积过程不会发生枝晶生长的过程。因此，金属镁可直接作为镁离子电池的负极。当前制约镁离子发展的主要问题还是如何设计并合成离子电导率高、对金属镁负极稳定的液体电解质体系。最近，科研人员通过在金属镁表面人工构筑一层镁离子传导界面，不仅实现镁离子可逆沉积 / 溶出，而且避免碳酸酯类液体电解质在金属镁表面的分解，这对于镁离子电池的发展有着重要的意义。

4. 钙离子电池

钙元素作为地壳中储量丰富度排在第五位的元素，高于钠、钾和镁；而且，其标准还原电位仅比锂高 170mV，但却比镁要低很多，这就保证钙离子电池相比于镁离子电池有更高的工作电压。另外，由于钙离子比镁离子有着更小的极化，表现出更快的反应动力学特性。因此，钙离子电池将会展现出更为优异的倍率性能。M. R. Palacin 等[65]通过研究碳酸酯类液体电解质中钙离子的沉积行为，极大地推动了可充放电钙离子电池的发展。

5. 铝离子电池

铝元素是地壳中最为丰富的金属元素，以其作为原料成本低廉；同时，其三电子氧化还原特性使得铝离子电池的理论体积能量密度高达 $8040mA \cdot h/cm^3$，在众多非锂体系下一代储能电池中脱颖而出。但是在过去的 30 多年发展中，铝离子电池难以与其他储能体系相竞争，主要是受限于难以寻找到合适的正极材料，还存在低的电池工作电压和较快的容量衰减等诸多问题。2015 年，Hongjie Dai 等使用铝箔作为负极，三维石墨泡沫作为正极，离子液体作为液体电解质，实现 2V、70mA·h/g 的可逆铝离子电池的充放电，并展现出极为优异的倍率性能和循环性能[66]。

八、锂离子电池的应用

锂离子电池的下游应用主要包括消费类、储能器件及动力电池三大领域，具有替代其他二次电源的潜力，以及十分广阔的应用前景。目前尽管消费类电池市场增速放缓，但新能源汽车产业受政策支持和技术进步推动而高速发展，许多世界著名汽车厂商都致力于开发纯电动汽车（EV）及混合动力汽车（HEV），大部分采用的是锂动力电池。特别是我国"863计划"中"新能源汽车重大专项"的实施，更是把我国的锂离子电池行业推向行业前沿，为锂离子电池展现更广阔的市场前景。

在现阶段，新能源汽车在全世界得到了快速发展和应用，一些国家甚至将发展新能源汽车放到优先发展地位。

目前动力锂离子电池以其更高的性能，更小的体积，得到广大汽车生产商的青睐，但电池的续航里程和充电时间之间的矛盾仍然存在：持久续航提升生产成本，也增加充电时间，使得汽车售价较高，性价比降低。另外，我国市场中的插电式混合动力汽车，虽然可以外接电源为汽车充电，但相应的配套基础设施情况也成为制约其获得进一步推广的重要因素。

此外，电池作为现代军事装备和武器的动力源之一，早在20世纪70年代末期，世界各先进国家就已经将锂离子电池应用于军事装备中：锂离子电池的应用覆盖了陆（军用通信设备、单兵系统、陆军战车等）、海（潜艇、水下机器人）、空（无人侦察机）、天（卫星、飞船）等诸多兵种。因此，锂离子电池技术已不是一项单纯的产业技术，更是现代和未来军事装备中不可缺少的重要能源。通常军事装备对电池有以下特定要求：①高安全性，在高强度的冲击和打击下，电池要保证安全，不会造成人身伤亡；②高可靠性，要保证电池在使用时有效可靠；③高环境适应性，要保证其在不同气候条件、高强度电磁环境、高/低气压环境、高放射性辐射环境以及高盐分环境均能正常使用[67]。

锂离子电池在电子产品方面的应用包括手机、笔记本电脑、平板电脑、可穿戴设备等，各部分占比如图1-4所示。随着电极材料及相关技术的发展，锂离子电池在其他方面也有极为广泛的应用，比如医学、采油、采矿等。例如，目前锂离子电池在医学方面的应用包括助听器、心脏起搏器等。

多年来，安全性和大规模成组技术曾一度限制锂离子电池的大容量应用，但是随着磷酸铁锂电池的出现和技术进步，安全性和大规模成组技术均取得突破，锂离子电池已进入大容量储能时代，应用前景广阔[68]。

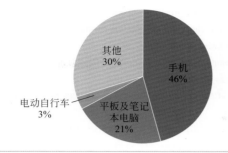

图1-4 锂离子电池在电子产品中的主要应用领域占比（数据来自中国化学与物理电源行业协会）

参考文献

[1] 刘国强，厉英．先进锂离子电池材料 [M]．北京：科学出版社，2015．

[2] 李红辉．新能源汽车及锂离子动力电池产业研究 [M]．北京：中国经济出版社，2013．

[3] 吴宇平，袁翔云，董超，等．锂离子电池——应用与实践 [M]．2版．北京：化学工业出版社，2011：3-4．

[4] Whittingham M S. Li/LiClO$_4$ in tetrahydrofuran dimethoxyethane/TiS$_2$ is preferred embodiment[P].Chalcogenide battery, 1977.

[5] Armand M, Coic L, Palvadeau P, et al. The M-O-X transition metal oxyhalides: A new class of lamellar cathode material[J]. Journal of Power Sources, 1978, 3(2):137-144.

[6] Mizushima K, Jones P C, Wiseman P J, Goodenough J B. Li$_x$CoO$_2$ ($0 < x < -1$): A new cathode material for batteries of high energy density[J]. Materials Research Bulletin, 1980, 15 (6): 783-799.

[7] 王伟东，仇卫华，丁倩倩．锂离子电池三元材料：工艺技术及生产应用 [M]．北京：化学工业出版社，2015．

[8] Nishi Y, Azuma H, Omaru A. Non aqueous electrolyte cell: US, 4959281 A[P], 1990.

[9] 徐艳辉，李德成，胡博．锂离子电池活性电极材料 [M]．北京：化学工业出版社，2017．

[10] Mizushima K, Jones P, Wiseman P, et al. Li$_x$CoO$_2$($0 < x < -1$): A new cathode material for batteries of high energy density[J]. Materials Research Bulletin, 1980, 15(6): 783-789.

[11] Padhi A K, Nanjundaswamy K S, Goodenough J B. Phospho-olivines as positive-electrode materials for rechargeable lithium batteries[J]. Journal of the Electrochemical Society, 1997, 144(4):1188-1194.

[12] Zhang K, Lee J T, Li P, et al. Conformal coating strategy comprising N-doped carbon and conventional graphene for achieving ultrmahigh power and cyclability of LiFePO$_4$[J]. Nano Letters, 2015, 15(10):6756.

[13] Li Z, Peng Z, Zhang H, et al. [100]-Oriented LiFePO$_4$ nanoflakes toward high rate Li-ion battery cathode.[J]. Nano Letters, 2015, 16(1):795-799.

[14] Hu G, Liu W, Peng Z, et al. Synthesis and electrochemical properties of LiNi$_{0.8}$Co$_{0.15}$Al$_{0.05}$O$_2$, prepared from the precursor Ni$_{0.8}$Co$_{0.15}$Al$_{0.05}$O$_2$[J]. Journal of Power Sources, 2012, 198:258-263.

[15] Liu W, Hu G, Du K, et al. Enhanced storage property of LiNi$_{0.8}$Co$_{0.15}$Al$_{0.05}$O$_2$ coated with LiCoO$_2$[J]. Journal of Power Sources, 2013, 230:201-206.

[16] Liu L, Sun K N, Zhang N Q, et al. Improvement of high voltage cycling behavior of Li(Ni$_{1/3}$Co$_{1/3}$Mn$_{1/3}$)O$_2$

cathodes by Mg, Cr and Al substitution[J]. Journal of Solid State Electrochemistry, 2009, 13(9):1381-1386.

[17] Li X, Zhang K, Wang M S, et al. Dual functions of zirconium modification on improving the electrochemical performance of Ni-rich $LiNi_{0.8}Co_{0.1}Mn_{0.1}O_2$[J]. Sustainable Energy & Fuels, 2017, 2(2).

[18] Li B, Cheng Z, Zhang N, et al. Self-supported, binder-free 3D hierarchical iron fluoride flower-like array as high power cathode material for lithium batteries[J]. Nano Energy, 2014, 4: 7-13.

[19] Li B, Zhang N, Sun K. Confined iron fluoride@CMK-3 nanocomposite as an ultrahigh rate capability cathode for Li-ion batteries[J]. Small, 2014, 10(10): 2039-46.

[20] 冯熙康，陈益奎. 锂离子在石墨中的嵌入特性研究 [J]. 电源技术，1997(4):139-142.

[21] Liang B, Liu Y, Xu Y. Silicon-based materials as high capacity anodes for next generation lithium ion batteries[J]. Journal of Power Sources, 2014, 267(267):469-490.

[22] Gao H, Xiao L, Plümel I, et al. Parasitic reactions in nanosized silicon anodes for lithium-ion batteries[J]. Nano Letters, 2017, 17(3):1512.

[23] Son Y, Sim S, Ma H, et al. Exploring critical factors affecting strain distribution in 1D silicon-based nanostructures for lithium-ion battery anodes[J]. Advanced Materials, 2018.

[24] Sakabe J, Ohta N, Ohnishi T, et al. Porous amorphous silicon film anodes for high-capacity and stable all-solid-state lithium batteries[J]. Communications Chemistry, 2018, 1(1): 24.

[25] Yue X Y, Sun W, Zhang J, et al. Facile synthesis of 3D silicon/carbon nanotube capsule composites as anodes for high-performance lithium-ion batteries[J]. Journal of Power Sources , 2016, 329: 422-427.

[26] Jeong S, Li X, Zheng J, et al. Hard carbon coated nano-Si/graphite composite as a high performance anode for Li-ion batteries[J]. Journal of Power Sources, 2016, 329:323-329.

[27] Xu Q, Li J, Sun J, et al. Watermelon-inspired Si/C microspheres with hierarchical buffer structures for densely compacted lithium-ion battery anodes[J]. Advanced Energy Materials, 2016, 7(3): 1601481.

[28] Alkarmo W, Aqil A, Ouhib F, et al. Nanostructured 3D porous hybrid network of N-doped carbon, graphene and Si nanoparticles as anode material for Li-ion batteries[J]. New Journal of Chemistry, 2017, 41(19).

[29] Zhang J, Liang Y, Zhou Q, et al. Enhancing electrochemical properties of silicon-graphite anodes by the introduction of cobalt for lithium-ion batteries[J]. Journal of Power Sources, 2015, 290:71-79.

[30] Zhu K, Gao H, Hu G, et al. Scalable synthesis of hierarchical hollow $Li_4Ti_5O_{12}$, microspheres assembled by zigzag-like nanosheets for high rate lithium-ion batteries[J]. Journal of Power Sources, 2017, 340:263-272.

[31] Lin D, Liu Y, Cui Y. Reviving the lithium metal anode for high-energy batteries[J]. Nature Nanotechnology, 2017, 12(3):194.

[32] Peng H J, Huang J Q, Cheng X B, et al. Review on high-loading and high-energy lithium-sulfur batteries[J]. Advanced Energy Materials, 2017, 7(24): 1700260.

[33] Xu W, Wang J, Ding F, et al. Lithium metal anodes for rechargeable batteries[J]. Energy & Environmental Science, 2014, 7(2):513-537.

[34] Ding F, Xu W, Graff G L, et al. Dendrite-free lithium deposition via self-healing electrostatic shield mechanism[J]. Journal of the American Chemical Society, 2016, 135(11):4450-4456.

[35] Qian J, Henderson W A, Xu W, et al. High rate and stable cycling of lithium metal anode[J]. Nature Communications, 2015, 6:6362.

[36] Liu W, Lee S W, Lin D, et al. Enhancing ionic conductivity in composite polymer electrolytes with well-aligned ceramic nanowires[J]. Nature Energy, 2017, 2(5):17035.

[37] Zhou W, et al. Plating a dendrite-free lithium anode with a polymer/ceramic/polymer sandwich electrolyte[J].

Journal of the American Chemical Society, 2016, 138: 9385-9388.

[38] Zheng G , Lee S W, Liang Z, et al. Interconnected hollow carbon nanospheres for stable lithium metal anodes[J]. Nature Nanotechnology, 2014, 9(8):618-623.

[39] Yang C P, Yin Y X, Zhang S F, et al. Accommodating lithium into 3D current collectors with a submicron skeleton towards long-life lithium metal anodes[J]. Nature Communications, 2015, 6:8058.

[40] Yun Q, He Y, Lv W, et al. Chemical dealloying derived 3D porous current collector for Li metal anodes[J]. Advanced Materials, 2016, 28(32):6932-6939.

[41] Li N W, Yin Y X, Yang C P, et al. An artificial solid electrolyte interphase layer for stable lithium metal anodes[J]. Advanced Materials, 2016, 28(9):1853.

[42] Lin D, Liu Y, Liang Z, et al. Layered reduced graphene oxide with nanoscale interlayer gaps as a stable host for lithium metal anodes[J]. Nature Nanotechnology, 2016, 11(7):626.

[43] Liang Z, Lin D, Zhao J, et al. Composite lithium metal anode by melt infusion of lithium into a 3D conducting scaffold with lithiophilic coating[J]. PNAS, 2016, 113(11):2862-2867.

[44] 小泽一范. 锂离子充电电池 [M]. 赵铭姝，等译. 北京：机械工业出版社，2014.

[45] Yarmolenko O V, Yudina A V, Khatmullina K G. Nanocomposite polymer electrolytes for the lithium power sources [J]. Russian Journal of Electrochemistry, 2018, 54: 325-343.

[46] Hao X, Zhu J, Jiang X, et al. Ultrastrong polyoxyzole nanofiber membranes for dendrite-proof and heat-resistant battery separators[J]. Nano Letters, 2016, 16(5):2981.

[47] John B, Cheruvally G. Polymeric materials for lithium-ion cells[J]. Polymers for Advanced Technologies, 2017.

[48] Etacheri V, Marom R, Elazari R, et al. Challenges in the development of advanced Li-ion batteries: A review [J]. Energy & Environmental Science, 2011, 4(9): 3243-3262.

[49] Flamme B, Garcia G R, Weil M, et al. Guidelines to design organic electrolytes for lithium-ion batteries: Environmental impact, physicochemical and electrochemical properties [J]. Green Chemistry, 2017, 19(8): 1828-1849.

[50] Zhang Z C, Hu L B, Wu H M, et al. Fluorinated Electrolytes for 5V lithium-ion battery chemistry [J]. Energy & Environmental Science, 2013, 6(6): 1806-1810.

[51] Abouimrane A, Belharouak I, Amine K. Sulfone-based electrolytes for high-voltage Li-ion batteries [J]. Electrochem Commun, 2009, 11(5): 1073-1076.

[52] Wang G J, Fang S H, Luo D, et al. Functionalized 1,3-dialkylimidazolium bisimide(fluorosulfonyl) as neat ionic liquid electrolytes for lithium-ion batteries [J]. Electrochemistry Communications, 2016, 72: 148-152.

[53] Kim H T, Kang J, Mun J Y, et al. Pyrrolinium-based ionic liquid as a flame retardant for binary electrolytes of lithium ion batteries [J]. ACS Sustainable Chemistry & Engineering, 2016, 4(2): 497-505.

[54] Kazemiabnavi S, Zhang Z C, Thornton K, et al. Electrochemical stability window of imidazolium-based ionic liquids as electrolytes for lithium batteries [J]. The Journal of Physical Chemistry B, 2016, 120(25): 5691-5702.

[55] Haregewoin A M, Wotango A S, Hwang B J. Electrolyte additives for lithium ion battery electrodes: Progress and perspectives [J]. Energy & Environmental Science, 2016, 9(6): 1955-1988.

[56] Clericuzio M, Parker W O, Soprani M, et al. Ionic diffusivity and conductivity of plasticized polmer electrolytes：PMFGNMR and complex impedance studies[J]. Solid State Ionics, 1995, 82(3/4): 179-192.

[57] Liu J, Xu J, Lin Y，et al. All-solid-state lithium ion battery：Research and industrial prospects[J]. Acta Chimica Sinica, 2013, 71(6)：869-878.

[58] 王跃生，容晓晖，徐淑银，等. 室温钠离子储能电池电极材料研究进展 [J]. 储能科学与技术，2016, 5: 268-284.

[59] Pan H, Hu Y S, Chen L. Room-temperature stationary sodium-ion batteries for large-scale electric energy storage[J]. Energy & Environmental Science, 2013, 6:2338-2360.

[60] Kim H, Kim H, Ding Z, et al. Recent progress in electrode materials for sodium-ion batteries[J]. Advanced Energy Materials, 2016, 6:1600943.

[61] 方铮，曹余良，胡勇胜，等. 室温钠离子电池技术经济性分析 [J]. 储能科学与技术，2016, 5: 149-158.

[62] Hwang J Y, Myung S T, Sun Y K. Sodium-ion batteries: Present and future[J]. Chemical Society Reviews, 2017, 46:3529.

[63] Kim H, Kim J C, Bianchini M, et al. Recent progress and perspective in electrode materials for K-ion batteries[J]. Advanced Energy Materials, 2017, 8:1702384.

[64] Son S B, Gao T, Harvey S P, et al. An artificial interphase enables reversible magnesium chemistry in carbonate electrolytes[J]. Nature Chemistry, 2018, 10: 532-539.

[65] Ponrouch A, Frontera C, Bardé F, et al. Towards a calcium-based rechargeable battery[J]. Nature Materials, 2015, 15(2):169-172.

[66] Lin M C, Gong M, Lu B, et al. An ultrafast rechargeable aluminium-ion battery[J]. Nature, 2015, 520(7547): 324-328.

[67] 安平，王剑. 锂离子电池在国防军事领域的应用 [J]. 新材料产业，2006(9): 34-40.

[68] 邓颖，袁野，张霞. 大容量锂电池在分布式储能系统中的应用和前景 [J]. 现代机械，2015(6): 83-86.

第二章

锂离子电池正极材料

第一节　层状化合物 / 026

第二节　尖晶石化合物 / 054

第三节　聚阴离子型 $LiFePO_4$ 化合物 / 063

第四节　钒氧化物正极材料 / 067

第五节　氟化物 / 070

锂离子电池的性能在很大程度上取决于所用的正极材料，它的选择是否恰当直接影响着锂离子电池的各项指标。可重复充电的电池需要电极能够发生可逆的电化学反应，可逆的电极可以是固体或液体，反应产物也可以是气体或可溶性物质。由于电极在充放电时会发生体积的变化，电池一般采用固体电极与液体电解质，或液体电极与固体电解质来获得较快的离子/电子传导，液液接触可以应用在不混溶的体系中。

锂离子电池的电压值是随着充放电状态而改变的，一般将放电中点的电压值作为标称电压。锂离子电池电压通常受锂离子嵌入和脱出正负极材料晶格时电子排列和轨道能量的影响。电池放电时的电压取决于锂离子的占位，而锂离子的占位又与电极活性材料的 Fermi 能级变化和锂离子的相互作用有关。放电过程中，电压逐渐下降，放电曲线变化的梯度受正极材料表面锂离子的扩散速率、电极活性材料的相变、晶体结构的破坏和过渡金属离子迁移到液体电解质中的速率等因素的影响。在同样的限速步骤下，放电曲线将受正极材料的颗粒尺寸和分布情况、温度、正极材料和导电剂混合情况、液体电解质特性、隔膜孔隙等因素影响。开路电压（open-circuit voltage，OCV，V_{OC}）取决于正负极之间的化学势，$V_{OC}=(\mu_A-\mu_C)/e$。电压被液体电解质的"电化学窗口"或正极材料的阴离子 p 带顶所限制。液体电解质的电化学窗口是指液态电解质在最低未占据分子轨道（lowest unoccupied molecular orbital，LUMO）及最高占据分子轨道（highest occupied molecular orbital，HOMO）之间或固体电解质的导带底（conduction band）及价带顶（valence band）之间[1]。如图 2-1 所示，μ_A 在液体电解质的 LUMO 之上会还原液体电解质（除非形成一层钝化的 SEI 膜），同样 μ_C 在液体电解质的 HOMO 之下会氧化液体电解质，SEI 膜的形成也能够阻止这个反应。但 μ_C 不能比正极阴离子 p 带顶还低，否则阴离子将会在氧化还原反应中提供电子，造成结构不稳定。例如，$LiMS_2$ 中 S 的 3p 带顶比锂金属阳极的 μ_A 低 2.5eV，层状氧化物 $LiMO_2$ 中 O 的 2p 带顶比锂金属阳极的 μ_A 低 4.0eV，这是层状氧化物目前仍被作为正极的原因。由于实际使用有机液体电解质当中溶剂的 HOMO 比锂金属的 μ_A 低约 4.3eV，而 $LiCoO_2$ 中的电压也被 O 的 2p 带顶限制，因此当 $Li_{1-x}CoO_2$ 中的 $x > 0.55$ 时，层状 $LiCoO_2$ 会释放氧气或嵌入质子。

通常，作为固液体系锂离子电池的正极材料需具备以下几个特征：具有能接纳锂离子的位置和扩散的路径；在进行放电反应时，Gibbs 自由能应为负值，以保证材料具有高的氧化还原电位和放电电压；有较为稳定的结构，在电化学反应过程中，Li^+ 的嵌入和脱出不会引起材料结构的改变或崩塌显现，以保证电池具有好的循环性能；材料应该具有较高的电子电导率和离子电导率，这样电池能够有较好的倍率性能和较高的功率密度；应该具有较好的热力学稳定性，在充放电电压区间内不与电解质发生反应，且不溶于液体电解质。嵌入型化合物有一个键能强的框架结构，锂离子可以在有限的固溶体范围内通过一维、二维或三维的通道可逆地嵌入与脱出，主框架在阳离子嵌入的时候能被还原，脱出的时候被氧化。

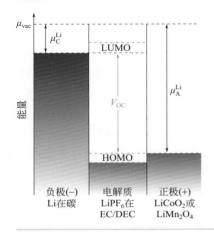

图 2-1
电极电压与液态电解质电化学窗口 [1]

研究正极材料的目的是要寻求具有高容量、低成本、环境友好的新型电极材料，主要集中在层状 $LiMO_2$、尖晶石 LiM_2O_4（M=Co、Ni、Mn 等过渡金属离子）结构化合物上（主要包括属于层状结构化合物的 $LiCoO_2$、$LiNiO_2$、$LiVO_2$ 和 $LiMnO_2$，以及属于尖晶石型化合物的 $LiMn_2O_4$、LiV_2O_4 和 $LiCo_2O_4$）、钒系正极材料和有机多硫化物正极材料等。其中，层状 $LiCoO_2$、尖晶石 $LiMn_2O_4$、层状三元材料（尖晶石材料相对容量较低，同时高温下由于锰的溶解造成性能下降；而层状 $LiNiO_2$ 存在安全问题，将 Ni、Mn、Co 三种材料组合起来，即为层状三元正极材料）和聚阴离子型的 $LiFePO_4$ 是目前市场上应用较为广泛的锂离子电池正极材料。表 2-1 列出了几种常见正极材料的理论比容量和实际可逆比容量。

表2-1　正极材料列表

正极材料	理论比容量/（mA·h/g）	实际可逆比容量/（mA·h/g）
$LiCoO_2$	274	130～170
$LiNiO_2$	274	190～220
$LiNi_{0.8}Co_{0.1}Al_{0.1}O_2$	283	200
$LiNi_{1/3}Co_{1/3}Mn_{1/3}O_2$	278	160
$LiNi_{0.6}Co_{0.2}Mn_{0.2}O_2$	276	180～185
$LiMn_2O_4$	148	100～120
$LiFePO_4$	170	160

　　层状结构的锂过渡金属氧化物 $LiMO_2$ 具有很强的离子特性和最密堆积的晶体结构。氧离子在锂离子、过渡金属离子和氧离子三种组成元素离子中具有最大的离子半径，它先形成一层密堆积层，锂离子和过渡金属离子填充在氧离子空隙中。氧离子的密堆积可以通过六方密堆积和立方密堆积获得，氧离子之间的四面体和八面体空隙被离子半径在 $0.680 \sim 0.885$Å（1Å=0.1nm，以下全书同）之间的 3d 过渡金属和锂离子所占据。若一个晶胞中有 n 个氧，则存在 $2n$ 个四面体位置和 n 个八面体位置，因此层状的 $LiMO_2$ 有 4 个四面体位置和 2 个八面体位置。四面体位置被离子半径比在 $0.225 \leqslant r/R < 0.414$ 的离子占领，八面体位置被离子半径比在 $0.414 \leqslant r/R < 0.732$ 的离子占领。由于 3d 过渡金属离子的半径比在 $0.5379 \leqslant r(M^{3+})/R(O^{2-}) \leqslant 0.7024$，而锂离子则为 $r(Li^+)/R(O^{2-}) = 0.7143$，因此它们占据 $LiMO_2$ 的两个八面体位置。

　　层状结构如图 2-2 所示，由过渡金属和氧组成的金属氧化物层和锂氧八面体交替排列，MO_2 层内形成较强的离子键，MO_2 层的库仑斥力允许锂离子的嵌入脱出。因此，沿着二维平面的离子扩散产生高的离子电导。颗粒表面的锂离子在充电过程中脱出，形成空的八面体位置，使得附近的锂离子可以依次扩散和

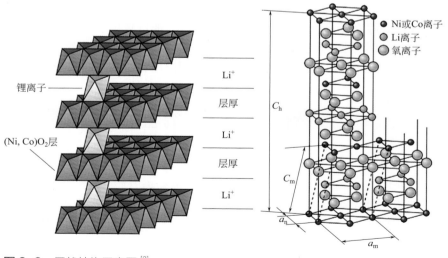

图 2-2　层状结构示意图 [2]

脱出。放电时，锂离子嵌入颗粒表面空的八面体位置。锂离子如果要在层间移动，则需要通过 MO_2 层中空的四面体位置到达另一层锂层中的八面体位置，但该四面体与 MO_2 层中的过渡金属八面体是共面的。因此，锂离子扩散需要较高的活化能。锂离子在充电过程中脱出，由于 MO_2 层的氧原子相互排斥，使得晶格膨胀。当锂完全脱出后，c 轴显著收缩，$LiMO_2$ 在相转化阶段的可能结构如图 2-3 所示。Delmas 提出一种晶型的分类，层状氧化物的化学成分前冠以：①大写字母表示碱性物质周围的环境，O 表示八面体（octahedral），T 表示四面体（tetrahedral），P 表示棱柱（prismatic）；②一个代表 MO_2 层重复次数的数字[3]。例如，钴酸锂可以表示为 $O3\text{-}LiCoO_2$，表示锂在八面体位置，而且 3 个 CoO_2 可以描述一个晶胞单元。

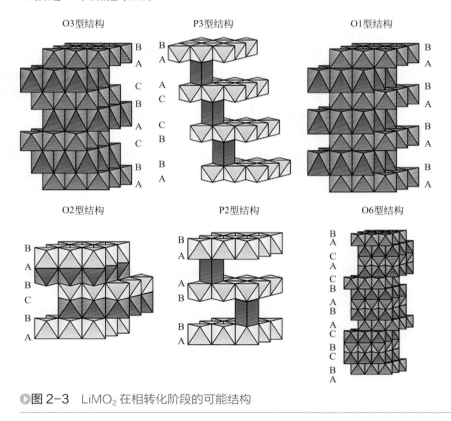

▶ 图 2-3　$LiMO_2$ 在相转化阶段的可能结构

一、钴酸锂层状材料

钴酸锂（$LiCoO_2$）是第一种实现商业化的锂离子电池正极材料，也是目前应用最广泛的正极材料。$LiCoO_2$ 是典型的 α-$NaFeO_2$ 结构，属六方晶系，空间群为 $R\bar{3}m$。锂离子占据 3a 位置，钴离子占据 3b 位置，氧离子占据 6c 位置。电池充放电过程中，Li^+ 在 CoO_2 层间做二维运动，可逆地嵌入与脱出，具有较高的 Li^+ 电导率，扩散系数为 $10^{-9} \sim 10^{-7}$ cm^2/s。共棱的 CoO_6 的八面体分布使 Co 与 O 之间以 Co-O-Co 形式发生相互作用，其也具有较高的电子电导率。

图 2-4 是 $LiCoO_2$ 充电过程中的 XRD 谱图。在充电过程中，$LiCoO_2$ 转变为不同的结构，这可以从（003）峰右侧的小峰变大看出来。对于 $Li_{1-x}CoO_2$，当 $x > 0.5$ 时，层状 O3 结构和单斜 P3 结构相混，会发生不可逆的相变。因此，$LiCoO_2$ 只有不到 50% 的锂可以进行可逆的嵌入与脱出。完全脱锂获得的 CoO_2 是不可逆相变形成的六方密堆积的 O1 层状结构。所有锂脱出后，相邻层的氧离子之间没有锂离子遮蔽，尽管有着强的静电排斥作用，但还能够保持结构稳定。研究表明，完全脱锂态的钴酸锂中，仍有部分钴离子是 +3 价，锂离子的完全脱出需要其他氧化还原反应的参与。在高电压下，氧可以被氧化，氧的低电荷可以降低氧离子之间静电斥力。$LiCoO_2$ 的理论比容量是 274mA·h/g，通过掺杂、包覆等各种手段，可以获得 170mA·h/g 的实际比容量。在 $LiCoO_2$ 中，O 2p 的能带顶比锂的 μ_A 低 4.0eV 左右，限制 $Li_{1-x}CoO_2$ 实际能够发挥的容量在 $0 \le x \le 0.55$ 之间。当 x 再大一点时，超氧离子会在正极表面生成，并且氧会持续损失。当 $x > 0.72$ 时，电荷的补偿不是通过 Co 的氧化，而是晶格氧的释放，这会导致可逆容量的下降。当温度高于 50℃时，氧的大量释放使晶格坍塌。同时，正极材料和液体电解质的副反应会引起液体电解质分解，释放气体，这种氧气的产生实际上反映了层状氧化物的内在电压限制[4]。

表 2-2 列出钴酸锂放电时锂离子含量减少对应的充电截止电压及可以获得的放电比容量。从表中可知，随着充电截止电压的进一步提升，$LiCoO_2$ 中锂离子的脱出量增加，会带来正极比容量不可逆转的损失。实现高电压、高比容量、长循环下结构稳定的途径包括在材料制备过程中采用掺杂、包覆、大小颗粒混掺等方法。通过本体掺杂，改变 $LiCoO_2$ 本体组成或制造晶格缺陷来有效调节材料的电性能；通过表面掺杂和包覆，着重改变 $LiCoO_2$ 颗粒的表面性能，并降低颗粒表面的反应活性。

表2-2　钴酸锂充电截止电压与放电比容量及材料结构的关系

$Li_{1-x}CoO_2$	充电截止电压（vs Li）/V	放电比容量/(mA·h/g)
x=0.57	4.25	155
x=0.62	4.35	169
x=0.67	4.45	182
x=0.77	4.55	210
x=0.83	4.60	225

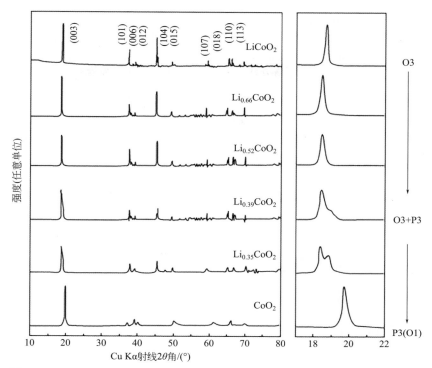

图 2-4 LiCoO₂ 充电过程中的 XRD 谱图

掺杂和包覆可以显著提升 LiCoO₂ 的容量、循环及热稳定性。目前使用的掺杂元素包括 Mg、Al、Ti、Zr 等 [5, 6]。Al³⁺ 和 Co³⁺ 的离子半径相近，掺杂后能在较大范围内形成固溶体 LiCo₁₋ᵧAlᵧO₂，可以提高电压，稳定结构，改善循环性能。Ti⁴⁺ 掺杂得到 LiCo₁₋ₓTiₓO₂，能够有效抑制 LiCoO₂ 在充放电过程中电化学阻抗的增加，有利于降低电池的容量衰减，提高循环稳定性。Zr 离子可以改善高温性能并提升可逆容量。Mg 离子可以稳定 LiCoO₂ 的结构，优化材料的循环性能。Mg²⁺ 掺杂后占据晶格中 Co 的位置，产生 Co⁴⁺，即空穴，可以在不改变晶体结构的前提下使材料的电导率提高两个数量级至 0.5S/cm，同时在充放电循环过程中材料呈单相结构 [7]。

包覆也可以提高 LiCoO₂ 的结构稳定性。在高电位下，LiCoO₂ 结构中大量的 Co³⁺ 变成 Co⁴⁺，将导致氧缺陷的形成，会减弱 Co—O 键，从而使 Co⁴⁺ 溶入液体电解质中。经过表面修饰的 LiCoO₂ 在高电压及高温下能够抑制 Co 溶出。图 2-5 为氧化物包覆前后 LiCoO₂ 的性能。包覆氧化物后，LiCoO₂ 颗粒表面会形成 LiCo₁₋ₓM（Al/Zr/Ti）ₓO₂，从而减少氧缺陷的形成，提高材料的结构稳定性。此外，包覆还能够减少 LiCoO₂ 与液体电解质的反应。如果 LiCoO₂ 直接与液体电解质接触，强氧化性的 Co^{4+} 将会与液体电解质发生反应，从而导致容量损失。包覆层可避免 $LiCoO_2$ 与液体电解质直接接触，减少容量损失，改善其循环性能[8, 9]。根据包覆材料的不同，循环性能改善的程度将按照 B_2O_3 < TiO_2 < Al_2O_3 < ZrO_2，次序依次提升，与这些材料的坚固性紧密相关。通常包覆层只能覆盖正极材料的一部分表面，通过调节表面能量低于或相当于包覆层来阻止过渡金属的溶出。包覆还能提高材料的热稳定性。$AlPO_4$ 纳米颗粒可以与残留的锂化合物生成 $LiAl_yCo_{1-y}O_2$ 及 Li_3PO_4，降低残留锂的含量，生成的 Li_3PO_4 是 Li^+ 导体，并且生成的 Al 掺杂的 $LiMO_2$ 可以起到增强循环性能的作用[10]。

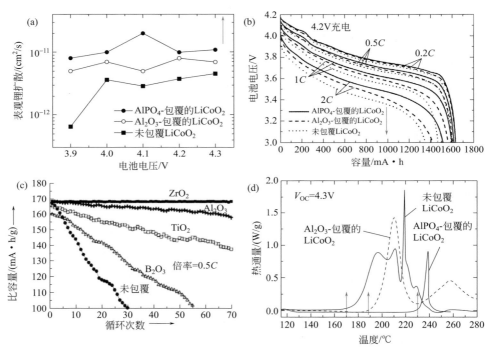

图 2-5 $AlPO_4/Al_2O_3$ 包覆的 $LiCoO_2$ 及未包覆 $LiCoO_2$（a）不同电压下的表观锂扩散系数（b）及放电曲线；不同氧化物包覆的 $LiCoO_2$ 及未包覆 $LiCoO_2$ 的（c）循环性能及（d）热性能

尽管 $LiCoO_2$ 有诸多优势，但是 Co 元素具有毒性，价格昂贵，热力学稳定性较差，在电池的使用过程中存在安全隐患。

二、镍酸锂层状材料

$LiNiO_2$ 具有 $R\bar{3}m$ 斜方六面体结构，实际比容量可达到 190 ~ 210mA·h/

g。对于 LiCoO$_2$ 和 LiNiO$_2$ 来说，尽管 Ni 的 d 电子数多于 Co，但 LiCoO$_2$ 的电压却更高，这是因为 LiCoO$_2$ 中 Co^{3+} 的 6 个电子都处于低自旋态的 t$_{2g}$ 轨道，而 LiNiO$_2$ 中 Ni^{3+} 的 7 个电子分裂成为 6 个 t$_{2g}$ 和 1 个 e$_g$ 电子，处于高能态的电子更容易释放，所以 Ni^{3+} 的电势就降低。Ni^{3+}/Ni^{4+} 的 e$_g$ 能带与 O^{2-} 的 2p 能带的顶部重叠的位置比 Co^{3+}/Co^{4+} 的 t$_{2g}$ 能带重叠的部分少。Co^{4+} 只能在脱出 50% 的锂后稳定存在，而 Ni^{4+} 则可以在层状镍酸锂脱出更多锂的情况下稳定存在，因此可以获得 220mA·h/g 的比容量。图 2-6 是不同金属的氧化还原电对。

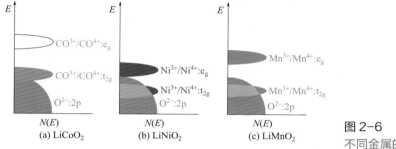

图 2-6
不同金属的氧化还原电对

由于 Ni^{2+} 与锂离子半径比较接近（r_{Li^+} = 0.76Å，$r_{\mathrm{Ni}^{2+}}$ = 0.68Å），在合成材料的过程中一部分 Ni^{2+} 与锂离子会发生混排现象。由于锂离子传输需要通过四面体位置作为中间位置，因此混排会影响锂离子的离子传导 [11]。当晶体结构中的 Ni^{2+} 与 Li$^+$ 混排时，Li$^+$ 脱嵌时最先影响的是最邻近的 Ni 的氧化还原，Ni 由 +2 价及 +3 价氧化为 +3 价及 +4 价，处于 Li$^+$ 层的 Ni^{2+} 失去 e$_g$ 轨道电子，半径急剧减小（$r_{\mathrm{Ni}^{3+}}$ = 0.56Å），引起层间距减小；锂层晶体结构出现局部塌陷，使得在后续放电时，Li$^+$ 难以嵌入锂层中 Ni 离子附近的 Li 晶格，引起首次不可逆容量损失；并且低自旋 Ni^{3+} 八面体配位形成的不成对电子具有不稳定性，容易转变为 Ni^{2+}。因此，合成 LiNiO$_2$ 时需要在氧化条件下进行。混排程度的不同会影响材料的结构及循环性能。此外，低自旋的 Ni^{3+} 电子构型存在 Jahn-Teller 效应，使得 z 轴方向的键长增加。Jahn-Teller 效应产生的原因是 MO$_6$ 八面体使 d 轨道分裂成能级不同的 t$_{2g}$ 和 e$_g$ 轨道，缩短或增加在 z 轴方向的金属 - 氧键的键长，z 轴方向的反复膨胀收缩，造成电导率降低，电极性能恶化。在充放电循环过程中，Ni^{3+} 易经过相邻四面体位置迁移至 Li$^+$ 层中，占据 Li 晶格位置。图 2-7 示出在充放电过程中 LiNiO$_2$ 的相转化。

虽然 LiNiO$_2$ 有比 LiCoO$_2$ 更高的容量，但其制备比较困难，Li$^+$ 和 Ni^{2+} 的离子半径比较接近，容易发生离子混排现象，不利于 Li$^+$ 的传导。在高温和高电压下，镍从 LiNiO$_2$ 表面脱出，造成结构不稳定，副反应通常是部分转化为尖晶石结构及岩盐相，脱锂的电极是热力学亚稳态的，具有低的热稳定性。随着充电的进行和锂含量的减少，结构不稳定性增加，引起氧化态物质分解。在液体电解质存在情况下，脱锂态下 $LiNiO_2$ 热稳定性较差，分解温度低，释放的能量高。当高温或过充时，$LiNiO_2$ 容易发生爆炸；在充放电过程中结构稳定性差，微观结构易发生变化，使得容量衰减迅速，因此未被用于正极材料。

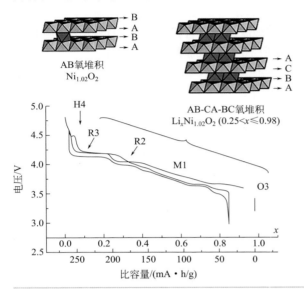

图 2-7
$LiNiO_2$ 结构及充放电时的相转化

一般通过对 $LiNiO_2$ 中 Ni 元素进行掺杂来稳定材料的结构，形成高镍材料，从而改善其性能。掺杂的效果可以分为以下三类：减少不稳定物质的含量，用电化学及结构稳定的物质来代替；利用静电斥力防止 Ni^{2+} 向锂离子层迁移；增强氧和金属之间的键强度，增加结构稳定性，减少氧的释放。为了防止阳离子混排及结构破坏，通常将 Ni^{2+} 部分替换成为其他过渡金属离子。采用其他过渡金属离子部分取代镍离子获得的 $LiNi_{1-x}Co_xO_2$ 和 $LiNi_{1-x-y}Co_xAl_yO_2$，可以取代 $LiNiO_2$ 而被使用。掺入具有固定氧化数的其他 M^{3+} 时，Ni^{2+} 就难以取代锂离子而保持电中性。Co 离子的引入可以有效地阻止 Ni^{2+} 取代锂离子，而惰性的 Al 则会影响锂离子的嵌入与脱出。通常采用的掺杂元素有 Al、Mg、Ti、Cr、Ga 及 Fe。

由于 $LiNiO_2$ 及其他高镍材料制备过程中需要锂源过量，材料表面的残余锂成分会与空气反应，生成 LiOH 及 Li_2CO_3。因此，富镍材料在水溶液中的 pH 值一般超过 12，会在使用 NMP 匀浆时迅速形成凝胶复合物。同样，与液体电解质接触时，富镍材料表面也会自发地发生副反应。当使用 $LiClO_4$ 作为电解质，PC 作为溶剂时，副反应主要生成碳酸锂；当 $LiPF_6$-EC（ethylene carbonate）/DMC（dimethyl carbonate）作为液体电解质时，副反应主要生成包含 P/O/F 的化合物。这些化合物沉积在电极的表面，妨碍锂离子的传输，造成电极性能下降，如图 2-8 所示。

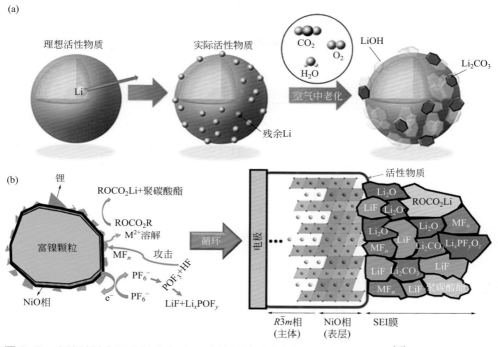

图 2-8　富镍材料表面残留碱（a）及富镍材料对液体电解质的氧化（b）[12]

在 $LiNi_{1-x}Co_xO_2$ 中，Co 的替代使材料晶格参数下降，因此可以使体积比容量增大。图 2-9 显示 $Li_{1-x}Ni_{0.85}Co_{0.15}O_2$ 在充放电过程的相转化。$LiNi_{1-x}Co_xO_2$ 的理论比容量是 274mA·h/g，实际比容量约为 174mA·h/g。由于 Co 的替代，更少的 Ni^{2+} 发生交换，充放电中的相变被抑制，电化学性能得到提升。充电过程中，$Li_{1-x}Ni_{1-y}Co_yO_2$ 的 O3 层状结构在 $0 \leqslant x \leqslant 0.70$ 的范围内保持稳定，在 $0.70 < x < 1$ 范围内转化成 O3 和 P3 层状结构共存。当锂离子完全脱出时，形成一个新的 O3 层状结构相 $Ni_{1-y}Co_yO_2$。Al 由于其对结构的稳定作用，是最常用来稳定层状结构的元素[13]。然而，随着掺杂量的增加，结构稳定性上升，电极容量下降[14]。因此，优化最小掺杂量是研究掺杂的一个重要部分。

包覆可以有效改善电极与液体电解质之间的界面，消耗 HF 及抑制金属溶解，还可以将有害副反应降至最低，抑制放热反应，改善电化学性能。对于脱锂态的 $Li_{1-x}NiO_2$（$x > 0.5$），过充电引起的表面结构不稳定会造成电池温度上升，导致安全问题，可以采用 B_2O_3、MgO、$AlPO_4$、SiO_2、ZrO_2 等材料进行表面包覆，可提高材料的结构稳定性，使活化能增大，抑制相变。从图 2-10 可以看出，对

LiNiO$_2$ 进行 ZrO$_2$ 包覆后，可以有效地抑制充放电过程中的晶格变化，减轻循环后的相变，材料的放电曲线稳定，循环性能得到改善。但是，金属氧化物包覆层由于具有电化学惰性，也是一层电阻层[15]。

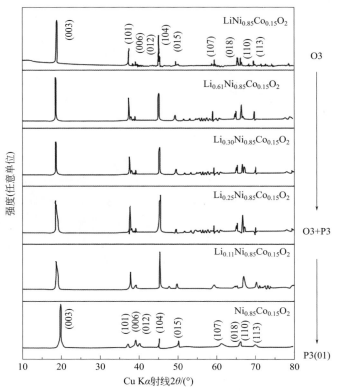

图 2-9　Li$_{1-x}$Ni$_{0.85}$Co$_{0.15}$O$_2$ 充放电过程中的相转化

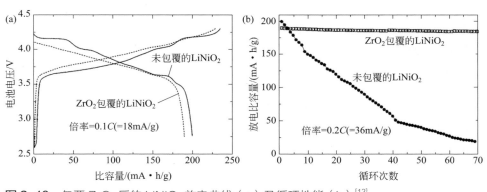

图 2-10　包覆 ZrO$_2$ 后的 LiNiO$_2$ 放电曲线（a）及循环性能（b）[12]

三、NCA层状材料

采用 Co 或 Al 部分取代 Ni 离子，如 $LiNi_{1-x}Co_xO_2$ 和 $LiNi_{1-x-y}Co_xAl_yO_2$，可以代替 $LiNiO_2$ 使用。掺入具有固定氧化数的 M^{3+} 后，Ni^{2+} 就难以取代锂离子而保持电中性。三价的 Co 离子的引入可以有效阻止 Ni^{2+} 取代锂离子，其离子半径（0.545Å）与 Ni^{3+} 的离子半径（0.56Å）近似，可以较容易地形成固溶体；与锂离子半径的差异可以促进 M/Li 的有序排列，保证层状结构[16-18]。$LiNi_{1-y}Co_yO_2$ 固溶体在 $y > 0.3$ 时，锂层中没有 Ni^{2+}。当 $y > 0.3$ 时，可以获得 180mA·h/g 的比容量，锂离子可以脱出 0.7 以上，过渡金属氧化顺序是先 Ni 后 Co。惰性的 Al 取代是为加强材料的热稳定性，Al^{3+} 阳离子占据 NiO_2 层的八面体位置。由于 Al—O 键比 Ni—O 键的键能更强，可以作为结构支撑。虽然 Al^{3+} 降低电极的容量，但加强材料在高温下及循环时的稳定性。将 Co 能够稳定层状结构的特性和 Al 加强热稳定性的优点综合起来，获得 $LiNi_{1-x-y}Co_xAl_yO_2$（NCA）材料。通过可逆脱嵌 70% 左右的锂离子，NCA 能够获得 180～220mA·h/g 的比容量，其放电性能如图 2-11 所示。其中，$LiNi_{0.80}Co_{0.15}Al_{0.05}O_2$ 及 $Li[Ni_{0.80}Co_{0.19}Al_{0.01}]O_2$ 综合安全、能量、倍率和价格等优点。$LiNi_{0.80}Co_{0.15}Al_{0.05}O_2$ 可以获得 200mA·h/g 的比容量，并且有高的热稳定性[19]，$LiNi_{0.80}Co_{0.19}Al_{0.01}O_2$ 在 10C 下能够获得 155mA·h/g 的比容量[20]。

NCA 是目前商业化正极材料中比容量最高的材料。但是，NCA 在使用中存在以下问题：①合成困难，二价镍离子难以氧化成三价，需要在纯氧气气氛下才能氧化完全；②吸水性强，需要在 10% 相对湿度以下生产和保存；③ NCA 的电压平台比 $LiCoO_2$ 要低 0.1～0.15V，在充电截止电压 4.2V 情况下，比 $LiCoO_2$ 的比容量高得多，然而相对于现有的高电压 $LiCoO_2$，提高 NCA 的充电电压对容量的增加没有 $LiCoO_2$ 显著。

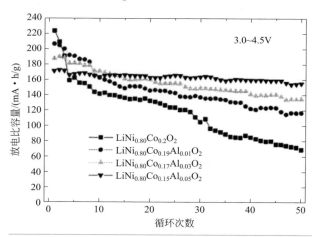

图 2-11

掺杂不同含量 Co、Al 的 $LiNi_{1-x-y}Co_xAl_yO_2$ 的放电性能[21]

此外，NCA 的热稳定性较差。在热失控时，释放的氧气和 CO_2 与材料的相转化有关，从层状结构 $R\bar{3}m$ 转化为尖晶石相（$Fd\bar{3}m$），最后转化为岩盐相（$Fd\bar{3}m$）。镍原子及钴原子在脱锂态的稳定相是不一样的。镍离子在 NiO 岩盐相中稳定，而钴离子在温度不足以形成岩盐相结构时，易形成 Co_3O_4 尖晶石相的结构。充电态对相转变及氧气析出有重大影响，当脱锂量增多时，相转变温度及氧气释放量都增加[22]。在 NCA 体系电池的充电后期，正极材料处于高充电态下，Ni 元素大部分被氧化为 Ni^{4+}。液体电解质很容易与具有强氧化性的 Ni^{4+} 发生副反应，氧化分解产生 CO_2 和 H_2O 等副产物。H_2O 会促进液体电解质中 $LiPF_6$ 的水解，形成酸性物质 HF 及 POF_3。HF 会腐蚀集流体，并造成电极活性材料的溶解等问题。由于 Ni^{4+} 的 e_g 能带与 O^{2-} 产生部分重叠，在高脱锂态时，-2 价的氧被氧化为氧自由基，从层状晶格中逸出。氧自由基是一种强氧化性物质，容易氧化液体电解质分解产生副产物。氧自由基也可相互结合形成 O_2，氧气的释放与大量热量的产生会带来严重的安全隐患。

NCA 的改性主要通过掺杂和包覆来实现。采用共沉淀法合成 Mg 掺杂的 $LiNi_{0.80-x}Co_{0.15}Al_{0.05}Mg_xO_2$，中子衍射表明 Mg^{2+} 取代部分 Ni^{2+}[23]。在 20℃ 条件下，以 $0.1C$ 充放电循环 500 次后，未掺杂和掺杂改性后电池的容量保持率分别为 87% 和 96.5%。当温度为 60℃ 时，充放电循环 500 次后，两者的容量保持率分别是 83% 和 91%，高温性能得到提高。由于 Mg 不具有电化学活性，掺杂后电池首次容量略有下降。在高温（$T \geqslant 50℃$）条件下存储会导致容量衰减严重，通过包覆可以提高 $LiNi_{1-y}Co_xAl_yO_2$ 材料的热稳定性。材料的热稳定性与液体电解质的氧化副产物有直接关系，这些副产物附着在脱锂后颗粒的表面，加速材料的热分解。包覆可以抑制液体电解质在活性物质表面的分解，降低分解副产物在活性物质表面的附着，并且可以形成一个稳定的表面，减少阳离子相的混排，从而可以增强热稳定性。对于在 NCA 材料表面包覆质量分数为 3% 的 Al_2O_3、CeO_2、ZrO_2、SiO_2、ZnO 及 $AlPO_4$，研究发现，Al_2O_3 及 $AlPO_4$ 包覆能够减少材料的不可逆容量损失[24]。采用 $LiNi_{0.5}Mn_{0.5}O_2$ 包覆 $LiNi_{0.80}Co_{0.15}Al_{0.05}O_2$，制备成为核壳结构材料，电池的循环性能和倍率性能都得到提高，然而多次循环后，充放电过程可导致外壳与内核膨胀收缩程度不同，外壳与内核之间存在间隙，使电子无法传导[25]。

四、三元层状材料

在层状 $LiNiO_2$ 及层状 $LiMnO_2$ 的基础上，将 Ni 用 Mn 及 Co 取代，可以获得容量较高、循环性能良好的三元材料。三元材料是由高容量的 $LiNiO_2$ 和热稳定性好、价格便宜的 $LiMnO_2$ 以及电化学性能稳定的 $LiCoO_2$ 复合物组成，展现了优秀的电化学性能。根据 Ni、Co、Mn 原子比例不同，三元材料可分为

111、523、811 等型号。$LiNi_{1/3}Mn_{1/3}Co_{1/3}O_2$ 的晶体结构如图 2-12 所示。根据第一性原理计算，由低自旋的 Co^{3+}、Ni^{2+}、Mn^{4+} 组成的具有 $P3_112$ 空间群对称性的 $LiNi_{1/3}Mn_{1/3}Co_{1/3}O_2$ 比按照 1:1:1 比例复合的三元 Ni、Co、Mn 层状氧化物具有更高的稳定性。通常认为 Ni^{2+} 参与充放电过程，Co^{3+} 在充电末期被激活，而 Mn^{4+} 不参与充放电过程，但通过八面体位置的晶体场稳定化能可提供整个晶体结构的稳定性。对 $LiNi_{1/3}Mn_{1/3}Co_{1/3}O_2$ 正极材料的晶体结构进行精细分析后发现，在材料中仍然存在离子混排，2% 的 Ni 从 3a 位迁移到 3b 位取代 Li 原子；而 Co、Mn 倾向于占据晶格中的 3a 位。通常，$LiCoO_2$ 和 $LiNiO_2$ 能够形成固溶体，但不能和 $LiMnO_2$ 形成固溶体；而 $LiNiO_2$ 和 $LiMnO_2$ 能形成固溶体。制备 $LiNi_{1/3}Mn_{1/3}Co_{1/3}O_2$ 多采用共沉淀法，在共沉淀获得氢氧化物前驱体时，$Mn(OH)_2$ 会氧化成 MnOOH 或 MnO_2。通过碳酸盐共沉淀法，前驱体中的 Mn 可以保持为 Mn^{2+}，但在后续的烧结中不易完全消除 NiO 和 Li_2MnO_3 等杂质。

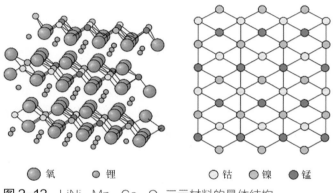

氧 ● 锂 ○ 钴 ● 镍 ● 锰

图 2-12 $LiNi_{1/3}Mn_{1/3}Co_{1/3}O_2$ 三元材料的晶体结构

$LiNi_{0.4}Mn_{0.4}Co_{0.2}O_2$、$LiNi_{0.5}Mn_{0.3}Co_{0.2}O_2$、$LiNi_{0.8}Co_{0.1}Mn_{0.1}O_2$ 等三元材料也是目前研究的重点。随着钴含量降低，镍锰含量增加，使产品更具有成本优势，但钴含量减少后，材料的稳定性、倍率性能和循环性能有所下降。热分析结果显示，$LiNi_{1/3}Mn_{1/3}Co_{1/3}O_2$ 相比其他三元层状材料，具有更高的放热分解温度以及更低的热量释放，如图 2-13 所示。随着 Ni 含量的增多，容量升高，而热稳定性下降；Co 含量升高，倍率性能加强[26, 27]。为了解决这个问题，核壳结构被开发出来[28, 29]，这种电极可以获得 209mA·h/g 的比容量及优异的容量保持率、热稳定性。但这种材料在循环后会发生核壳界面的剥离，因此浓度梯度结构被开发出来，这种材料外部是高浓度的 Mn 元素及低浓度的 Ni 元素，内部是高浓度的 Ni 元素及低浓度的 Mn 元素，可以获得高容量及高热稳定性[30]。在核壳结构中，由于壳与核之间材料的应力不同，重复的充放电在核与壳之间能够造成大于 10nm

的缝隙，富镍的核 $LiNi_{0.8}Co_{0.1}Mn_{0.1}O_2$ 循环后有 9% ～ 10% 的体积变化；而壳结构 $LiNi_{0.5}Mn_{0.5}O_2$ 只收缩 3%。此外，具有浓度梯度结构的材料在 2.7 ～ 4.5V 之间，于 55℃下循环时，2500 次循环后整个颗粒中还会有较大的裂纹。

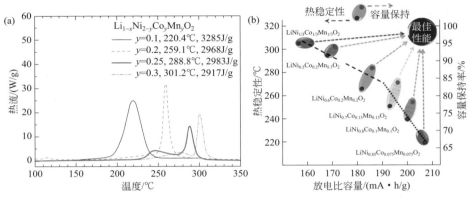

图 2-13　不同镍含量三元材料的 DSC 热稳定性数据（a）
及热稳定性与容量的关系（b）[26, 27]

　　层状三元材料的缺点包括高温产气、压实低、结构不稳定、首次效率低等，可以利用掺杂和包覆的手段来解决，使三元材料获得更稳定的结构以及更高的容量。

　　采用元素部分掺杂，可使脱锂态的过渡金属氧化物结构更加稳定，以保持其良好的循环性能，但是会降低材料的初始容量。采用 Mg 取代 $LiNi_{0.6}Co_{0.25}Mn_{0.15}O_2$ 三元材料中的 Ni 后，Mg^{2+} 不参与氧化还原过程，因此提高材料主结构的稳定性，并有利于材料在高电压和高温下循环稳定性的提高，如图 2-14 所示 [31]。由于 Mn 在 2.7 ～ 4.8V 电压范围内并不参与氧化还原反应，所以用 Mg 部分取代 $Li[Ni\text{-}Co\text{-}Mn]O_2$ 中的 Mn 并不会导致材料容量下降。采用 Sn 取代 $Li[Ni_{3/8}Co_{2/8}Mn_{3/8}]O_2$ 材料中的 Mn，提高 Li^+ 的扩散系数，可使得材料的倍率性能有很大提高 [32]。Mo^{6+} 也被掺杂入 $Li[Ni_{1/3}Co_{1/3}Mn_{1/3}]O_2$ 体系中，以提高材料中 Ni^{2+} 的电化学活性，发现少量 Mo^{6+} 的掺杂将提高材料的放电容量和循环稳定性 [33]。除了对过渡金属元素进行掺杂外，对阴离子 O 元素掺杂也能够改善三元材料的性能。可向 $LiNi_{1/3}Co_{1/3}Mn_{1/3}O_2$ 中掺入阴离子 F^- 形成化合物 $LiNi_{1/3}Co_{1/3}Mn_{1/3}O_{2-x}F_x$。F 的掺入能促使晶粒长大并提高结晶性能 [34]。少量 F（$0 < x < 0.15$）能稳定循环过程中活性物质与液体电解质的接触界面，从而提高循环性能；而过量的 F 则会在界面形成新的不稳定物质，从而降低 $LiNi_{1/3}Co_{1/3}Mn_{1/3}O_2$ 的电化学性能。孙克宁课题组研究了 Cr 的掺杂量对 $LiNi_{1/3}Co_{1/3}Mn_{1/3}O_2$ 结构及电化学性能的影响，发现掺杂 Cr 含量 $x=0.04$ 时，材

料层状结构良好，阳离子混排程度小，在 4.6V 截止电压下的首次放电比容量为 173mA·h/g，50 次容量保持率为 87.7%，如图 2-15 及表 2-3 所示。进一步又考察了 Fe 和 Al 元素掺杂对 $LiNi_{1/3}Co_{1/3}Mn_{1/3}O_2$ 材料结构与电化学性能的影响，发现 Al 和 Fe 的掺入并没有改变原材料的晶型（α-NaFeO$_2$ 结构），但可改变晶格参数及电压平台，使电池的放电比容量降低。然而，少量的 Al（$LiNi_{1/3}Co_{1/3-x}Al_xMn_{1/3}O_2$，$x$=0.05）可提高材料的结构稳定性及电池的循环性能，并且 Fe 可降低嵌锂电压[35]。

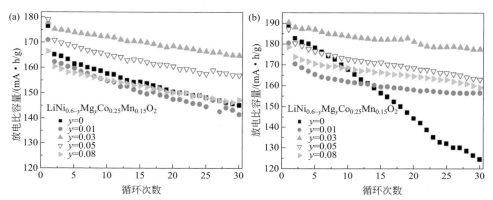

图 2-14 掺杂不同 Mg 含量 $LiNi_{0.6}Co_{0.25}Mn_{0.15}O_2$ 室温下（a）及 55℃下（b）循环性能[31]

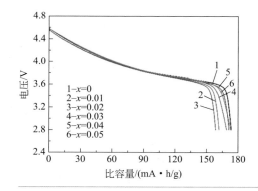

图 2-15
掺杂不同 Cr 含量 $LiNi_{1/3}Co_{1/3}Mn_{1/3}Cr_xO_2$ 的首次放电曲线

表2-3 掺杂不同 Cr 含量材料在 2.8 ～ 4.6V 之间循环的电化学性能参数

x	首次充电比容量 /（mA·h/g）	首次放电比容量 /（mA·h/g）	首次库仑效率 /%	50次放电比容量 /（mA·h/g）	50次容量保持率 /%
0	208.08	173.27	83.27	144.42	83.35
0.01	202.55	161.74	79.85	136.78	84.57
0.02	200.96	158.56	78.90	135.30	85.33

x	首次充电比容量 /(mA·h/g)	首次放电比容量 /(mA·h/g)	首次库仑效率 /%	50次放电比容量 /(mA·h/g)	50次容量保持率 /%
0.03	209.75	168.93	80.54	146.19	86.54
0.04	194.59	172.89	88.85	151.68	87.73
0.05	198.23	171.22	86.37	150.15	87.69

提高三元材料电化学性能的另一种方法是通过金属氧化物（如 ZnO、Al_2O_3、ZrO_2、TiO_2、B_2O_3 和 SiO_2）修饰材料表面，维持活性材料自身较高的初始容量，阻止金属离子在液体电解质中的溶解，并且抑制副反应的发生，改善正极材料的容量保持率。在 $Li[Li_{0.05}Ni_{0.4}Co_{0.15}Mn_{0.4}]O_2$ 表面制备厚度约为 5nm 的均一无定形 Al_2O_3 薄层时，发现当使用含 $LiPF_6$ 的液体电解质时，Al_2O_3 包覆层越薄，材料的容量越高，包覆层对 Li^+ 在电极和液体电解质界面间的嵌入反应不产生干扰[36]。由于 Al_2O_3 绝缘薄层的存在，包覆材料的倍率性能和高温性能均优于未包覆材料，可能是因为 Al_2O_3 包覆层的存在抑制循环过程中液体电解质所产生的 HF 的扩散，减少活性材料的分解，从而降低电池的阻抗，改善材料的电化学性能。采用纳米 $AlPO_4$ 包覆 $Li[Ni_{0.8}Co_{0.1}Mn_{0.1}]O_2$ 材料，包覆后材料的热稳定性能和电化学性能均优于未包覆材料；与液体电解质间的放热反应明显减少，增强锂离子电池的安全性[37, 38]。在 $LiNi_{1/3}Co_{1/3}Mn_{1/3}O_2$ 表面包覆 $Al(OH)_3$，试验表明，包覆前和包覆后的 XRD 相同，但电池的倍率性能和热稳定性能得到明显提高[39]。电压范围在 2.8～4.3V 之间时，55℃下 $LiNi_{1/3}Co_{1/3}Mn_{1/3}O_2$ 的放电比容量为 166mA·h/g，45 次循环后的容量保持率为 92%，而包覆 $Al(OH)_3$ 后的容量保持率为 96%。电化学性能提高的原因是 $Al(OH)_3$ 包覆层降低电极材料的界面电阻，并且抑制金属离子在液体电解质中的溶解。

此外，高镍三元材料表面高浓度的 Li_2CO_3 及 LiOH 导致的正极胶状匀浆会造成涂覆厚度不均匀及在集流体的黏附力不均匀，还会因表面液体电解质分解而产生气体。在包覆其他材料时，Li_2CO_3 及 LiOH 会溶解在水里，并且再次沉积在包覆层的表面。针对这种情况，与锂反应的包覆层可以用来优化这个情况。如图 2-16 所示，$AlPO_4$ 纳米颗粒可以与残留的锂化合物反应生成 $LiAl_yCo_{1-y}O_2$ 及 Li_3PO_4，不仅降低残留锂的含量，并且生成的 Li_3PO_4 是 Li^+ 导体。此外，Al 掺杂的 $LiMO_2$ 还可以起到增强循环性能的作用。从图 2-16 中可以看出，$AlPO_4$ 包覆的 $LiNi_{0.8}Co_{0.1}Mn_{0.1}O_2$ 提升热稳定性能及电化学性能[37]。采用 $AlPO_4$ 包覆的 $LiNi_{0.8}Co_{0.1}Mn_{0.1}O_2$ 在 12V 过充中表面温度不超过 125℃[36]。将包覆 $AlPO_4$ 的 $LiNi_{0.8}Co_{0.2}O_2$ 的材料在 90℃储存 4h，发现未包覆的材料表面生成岩盐相的 NiO，包覆后的材料表面生成了氧损失更少的尖晶石相[40]。为了进一步提升表面包覆的电子电导率及离子电导率，V_2O_5 被用来包覆高镍材料，利用 NH_4VO_3 作为包覆前驱体，离子化的 VO_3^- 可以与 LiOH 及 Li_2CO_3 反应。利用这种包覆方法可以制备 V_2O_5-$Li_xV_2O_5$-$LiNi_{0.75-z}Co_{0.11}Mn_{0.14}V_zO_2$ 包覆层的高镍材料[41]。

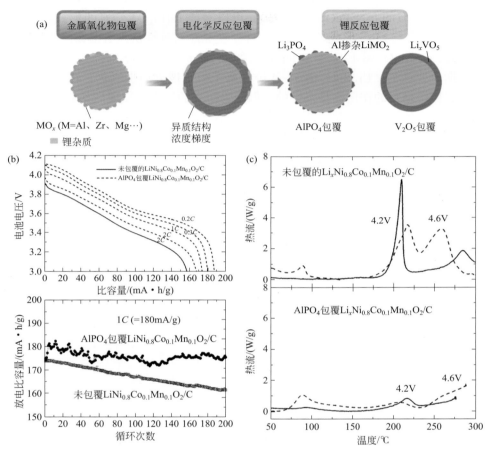

图 2-16 包覆 $AlPO_4$ 及 V_2O_5 的三元材料合成示意图（a）
及未包覆及包覆 $AlPO_4$ 的 $LiNi_{0.8}Co_{0.1}Mn_{0.1}O_2$ 的放电曲线及循环性能（b）
和未包覆及包覆 $AlPO_4$ 的 $LiNi_{0.8}Co_{0.1}Mn_{0.1}O_2$ 的热稳定性（c）

五、富锂层状材料

在对传统层状正极材料进行改性研究的过程中，Thackeray 和 Dahn 发现在合成层状正极材料 $LiMO_2$（M = Mn、Ni、Co）时加入过量的 Li 源和 Mn 源，可以形成一类新的层状材料[42]。这类材料中的 Li 含量明显大于 $LiMO_2$ 中的锂含量，因而被称为富锂层状正极材料。富锂层状正极材料主要是由 Li_2MnO_3 与层状材料 $LiMO_2$（M=Co、Ni、Mn）形成的固溶体，常以化学式 $(1-x)Li_2MnO_3 \cdot xLiMO_2$ 表示。M 可以是一种过渡金属元素或者多种过渡金属元素。Li_2MnO_3 具有与 $LiCoO_2$ 类似的 α-$NaFeO_2$ 层状结构，可以写成 $Li[Li_{1/3}M_{2/3}]O_2$ 的形式。过渡金属层中的 Li^+ 与 Mn^{4+} 形成超晶格有序性，使晶系对称性从六方晶系降为单斜晶系。因此，Li_2MnO_3 属于 $C2/m$ 空间群，锂周围被 6 个 M 原子围绕，如图 2-17 所示。早期研究认为，Li_2MnO_3 由于 +4 价锰离子很难被进一步氧化，在复合物中仅仅起到稳定材料的作用，是惰性的。但随着研究的深入，发现当其充电到 4.5V 时，材料的初始放电比容量 > 250mA·h/g，这个容量高于按照 $LiMO_2$ 中过渡金属来计算的理论容量，大大超越其他传统正极材料，说明高电压下固溶体正极有着新的充放电机制。如此高的放电比容量主要与其结构和新的充放电机制有关。这个电化学活化可以被描述为部分失去 Li_2O 形成 $Li_{2-x}MnO_{3-x/2}$，这是一种由 Li_2MnO_3 及 $LiMO_2$ 组成的复合结构。后者作为电化学活性的材料，而前者作为一种无电化学活性的材料，作为结构稳定组分。

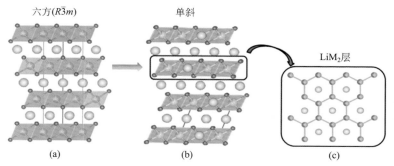

六方($R\bar{3}m$)   单斜 LiM_2 层

(a)   (b)   (c)

图 2-17　富锂材料的结构：O3 结构层状氧化物（a）；单斜富锂层状氧化物（b）；LiM_2 层的 M/Li 排布的蜂窝形结构（c）[43]

在富锂材料结构中，单斜晶系 $C2/m$ 的 Li_2MnO_3 的 001 晶面与层状结构的 $LiMO_2$ 的 003 晶面正好重合，并且两面的晶面间距都是 0.47nm。因此，Li_2MnO_3 的 Mn^{4+} 与 $LiMO_2$ 中的过渡金属能够发生部分混排，从而导致难以确定 $(1-x)$ $Li_2MnO_3 \cdot xLiMO_2$ 中两个组分中的阳离子排列的有序性[44]。Park 等从 XRD 数据分析得出晶胞参数的变化与组分呈线性关系，认为材料是固溶体[45]。Thackeray 等利用 HRTEM、MAS、NMP 等研究数据发现，该材料结构中的阳离子排列为短程有序，故认为是一种假"固溶体"，实质上是一种纳米复合材料[46]。

在新型 $Li_2MnO_3 \cdot LiMO_2$ 复合材料充放电过程中，首次不可逆容量损失较大，首次效率较低。其在首周循环过程中的首次充电曲线如图 2-18 所示，明显不同于其在后续循环过程中的充电曲线；三组分相图中的组成变化与电化学反应如图 2-19 所示。在材料的首次充电过程中，充电曲线存在两个明显的平台。3.9 ～ 4.4V 处的充电平台，是由材料组分中过渡金属元素 Ni 和 Co 的氧化产生的。随着 Li$^+$ 的脱出，Ni^{2+} 和 Co^{3+} 被氧化成 Ni^{3+} 和 Co^{4+}。该过程的反应机理可以用传统层状材料的嵌脱锂机制来解释，即 LiMO$_2$ $\longrightarrow$ Li$^+$+MO$_2$+e$^-$，形成 xLi$_2$MnO$_3$·（1-x）MO$_2$。当电压高于 4.4V 时，由于 Li$_2$MnO$_3$ 中锂的脱出，生成 Li$_2$O 及 MnO$_2$ 并释放氧气，这一过程可表示为 Li$_2$MnO$_3$ $\longrightarrow$ xLi$_2$O+xMnO$_2$+（1-x）Li$_2$MnO$_3$。由于 Li$_2$MnO$_3$ 的余量多少由截止电压决定，升高截止电压可以使更多的 Li$_2$MnO$_3$ 发生反应。因此，必须设定合适的截止电压以控制 Li$_2$MnO$_3$ 的电化学反应，以此来保持材料结构稳定。

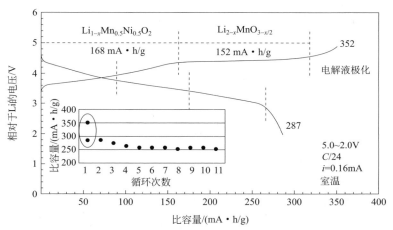

图 2-18 Li/0.3Li$_2$MnO$_3$·0.7LiMn$_{0.5}$Ni$_{0.5}$O$_2$ 的首次充放电曲线[47]

富锂材料的容量超过每个过渡金属离子提供一个电子所能提供的容量。在常规的层状化合物，如 LiCoO$_2$ 及 NCA、NCM 材料中，是由过渡金属 d 轨道电子参与氧化还原反应。如果过渡金属 d 轨道电子能级高于氧原子的 p 轨道能级，且数量足够，则该反应的电子由过渡金属提供。在这种情况下，费米能级在 d 轨道能级内发生偏移。如果过渡金属 d 轨道与氧原子的 p 轨道有重合，或者费米能级与氧原子 p 轨道相交，脱锂时正极的氧化会在氧原子 p 轨道引入空穴，会带来不可逆的氧损失。因此，过渡金属 d 轨道能级与氧的 p 轨道能级能够影响材料的容量。对于富锂材料来说，过渡金属的数量比锂离子的数量少，d 轨道电子只能补偿很少一部分的锂脱出。例如，在 Li$_{1.2}$Ni$_{0.2}$Mn$_{0.6}$O$_2$ 中 Ni^{2+}/Ni^{4+} 氧化还原电对只能提供 0.4 Li$^+$ 的脱出。由于 d 电子的不足，继续充电需要得到氧的 p 电子，因此带来在 4.6V 的充电平台上，不可逆的氧损失加速结构的变化，同时伴随着过渡金属层中的阳离子迁移。

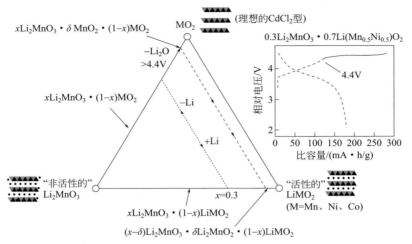

图 2-19　基于 $x\mathrm{Li_2MnO_3} \cdot (1-x)\mathrm{LiMO_2}$ 的三组分相图中的组成变化与电化学反应 [42]

大多数富锂层状材料在首次充电时都会有氧气释放。由于氧气可以与液体电解质发生反应，研究时观测到在首次充电时有氧气及 CO、CO_2 的产生。当放电到 3.0V 以下时，表面有 CO_3^{2-} 及 C—H、CH_2—化合物，主要是 Li_2CO_3。含碳副产物的反应主要有含碳液体电解质与氧自由基的反应。氧自由基主要来自材料表面氧分子在放电时的还原，或充电时晶格内氧的析出。

首次放电后，富锂材料均表现出一种 S 形阶梯状的充放电曲线，并会在随后的循环中一直保持。然而，循环后富锂材料的电压会有所降低，限制其商业应用，如图 2-20[43] 所示。对于富锂材料多余的容量和电压损失有过许多研究，包括 O^{2-} 从体相迁移到表面，过渡金属阳离子从表面迁移到体相，氧的可逆氧化，

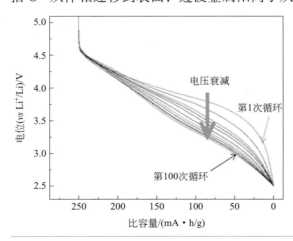

图 2-20
层状富锂材料的电压衰减曲线 [43]

过渡金属离子的过氧化等，其中最主要的原因是富锂材料中的相转化为尖晶石或岩盐相。

为了解决富锂层状材料的循环衰减问题，可通过表面包覆的方式减少正极材料和液体电解质的反应，防止低电导率的物质生成，减少过渡金属离子的溶出。这是一种提高安全性及循环寿命的解决方法。常用的包覆物包括碳、氧化物、氟化物及磷酸盐。由于富锂锰基正极中富含绝缘相 Li_2MnO_3，导致材料的电子导电性比较差。通过外层包覆或反应形成具有较高电子导电性的包覆层，不仅有利于抑制表面副反应，还可提高材料的倍率性能。利用石墨烯包覆富锂材料，不仅减小电极材料的阻抗，同时提高放电倍率性能和循环性能，$0.5C$ 时的放电比容量和循环性能明显高于未包覆的富锂材料[48]。利用石墨烯和 Super P 对富锂材料进行包覆，通过 XPS、CV 和 TEM 等手段对其中各个阶段充放电之后的材料进行表征，表明石墨烯和 Super P 的包覆能够在电极材料前几次充放电过程中，在电极材料表面形成尖晶石结构的包覆层，从而提高电极材料的倍率性能和循环性能[49]。除了碳材料外，氧化物及氟化物也用来包覆富锂材料，提升循环性能。利用 Sm_2O_3 对 $Li[Li_{0.2}Mn_{0.56}Ni_{0.16}Co_{0.08}]O_2$ 包覆改性，在 200mA/g 充放电电流条件下，80 次之后的容量保持率为 91.5%，放电比容量为 214.6mA·h/g，明显改善材料的循环性能和倍率性能[50]。利用 2%（质量分数）Al_2O_3、2%（质量分数）RuO_2 和 1%（质量分数）Al_2O_3+1%（质量分数）RuO_2 分别对 $Li(Li_{0.2}Mn_{0.54}Ni_{0.13}Co_{0.13})O_2$ 进行表面修饰，其中 1%（质量分数）Al_2O_3+1%（质量分数）RuO_2 包覆效果最佳，在 $0.05C$ 时其首次放电比容量为 280mA·h/g，30 次之后容量保持率为 94.3%，在 $5C$ 时放电比容量为 160mA·h/g[51]。利用 AlF_3 对锰基富锂材料进行包覆改性，能够提高电池的热稳定性能和循环性能，主要是因为 AlF_3 能够促使在电极材料的表面 Li_2MnO_3 形成尖晶石相[52, 53]。

图 2-21 是将富锂材料进行 AlF_3 包覆前后的容量及循环曲线。从图 2-21 中可以看出，包覆后材料能够获得更高的容量及更稳定的循环性能[54]。这是由于表面包覆层降低氧气释放给材料表面带来的损伤，抑制表面膜的形成，抑制高电压下液体电解质中 HF 杂质对电极表面的腐蚀。另外，包覆层在一定程度上保持材料的表面形貌，使得氧气释放过程产生的部分空位被保留下来。在首次放电过程中，锂离子可以再次嵌入这部分氧空位中，提高首次放电比容量，降低首次不可逆容量损失，从而提高材料的倍率性能和循环稳定性能。

通过对富锂材料的掺杂，也可以在材料内部产生晶格缺陷，进而从根本上改变材料的导电性。目前采用的方法主要分为 Li 位掺杂、过渡金属位掺杂和 O 位掺杂。通过离子交换法制备钠离子掺杂的富锂锰基正极 $Li_{1.07}Na_{0.02}Ni_{0.205}Mn_{0.63}O_2$，循环 40 次后容量几乎没有衰减，在 $15C$ 的电流密度下依然保持 150mA·h/g 的比容量，并降低富锂材料的电压衰减。图 2-22 是进行 Ru 掺杂前后的富锂材料电池放电曲线及循环性能。从图 2-22 中可以看出，掺杂后的材料性能得到明显提升。这是因为 Ru 的掺杂增加锂离子的间隙，从而降低锂离子扩散的活化能，加快锂离子嵌入与脱出的速度[55]。

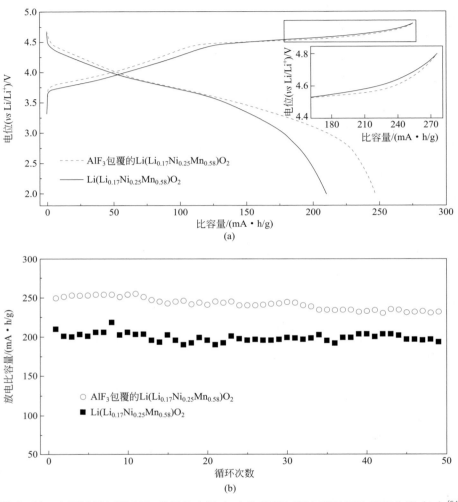

图 2-21 富锂材料包覆 AlF₃ 前后的容量（a）和富锂材料包覆前后的循环曲线（b）[54]

通过对富锂材料制备工艺的改进，也能够提高材料的放电容量和循环稳定性。孙克宁课题组采用碳酸盐共沉淀法制备锰基富锂材料 $Li_{1.2}Mn_{0.54}Ni_{0.13}Co_{0.13}O_2$ 的前驱体，再采用特殊的超声混锂方式，制备出微米级的一次大晶粒，能够在一定程度上提高结构稳定性和减少过渡金属离子的溶出，如图 2-23 及图 2-24 所示[56]。

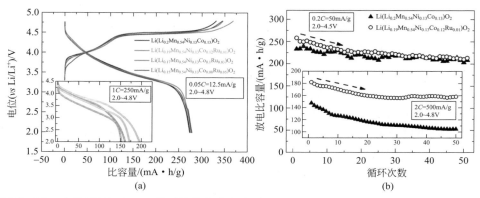

图2-22 富锂材料掺杂 Ru 前后的放电曲线（a）
及富锂材料掺杂 Ru 前后的循环性能（b）（0.2C 及 2C）

图2-23 大晶粒富锂锰基材料的形貌

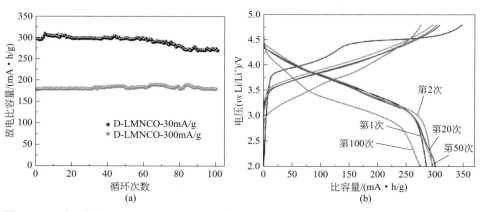

图2-24 大晶粒富锂锰基材料循环性能（a）及不同循环次数放电曲线（b）

六、Li$_{1+x}$V$_3$O$_8$层状材料

Li$_{1+x}$V$_3$O$_8$属于单斜晶系，空间群为$P21/m$，呈层状结构。层状结构由扭曲的VO$_6$八面体和扭曲的VO$_5$三角双锥构成。VO$_6$八面体沿b轴方向形成一个"之"字形带，VO$_5$三角双锥形成另一条平行于VO$_6$双带的"之"字形带，如图2-25所示。这两条带通过共享氧原子形成[V$_3$O$_8$]$^-$层，通过预先存在于结构中的八面体位置的Li$^+$而连接起来。更多的锂离子在嵌入时进入四面体位置，形成缺陷岩盐结构的Li$_4$V$_3$O$_8$。预先存在于八面体位置的锂离子与V-O层[V$_3$O$_8$]$^-$的强烈相互作用，使得Li$_{1+x}$V$_3$O$_8$的结构在锂离子可逆嵌入和脱嵌时有相当高的稳定性；而且八面体位置的锂离子对锂离子从一个四面体位置向其他位置的跃迁没有阻碍，因此锂离子在Li$_{1+x}$V$_3$O$_8$结构中有相当大的扩散系数。这些结构特征使得Li$_{1+x}$V$_3$O$_8$材料具有比容量高、充放电速率快、可逆性好、使用寿命长等优点。

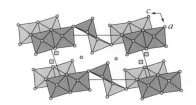

图2-25
层状 LiV$_3$O$_8$ 的晶体结构 [57]

Li$_{1+x}$V$_3$O$_8$本身是贫锂材料，在充放电时位于八面体位置的一个锂不能够嵌脱，参与嵌脱反应的只是Li$_{1+x}$V$_3$O$_8$中位于四面体位置的少量锂，因而以Li$_{1+x}$V$_3$O$_8$作为正极的锂离子电池需选择富锂的负极材料，如金属锂、锂合金或富锂的锂-过渡金属氮化物等；或者在首次嵌锂后再与贫锂的负极材料匹配使用。放电时，锂离子从负极脱出嵌入正极，充电时则发生相反的过程。每摩尔的Li$_{1+x}$V$_3$O$_8$理论上可嵌入3mol以上的Li$^+$，工作电位约为2.6V。Li$_{1+x}$V$_3$O$_8$的嵌锂过程主要分为3步：第一步，当$0 < x < (1.5 \sim 2)$时为单相LiV$_3$O$_8$反应，锂离子扩散速度较快，约为10^{-8} cm^2/s，电压范围在3.7 ~ 2.65V；第二步，当$3 < x < 4$时锂离子嵌入单相Li$_4$V$_3$O$_8$中，锂离子扩散速度约为10^{-11}cm^2/s，电压范围约为2.5 ~ 2V；第三步，当$2 < x < 3$时是LiV$_3$O$_8$和Li$_4$V$_3$O$_8$两相共存区。图2-26为Li$_{1.2+x}$V$_3$O$_8$/Li电池的循环曲线。

制备方法对Li$_{1+x}$V$_3$O$_8$材料的结构、形貌、颗粒大小、颗粒分布等影响很大，进而会影响其容量、循环寿命等电化学性能。纳米化是LiV$_3$O$_8$研究的一个热点。一维纳米材料包括纳米线、纳米棒等，具有大的比表面积、缩短电子的传输路径及结构稳定等特点，有利于提高材料的循环稳定性；二维纳米材料包括纳米片等，主要具有大的比表面积，有效地减小锂离子的扩散路程等优点，这样可以较

大幅度地改善材料的大电流充放电性能；三维纳米材料包括多孔材料等，具有电化学活性点多、比表面积较高、液体电解质易渗透及易制备集流体等特点。采取两步法合成一维棒状结构的 LiV_3O_8 材料时，首先合成一维 VO_2（B）纳米棒；其次加入 $LiOH \cdot H_2O$ 进行充分混合，最后高温热处理合成 LiV_3O_8 棒状结构。经小电流充放电测试后发现，首次放电比容量高达 350mA·h/g[59]。采用溶胶凝胶合成法制备具有纳米片结构的 LiV_3O_8 材料，在 0.1C 倍率条件下放电比容量可达到 250mA·h/g，并具有优异的循环稳定性[60]。

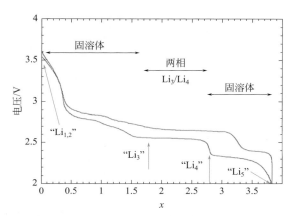

图 2-26 层状 $Li_{1.2+x}V_3O_8$/Li 电池的循环曲线（x 代表嵌入 Li 的数量）[58]

孙克宁课题组基于空间限域思想，采用微乳界面反应法成功合成高分散 LiV_3O_8 纳米颗粒/石墨烯复合物。LiV_3O_8 晶粒小于 10nm，结晶度较好，并且 LiV_3O_8 颗粒均匀地分散在石墨烯上，如图 2-27 所示。该复合材料表现出优良的倍率性能和循环稳定性，如图 2-28 所示。由于将复合反应限制在界面上发生反应，LiV_3O_8 纳米颗粒直接在 GNs 层间的表面进行生长，所以 LiV_3O_8 纳米颗粒和

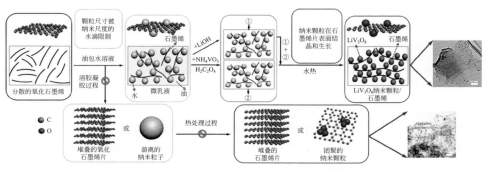

图 2-27 高分散 LiV_3O_8 纳米颗粒/石墨烯复合材料的合成示意图

石墨烯具有牢固的结合以及良好的接触。水滴作为微反应区域又对颗粒的生长进行有效限制。这个有限的水滴微反应区域对材料的颗粒尺寸进行的有效限制，避免纳米颗粒在反应过程中进一步长大或者出现二次团聚的问题，确保颗粒大小可以维持在一个较小的纳米尺度范围内。材料的纳米化可以有效地减小锂离子扩散需要经过的路径，有利于材料电化学性能的提高；在复合材料中石墨烯构成三维导电的网络结构，可以有效地提高材料的导电性，有利于提高电极材料大电流充放电性能。

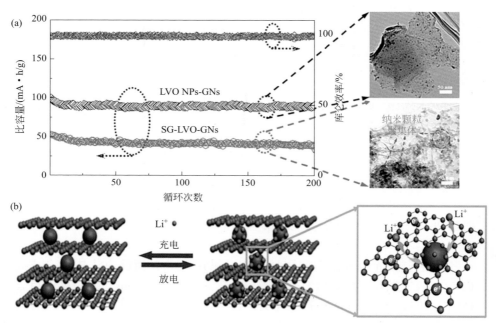

图 2-28　在 10C 倍率条件下的 SG-LVO-GNs 和 LVO NPs-GNs 复合体的循环性能和库仑效率图（a）；LVO NPs-GNs 复合体正极材料进行充放电循环的示意图（b）

　　孙克宁课题组进一步采用两步法原位合成钒酸锂纳米棒 / 石墨烯复合物[61]。钒酸锂晶粒呈现棒状结构，结晶度较好，粒径主要分布在长为 200 ～ 300nm、直径为 10 ～ 20nm 的区域，且粒径分布均匀（图 2-29），并表现出优良的倍率性能和循环稳定性能（图 2-30）。由于钒酸锂具有一维的棒状结构，有效地减小锂离子的扩散路径，可对材料进行充放电测试过程起到促进作用。钒酸锂纳米棒与石墨烯进行了原位复合，这样确保钒酸锂纳米棒和石墨烯具有牢固的结合力以及良好的接触。石墨烯层间纳米尺度的空隙能对 LiV_3O_8 晶粒的自由长大进行有效的限制；同时，石墨烯的存在在一定程度上缓解纳米颗粒的团聚问题，这样可以进一步提高材料大电流充放电的能力。

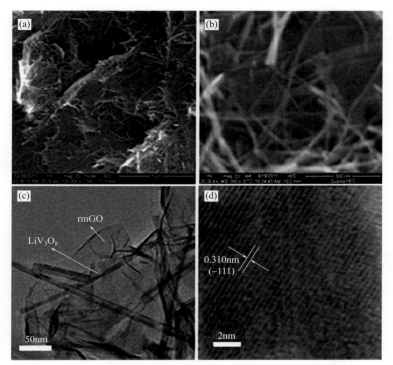

图 2-29　钒酸锂纳米棒 / 石墨烯复合物的 SEM（a）（b）、TEM（c）及 HRTEM（d）图

掺杂改性也是当前 LiV_3O_8 研究的热点之一，目的是在不破坏晶格结构的前提下，并在保持或提高容量的同时，实现电池的快速充放电和提高电池的循环寿命。掺杂改性主要是用掺杂元素取代 Li 位和 V 位。此外，还可以掺入阴离子。在 Li 位掺入 Ag 元素，当掺入 4% 的 Ag 元素后，材料表现出最佳的电化学性能[62]。采用 Cr 元素进行掺杂改性，发现掺杂改性后材料的放电比容量得到大幅提高[63]。通过对 Cu、Zr 等掺杂元素的考察，材料经过掺杂改性后的电化学性能得到明显改善[64-66]。此外，选择阴离子 F⁻ 掺杂 O 位也能够提高材料的循环稳定性能和倍率性能[67]。

为了能有效地改善 LiV_3O_8 材料的电化学性能，另一个有效手段是对材料表面进行包覆改性。例如，在 LiV_3O_8 表面包覆 $AlPO_4$ 纳米线后，材料的循环稳定性能得到明显改善，在 $1C$ 倍率下，首次放电比容量可达 269mA·h/g[68]。孙克宁课题组利用层层自组装技术发展一种包覆均匀且厚度可控的新型包覆方法[69]：在 LiV_3O_8 表面厚度可控地包覆一层致密氧化铝，如图 2-31 所示。首先将 LiV_3O_8（LVO）表面修饰一层高分子电解质，使得 LVO 表面带上正电或者负电（修饰不同层数的高分子电解质），将金属铝离子以及作为还原剂的硼氢化钠等溶解

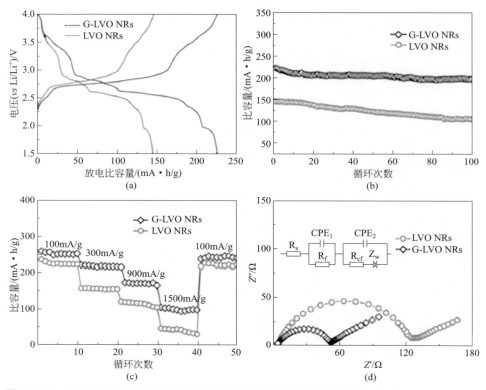

图2-30　钒酸锂纳米棒/石墨烯复合物及钒酸锂纳米颗粒的放电曲线（a）、
循环性能（b）、倍率性能（c）、交流阻抗及拟合电流示意图（d）

在修饰高分子电解质的LVO水溶液中。通过正负电吸引的原理，这些离子就能够
被吸附到LVO的表面，然后发生在LVO表面的还原反应能够把金属铝离子从溶液
中还原出来，并致密地沉积在其表面。最后在氧气氛下通过热处理将金属铝氧化
成氧化铝包覆层。图2-32是包覆一层氧化铝的LVO，相对于未包覆及包覆多层氧
化铝的LVO，表现出较高的性能。包覆一层氧化铝的LVO材料具有如此优异的电
化学性能，一方面是这种稳定的氧化物包覆层起到LVO和液体电解质之间的隔离
作用；另一方面这种包覆材料通过热处理后，LVO材料表面嵌入部分的Al^{3+}，形
成 Li-Al-V-O 固溶体薄层。这种固溶体薄层可以有效减少 V 原子与液体电解质的
接触面积，因此可以有效地缓解液体电解质在LVO表面的分解以及HF引起的V溶
解。包覆一层氧化铝的 LVO 材料不仅避免造成过大的欧姆电阻，改善材料的电导
率，有效提升锂离子在电化学过程中的扩散能力； 而且较薄的氧化铝包覆层可以
在很大程度上避免颗粒发生团聚问题。未包覆及不同层数包覆LiV_3O_8正极材料的
电化学性能如图2-33所示，说明包覆一层的LiV_3O_8正极材料有着较好的循环性能。

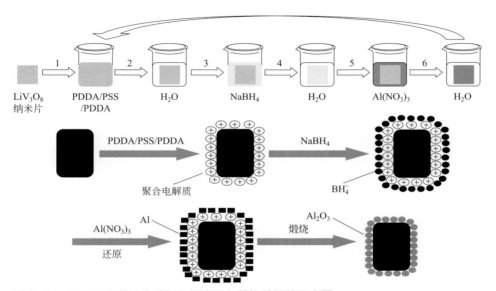

图2-31 层层自组装法合成氧化铝表面包覆钒酸锂的示意图

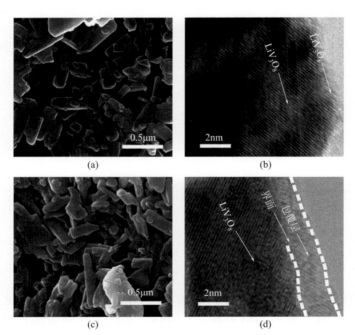

图2-32 未包覆及不同层数包覆 LiV₃O₈ 正极材料的 SEM 和 TEM 照片

（a）未包覆氧化铝LVO 的 SEM 照片；（b）未包覆氧化铝LVO 的 TEM 照片；
（c）包覆一层氧化铝LVO 的 SEM 照片；（d）包覆一层氧化铝LVO 的 TEM 照片

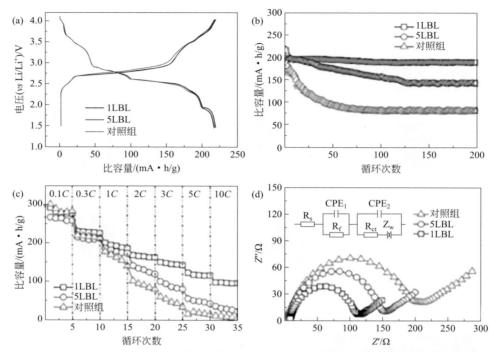

图 2-33　纯钒酸锂、单层氧化铝包覆钒酸锂（1LBL）及五层氧化铝包覆钒酸锂（5LBL）的放电曲线（a）、循环性能（b）、倍率性能（c）、交流阻抗及拟合电路图（d）

第二节
尖晶石化合物

一、尖晶石LiMn$_2$O$_4$

具有立方尖晶石结构的 LiMn$_2$O$_4$ 中，氧按 ABCABC 立方密堆积（见图 2-34），位于 32e 位置。锰酸锂的晶格参数 a=8.245Å，是代表性的尖晶石型活性材料，具有较高容量[70]。过渡金属和锂离子在尖晶石 LiMn$_2$O$_4$ 中占据氧堆积产生的空位，其排列情况由静电引力、斥力和离子半径决定。化合价为 +3 或 +4 的 3d 过渡金属，当其离子半径和氧离子半径的比值为 0.476 ≤ r（M^{3+}）/

$r（O^{2-}）\leqslant 0.702$ 或 $0.492\leqslant r（M^{4+}）/r（O^{2-}）\leqslant 0.591$ 时，则可位于八面体位置。实际上，在层状材料和尖晶石材料中，所有过渡金属元素都占据八面体位置。1个 MO_6 被6个相邻的 MO_6 围绕排列，形成二维层状结构。在尖晶石中，同样的排列是三维的（见图2-34），这就导致形成具有不同化合价的过渡金属离子。因为电荷分布的差异，以及 $M^{3+}O_6$ 和 $M^{4+}O_6$ 键长的不同，所以三维的八面体排列比二维的均匀度更高。在 $（M_2O_4）^-$ 的三维结构中，为保持电中性，Li^+ 离 M^{3+} 和 M^{4+} 最远，处于静电斥力最小的 8a 位置。锂离子与 M^{3+} 和 M^{4+} 分别占据 8a 与 16d 位置，因此可用 $（Li）_{8a}[M_2]_{16d}[O_4]_{32e}$ 来表示。尖晶石化合物通过三维连接的共面八面体，为充放电过程中锂离子的迁移提供途径。

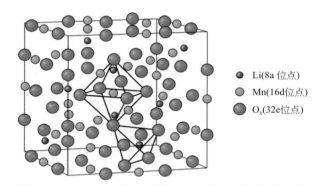

Li(8a 位点)

Mn(16d位点)

O_x(32e位点)

图2-34
立方尖晶石结构的 $LiMn_2O_4$

通常，Mn 尖晶石的电化学特征表现为两个电压平台。在 $Li_{1-x}Mn_2O_4$ 中，$0\leqslant 1-x\leqslant 1$ 时，锂离子在4V左右进行嵌入与脱出，保持立方结构。在 $Li_{1+x}Mn_2O_4$ 中，$1\leqslant 1+x\leqslant 2$ 时，处于 16c 位置的锂离子在3V左右进行嵌入与脱出，伴随着立方相 $LiMn_2O_4$ 和四方相 $Li_2Mn_2O_4$ 之间的相变。也就是说，同样的 Mn^{3+}/Mn^{4+} 的氧化还原反应却存在1V的电势差，这主要是由立方相 $LiMn_2O_4$ 中处于 8a 位置的锂和四方相 $Li_2Mn_2O_4$ 中处于 16c 位置的锂的能隙引起的[71]。

在 $Li_{1-x}Mn_2O_4$ 中，$0\leqslant x\leqslant 0.73$ 时，锂离子的嵌入与脱出是可逆的。直到50% 的 8a 位置上的锂离子脱出之前，$Li_{1-x}Mn_2O_4$ 的电极电势主要受 Mn 的平均化合价影响。但是当 $x>0.5$ 时，则还要受到锂离子脱出能量变化的影响，这种变化是剩余锂离子的重排而产生的。这种 $Li_{0.5}Mn_2O_4$ 处的变化，使得该材料在 $4.0\sim 4.2V$ 出现两个电压平台。$LiMn_2O_4$ 和 $Li_{0.5}Mn_2O_4$ 的晶格参数分别是 8.245Å 和 8.029Å。当 Mn 离子的平均化合价大于 3.5 时，由于抑制 Mn 的溶解和 Mn^{3+} 的 Jahn-Teller 效应，使得循环性能有所提高。当过量的锂离子嵌入 $Li_{1+x}Mn_{2-x}O_4$（$0.03\leqslant x\leqslant 0.05$）时，锂进入 16d 位置，增加 Mn 的化合价，使材料显示出更稳定的可逆循环容量。此时，晶格常数可由 $a=8.4560-0.2176x$ 计算，锰的平均化合价大于 3.58，这意味着充放电过程中晶格参数的变化很重要，因为它直接影响 Mn 的平均化合价。但由于参与氧化还原反应的 Mn^{3+} 减少，$Li_{1.05}Mn_{1.95}O_4$ 在 4V 的理论比容量只有 $128mA \cdot h/g$。相似地，$Li_{1.06}Mn_{1.95}Al_{0.05}O_4$ 中增加 Mn 化合价的同时，通过 Al 取代 Mn 并进一步增加稳定性。

起初，Mn 在 $[Li^+]_{8a}[Mn^{3+}Mn^{4+}]_{16d}O_4$ 中的平均化合价为 3.5。由于 8a 四面体位置接近占 50% 八面体的 16c 位置，因此锂离子可沿 8a → 16c → 8a → 16c → 8a 路径可逆迁移，而 $[M_2]O_4$ 尖晶石结构保持不变。三维的尖晶石结构为锂离子提供一条短的扩散路径，即高的离子电导率，同时这种结构在充电过程中的热稳定性能较好。当 $Li_{1+x}Mn_2O_4$ 放电时，过量嵌入的锂离子占据空的 16c 八面体位置，与 8a 四面体位置的锂离子有很强的静电斥力，这是因为 8a 四面体和 16c 八面体共面相近。此时，8a 四面体位置上的锂离子会移到 16c 八面体位置，从而形成岩盐结构（$Li)_{16c}[M_2]_{16d}[O_4]_{32e}$。随着 $Li_{1-x}Mn_2O_4$ 中过量嵌入的锂 x 增加，16d 八面体位置上的多数 Mn 变成 Mn^{3+}（d^4）。Jahn-Teller 效应引起的立方 - 四方结构变化使得 c/a 增加 16%，晶胞体积增加 6.5%，容量迅速下降。在过量锂离子嵌入的初始阶段，正极材料表面处于过放电状态，其热力学平衡态被破坏，导致立方 - 四方的不可逆相变。仅使用 $LiMn_2O_4$ 的 4V 平台可获得 $120mA \cdot h/g$ 的实际比容量。在放电过程中，电极表面的 Mn 离子的歧化反应（$2Mn^{3+} \Longrightarrow Mn^{2+}+Mn^{4+}$）产生 Mn^{2+}，Mn^{2+} 在酸性液体电解质中的溶解使得 $LiMn_2O_4$ 活性材料量减少。同时，溶解的锰破坏锂离子在负极的电沉积或者成为液体电解质分解的催化剂，从而降低容量。在高温下，这种催化反应加强，使得容量下降更加显著。

由于尖晶石 $LiMn_2O_4$ 的容量易发生衰减，因此必须进行改性，以避免容量衰减现象的发生。另外，尖晶石的电导率较低，也有待于提高。改进的方法主要有掺杂阳离子和阴离子，以及表面处理等其他方法。掺杂的阳离子种类比较多，如锂、硼、镁、钛、钴、镍、铜、锌等离子。

镍在 $LiMn_2O_4$ 中以 2 价的形式存在。虽然锂的嵌入导致锰的平均价态低于 3.5，即可达到 3.3，但是并没有发现四方相的存在。但它同钴一样，能够稳定尖晶石结构的八面体位置，使循环性能得到提高。当充电电压从 4.3V 提高到 4.9V 时，发现在 4.7V 附近有一新的电压平台，对应于镍从 +3 价变化到 +4 价，可作为 5V 锂二次电池的正极材料。将 Ni^{2+} 引入尖晶石结构中得到的 $Li[Mn_{1.5}Ni_{0.5}]O_4$ 也可以发生锂的嵌入，在 3V 平台时锂的嵌入为两相反应，锂化的最终产物为岩盐结构计量化合物 $Li_2[Mn_{1.5}Ni_{0.5}]O_4$。

要抑制锰的溶解和液体电解质在电极上的分解，提高 $LiMn_2O_4$ 在较高温度下的电化学性能，表面处理是有效的方法之一。

表面包覆的氧化物有氧化硼锂玻璃、碳酸锂膜、氧化镁、氧化铝、二氧化硅、氧化锌、氧化钴锂等。以氧化硼锂玻璃将尖晶石进行包覆，减小比表面积，减缓 HF 的侵蚀，主要还是归因于氧化硼锂玻璃对尖晶石有良好的润湿性能，并且作为锂离子传导体，具有较好的离子电导率。另外，它能抵抗高压下的氧化，具有优良的稳定性。同时，对于 $LiMn_2O_4$ 表面包覆的碳酸锂膜来说，锂离子可以自由出入这层膜，而 H^+ 和电解质溶液则不能通过这层膜，从而有效地抑制锰的溶解和电解质的分解。在尖晶石表面包覆碳酸盐可以有效地中和尖晶石正极上的酸，从而防止 Mn^{2+} 的溶解，改善循环性能。将炭黑均匀包覆在尖晶石 $LiMn_2O_4$ 的表面，不仅可以提高可逆容量，而且循环性能也得到明显改进，原因在于粒子之间的阻抗明显降低。同时，也可能与减少尖晶石 $LiMn_2O_4$ 与液体电解质之间的接触有关。具有良好导电性的金沉积在尖晶石 $LiMn_2O_4$ 表面上，同样也可以明显改进循环性能。

二、尖晶石 $LiNi_{0.5}Mn_{1.5}O_4$ 高压正极材料

$LiNi_{0.5}Mn_{1.5}O_4$ 具有 AB_2O_4 型尖晶石立方结构。Ni^{2+} 为电化学活性离子，而 Mn^{4+} 仅起到支撑材料骨架结构的作用。按 Ni 原子在晶格中排布的规则性，其具有简单立方 $P4_332$ 和面心立方 $Fd3m$ 两种空间群结构。图 2-35 所示为 $Fd3m$ 空间群结构的晶体，其中 Li^+ 占据 8a 格位，O^{2-} 占据 32e 格位，Ni^{2+} 和 $Mn^{4+/3+}$ 不规则随机分布在 16d 格位。研究表明，相比于 $P4_332$ 空间群结构的 $LiNi_{0.5}Mn_{1.5}O_4$，具有 $Fd3m$ 空间群结构的 $LiNi_{0.5}Mn_{1.5}O_4$ 具有更高的电导率，更加优良的电化学性能，更小的比表面积阻抗和更高的放电容量[72, 73]。

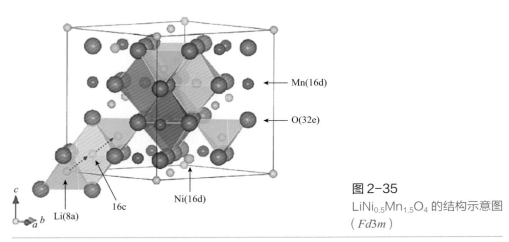

图 2-35
$LiNi_{0.5}Mn_{1.5}O_4$ 的结构示意图（$Fd3m$）

$LiNi_{0.5}Mn_{1.5}O_4$ 正极材料具有独特的近 5V 高电压平台，尤其是具有 $Fd3m$ 空间群结构的材料表现出较高的放电比容量和倍率性能，故可以赋予电池更高的

工作电压、能量和功率密度。结合其良好的热稳定性，$LiNi_{0.5}Mn_{1.5}O_4$ 成为下一代最有前景的锂离子电池正极材料之一。但是此材料较显著的容量衰减阻碍其商业化的进程。各国研究者在分析材料容量衰减原因方面开展大量研究，对于正极材料对电解质盐的氧化分解和 $LiNi_{0.5}Mn_{1.5}O_4$ 材料在充电态下，高度脱锂状态的尖晶石材料存在高浓度、强氧化性的 Ni^{4+} 时，会在电极表面持续氧化分解液体电解质。液体电解质的自身分解和氧化分解产物 HF 会腐蚀电极材料，使得镍离子和锰离子从正极材料中溶解到液体电解质中，造成材料结构的破坏以及放电容量的衰减。此外，$Fd3m$ 空间群结构的 $LiNi_{0.5}Mn_{1.5}O_4$ 材料中，部分 Mn^{3+} 所引发的歧化反应可加速金属离子的溶解。此外，还发现固体电解质膜（solid eletrolyte interface，SEI）形成时，液体电解质的分解以及腐蚀反应的产物（碳质纳米物质或金属氟化物）会随充放电的进行沉积到材料表面形成 SEI 膜。SEI 膜是绝缘且对锂离子高度排斥的，故其会阻碍锂离子在电极表面的脱嵌和电子的传递。随循环次数的增加，材料的可逆嵌锂量将会逐渐减少，最终导致严重容量衰减。

锂离子电池正极材料的物理化学性质和电化学性能强烈依赖于其制备方法，以及起始反应原料的选择。溶胶凝胶法是制备功能材料的首选方法之一，具有可以将起始反应物以分子或原子程度均匀混合，合成出化学计量比匹配程度高的产物等优点。孙克宁课题组通过对温度、前驱体等的研究，合成 $LiNi_{0.5}Mn_{1.5}O_4$ 正极材料后发现：锂盐的选择会导致 $LiNi_{0.5}Mn_{1.5}O_4$ 正极材料的物理化学性质和电化学性能产生较大差异，采用氢氧化锂制备材料结晶度高，表现出更优异的电化学性能；小粒径的材料具有较高初始放电容量，结晶度高的材料循环稳定性好，Mn^{3+} 含量高的材料具有优异的大倍率放电能力；材料的容量衰减主要由正极材料和液体电解质间的副反应引起，致使材料中的过渡金属离子溶解于液体电解质中，损害材料的结构稳定性。

对 $LiNi_{0.5}Mn_{1.5}O_4$ 材料的研究主要集中于对其进行改性，以达到提高容量保持率的目的。为解决 $LiNi_{0.5}Mn_{1.5}O_4$ 容量衰减的问题，除通过改善其制备方法、优化制备工艺以提高正极材料的结晶度和结构稳定性外，掺杂和包覆改性是被普遍采用的有效解决方法。掺杂改性的离子主要有 Mg^{2+}、Cr^{3+}、Co^{3+}、Fe^{3+} 以及 F^- 等。Mg^{2+} 的掺杂能抑制 Mn^{3+} 的生成，从而使得更多的锰离子以 +4 价态存在，且 Mg—O 键比 Mn—O 键更加牢固，可减少材料高温煅烧过程中氧原子的逸出，提高材料的纯度和结构稳定性。采用 Mg 掺杂的 $LiMg_xNi_{0.5-x}Mn_{1.5}O_4$（$x=0.05$ 和 0.1）正极材料，随 Mg 掺杂量的增加，放电比容量减小（从 120mA·h/g 降为 100mA·h/g），这是 Mg^{2+} 为非电化学活性离子以及掺杂使电化学活性离子 Ni^{2+} 含量减少所致[74]。但是，Mg^{2+} 掺杂有利于锂离子脱嵌动力学性能的加快，电极极化程度的减少，以及改善大电流充放电能力。Cr^{3+} 与 Mn^{3+} 的离子半径相近，可以形成稳定的固溶体，并且 Cr—O 键的键能强于 Mn—O 键的键能和 Ni—O 键的键能，使得尖晶石结构更稳定，可提升材料的循环性能[75]。$LiNi_{0.4}Mn_{1.4}Cr_{0.2}O_4$ 材料的首次放电比容量为 130.8mA·h/g，50 次循环后的比容量仍高达 127.8mA·h/g，容量保持率为 94.1%，在 4.8V 的平台区域除主要的 Ni^{2+}/Ni^{4+} 电对的容量外，Cr^{3+}/Cr^{4+} 电对也贡献容量[76]。F^- 具有比氧更大的电负性，吸电子能力强，引入晶格中不仅可以提高材料结构的稳定性，而且可以消除阳离子不完全固溶的现象，利于得到成分均一的材料。$LiNi_{0.5}Mn_{1.5}O_{3.975}F_{0.05}$ 正极材料当中，F^- 掺杂可以抑制 NiO 杂质的生成，缓解电极极化的程度，从而提高材料的放电容量以及循环性能。改性后的材料具有 140mA·h/g 的放电比容量，40 次循环后容量保持率为 95%[77]。

孙克宁课题组对 $LiNi_{0.5}Mn_{1.5}O_4$ 材料进行 Fe^{3+} 和 F^- 双掺杂改性。Fe^{3+} 和 F^- 双掺杂改性不会改变 $LiNi_{0.5}Mn_{1.5}O_4$ 材料立方尖晶石型的 $Fd3m$ 空间群结构，可降低 NiO 杂质的含量，提高产物纯度，改变材料晶胞体积，可提高材料结构稳定性。Fe^{3+} 取代不同元素不会导致铁和镍离子价态的变化，而仅会导致 Mn^{3+} 含量的改变。Mn^{3+} 可提高材料的电导率，利于材料容量的释放。但同时也加剧正极材料和液体电解质系的副反应，促进 SEI 膜的形成和增厚，抑制电子和离子的传输，造成电化学性能降低，故电化学性能可受到此两方面因素的共同制约。总体而言，使得材料中 Mn^{3+} 含量减少的双掺杂改性方式，更利于提高 $LiNi_{0.5}Mn_{1.5}O_4$ 材料的循环性能和容量保持率；而使材料中 Mn^{3+} 含量增多的双掺杂改性方式，则更利于提高 $LiNi_{0.5}Mn_{1.5}O_4$ 材料的倍率性能，如图 2-36 所示。$LiNi_{0.5}Mn_{1.4}Fe_{0.1}O_{3.95}F_{0.05}$ 材料呈现出最佳的循环稳定性，100 次循环后的容量保持高达 95.1%；$LiNi_{0.4}Mn_{1.5}Fe_{0.1}O_{3.95}F_{0.05}$ 材料在 5C 放电倍率下的比容量可达 110.4mA·h/g；$LiNi_{0.475}Mn_{1.425}Fe_{0.1}O_{3.95}F_{0.05}$ 材料呈现出优异的综合性能，100 次循环后的容量保持率为 92%，而 5C 放电倍率下的比容量为 111.4mA·h/g。阳离子空位的引入可提升锂离子的扩散能力，导致 Mn^{3+} 含量的增多，进而增大电导率。虽然带有空位的双掺杂改性对 $LiNi_{0.5}Mn_{1.5}O_4$ 循环性能的提升幅度有限，但是其呈现出最佳的大倍率放电能力。$LiNi_{0.325}Mn_{1.5}Fe_{0.1}O_{3.95}F_{0.05}$ 材料在 10C 放电倍率下的容量高达 125mA·h/g，循环 40 次后的容量保持率为 90.7%。

由于 $LiNi_{0.5}Mn_{1.5}O_4$ 正极材料与液体电解质的副反应发生在材料与液体电解质的界面处，所以对材料表面进行修饰是解决问题最直接的方法。包覆改性是表面修饰的常用方法，目的在于减少甚至隔绝正极材料与液体电解质的直接接触，抑制充电态高氧化态的金属离子对液体电解质的氧化分解，同时也降低或消除液体电解质中 HF 对材料的腐蚀。采用包覆方法既可以稳定液体电解质的性能，又可以保证正极材料与液体电解质界面处的结构稳定性和界面的电化学活性。包覆改性同时也会抑制正极材料和液体电解质界面电阻增加，利于电子的传递以及锂离子的嵌入与脱嵌。目前所报道的包覆材料主要为化学稳定性好的单质或化合物，包括金属（Ag[78]、Au[79]）、金属氧化物（ZnO[80]、SnO$_2$[81]、SiO$_2$[82]、Bi$_2$O$_3$[83]和Al$_2$O$_3$[84]等）、磷酸盐（Li$_3$PO$_4$[85]、AlPO$_4$[86]等）和其他化合物（BiOF[87]、Li$_4$Ti$_5$O$_{12}$[88]等）。例如，AlPO$_4$可以在LiNi$_{0.5}$Mn$_{1.5}$O$_4$颗粒表面形成约15nm的包覆层，抑制正极材料和液体电解质之间副反应的发生，改性后的正极材料具有更小的表面电阻、电荷传递电阻，以及更快的锂离子扩散速率，电化学稳定性和可逆性得到显著提升[86]。此外，AlPO$_4$包覆还可以增强材料的热稳定性，提高材料热失控的温度，降低材料热失控的放热量。孙克宁课题组对LiNi$_{0.5}$Mn$_{1.5}$O$_4$材料进行碳包覆，碳包覆不会阻碍锂离子的传输，但可有效地抑制正极材料和液体电解质间的副反应，进而抑制SEI膜的形成和增厚[89]。图2-37及图2-38是未包覆的LiNi$_{0.5}$Mn$_{1.5}$O$_4$及包覆不同含量碳的形貌及性能图。

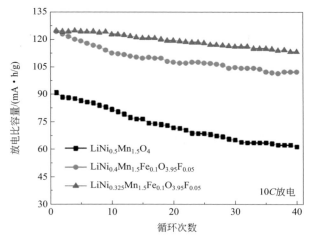

图2-36 纯相及双掺杂改性LiNi$_{0.5}$Mn$_{1.5}$O$_4$的性能

传统的掺杂改性是将掺杂离子在LiNi$_{0.5}$Mn$_{1.5}$O$_4$材料制备过程中的混料阶段同时添加，这样制备的材料为体相掺杂的材料。其特点为掺杂离子在材料内部呈均一分布。而传统的包覆改性旨在减少正极材料和液体电解质的直接接触面积，从而抑制副反应，其特点为包覆材料（如金属氧化物）仅包裹在材料颗粒表面。结合掺杂和包覆改性作用原理，孙克宁课题组利用扩渗的改性方法对正极材料进行掺杂与包覆。利用Cr对LiNi$_{0.5}$Mn$_{1.5}$O$_4$材料进行改性，将掺杂离子作用于材料的表面，相当于在LiNi$_{0.5}$Mn$_{1.5}$O$_4$颗粒表面包覆结构稳定性更佳的保护层，而包覆物质为掺杂的LiNi$_{0.5}$Mn$_{1.5}$O$_4$。

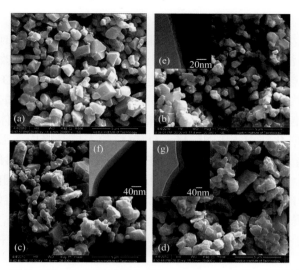

图2-37 未包覆的 $LiNi_{0.5}Mn_{1.5}O_4$（a）、0.5%（质量分数）碳包覆 $LiNi_{0.5}Mn_{1.5}O_4$（b）（e）、
1%（质量分数）碳包覆 $LiNi_{0.5}Mn_{1.5}O_4$（c）（f）、
3%（质量分数）碳包覆 $LiNi_{0.5}Mn_{1.5}O_4$（d）（g）形貌

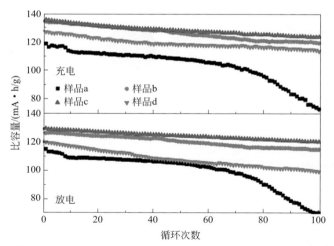

图2-38 未包覆的 $LiNi_{0.5}Mn_{1.5}O_4$（a）、0.5%（质量分数）碳包覆 $LiNi_{0.5}Mn_{1.5}O_4$（b）、
1%（质量分数）碳包覆 $LiNi_{0.5}Mn_{1.5}O_4$（c）、3%（质量分数）碳包覆 $LiNi_{0.5}Mn_{1.5}O_4$（d）
的循环性能

　　相比于传统的掺杂和包覆改性，扩渗改性方法的独特优势主要有以下两点。
首先，作为保护层的物质是离子掺杂正极材料活性物质，其具有电化学活性，不仅利于锂离子和电子的传输，而且因可以脱嵌锂而不会降低材料的放电容量。其次，扩渗改性不仅提升材料表面的结构稳定性，抑制界面处的副反应，同时减少了掺杂剂的用量，更具经济意义。如图 2-39、图 2-40 所示为传统包覆改性和扩渗改性的制备、结构示意图及循环性能。传统包覆将 $Cr(NO_3)_3 \cdot 9H_2O$ 与 $LiNi_{0.5}Mn_{1.5}O_4$ 颗粒在液相中均匀混合，待液体挥发完全后，将样品在较低的温度下热处理，制备出氧化铬包覆的 $LiNi_{0.5}Mn_{1.5}O_4$ 材料。扩渗改性是将前驱体样品采用较高温度热处理，将氧化铬引入 $LiNi_{0.5}Mn_{1.5}O_4$ 颗粒的表层晶格中，形成结构稳定性好的 $LiNi_{0.5-x}Mn_{1.5-y}Cr_{x+y}O_4$ 固溶体，达到在材料颗粒表面掺杂的目的。包覆、扩渗和掺杂改性均不会改变 $LiNi_{0.5}Mn_{1.5}O_4$ 材料的尖晶石型 $Fd3m$ 空间群结构。扩渗改性使得 Cr^{3+} 富集于材料颗粒表面，形成 $LiNi_{0.5-x}Mn_{1.5-y}Cr_{x+y}O_4$ 固溶体，增强材料结构稳定性，而且提高产物纯度。包覆和扩渗改性可弥补 $LiNi_{0.5}Mn_{1.5}O_4$ 晶格中的氧空位，提高锰离子平均化合价。扩渗改性可显著提升材料不同倍率下的放电稳定性。

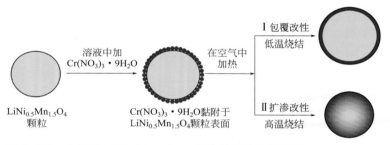

图 2-39　尖晶石 $LiNi_{0.5}Mn_{1.5}O_4$ 包覆和扩渗改性示意图

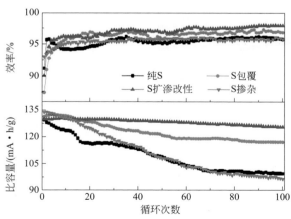

图 2-40　尖晶石 $LiNi_{0.5}Mn_{1.5}O_4$ 包覆和扩渗改性后循环性能

第三节
聚阴离子型LiFePO₄化合物

铁是一种含量丰富的金属，与钴相比更便宜、更环保。通过对含铁正极材料的研究，人们发现橄榄石型的 LiFePO₄ 最有发展前景。LiFePO₄ 理论比容量是 170mA·h/g，平均工作电压为 3.4V。图 2-41 是磷酸铁锂结构示意图。在橄榄石的 *Pmnb* 中，Fe 占据 M₂ 位四面体位置，而锂离子占据 M₁ 八面体位置。锂离子在 *c* 轴方向上形成共边八面体的线性链条，而 FeO₆ 八面体呈锯齿形排列。每个锂离子八面体和两个铁离子八面体，以及两个 XO₄ 四面体共边[90]。六方密堆积结构中氧的扭曲，引起共边阳离子之间的静电排斥。在共边八面体面中，锂离子的嵌入与脱出和层状结构中的锂离子嵌入与脱出相似。全放电态的 LiFePO₄ 和全充电态的 FePO₄ 的晶体结构相同，充放电反应的速率由相界移动速率决定。充电时，颗粒表面的锂脱出，无锂的 A 相（FePO₄）和化学计量的 B 相（LiFePO₄）共存。随着充电进行，A 相不断增加，B 相不断减少，直到只剩下 A 相。由于 LiFePO₄ 具有结构稳定性，并且放电产物 LiFePO₄ 与充电产物 FePO₄ 具有相似的晶体结构，因此 LiFePO₄ 表现出很好的循环寿命。

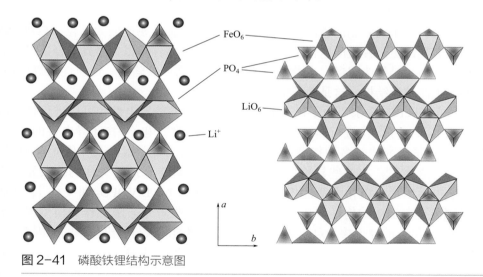

图 2-41　磷酸铁锂结构示意图

LiFePO₄ 虽然具有结构稳定、安全、无污染且价格便宜等优点，但它自身也有不能克服的缺点：材料振实密度低，锂离子的扩散系数小，电子电导率低，导致其在室温下的循环性能以及高倍充放电性能不是很好。主要通过纳米化、掺杂、碳包覆和其他表面改性等来解决这些问题。

（1）LiFePO$_4$ 的纳米化　降低颗粒的尺寸到纳米级别可以获得更高的放电倍率性能，这是由于颗粒尺寸减小能够缩短在颗粒内部 1D 通道中的离子传输距离 [91, 92]。但是，尺寸减小也会产生不利影响，如振实密度和体积能量密度降低、表面积增加，导致更多的电极 / 电解质反应，使其循环性能下降；并且降低尺寸过程可能会造成反位缺陷（Fe 占据 Li 的位置），导致锂离子传导受阻 [93]。这些缺陷的形成是由于在合成过程中铁比锂更容易进入晶体结构中。为了保证高容量的理想晶体结构，只有当所有锂被引入晶体结构时才能抑制缺陷。为实现这一目标，可用的常见策略包括延长合成时间，应用更高的合成温度和在高温下进行后处理。然而，这些方法也会导致颗粒生长。此外，溶剂在控制反位缺陷中起重要作用，一些具有低介电常数的溶剂（如乙二醇和乙醇）可以降低 Fe-Li 反位缺陷的浓度。除抑制反位缺陷之外，通过形态控制 LiFePO$_4$ 颗粒的取向也能够改善锂离子嵌入与脱出过程的动力学。沿（010）方向的 1D 锂扩散路径表明，表面具有大（010）晶面的薄且分散良好的 LiFePO$_4$ 纳米结构具有更好的倍率性能。

在实际应用中，磷酸铁锂纳米化的另一大问题与振实密度有关。锂离子电池在电动汽车中的大规模工业应用不仅需要高特定的容量，而且还需要高的振实密度的 LiFePO$_4$ 以保证较高的能量密度。纳米 LiFePO$_4$ 通常由低温溶液路线合成，由于乱层叠加而容易出现一些缺陷，这会导致晶格的扰动和外部表面以及一维通道中的局部电荷混排，从而限制锂离子扩散。相比之下，具有较少无序排列的大尺寸晶体具有不受限制的锂离子扩散路径。具有高振实密度的大晶粒 LiFePO$_4$ 颗粒似乎表现出更高程度的电化学可逆性。优化合成条件是以生产具有合适尺寸的有序 LiFePO$_4$ 晶体为目的，产物应具有振实密度高、缺陷少、可逆性高等优点，而不只关注纳米结构，这是至关重要的。

（2）LiFePO$_4$ 掺杂　为了提高 LiFePO$_4$ 颗粒内部的导电性，可以进行掺杂改性。在 Li$^+$/Fe^{2+}/O^{2-} 位进行离子掺杂被认为是可以改变电子 / 离子导电性的方法。Fe 位掺杂是研究比较多的掺杂，掺杂的元素包括二价元素以及异价元素 Mo^{6+}、Ti^{4+}、V^{5+} 等 [94-96]。在这些异价掺杂元素中，V 是近年来最受关注的掺杂元素之一。V 也可以形成电化学活性相 [例如 Li$_3$V$_2$(PO$_4$)$_3$、LiVOPO$_4$ 和 V$_x$O$_y$]，从而减少锂离子电池中的惰性杂质。因此，最近的一些研究选择 V 作为模型掺杂剂来研究 Fe 位点的异价掺杂可以提高 LiFePO$_4$ 中锂的嵌入与脱出速率的原因 [97, 98]。X 射线衍射表明，在 Fe 位点掺杂 V 的 LiFePO$_4$ 可以减少富锂相和贫锂相之间的晶格失配，还增加单相的组成宽度（固溶体范围），对于快速充放电能力是有益的。另外，V 掺杂的 LiFePO$_4$ 显示出较低的单相转变温度。通过结合 X 射线和中子粉末衍射方法，证实掺杂 V 确实占据 Fe 位，但是 Li 位置存在一些 Fe，会增加晶胞体积 [99]。然而，V 掺杂和一些驻留在 Li 位置的 Fe 也会显著降低 LiFePO$_4$ 在中等温度下的容量。因此，优化掺杂位置，控制适当的掺杂量对于整体 LiFePO$_4$ 性能改善是重要的。与异价掺杂相比，LiFePO$_4$ 的等价取代更为常见，许多二价阳离子（如 Mn、Co、Ni 和 Mg 的离子）在 Fe 位点掺杂时，掺杂度高，使其电化学性能提高。例如，Mg 掺杂可以改善 LiFePO$_4$ 的电化学动力学，根据第一原理计算表明，Mg 掺杂更倾向于驻留在 Fe 位置而不是 Li 位置，导致高锂离子扩散。

（3）LiFePO$_4$ 的碳包覆　碳包覆大量应用于商业化生产中，因为碳导电层能够提高 LiFePO$_4$ 在充放电过程中电子的迁移速率。除通过有机碳源热解的常规碳包覆之外，近年来，石墨烯和碳纳米管等先进碳材料因其独特的性质已被广泛应用于 LiFePO$_4$ 正极合成，以提高其导电性。此外，采用功能化碳处理的 LiFePO$_4$ 复合材料也表现出更高的放电容量。采用薄层石墨烯对商业化碳包覆的磷酸铁锂进行表面改性，使复合改性后的材料 EG/cLFP 能够达到比容量 208mA·h/g，超出磷酸铁锂理论比容量（170mA·h/g）[100]。超出的容量是因为液体电解质中的锂离子与剥离的石墨烯薄片之间发生可逆还原氧化反应（图 2-42 及图 2-43）。采用植酸作为含碳的特殊磷源与乙二醇合成内部碳片结构的 LiFePO$_4$ 碳包覆复合材料，再采用葡萄糖衍生碳对 LiFePO$_4$ 碳包覆材料进行表面改性，所得到的复合材料不仅具有良好的循环性能，而且在 0.1C 放电时，比容量为 192mA·h/g，库仑效率达到近 96%，超过 LiFePO$_4$ 的理论比容量[101]。

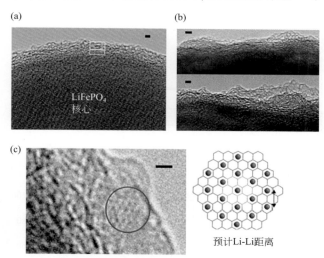

图 2-42
复合材料 EG/cLFP 的结构表征与薄层石墨烯嵌锂后的结构表征

孙克宁课题组采用一种新的"有机＋无机"界面工程策略，通过利用 N-甲基吡咯烷酮在高温下的热解，使其在商业化磷酸铁锂的表面上生长氮氧自由基等含氧官能团，构建具有高比容量的磷酸铁锂复合正极材料，其放电曲线及循环性能如图 2-44 所示[102]。由于氮氧自由基"N—O·"的氧化还原电位在 3.5V 左右，与磷酸铁锂的脱/嵌锂电位相似。在 0.1C 倍率下，该复合材料 cLFP@SP 的比容量达到 190mA·h/g，超出磷酸铁锂的理论比容量。利用电子自旋顺磁共振（ESR）、红外光谱（IR）和 X 射线光电子能谱（XPS）等表征技术，证明在复合材料的导电碳涂层的表面上存在氮氧自由基"N—O·"和羰基"C═O"等官能团（图 2-45）。由于氮氧自由基"N—O·"具有反应速率快等特点，所以得到的复合材料在循环性能和倍率性能方面表现优异。

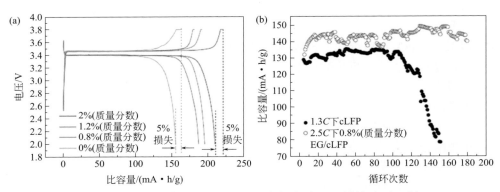

图 2-43　复合材料 EG/cLFP 和商业化 LFP 充放电（a）循环性能（b）对比

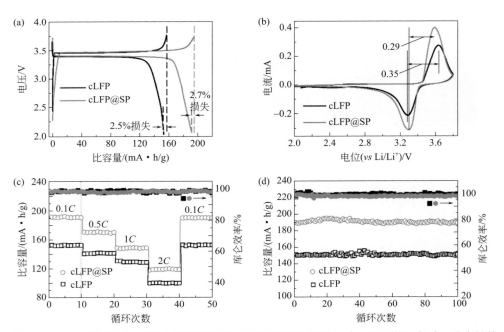

图 2-44　cLFP@SP 与商业化磷酸铁锂 cLFP 的放电曲线（a）、CV 曲张（b）、倍率性能（c）、循环性能（d）对比

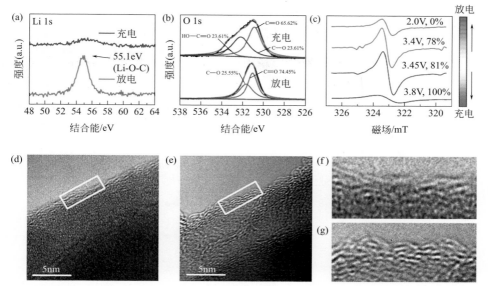

图 2-45　复合材料 cLFP@SP 不同充电状态下 Li 1s XPS（a）、O 1s XPS（b）、ESR（c）、HRTEM（d）～（g）

第四节
钒氧化物正极材料

　　1972 年，研究者发现 V_2O_5 可以用于锂离子电池的正极材料，由于其具有比容量高，可以大电流充放电等性质，受到广泛关注。V_2O_5 晶体为正交晶系，晶胞参数为：$a=1.151nm$，$b=0.365nm$，$c=0.437nm$。钒原子与 5 个氧原子形成 5 个 V—O 键，组成一个畸变的三角形双锥体，具有二维层状结构，属三斜方晶系，如图 2-46 所示[103]。在这种结构中，V 处于由 5 个 O 原子所包围的一个畸变了的四方棱锥体的中间，V 原子与 5 个 O 原子形成 5 个结构键，因此 V_2O_5 结构可以看成是 VO_4 四面体单元通过桥氧结合为链状，链与链之间通过双键氧与下一条链上的 V 作用构成锯齿的层状排列结构。从结构上看，分子或原子嵌入 V_2O_5，拉大层间距离，从而削弱 V_2O_5 层对 Li^+ 的静电作用；同时，Li^+ 与嵌入物之间具有较好的相容性，使其能较好地脱嵌 Li^+。

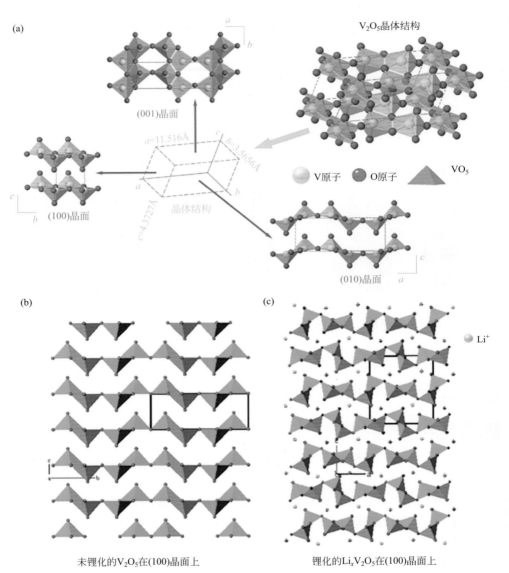

图 2-46 V_2O_5 的正交晶胞（a）；嵌锂前 V_2O_5（110）晶面的晶体结构图（b）；嵌锂后 $Li_xV_2O_5$（110）晶面的晶体结构图（c）[103]

晶态 V_2O_5 为正极材料，存在多个放电平台，坡度较陡，在经多次深度充放电后，晶体结构改变，同时比能量和充电容量降低。晶态 V_2O_5 存在电子电导率低（$10^{-2} \sim 10^{-3}$S/cm），锂离子扩散速度慢（10^{-12}cm²/S），在中压下会发生不可逆嵌锂，以及电池充电过程中电解质会发生氧化等问题，限制其在锂离子电池中的进一步应用[104]。因此，如何改善 V_2O_5 的电化学性能已成为当前研究的热点之一。纳米材料比表面积大，Li^+ 嵌入与脱出深度小、行程短，使电极在大电流下充放电极化程度小，并且其高孔隙率为有机溶剂分子的迁移提供自由空间，同时也给 Li^+ 的嵌入与脱出提供大量的空间。但是，纳米结构也存在循环后团聚的问题。通过在 V_2O_5 中掺杂次相氧化物的方式，可以避免 V_2O_5 纳米材料的团聚，保存其电活性表面。添加的次相包括 SnO_2[105]、RuO_2[106] 等，然而这种杂化策略没有改善其电导率性能。此外，不同的导电剂，比如无定形碳[107]、碳纳米管、还原氧化石墨烯（r-GO）[108]、导电聚合物[109] 等，也被用来与 V_2O_5 复合以提高其电导率。

孙克宁课题组利用多维异质纳米结构设计了新型 V_2O_5 正极材料，如图 2-47 所示。将 V_2O_5 纳米片与有机改性的 Ag 纳米颗粒和 TiO_2 纳米棒混合，通过自组装形成稳定的二维混合结构（图 2-48），能够获得 250mA·h/g 的比容量（图 2-49），可以作为一种优良的锂离子电池正极材料[104]。V_2O_5 作为主体材料贡献主要容量，

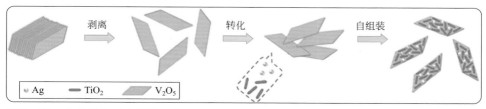

图 2-47 多维异质纳米结构锂电正极材料的制备过程

图 2-48 多维异质纳米结构锂电正极材料形貌 TEM（a）～（c）及 HRTEM（d）

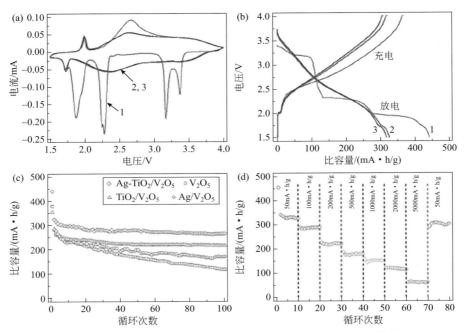

图 2-49 多维异质纳米结构锂电正极放电性能：CV 曲线（a）、放电曲线（b）、循环性能（c）、倍率性能（d）

还具有良好的柔韧性和弹性，可以减缓循环过程中的应力，抑制体积变化带来的电极结构损坏；TiO_2 不仅贡献实质性容量，而且 Li^+ 在 TiO_2 中的均匀嵌入可以缓冲 1.5～2.0V 电位区间内 V_2O_5 的嵌锂，提高 V_2O_5 的结构稳定性，从而提高 V_2O_5 的循环稳定性；Ag 可以为集流体与电极间提供有效的电子传输；一维纳米 TiO_2 和 Ag 纳米粒子两种掺杂剂可以有效隔离 V_2O_5 纳米片的堆叠，为 Li^+ 和电子的传输增大层间距，提高其可逆比容量和倍率性能。

第五节
氟化物

　　氟化物作为锂电池电极材料的历史可以追溯到 20 世纪 70 年代。1970 年，美国军方和日本松下电器同时独立研发了碳氟化物（CF_x）$_n$ 作为锂原电池的正极材料，这类材料对于锂离子的存储是基于锂离子的嵌入与脱出反应的。此外，金属氟化物也可以用于锂离子电池电极材料。与碳氟化物不同，这类材料不但可以通过锂离子的嵌入与脱出进行储锂，还可以与金属锂发生相化学转换反应来储存能量，从而获得远高于传统锂离子嵌入与脱嵌反应可获得的放电容量。基于相转化反应的过渡金属氟化物电极材料的充放电反应，本质上是氟化锂（LiF_x）的形成和分解，同时伴随着金属纳米粒子的还原与氧化。在过渡金属氟化物中，金属离子与氟离子通过离子键进行键合，其化学键键强远高于氮化物、氧化物和硫化物。因此，过渡金属氟化物作为电极材料的放电电位平台也高于相对应的氮化物、氧化物和硫化物。表2-4对不同金属氟化物在常温、常压下的生成吉布斯自由能，相对于金属锂的理论电动势及发生相化学转化反应的理论容量等数据进行了比较[110]。可以看出，FeF_3具有高达2.742V的放电平台电位，在发生三电子相转化反应时，可以获得712mA·h/g的理论比容量。此外，氟化铁价格低廉、无毒、环保，是过渡金属氟化物中研究最为广泛的一种锂离子电池正极材料。

表2-4　金属氟化物与锂发生相反应数据表

MF_x	G_f/（kJ/mol）	电动势/V	理论比容量/（mA·h/g）
LiF	−589	—	0
TiF_3	−1361	1.396	767
VF_3	−1227	1.863	745
MnF_2	−807	1.919	577
MnF_3	−1000	2.647	719
FeF_2	−663	2.664	571
FeF_3	−972	2.742	712
BiF_3	−902	3.124	302
CoF_2	−627	2.854	553
CoF_3	−719	3.617	694
NiF_2	−604	2.964	554
CuF_2	−492	3.553	528
ZnF_2	−714	2.404	518
SnF_2	−601	2.984	342
AgF	−187	4.156	211
PbF_2	−617	2.903	218
CaF_2	−1173	0.0259	686
BaF_2	−1158	0.104	306

氟化铁材料主要有三氧化铼型 FeF_3、六方钨青铜相 $FeF_3 \cdot 0.33H_2O$、烧绿石

型 $FeF_{2.5} \cdot 0.5H_2O$、烧绿石型 $FeF_3 \cdot 0.5H_2O$、金红石型 FeF_2、$FeF_3 \cdot 3H_2O$ 及无定形 FeF_3 等结构，不同晶型的氟化铁的晶体结构如图 2-50 所示。

作为研究最早、最深入的一种氟化铁材料，二氧化铼型 FeF_3 属于 $R3m$ 空间群，三方晶系。其晶体结构与钙钛矿型的 ABX_3 结构类似，通过共顶点的 $FeF_{6/2}$ 八面体相互连接，形成三维的隧道状结构。Fe^{3+} 位于菱形结构的（102）平面，位于（204）平面的 A 空位可进行锂离子的嵌入。ReO_3-FeF_3 的电化学储锂过程分两步进行：

$$FeF_3 + Li \longrightarrow LiFeF_3 \quad （4.5 \sim 2.5V）$$
$$LiFeF_3 + 2Li \longrightarrow Fe^0 + 3LiF \quad （2.5 \sim 1.5V）$$

第一步嵌锂反应在 4.5 ~ 2.5V 的电位范围内发生，Li^+ 可逆地嵌入 ReO_3-FeF_3 的晶格中，在嵌入 0.5 个 Li^+ 后，晶格结构开始发生变化。该嵌入反应对应的理论比容量为 237mA·h/g。随着放电电位的逐渐降低（2.5 ~ 1.5V），Li^+ 的嵌入反应转变成相转化反应，形成电子电导率极低的 LiF。该相转化反应对应的理论比容量约为 400mA·h/g。

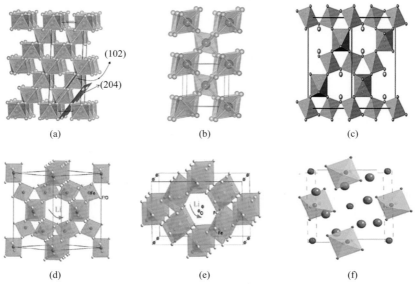

图 2-50　不同晶型的氟化铁的晶体结构

（a）三氧化铼型 FeF_3；（b）金红石型 FeF_2；（c）烧绿石型 $FeF_3 \cdot 0.5H_2O$；（d）烧绿石型 $FeF_{2.5} \cdot 0.5H_2O$；（e）六方钨青铜相 $FeF_3 \cdot 0.33H_2O$；（f）$FeF_3 \cdot 3H_2O$

目前对 ReO_3-FeF_3 的研究主要集中于通过纳米化与复合化这两个途径来改善材料的电化学性能。构筑纳米结构可以缩短离子和电子的传输路径，与导电材料

复合则可以提高 ReO_3-FeF_3 的电子电导率。将两者有机结合，通过协同作用，则可以显著提升其倍率性能。通过高能球磨的方法将商用的 ReO_3-FeF_3 与导电炭黑、膨胀石墨和活性炭等碳基材料进行复合后，发现高能球磨可以显著减小氟化铁纳米颗粒的尺寸，对于电化学性能有明显的提升作用。复合材料在 70℃ 下，以 7.58mA/g 电流密度在 4.5～1.5V 的电位区间进行充放电，其首次放电比容量高达 600mA·h/g。原位 XRD 证实在放电过程中 $Fe^{3+} \rightarrow Fe^{2+} \rightarrow Fe^0$ 的转化过程[111]。以碳纳米管（CNT）作为 FeF_3 的导电网络和载体，通过原位生长的方法，获得了 FeF_3@CNT 复合电极结构。这种原位的复合方式保证 FeF_3 纳米颗粒与 CNT 之间的稳固结合，可以显著改善材料的循环性能。CNT 与 FeF_3 纳米颗粒之间良好的导电接触，极大改善氟化铁材料的电子导电性，显著增强材料的倍率性能[112]。

金红石型 FeF_2 属于 $P42/mnm$ 空间群，四方晶系，其理论比容量为 571mA·h/g，放电电位平台位于 2.7V。FeF_2 在放电过程中不存在 Li^+ 的可逆嵌入，直接进行相转化反应。在 FeF_2 与 Li^+ 发生反应的过程中，有微小的 Fe 纳米颗粒（< 5nm）在 LiF 相周围形成。这些 Fe 纳米颗粒相互连接，形成一个双连续的导电网络结构，为绝缘的 LiF 提供局部的电子传输通道。此外，纳米尺度的固相界面可以在相转化反应的过程中提供有效的离子传输通道。正是这些因素的作用，使得 FeF_2 在放电过程中保持高度的可逆性。

六方钨青铜相 FeF_3·$0.33H_2O$ 属于 $Cmcm$ 空间群，正交晶系，6 个 FeF_6 八面体通过顶点共享的方式连接成为一个巨大的六角腔，其晶胞体积高达 710Å，远远高于密堆积的 ReO_3-FeF_3。这种开阔的六角腔形成独特的一维隧道结构，而这种一维隧道结构对锂离子的传输和存储是非常有利的。与 ReO_3-FeF_3 充放电机理不同，HTB-FeF_3·$0.33H_2O$ 在 1.7～4.5V 之间放电，发生 Li^+ 的可逆嵌入反应，形成单相固溶体 Li_xFeF_3·$0.33H_2O$。在充电的过程中，嵌入的 Li^+ 再可逆脱出[113]：

$$FeF_3 \cdot 0.33H_2O + Li \longrightarrow Li_xFeF_3 \cdot 0.33H_2O \quad （4.5～1.7V）$$

HTB-FeF_3·$0.33H_2O$ 在充放电过程中，在 2.7V 和 3.2V 的电位下，分别存在两个倾斜的放电和充电平台，对应着 Li^+ 在 FeF_3·$0.33H_2O$ 晶格结构中的可逆嵌入和脱出。在充放电的过程中，位于六角腔结构中的结晶水可以稳定存在。正是这种一维隧道结构使得 HTB-FeF_3·$0.33H_2O$ 的锂离子电导率高达 2.4×10^{-8}S/cm（25℃）。限制 HTB-FeF_3·$0.33H_2O$ 电化学性能的因素主要是其较低的电子电导率（1.4×10^{-8}S/cm，25℃）。因此，对 FeF_3·$0.33H_2O$ 的研究主要集中于通过纳米化和复合化的方式来提高其电子电导率，进而达到改善其倍率性能的目的。采用绿色的离子液体 [Bmim][BF_4] 作为氟源和溶剂，通过温和的"离子热"合成方法，获得具有介孔结构的 FeF_3·$0.33H_2O$ 材料[114]。离子液体可以促进晶化，在 50℃ 温度下即可获得具有高结晶度的 FeF_3·$0.33H_2O$ 材料；离子液体可以有效地限制纳米颗粒的长大与团聚；离子液体作为一种绿色的氟源，与强腐蚀性的 HF 相比，具有更好的环境友好性和操作安全性。通过该方法获得的 $FeF_3 \cdot 0.33H_2O$ 纳米材料，展现出优异的循环稳定性。在电化学测试的过程中，并未出现结晶水被氧化和还原的现象，证明 $FeF_3 \cdot 0.33H_2O$ 六角腔结构有效限制结晶水的移动，保持高度的稳定性。

孙克宁课题组采用纳米浇铸的方法，以有序介孔碳 CMK-3 作为抑制 $FeF_3 \cdot 0.33H_2O$ 纳米晶生长和团聚的硬模板，制备具有高速电子传输速率和发达孔道结构的 $CMK-3-FeF_3 \cdot 0.33H_2O$ 复合电极材料[115]。$FeF_3 \cdot 0.33H_2O$ 颗粒与高电子电导率的 CMK-3 牢固接触，构筑了一个优越的导电网络。$FeF_3 \cdot 0.33H_2O$ 纳米晶的生长和团聚被有序介孔碳的孔道结构有效地限制，$FeF_3 \cdot 0.33H_2O$ 纳米晶可以促进电子和 Li^+ 传输，改善材料的电化学性能，如图 2-51 所示。复合电极材料具有适合 Li^+ 快速传输的规则有序的孔道结构，其巨大的比表面积保证液体电解质与电极的充分接触。将这些因素有机结合，相互协同作用，使得 $CMK-3-FeF_3 \cdot 0.33H_2O$ 复合电极材料倍率性能得到显著改善，展现出卓越的超高倍率性能和优异的循环稳定性，在 $50C$ 的放电比容量高达 $78mA \cdot h/g$，140 次充放电循环后的平均容量损失仅为 0.025%，如图 2-52 所示。

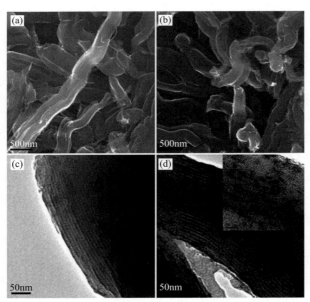

图 2-51　CMK-3 材料 [（a）、（c）] 及 $CMK-3-FeF_3 \cdot 0.33H_2O$ [（b）、（d）] 纳米复合材料

孙克宁课题组采用溶剂热合成的方法制备具有分等级结构的自支撑

FeF$_3$·0.33H$_2$O 花状阵列电极[116]，如图 2-53 所示。FeF$_3$·0.33H$_2$O 花状阵列是由 10nm 厚的"纳米花瓣"相互连接，形成直径约为 1μm 的分等级花状结构，并展现优异的倍率性能和良好的循环稳定性（图 2-54）。在 10C 倍率下，FeF$_3$·0.33H$_2$O 阵列电极的放电比容量为 101mA·h/g。FeF$_3$·0.33H$_2$O 花状阵列电极在经过 50 次充放电循环后，其放电比容量依然可以稳定保持在 123mA·h/g，容量保持率为 97.6%，在每次充放电循环过程中的容量衰减仅为 0.048%。FeF$_3$·0.33H$_2$O 花状阵列电化学性能提升的主要原因有以下几点：高速的电子传输通道；开放的花状结构，独特的等级孔道结构和高的比表面积；FeF$_3$·0.33H$_2$O 材料与导电集流体牢固结合等。将这些因素有机结合，相互协同作用，使 FeF$_3$·0.33H$_2$O 电极材料的电化学性能得到显著改善。

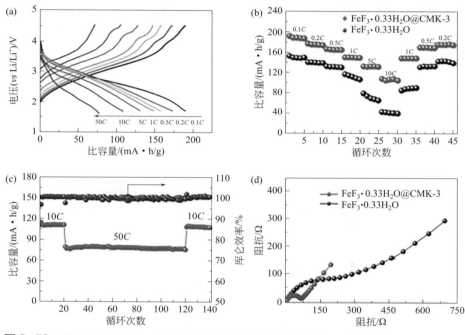

图 2-52　CMK-3-FeF$_3$·0.33H$_2$O 纳米复合材料与纯 FeF$_3$·0.33H$_2$O 的放电倍率性能 [（a）、（b）]、循环性能（c）及阻抗数据（d）

　　孙克宁课题组采用简单的溶剂热合成及自模板法制备微米/纳米级分级结构的 FeF$_3$·0.33H$_2$O，如图 2-55 所示[117]。利用商业化的 FeF$_3$·3H$_2$O 作为前驱体，溶剂热方法制备的 FeF$_3$·0.33H$_2$O 比直接加热制备的 FeF$_3$·0.33H$_2$O 具有更高的倍率性能和循环稳定性能，如图 2-56 所示。此外，通过对合成溶剂或温度的简单调节能够制备具有不同分级形态的铁基氟化物。

图 2-53 FeF$_3$·0.33H$_2$O 花状阵列形貌：SEM [（a）～（d）]；TEM（e）；HRTEM（f）

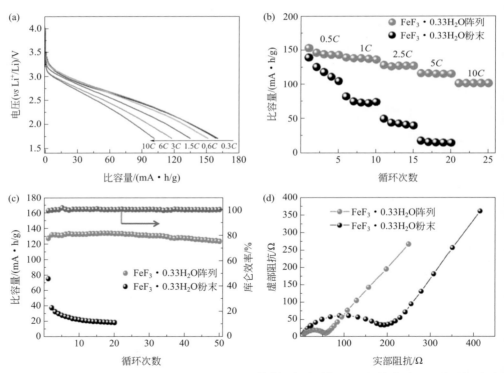

图 2-54 FeF$_3$·0.33H$_2$O 花状阵列的放电倍率性能 [（a）、（b）]、循环性能（c）及阻抗数据（d）

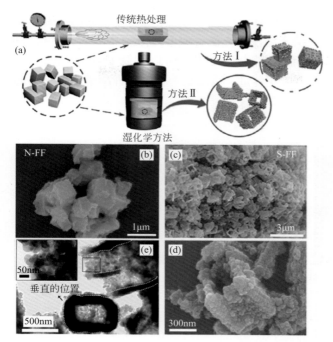

图 2-55 FeF₃·0.33H₂O 制备方法（a）及传统方法制备 FeF₃·0.33H₂O（N-FF）（b）和溶剂热法制备微米/纳米结构 FeF₃·0.33H₂O（S-FF）[（c）～（e）]

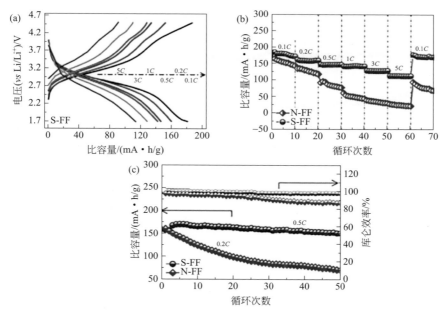

图 2-56 FeF₃·0.33H₂O（溶剂热法）放电曲线（a）及传统方法、溶剂热法制备 FeF₃·0.33H₂O 倍率性能（b）和传统方法、溶剂热法制备 FeF₃·0.33H₂O 的循环性能（c）

除氟化物外，氧氟化物由于具有相对较高的电子电导率及高的放电平台也受到关注。孙克宁课题组采用纳米浇注的方法合成 $BiO_{0.5}F_2$-CMK-3 复合材料正极，材料形貌如图 2-57 所示。在该材料中，CMK-3 可以抑制 BiOF 的生长和团聚，并且碳表面的官能团可以提供可逆容量。该法是一种制备锂离子正极材料的新思路，该材料性能如图 2-58 所示[118]。

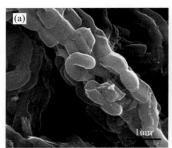

图 2-57　$BiO_{0.5}F_2$-CMK-3 纳米复合材料

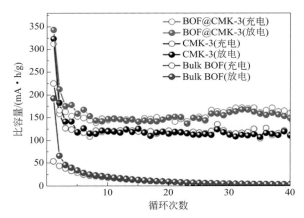

图 2-58　$BiO_{0.5}F_2$-CMK-3 纳米复合材料及 CMK-3、纯 $BiO_{0.5}F_2$ 材料循环性能

参考文献

[1] Melot B C, Tarascon J M. Design and preparation of materials for advanced electrochemical storage[J]. Accounts of Chemical Research, 2013, 46(5): 1226-1238.

[2] Ohzuku T. Electrochemistry and structural chemistry of LiNiO₂ (R3m) for 4 volt secondary lithium cells[J].

Journal of the Electrochemical Society, 1993, 140(7): 1862.

[3] Delmas C, Fouassier C, Hagenmuller P. Structural classification and properties of the layered oxides[J]. Physica B+C, 1980, 99(1-4): 81-85.

[4] Goodenough J B. Rechargeable batteries: Challenges old and new[J]. Journal of Solid State Electrochemistry, 2012, 16(6): 2019-2029.

[5] Stoyanova R, Zhecheva E, Zarkova L. Effect of Mn-substitution for Co on the crystal structure and acid delithiation of $LiMn_yCo_{1-y}O_2$ solid solutions[J]. Solid State Ionics, 1994, 73(3-4): 233-240.

[6] Jones C, Rossen E, Dahn J. Structure and electrochemistry of $Li_xCr_yCo_{1-y}O_2$[J]. Solid State Ionics, 1994, 68(1-2): 65-69.

[7] Tukamoto H. Electronic conductivity of $LiCoO_2$ and its enhancement by magnesium doping[J]. Journal of the Electrochemical Society, 1997, 144(9): 3164.

[8] Cho J, Kim T G, Kim C, et al. Comparison of Al_2O_3-and $AlPO_4$-coated $LiCoO_2$ cathode materials for a Li-ion cell[J]. Journal of Power Sources, 2005, 146(1-2): 58-64.

[9] Chen Z, Dahn J R. Effect of a ZrO_2 Coating on the structure and electrochemistry of Li_xCoO_2 when cycled to 4.5V[J]. Electrochemical and Solid-State Letters, 2002, 5(10): A213.

[10] Lu Y C, Mansour A N, Yabuuchi N, et al. Probing the origin of enhanced stability of "$AlPO_4$" nanoparticle coated $LiCoO_2$ during cycling to high voltages: combined XRD and XPS studies[J]. Chemistry of Materials, 2009, 21(19): 4408-4424.

[11] Kang K, Meng Y S, Breger J, et al. Electrodes with high power and high capacity for rechargeable lithium batteries[J]. Science, 2006, 311(5763): 977-980.

[12] Liu W, Oh P, Liu X, et al. Nickel-rich layered lithium transition-metal oxide for high-energy lithium-ion batteries[J]. Angewandte Chemie, International Edition in English, 2015, 54(15): 4440-4457.

[13] Liu Z, Zhen H, Kim Y, et al. Synthesis of $LiNiO_2$ cathode materials with homogeneous Al doping at the atomic level[J]. Journal of Power Sources, 2011, 196: 10201-10206.

[14] Kang K, Ceder G. Factors that affect Li mobility in layered lithium transition metal oxides[J]. Physical Review B, 2006, 74(9).

[15] Lee S M, Oh S H, Ahn J P, et al. Electrochemical properties of ZrO_2-coated $LiNi_{0.8}Co_{0.2}O_2$ cathode materials[J]. Journal of Power Sources, 2006, 159(2): 1334-1339.

[16] Rougier A. Optimization of the composition of the $Li_{1-z}Ni_{1+z}O_2$ electrode materials: Structural, magnetic, and electrochemical studies[J]. Journal of the Electrochemical Society, 1996, 143(4): 1168.

[17] Delmas C, Saadoune I, Rougier A. The cycling properties of the $Li_xNi_{1-y}Co_yO_2$ electrode[J]. Journal of Power Sources, 1993, 44(1-3): 595-602.

[18] AlcáNtara R. Structure and electrochemical properties of $Li_{1-x}(Ni_yCo_{1-y})_{1+x}O_2$[J]. Journal of the Electrochemical Society, 1995, 142(12): 3997.

[19] Robert R, Villevieille C, Novák P. Enhancement of the high potential specific charge in layered electrode materials for lithium-ion batteries[J]. Journal of Materials Chemistry A, 2014, 2(23): 8589.

[20] Jo M, Noh M, Oh P, et al. A new high power $LiNi_{0.81}Co_{0.1}Al_{0.09}O_2$ cathode material for lithium-ion batteries[J]. Advanced Energy Materials, 2014, 4(13).

[21] Han C J, Yoon J H, Cho W I, et al. Electrochemical properties of $LiNi_{0.8}Co_{0.2-x}Al_xO_2$ prepared by a sol-gel method[J]. Journal of Power Sources, 2004, 136(1): 132-138.

[22] Bak S M, Nam K W, Chang W, et al. Correlating structural changes and gas evolution during the thermal

decomposition of charged Li$_x$Ni$_{0.8}$Co$_{0.15}$Al$_{0.05}$O$_2$ cathode materials[J]. Chemistry of Materials, 2013, 25(3): 337-351.

[23] Kondo H, Takeuchi Y, Sasaki T, et al. Effects of Mg-substitution in Li(Ni,Co,Al)O$_2$ positive electrode materials on the crystal structure and battery performance[J]. Journal of Power Sources, 2007, 174(2): 1131-1136.

[24] Wu Y, Manthiram A. Effect of surface modifications on the layered solid solution cathodes (1−z) Li[Li$_{1/3}$Mn$_{2/3}$] O$_2$-(z) Li[Mn$_{0.5-y}$Ni$_{0.5-y}$Co$_{2y}$]O$_2$[J]. Solid State Ionics, 2009, 180(1): 50-56.

[25] Ju J H, Ryu K S. Synthesis and electrochemical performance of Li(Ni$_{0.8}$Co$_{0.15}$Al$_{0.05}$)0.8(Ni$_{0.5}$Mn$_{0.5}$)$_{0.2}$O$_2$ with core-shell structure as cathode material for Li-ion batteries[J]. Journal of Alloys and Compounds, 2011, 509(30): 7985-7992.

[26] Noh H J, Youn S, Yoon C S, et al. Comparison of the structural and electrochemical properties of layered Li[Ni$_x$Co$_y$Mn$_z$]O$_2$ (x = 1/3, 0.5, 0.6, 0.7, 0.8 and 0.85) cathode material for lithium-ion batteries[J]. Journal of Power Sources, 2013, 233: 121-130.

[27] Lee K S, Myung S T, Amine K, et al. Structural and electrochemical properties of layered Li[Ni$_{1-2x}$Co$_x$Mn$_x$]O$_2$ (x=0.1-0.3) positive electrode materials for Li-ion batteries[J]. Journal of the Electrochemical Society, 2007, 154(10): A971.

[28] Sun Y K, Myung S T, Shin H S, et al. Novel core-shell-structured Li[(Ni$_{0.8}$Co$_{0.2}$)$_{0.8}$(Ni$_{0.5}$Mn$_{0.5}$)$_{0.2}$]O$_2$ via coprecipitation as positive electrode material for lithium secondary batteries[J]. Journal of Physical Chemistry B, 2006, 110(13).

[29] Sun Y K, Myung S T, Kim M H, et al. Synthesis and characterization of Li[(Ni$_{0.8}$Co$_{0.1}$Mn$_{0.1}$)0.8(Ni$_{0.5}$Mn$_{0.5}$)$_{0.2}$]O$_2$ with the microscale core-shell structure as the positive electrode material for lithium batteries[J]. Journal of the American Chemical Society, 2005, 127(38). 13411-13418.

[30] Sun Y K, Kim D H, Yoon C S, et al. A novel cathode material with a concentration-gradient for high-energy and safe lithium-ion batteries[J]. Advanced Functional Materials, 2010, 20(3): 485-491.

[31] Liao P Y, Duh J G, Lee J F. Valence change and local structure during cycling of layer-structured cathode materials[J]. Journal of Power Sources, 2009, 189(1): 9-15.

[32] Li J, He X, Zhao R, et al. Stannum doping of layered LiNi$_{3/8}$Co$_{2/8}$Mn$_{3/8}$O$_2$ cathode materials with high rate capability for Li-ion batteries[J]. Journal of Power Sources, 2006, 158(1): 524-528.

[33] Park S H, Yoon C S, Kang S G, et al. Synthesis and structural characterization of layered Li[Ni$_{1/3}$Co$_{1/3}$Mn$_{1/3}$]O$_2$ cathode materials by ultrasonic spray pyrolysis method[J]. Electrochimica Acta, 2004, 49(4): 557-563.

[34] Kageyama M, Li D, Kobayakawa K, et al. Structural and electrochemical properties of LiNi$_{1/3}$Mn$_{1/3}$Co$_{1/3}$O$_{2-x}$F$_x$ prepared by solid state reaction[J]. Journal of Power Sources, 2006, 157(1): 494-500.

[35] Liu L, Sun K, Zhang N, et al. Improvement of high-voltage cycling behavior of Li(Ni$_{1/3}$Co$_{1/3}$Mn$_{1/3}$)O$_2$ cathodes by Mg, Cr, and Al substitution[J]. Journal of Solid State Electrochemistry, 2008, 13(9): 1381-1386.

[36] Cho J, Kim H, Park B. Comparison of overcharge behavior of AlPO$_4$-coated LiCoO$_2$ and LiNi$_{0.8}$Co$_{0.1}$Mn$_{0.1}$O$_2$ cathode materials in Li-ion cells[J]. Journal of the Electrochemical Society, 2004, 151(10): A1707.

[37] Cho J, Kim T J, Kim J, et al. Synthesis, thermal, and electrochemical properties of AlPO$_4$-coated [LiNi$_{0.8}$Co$_{0.1}$Mn$_{0.1}$]O$_2$ cathode materials for a Li-ion cell[J]. Journal of the Electrochemical Society, 2004, 151(11): A1899.

[38] Jouanneau S, Bahmet W, Eberman K W, et al. Effect of the sintering agent, B$_2$O$_3$, on Li[Ni$_x$Co$_{1-2x}$Mn$_x$]O$_2$ materials[J]. Journal of the Electrochemical Society, 2004, 151(11): A1789.

[39] Jang S B, Kang S H, Amine K, et al. Synthesis and improved electrochemical performance of Al (OH)$_3$-coated Li[Ni$_{1/3}$Mn$_{1/3}$Co$_{1/3}$]O$_2$ cathode materials at elevated temperature[J]. Electrochimica Acta, 2005, 50(20): 4168-4173.

[40] Zeng Y, He J. Surface structure investigation of LiNi$_{0.8}$Co$_{0.2}$O$_2$ by AlPO$_4$ coating and using functional electrolyte[J]. Journal of Power Sources, 2009, 189(1): 519-521.

[41] Vijayakumar M, Selvasekarapandian S. A study on mixed conducting property of $Li_xV_2O_5$ (x= 0.4-1.4)[J]. Crystal Research and Technology, 2004, 39(7): 611-616.

[42] Thackeray M M, Kang S H, Johnson C S, et al. Li_2MnO_3-stabilized $LiMO_2$ (M = Mn, Ni, Co) electrodes for lithium-ion batteries[J]. Journal of Materials Chemistry, 2007, 17(30): 3112.

[43] Rozier P, Tarascon J M. Review-Li-rich layered oxide cathodes for next-generation Li-ion batteries: chances and challenges[J]. Journal of the Electrochemical Society, 2015, 162(14): A2490-A2499.

[44] Kim J S, Johnson C S, Vaughey J T, et al. Electrochemical and structural properties of $xLi_2M'O_3 \cdot (1-x)$ $LiMn_{0.5}Ni_{0.5}O_2$ electrodes for lithium batteries (M' = Ti, Mn, Zr; $0 \leqslant x \leqslant 0.3$)[J]. Chemistry of Materials, 2004, 16(10): 1996-2006.

[45] Park K S, Cho M H, Jin S J, et al. Design and analysis of triangle phase diagram for preparation of new lithium manganese oxide solid solutions with stable layered crystal structure[J]. Journal of Power Sources, 2005, 146(1-2): 281-286.

[46] Meng Y S, Ceder G, Grey C P, et al. Cation ordering in layered O3 $Li[Ni_xLi_{1/3-2x/3}Mn_{2/3-x/3}]O_2$($0 \leqslant x \leqslant 1/2$) compounds[J]. Chemistry of Materials, 2005, 17(9): 2386-2394.

[47] Lua Z, Dahn J R. Understanding the anomalous capacity of $Li/Li[Ni_xLi_{(1/3-2x/3)}Mn_{(2/3-x/3)}]O_2$ cells using in situ X-ray diffraction and electrochemical studies[J]. Journal of the Electrochemical Society, 2002, 149(7): A815-A822.

[48] Jiang K C, Wu X L, Yin Y X, et al. Superior hybrid cathode material containing lithium-excess layered material and graphene for lithium-ion batteries[J]. ACS Appl Mater Interfaces, 2012, 4(9): 4858-4863.

[49] Song B, Lai M O, Liu Z, et al. Graphene-based surface modification on layered Li-rich cathode for high-performance Li-ion batteries[J]. Journal of Materials Chemistry A, 2013, 1(34): 9954.

[50] Shi S J, Tu J P, Zhang Y J, et al. Effect of Sm_2O_3 modification on $Li[Li_{0.2}Mn_{0.56}Ni_{0.16}Co_{0.08}]O_2$ cathode material for lithium ion batteries[J]. Electrochimica Acta, 2013, 108: 441-448.

[51] Liu J, Manthiram A. Functional surface modifications of a high capacity layered $Li[Li_{0.2}Mn_{0.54}Ni_{0.13}Co_{0.13}]O_2$ cathode[J]. Journal of Materials Chemistry, 2010, 20(19): 3961.

[52] Park B C, Kim H B, Bang H J, et al. Improvement of electrochemical performance of $Li[Ni_{0.8}Co_{0.15}Al_{0.05}]O_2$ cathode materials by AlF_3 coating at various temperatures[J]. Industrial & Engineering Chemistry Research, 2008, 47(11): 3876-3882.

[53] Sun Y K, Lee M J, Yoon C S, et al. The role of AlF_3 coatings in improving electrochemical cycling of Li-enriched nickel-manganese oxide electrodes for Li-ion batteries[J]. Advanced Materials, 2012, 24(9): 1192-1196.

[54] Li G R, Feng X, Ding Y, Ye S H, Gao X P. AlF_3-coated Li ($Li_{0.17}Ni_{0.25}Mn_{0.58}$)$O_2$ as cathode material for Li-ion batteries[J]. Electrochimica Acta, 2012 (78): 308-315.

[55] Song B, Man O L, Li L. Influence of Ru substitution on Li-rich 0.55 $Li_2MnO_3 \cdot 0.45$ $LiNi_{1/3}Co_{1/3}Mn_{1/3}O_2$ cathode for Li-ion batteries[J]. Electrochimica Acta, 2012 (80): 187.

[56] Jiang X, Wang Z, Rooney D, et al. A design strategy of large grain lithium-rich layered oxides for lithium-ion batteries cathode[J]. Electrochimica Acta, 2015, 160: 131-138.

[57] Picciotto L D, Adendorff K T, Liles D C, et al. Structural characterization of $Li_{1+x}V_3O_8$ insertion electrodes by single-crystal X-ray diffraction[J]. Solid State Ionics, 1993, 62: 297-307.

[58] Boucher F, Bourgeon N, Delbé K, et al. Study of $Li_{1+x}V_3O_8$ by band structure calculations and spectroscopies[J]. Journal of Physics and Chemistry of Solids, 2006, 67(5-6): 1238-1242.

[59] Idris N H, Rahman M M, Wang J-Z, et al. Synthesis and electrochemical performance of LiV_3O_8/carbon nanosheet composite as cathode material for lithium-ion batteries[J]. Composites Science and Technology, 2011, 71(3): 343-349.

[60] Heli H, Yadegari H, Jabbari A. Low-temperature synthesis of LiV_3O_8 nanosheets as an anode material with high power density for aqueous lithium-ion batteries[J]. Materials Chemistry and Physics, 2011, 126(3): 476-479.

[61] Mo R, Du Y, Zhang N, et al. In situ synthesis of LiV_3O_8 nanorods on graphene as high rate-performance cathode materials for rechargeable lithium batteries[J]. Chem Commun (Camb), 2013, 49(80): 9143-9145.

[62] Sun J, Jiao L, Yuan H, et al. Preparation and electrochemical performance of $Ag_xLi_{1-x}V_3O_8$[J]. Journal of Alloys and Compounds, 2009, 472(1-2): 363-366.

[63] Feng Y, Li Y, Hou F. Preparation and electrochemical properties of Cr doped LiV_3O_8 cathode for lithium ion batteries[J]. Materials Letters, 2009, 63(15): 1338-1340.

[64] Liu L Y, Tian Y W, Zhai Y C, et al. Influence of Y^{3+} doping on structure and electrochemical performance of layered $Li_{1.05}V_3O_8$[J]. Transactions of Nonferrous Metals Society of China, 2007, 17(1): 110-115.

[65] Jiao L, Li H, Yuan H, et al. Preparation of copper-doped LiV_3O_8 composite by a simple addition of the doping metal as cathode materials for lithium-ion batteries[J]. Materials Letters, 2008, 62(24): 3937-3939.

[66] Pouchko S. Lithium insertion into γ-type vanadium oxide bronzes doped with molybdenum(VI) and tungsten(VI) ions[J]. Solid State Ionics, 2001, 144(1-2): 151-161.

[67] Liu Y, Zhou X, Guo Y. Effects of fluorine doping on the electrochemical properties of LiV_3O_8 cathode material[J]. Electrochimica Acta, 2009, 54(11): 3184-3190.

[68] Jiao L, Liu L, Sun J, et al. Effect of $AlPO_4$ nanowire coating on the electrochemical properties of LiV_3O_8 cathode material[J]. The Journal of Physical Chemistry C, 2008, 112(46): 18249-18254.

[69] Mo R, Du Y, Zhang N, et al. Surface modification of LiV_3O_8 nanosheets via layer-by-layer self-assembly for high-performance rechargeable lithium batteries[J]. Journal of Power Sources, 2014, 257: 319-324.

[70] Zhang X F, Zheng H H, Battaglia V, et al. Electrochemical performance of spinel $LiMn_2O_4$ cathode materials made by flame-assisted spray technology[J]. Journal of Power Sources, 2011, 196(7): 3640-3645.

[71] Tarascon J M, Wang E, Shokoohi F K, et al. The spinel phase of $LiMn_2O_4$ as a cathode in secondary lithium cells[J]. Journal of the Electrochemical Society, 1991, 138(10): 2859-2864.

[72] Ariyoshi K, Iwakoshi Y, Nakayama N, et al. Topotactic two-phase reactions of $Li[Ni_{1/2}Mn_{3/2}]O_4$ [P4(3)32] in nonaqueous lithium cells[J]. Journal of the Electrochemical Society, 2004, 151(2): A296-A303.

[73] Amdouni N, Zaghib K, Gendron F, et al. Magnetic properties of $LiNi_{0.5}Mn_{1.5}O_4$ spinels prepared by wet chemical methods[J]. Journal of Magnetism and Magnetic Materials, 2007, 309: 100-105.

[74] Ooms F. High-voltage $LiMg_\delta Ni_{0.5-\delta}Mn_{1.5}O_4$ spinels for Li-ion batteries[J]. Solid State Ionics, 2002, 152-153: 143-153.

[75] Hong K J, Sun Y K. Synthesis and electrochemical characteristics of $LiCr_xNi_{0.5-x}Mn_{1.5}O_4$ spinel as 5V cathode materials for lithium secondary batteries[J]. Journal of Power Sources, 2002, 109(2): 427-430.

[76] Yi T F, Shu J, Zhu Y R, et al. Advanced electrochemical performance of $LiMn_{1.4}Cr_{0.2}Ni_{0.4}O_4$ as 5V cathode material by citric-acid-assisted method[J]. Journal of Physics and Chemistry of Solids, 2009, 70(1): 153-158.

[77] Xu X X, Yang J, Wang Y Q, et al. $LiNi_{0.5}Mn_{1.5}O_{3.975}F_{0.05}$ as novel 5V cathode material[J]. Journal of Power Sources, 2007, 174(2): 1113-1116.

[78] Arrebola J, Caballero A, HernáN L, et al. Adverse effect of Ag treatment on the electrochemical performance of the 5V nanometric spinel $LiNi_{0.5}Mn_{1.5}O_4$ in lithium cells[J]. Electrochemical and Solid-State Letters, 2005, 8(6): A303.

[79] Arrebola J, Caballero A, HernáN L, et al. Effects of coating with gold on the performance of nanosized $LiNi_{0.5}Mn_{1.5}O_4$ for lithium batteries[J]. Journal of the Electrochemical Society, 2007, 154(3): A178.

[80] Sun Y. Electrochemical performance of nano-sized ZnO-coated $LiNi_{0.5}Mn_{1.5}O_4$ spinel as 5V materials at elevated temperatures[J]. Electrochemistry Communications, 2002, 4(4): 344-348.

[81] Liu J, Manthiram A. Improved electrochemical performance of the 5V spinel cathode $LiMn_{1.5}Ni_{0.42}Zn_{0.08}O_4$ by surface modification[J]. Journal of the Electrochemical Society, 2009, 156(1): A66.

[82] Fan Y, Wang J, Tang Z, et al. Effects of the nanostructured SiO_2 coating on the performance of $LiNi_{0.5}Mn_{1.5}O_4$ cathode materials for high-voltage Li-ion batteries[J]. Electrochimica Acta, 2007, 52(11): 3870-3875.

[83] Noguchi T, Yamazaki I, Numata T, et al. Effect of Bi oxide surface treatment on 5V spinel $LiNi_{0.5}Mn_{1.5-x}Ti_xO_4$[J]. Journal of Power Sources, 2007, 174(2): 359-365.

[84] Liu J, Manthiram A. Kinetics study of the 5V spinel cathode $LiMn_{1.5}Ni_{0.5}O_4$ before and after surface modifications[J]. Journal of the Electrochemical Society, 2009, 156(11): A833.

[85] Kobayashi Y, Miyashiro H, Takei K, et al. 5V Class all-solid-state composite lithium battery with Li_3PO_4 coated $LiNi_{0.5}Mn_{1.5}O_4$[J]. Journal of the Electrochemical Society, 2003, 150(12): A1577.

[86] Shi J Y, Yi C W, Kim K. Improved electrochemical performance of $AlPO_4$-coated $LiMn_{1.5}Ni_{0.5}O_4$ electrode for lithium-ion batteries[J]. Journal of Power Sources, 2010, 195(19): 6860-6866.

[87] Kang H B, Myung S T, Amine K, et al. Improved electrochemical properties of BiOF-coated 5V spinel $Li[Ni_{0.5}Mn_{1.5}]O_4$ for rechargeable lithium batteries[J]. Journal of Power Sources, 2010, 195(7): 2023-2028.

[88] Yi T F, Shu J, Zhu Y R, et al. Structure and electrochemical performance of $Li_4Ti_5O_{12}$-coated $LiMn_{1.4}Ni_{0.4}Cr_{0.2}O_4$ spinel as 5V materials[J]. Electrochemistry Communications, 2009, 11(1): 91-94.

[89] Yang T, Zhang N, Lang Y, et al. Enhanced rate performance of carbon-coated $LiNi_{0.5}Mn_{1.5}O_4$ cathode material for lithium ion batteries[J]. Electrochimica Acta, 2011, 56(11): 4058-4064.

[90] Padhi A K, Nanjundaswamy K S, Goodenough J B. Phospho-olivines as positive electrode materials for rechargeable lithium batteries[J]. Journal of the Electrochemical Society, 1997, 144(4): 1188-1194.

[91] Zhu J, Fiore L, Li D, et al. Solvothermal synthesis, development, and performance of $LiFePO_4$ nanostructures[J]. Crystal Growth & Design, 2013, 13(11): 4659-4666.

[92] Ma Z, Shao G, Fan Y, et al. Tunable morphology synthesis of $LiFePO_4$ nanoparticles as cathode materials for lithium ion batteries[J]. ACS Applied Materials & Interfaces, 2014, 6(12): 9236-9244.

[93] Qin X, Wang J, Xie J, et al. Hydrothermally synthesized $LiFePO_4$ crystals with enhanced electrochemical properties: Simultaneous suppression of crystal growth along [010] and antisite defect formation[J]. Physical Chemistry Chemical Physics, 2012, 14: 2669-2677.

[94] Ma Z P, Shao G J, Wang G L, et al. Electrochemical performance of Mo-doped $LiFePO_4$/C composites prepared by two-step solid-state reaction[J]. Ionics, 2013, 19(3): 437-443.

[95] Fang H, Liang G, Zhao L, et al. Electrochemical properties of cathode material $LiFePO_4$ with Ti substitution[J]. Journal of the Electrochemical Society, 2013, 160(5): A3148-A3152.

[96] Morettia A, Giulib G, Nobilia F, et al. Structural and electrochemical characterization of vanadium-doped $LiFePO_4$ cathodes for lithium-ion batteries[J]. Journal of the Electrochemical Society, 2013, 160(6): A940-A949.

[97] Hong J, Wang X L, Wang Q, et al. Structure and electrochemistry of vanadium-modified $LiFePO_4$[J]. Journal of Physical Chemistry C, 2012, 116(39): 20787-20793.

[98] Zhang L L, Liang G, Ignatov A, et al. Effect of vanadium incorporation on electrochemical performance of $LiFePO_4$ for lithium-ion batteries[J]. The Journal of Physical Chemistry C, 2011, 115(27): 13520-13527.

[99] Omenya F, Chernova N A, Wang Q, et al. The structural and electrochemical impact of Li and Fe site substitution in $LiFePO_4$[J]. Chemistry of Materials, 2013, 25(13): 2691-2699.

[100] Hu B Lung-Hao, Wu F Y, Lin C T, et al. Graphene-modified $LiFePO_4$ cathode for lithium ion battery beyond theoretical capacity[J]. Nat Commun, 2013, 4: 1687.

[101] Zhao Q, Zhang Y, Meng Y, et al. Phytic acid derived LiFePO$_4$ beyond theoretical capacity as high-energy density cathode for lithium ion battery[J]. Nano Energy, 2017, 34: 408-420.

[102] Lu C, Rooney D W, Jiang X, et al. Achieving high specific capacity of lithium-ion battery cathodes by modification with "N—O·" radicals and oxygen-containing functional groups[J]. Journal of Materials Chemistry A, 2017, 5(47): 24636-24644.

[103] Yuax Yue, Hong Liang. Micro-and nano-structured vanadium pentoxide (V$_2$O$_5$) for electrodes of lithium-ion batteries[J]. Advanced Energy Materials, 2017, 7.

[104] Yan D J, Zhu X D, Wang K X, et al. Facile and elegant self-organization of Ag nanoparticles and TiO$_2$ nanorods on V$_2$O$_5$ nanosheets as a superior cathode material for lithium-ion batteries[J]. Journal of Materials Chemistry A, 2016, 4(13): 4900-4907.

[105] Yan J, Sumboja A, Khoo E, et al. V$_2$O$_5$ loaded on SnO$_2$ nanowires for high-rate Li ion batteries[J]. Advanced Materials, 2011, 23(6): 746-750.

[106] Wei X, An Q, Wei Q, et al. A Bowknot-like RuO$_2$ quantum dots@V$_2$O$_5$ cathode with largely improved electrochemical performance[J]. Physical Chemistry Chemical Physics, 2014, 16(35).

[107] Zhang X F, Wang K X, Wei X, et al. Carbon-coated V$_2$O$_5$ nanocrystals as high performance cathode material for lithium ion batteries[J]. Chemistry of Materials, 2011, 23(24): 5290-5292.

[108] Yang Y, Li L, Fei H, et al. Graphene nanoribbon/V$_2$O$_5$ cathodes in lithium-ion batteries[J]. ACS Appl Mater Interfaces, 2014, 6(12).

[109] Mai L, Dong F, Xu X, et al. Cucumber-like V$_2$O$_5$/poly(3,4-ethylenedioxythiophene)&MnO$_2$ nanowires with enhanced electrochemical cyclability[J]. Nano Letters, 2013, 13(2).

[110] Li H, Balaya P, Maier J. Li-storage via heterogeneous reaction in selected binary metal fluorides and oxides[J]. Journal of the Electrochemical Society, 2004, 151(11): A1878.

[111] Badway F, Cosandey F, Pereira N, et al. Carbon metal fluoride nanocomposites[J]. Journal of the Electrochemical Society, 2003, 150(10): A1318-A1327.

[112] Kim S W, Seo D H, Gwon H, et al. Fabrication of FeF$_3$ Nanoflowers on CNT branches and their application to high power lithium rechargeable batteries[J]. Advanced Materials, 2010, 22(46).

[113] Li C, Gu L, Tong J, et al. Carbon nanotube wiring of electrodes for high-rate lithium batteries using an imidazolium-based ionic liquid precursor as dispersant and binder: A case study on iron fluoride nanoparticles[J]. ACS Nano, 2011, 5(4).

[114] Li C, Gu L, Tsukimoto S, et al. Low-temperature ionic-liquid-based synthesis of nanostructured iron-based fluoride cathodes for lithium batteries[J]. Advanced Materials, 2010, 22(33): 3650-3654.

[115] Li B, Zhang N, Sun K N. Confined iron fluoride@CMK-3 nanocomposite as an ultrahigh rate capability cathode for Li-ion batteries[J]. Small, 2014, 10(10).

[116] Li B, Cheng Z, Zhang N, et al. Self-supported, binder-free 3D hierarchical iron fluoride flower-like array as high power cathode material for lithium batteries[J]. Nano Energy, 2014, 4: 7-13.

[117] Zhai J, Lei Z, Rooney D, et al. Self-templated fabrication of micro/nano structured iron fluoride for high-performance lithium-ion batteries[J]. Journal of Power Sources, 2018, 396: 371-378.

[118] Ni D, Sun W, Xie L, et al. Bismuth oxyfluoride @ CMK-3 nanocomposite as cathode for lithium ion batteries[J]. Journal of Power Sources, 2018, 374: 166-174.

第三章

锂离子电池负极材料

第一节　概述 / 086

第二节　金属锂负极 / 087

第三节　嵌锂型负极 / 100

第四节　锂合金负极 / 109

第五节　转换反应负极 / 119

第一节
概述

锂离子电池负极材料是锂离子电池的重要组成部分，负极材料的组成和结构对锂离子电池的电化学性能具有决定性的影响。从锂离子电池的发展历史来看，负极材料的发展是锂离子电池进入大规模商业应用的关键因素。

商业化的锂二次电池负极材料应具备以下特征：

① 锂离子在基体中的氧化还原电位尽可能低，以提高输出电压；

② 锂离子在基体中的嵌入/脱出过程可逆，过程中材料的主体结构很少发生变化；

③ 锂离子发生氧化还原的电位变化小，以保持平稳的充放电平台；

④ 具有较好的电子导电率和离子迁移率，以减少电极极化并使电池具有良好的倍率性能；

⑤ 在整个充放电电压范围内，化学稳定性良好；

⑥ 成本低廉，对环境无污染。

根据储锂机制的不同，目前的锂离子电池负极材料主要分为金属锂负极、锂合金负极、嵌锂型负极与转换反应负极四类。三类锂离子电池负极材料的储锂机制如图 3-1 所示。

最初的锂电池采用金属锂为负极材料。但由于金属锂化学性质活泼，并且在沉积过程中易产生枝晶，会引发起火或爆炸等安全性问题，在商业化过程中遭到了挫折。直至 Sony 公司于 1991 年推出以石墨碳为负极的全世界第一个锂离子电池，锂电池才正式开始在商业领域的扩张。以石墨碳为代表的嵌锂型负极具有极高的安全性，其在锂电池体系中的应用一度促进锂离子电池的繁荣。然而，随着市场对高能量密度电池的需求日益增强，传统石墨材料 372mA·h/g 的理论比容量虽已发挥至极致，但仍然不能满足需要。同样基于嵌入机制的合金类负极材料，因为不易形成枝晶又兼具较高的理论比容量，是目前业界普遍认为有望接替碳类材料的下一代商业化锂电池负极材料。而基于转换反应的负极材料，由于在氧化还原过程中存在多电子参与，也具有较高的理论容量。但其在电化学储锂过程中，巨大的结构重构和体积变化导致循环性能差，这是影响其商业应用的最主要原因。目前，金属锂负极的枝晶问题、合金负极与转换反应负极的循环稳定性问题，也是学术界的研究热点。

本章将围绕四类材料的电化学特性、储锂机制与主要电化学改性方法，对锂离子电池负极材料领域的概况进行介绍。

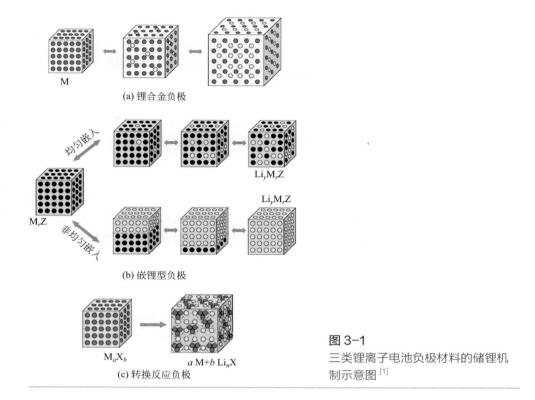

(a) 锂合金负极

均匀嵌入

M_xZ

非均匀嵌入

Li_yM_xZ

Li_yM_xZ

(b) 嵌锂型负极

M_aX_b

a M+b Li$_n$X

(c) 转换反应负极

图 3-1
三类锂离子电池负极材料的储锂机制示意图[1]

第二节
金属锂负极

　　锂是碱金属族中最轻的成员，具有所有金属中最小的原子半径。这些特性为锂金属提供超高容量和快速输运性能。与其他碱金属类似，锂具有高反应性，在干燥空气中会缓慢反应，而微量的水就能极大加快其氧化速率。因此，固体锂金属在空气中会不可避免地被锂氧化物、锂氢氧化物、碳酸锂（Li_2CO_3）和氮化锂（Li_3N）等锂化合物所覆盖。金属锂并不天然存在，而是存在于化合物中。商业化的锂产品是从锂矿物中电解分离的。

　　作为阳极，锂具有所有目前已知的电极材料中最负的电势，这种特性使得以金属锂为负极的锂电池具有极高的放电电压与极高的能量密度。其理论比容量可以达到 3860mA·h/g，是石墨材料（372mA·h/g）的 10 倍之多。但是，超低电势和高反应性又同时导致锂金属在二次电池中与电解质的化学稳定性差。在锂电池中，金属锂会与接触界面的有机电解质溶液反应，在其表面形成一层固体电解质界面膜（SEI 膜）。根据 SEI 膜的模型，金属锂与电解质的反应产物会在金属锂的表面上沉积，形成一层薄而多孔的保护膜，这层膜属于离子导体而不是电子导体，液体电解质可以填充在薄膜的微孔中，因此锂离子能够发生嵌入和脱出；并且，SEI 膜的生成阻止了液体电解质与金属锂的进一步反应，使得金属锂在液体电解质中稳定存在。

对于锂二次电池，在充电过程中，锂离子从正极迁移到负极，得到电子后沉积在负极表面上；然而新沉积的锂，其表面没有 SEI 膜的保护，表现出很高的活泼性，电极表面部分的金属锂将会与液体电解质发生反应并被反应物所包覆，形成游离态的锂。在晶粒长大的过程中，负极表面会形成枝晶，当枝晶生长到一定程度时便会刺穿电池的隔膜而造成电池的局部短路，使得电池内部温度升高，高温熔化隔膜而造成电池的内短路，致使电池失效甚至发生燃烧、爆炸，所以金属锂一直未被商业化。

为了实现金属锂负极的实际应用，研究者对锂枝晶的成核、生长过程进行了深入研究 [2-5]。但直至目前，对金属阳极的确切工作和失效机制的认知仍然是困扰研究者的难题。

一、锂枝晶的成核模型

在可充电电池中的锂金属会反复进行沉积与被剥离的行为，在不同的情景下，其成核过程也会发生在每一次的循环之中。在锂沉积阶段，初始成核位点在后续沉积行为中扮演至关重要的角色。对于在初级成核阶段的沉积锂行为，目前主要有四种成核模型。

（1）表面成核与扩散模型　在热力学上，金属锂可以轻易地长成枝晶态貌，而金属镁更倾向于在电极表面形成无枝晶形貌，这两种金属在晶体结构上的差异可以对理解锂枝晶的生长提供帮助。根据密度泛函理论（DFT）的预测，由于 Mg—Mg 键合能很强，因而与锂元素相比，在高维度与低维度的物相间的自由能差量更高 [6]。因此，相比于锂元素，镁的沉积形态更偏向于形成高维度（如三维空间以及二维平面）的结构，而不是一维的晶须构架［图 3-2（a）］。在锂、钠与镁金属负极的对比研究中，发现在镁电极表面的金属离子倾向于在相邻区域沉积，而不是富集于某一点形成枝晶。所以，在热力学上，引发锂金属负极上枝晶生长的两个关键因子是较低的表面能，更高的离子迁移能垒。

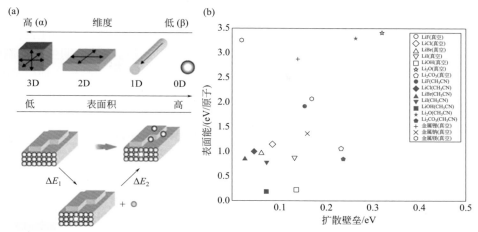

图 3-2 高维相（α）、低维相（β）的示意图（a）及表面能 *vs* 锂金属上可能的 SEI 成分的表面扩散能垒（b）[6, 7]

对于均匀沉积的发生率来说，表面能与扩散壁垒是两个重要的指标，包括层状（LiOH）、多价态（Li$_2$O 与 Li$_2$CO$_3$）以及卤化物（LiF、LiCl、LiI、LiBr）等庞杂的多类复合物与材料都曾被纳入计算的范畴［图 3-2（b）］[7]。例如，碳酸锂对锂离子来说具有更高的扩散壁垒以及更低的表面能，因此在 SEI 膜中形成无枝晶形貌就不是一种自发的过程。锂的卤化物比碳酸锂具有相同或更高的表面能，不过它们的表面扩散壁垒要比后者更低，这也意味着卤化锂更容易产生无枝晶形貌。通过电芯 SEI 膜的短路时长测试，可以推知上述不同类别材料的实验有效寿命，进而将其与扩散壁垒关联起来。数据表明，实验有效寿命与扩散壁垒之间具有清晰的线性相关，符合 Arrhenius 行为的特征。这种扩散以及其表面能量的解释方法可以给锂离子电化学过程的理解以及抑制锂枝晶提供一些新颖的思路。

（2）异质成核模型　在沉积的最初阶段，锂离子通常会获取电子并沉积在集流体上，这被认为是一种异相的成核行为。这种初始的成核形貌会对最终锂的沉积模式产生决定性影响。因此，对于异质成核的全面理解与精细调控是十分必要的。

Ely 等[8]通过数值模拟，对异质成核过程进行热力学与动力学上的深入探究，确定五种机制，并清晰地阐述复杂的异质成核行为：①成核抑制机理；②长期孵化机制；③短期孵化机制；④早期生长机制；⑤后期生长机制（图 3-3）。在成核抑制机理中，晶胚在热力学上是不稳定的，偏向于重新溶解在液体电解质中。在长期孵化机制中，热力学上有利的晶胚会被保留下来，并在经历部分来自电场与离子场的扰动之后阶段性地逐步生长。当超过某个临界过电位之后，短期孵化机制就会促进一种晶胚的限定尺寸分布。最终，具备临界动力学尺寸的锂就会成核并伴随着过电位增加而快速生长。在早期生长机制以及后续的后期生长机制中，热力学以及动力学稳定的晶胚长到同样的终极尺寸。一旦锂的晶核达到稳定的发展状态，生长率就会维持常态直至形态达成。根据这些观点，锂枝晶的生长可以被以下方式大幅抑制：①锂金属电极粗糙表面的平滑化；②在热力学上稳定的临界半径下设计负极的颗粒尺寸；③在临界数值下限制沉积的过电位，并在特定的孵化要求范围内控制循环的容量；④改进电沉积锂的固有浸润能力。

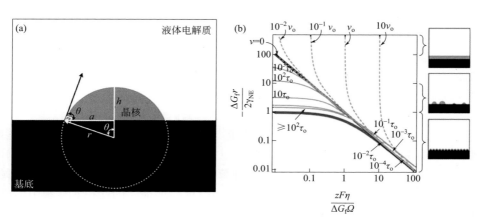

图 3-3　浸润在液体电解质中的一个球形帽状晶核在扁平基底上沉积的示意图（a）及在初级成核与锂枝晶生长阶段的行为机制（b）[8]

图 3-3 中，θ 是接触角；r 是曲率半径；a 是接触面的半径，$a = r\sin\theta$；h 是电沉积物质的高度，$h = r(1-\cos\theta)$。晶核 N 的体积为 $S_V r^3$，其中，$S_V = (\pi/3)(2+\cos\theta)(1-\cos\theta)^2$。晶核 N 的表面积为 $S_A r^2$，而 $S_A = 2\pi(1-\cos\theta)$。

根据公式，总的转化吉布斯自由能如式（3-1）所示。

$$\Delta G_T = \left(\Delta G_f + \frac{zF\eta}{\Omega}\right) S_V r^3 + \gamma_{NE} S_A r^2 + (\gamma_{SN} - \gamma_{SE}) \pi r^2 \sin^2\theta \qquad （3-1）$$

式中，ΔG_f 是摩尔体积转化自由能；γ_{NE} 是晶核 N 与电解质 E 间的界面自由能；γ_{SN} 是基底 S 与晶核 N 间的界面自由能；γ_{SE} 是基底 S 与电解质 E 间的界面自由能；z 是沉积离子的价态；F 是法拉第常数；Ω 是摩尔体积；η 是过电势。

引入 γ 这个表面张力后，将黏附力忽略不计，可以简化总吉布斯自由能为式（3-2）。

$$\Delta G_T = \left(\Delta G_f + \frac{zF\eta}{\Omega}\right) S_V r^3 + S_A r^2 \gamma_{NE} \hat{\gamma} \qquad （3-2）$$

这是一个对 r（曲率半径）的函数，令 $\mathrm{d}\Delta G_\mathrm{T}/\mathrm{d}r=0$，于是可以得到形成稳定沉积物的临界半径［式（3-3）］。

$$r_\mathrm{eq}^* = -\frac{2\gamma_\mathrm{NE}\Omega}{zF\eta + \Delta G_\mathrm{f}\Omega} \tag{3-3}$$

把临界半径［式（3-3）］代入总转化吉布斯自由能，可以得到形成异质沉积物的临界吉布斯自由能［式（3-4）］。

$$\Delta G_\mathrm{c} = \frac{16\pi\gamma_\mathrm{NE}^3}{3\Delta G_\mathrm{f}^2}\frac{(2+\cos\theta)\sin^4(\frac{\theta}{2})}{(1+\hat{\eta})^2} \tag{3-4}$$

ΔG_T 为整个体相的吉布斯自由能，$\Delta G_\mathrm{T}=16\pi\gamma_\mathrm{NE}^3/(3\Delta G_\mathrm{f}^2)$ 数值上正好对应于接触角 $\theta=180°$，过电位 $\eta=0$ 的临界吉布斯自由能。

将临界过电位（$\eta^*=\eta/\eta_0$）与不同接触角在不同的临界吉布斯自由能下作图，如图3-4所示。

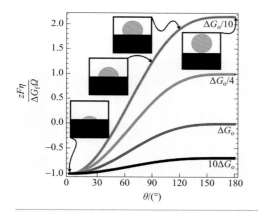

图3-4

临界过电位与接触角在不同临界吉布斯自由能下的关系

从图3-4可以看出，接触角越小，体相吉布斯自由能越大，所需要的临界过电势就越小；换言之，沉积的过程就越容易进行。这就可解释为何在粗糙界面上比较容易形成锂枝晶。

崔屹等[9, 10] 通过直接观测，成功摸索出最初的异质成核过程，最先探明锂离子在不同金属基底上的成核模式，揭示一种基底相关的生长模型。其中，金属锂的沉积/被剥离的循环性能强烈地依赖于挑选的基底。他们选择不同的基底（例如铂、铝、镁、锌、银以及金等在锂中具有部分溶解度的金属；硅、锡、碳、镍以及铜等在锂中溶解度可以几乎忽略的物质）来探究成核的过程。当这两类基底在集流体上共存时，锂离子会倾向于在金相基底上沉积（图3-5）。这些异质成核结果清晰地展示一种具有趋向性的模型，并给有意识地诱导锂沉积提供一种可能。电流密度在初始成核过程中的作用也被探知，晶核的尺寸与过电位成反比，而晶核的数密度直接与过电位的三次幂成比例（图 3-6）。这也同样佐证降低在高比表面积支架内的局部电流密度会利于生成更加平整的沉积物。

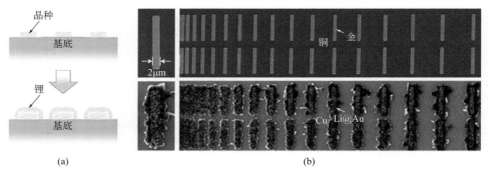

(a) (b)

图 3-5　锂金属的沉积模式示意图（a）及在 0.5mA/cm² 和 0.1mA/cm² 电流密度下锂沉积前（上）与锂沉积后（下）的金条扫描电子显微镜照片（b），可以看到沉积之后锂分布于整支金条，金条的尺寸为 2μm×16μm，并没有发现有锂沉积在间隙之中 [9]

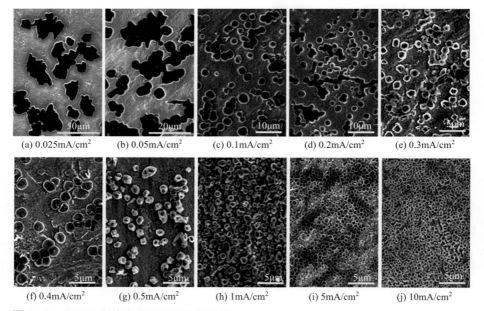

(a) 0.025mA/cm²　(b) 0.05mA/cm²　(c) 0.1mA/cm²　(d) 0.2mA/cm²　(e) 0.3mA/cm²

(f) 0.4mA/cm²　(g) 0.5mA/cm²　(h) 1mA/cm²　(i) 5mA/cm²　(j) 10mA/cm²

图 3-6　在不同电流密度下沉积的锂晶核

（a）～（j）等效面积比容量为 0.1mA·h/cm²，在铜基底上沉积的锂晶核的扫描电子显微镜照片 [10]

（3）空间电荷模型　由 Chazalviel 提出的空间电荷理论 [11, 12] 是已经被接受的表述锂枝晶成核的理论。在稀释溶液、高倍率下的锂离子沉积过程中，在电极表面附近的阴离子浓度会发生下降。阴离子在电极表面相邻区域内的消耗会产生一个巨大的空间电荷，以及位于电极/液体电解质界面附近的电场会导致沉积锂的分支化生长。

为了考量空间电荷诱导枝晶状锂金属的成核过程，计算了在一块薄状矩形对称电池里稀释液体电解质中的静电势与离子浓度的分布状态［图3-7（a）］，依次对电池内部进行分区：区域1（准中性区域）和区域2（空间电荷区域）。区域1对应的是体相液体电解质［图3-7（b）］，占据电池的大部分空间，在其内部的离子传递是由电场迁移主导的，电势也明显要较阳极电势（V_0）小。在区域2内，后期将会存在一个空间电荷（$z_c ec_c$），驱使电沉积的金属锂在稀释盐溶液中的高倍率下进行分支化的生长。空间电荷现象可以常常在非水系的液体电解质中被观测到。增加阳离子的导电性、迁移数或者锚定阴离子，可以缓解空间电荷诱导的锂枝晶生长。

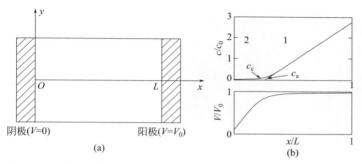

图3-7 对称电池的结构示意图（a）及从均质沉积假想模型的数值模拟中获得的离子浓度与静电势的图形（b）[12]

（4）SEI诱导成核模型　与大多数情形下不含有SEI膜的锌/铜金属电极不同，锂金属电极上的SEI膜非常重要：它不稳定，也经常因为体积膨胀以及应力变化（来自锂的沉积/被剥离）出现裂纹。在SEI膜缺陷处的裂缝会产生电化学热点，并引发锂的丝状与枝晶状生长。除了会导致枝晶化的小孔外，完整SEI膜的内在本质也同样会显著影响锂的沉积行为。

目前，对于锂沉积与SEI膜的形成步骤依然没有定论，原位电化学透射电子显微镜被用来对工作电极上的枝晶演化与SEI成膜进行直接成像（图3-8）。暗色的前线部分（虚线曲线）对应着SEI的成膜，它要先于锂沉积发生并进行推进。致密的SEI膜与锂沉积物的总厚度为300～400nm。SEI成膜先于锂金属成核的原因可能是其具有较高的离子电导率以及电子电导率。沉积过程发生在SEI层与基底之间。在SEI成膜之后，锂沉积就被触发，这是由SEI膜的多晶本质所诱发的反应。相似地，在液体电解质中金电极上的不均匀沉积也被捕捉到，从中可以轻易地辨认出 SEI 膜以及观察到其成膜后锂枝晶的出现。在锂沉积的初始阶段，锂会与金基底发生反应并形成锂 - 金合金。伴随着液体电解质的分解与通过持续降低与金基底负偏差的 SEI 成膜，会有气泡的产生；同时，锂枝晶出现在这些气泡之间。然而，在整个锂沉积的过程中，SEI 膜的生长一直伴随着锂的沉积。这种 SEI 膜几乎不会维持稳定，它们会持续增厚并全程进行自我更新[13]。

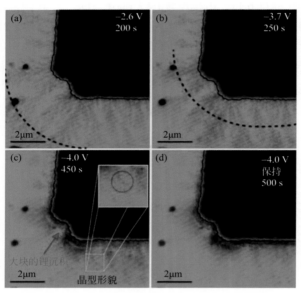

图 3-8　工作电极上的锂枝晶演化：波前（波阵面，虚线曲线）对应于锂沉积时 SEI 的非晶化，如（a）和（b）所示；（c）和（d）展示在恒定电压下的锂沉积/SEI 成膜，（c）中的插图强调晶化特征的形成[13]

对于沉积形貌来说，锂离子在液体电解质环境中的扩散极其关键，对于不含 SEI 膜的铜锌电极来说也同样重要。与液态中扩散控制的铜锌枝晶生长相反，锂电极的形貌还额外受到短程、通过多孔 SEI 膜扩散的影响。在常规的工作电流下，在 SEI 膜内发生的离子扩散会调节枝晶以及生苔状沉积物的生长与溶解。Kushima 等[14] 将枝晶的生长分解为以下阶段（图 3-9）。

阶段 1：球状的锂晶核形成于锂金属电极的表面，并以正比于生长时间平方根的直径长大，表明这是一种贯穿 SEI 膜的短程固相传质型的受限扩散行为，而不是长程的液相扩散。SEI 膜会钝化锂金属表面，并逐渐降低锂沉积的速率，原因是锂离子需要穿梭于覆盖在表面、不断增厚的 SEI 层。

阶段 2：锂枝晶开始在根部生长并将前期形成的锂推离电极。尽管它的厚度几乎不变，但锂枝晶长度上的快速增加还是被观察到。这种从阶段 1 到阶段 2 间锂沉积速率的剧烈回升表明一种突然的转变反应。

阶段 3：生长速率大幅降低，主要是已形成的晶须部分里新形成 / 增厚的 SEI 膜覆盖层所导致。

阶段 4：扭结开始形成于晶须上，并把它分为两部分：一部分的长度与宽度发生增长；而另一部分则在长度上保持不变。

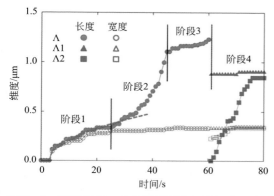

图 3-9　锂枝晶在四个生长阶段的长度与宽度（∧、∧₁ 以及 ∧₂ 分别是三种不同类型的枝晶，∧ 是初始枝晶，∧₁ 以及 ∧₂ 是 ∧ 在 60s 时的衍生枝晶）[14]

初始表面生长速率的持续降低很有可能是源自此时快速的 SEI 膜形成，这个过程会与锂沉积一同完成，进而缓解锂离子的传质。在如此小的长度与短时间尺度下，锂的生长不可能通过液相扩散来调节，但是相反是可以由局部界面动力学（包括在 SEI 膜内的固相扩散）决定（图 3-10）。

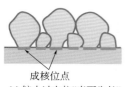

成核位点
(a) 较小过电位"表面生长"　　(b) 较大过电位"晶须生长"

图 3-10
SEI 膜内短程固相扩散调节锂晶须根部生长的示意图 [14]

在一个较小的过电位下，锂离子在固相 SEI 膜中的扩散相对更快，沉积锂的直径也会延展得更远，可以近似认为这是一种带有宏观上致密形貌的表面生长模式。当换到高倍率下后，极化明显增加，锂离子在 SEI 膜内的扩散将会严重下降并进而成为锂沉积行为的决速步骤，自此沉积锂将会在长度上而不是直径上生长，最终导致枝晶化。所以，SEI 成膜是一个纳米尺度的反应，以消耗法拉第电流的金属锂沉积为结点。形成的 SEI 膜会显著地影响到锂枝晶的根部对尖端的生长模式。

上面的结果被 Pei 等通过实验所验证[10]。在液态有机电解质中，他们表征了在早期阶段不同电流密度下在平面铜电极上的沉积锂形貌。沉积锂的直径在较小电流密度下非常巨大。随着电流密度的增加，具有更小直径的成核位点越来越多，从而诱发枝晶状成长的模式。

二、锂枝晶的成核机制与成核时间

沉积期间的锂成核位点直接决定枝晶分支的生长方向。关于位置的问题有多重观点，包括尖端诱导成核、根部诱导成核以及多向诱导成核等，目前尚无定论。本节中主要介绍基于光学以及电子显微镜观察结果的锂成核位置的相关理论。

（1）尖端诱导成核　尖端一直以来就被认为是沉积过程中的活性位点。不妨假设晶须的尖端是一个静态的半球，基于其周围增强的电场与离子场，锂离子在突出处的沉积会方便很多，这个推测已经被直接观测所验证[15]。尖端决定了枝晶的萌发，但其生长率则与尖端半径相关。相对于表面电镀的浓度过电位诱导机制，尖端的电化学沉积主要受控于活化机制。一旦沉积阶段被激活，无论离子浓度多少，枝晶都会继续增长。在锂离子聚合物电池中，粗糙的表面常常被认为与枝晶的意外成长有关。电荷趋向于在尖端上富集，局部的堆积导致锂离子更加易于沉积。考虑到枝晶尖端的轮廓及其生长动力学，枝晶的生长是由表面能决定的（图3-11）[16]。尽管这不是完全适用于具有高离子迁移数的有机液体电解质的情形，但受益于较高的扩散系数与较长的电极间距，电芯短路前的耐用时间还是被延长。

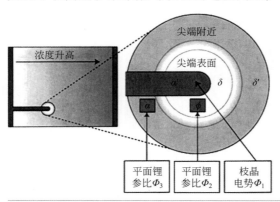

图 3-11
锂枝晶尖端附近区域示意图[16]

除了尖端之外，枝晶形成的活化模式还包括位错、晶界以及锂金属电极上的杂质。Chen 等[17]就二维晶体表面上均质外延电沉积过程中的金属（单质）生长起源问题进行了研究，认为在电镀过程中，缺陷是可以作为成核位点的，这其中包括但不限于表面层中的细微孔洞、二次相杂质、位错以及位于 SEI 膜与锂电极附近的晶界。锂离子倾向于在这些活性位点上沉积，最后导致异相成核。

（2）根部诱导成核　传统观念上，锂枝晶被普遍认为在尖端生长。然而，当前很多的观测结果却揭示一个非常有趣的现象——枝晶尖端在沉积过程中并没有参与其中，这与主流的理论计算结果背道而驰。在锂 - 聚氧化乙烯共聚合物（SEO）电池中，藏于枝晶下的亚表面结构就被硬质 X 射线显微断层摄影技术抓拍到（图 3-12）[18]。亚表面所占据的真实空间要比尖端在锂枝晶形成早期阶段外突所占据部分大得多。这种亚表面结构已在另一种聚合物电解质体系聚氧化物乙烯（PEO）中被确认，其以 Li_3N 等杂质为成核位点，增强的离子场、电场以及沉积锂上的 SEI 膜内缺陷分别诱导尖端与底部的成核。

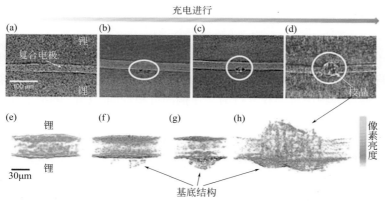

图 3-12　锂枝晶演化过程：（a）～（d）为 X 射线显微断层摄像技术展示循环到不同阶段的对称锂电池的横截面；（e）～（h）上排图像为电池内空间的放大 3D 重构展示。充电容量：（a）和（c）为 $0C/cm^2$；（b）和（f）为 $9C/cm^2$；（c）和（g）为 $84C/cm^2$；（d）和（h）为 $296C/cm^2$ [18]

（3）多向诱导成核　除了某些特殊设计的电池外，枝晶的生长可以在电芯不同方向上的不同区域被观察到。在锂 / 聚合物电池中，通过扫描电子显微镜追踪到的锂枝晶生长表明其方向包括侧向与基向（纵向）生长[19]。除此之外，在干燥室内，通过光学显微镜观察锂晶须，发现枝晶的分支会沿着底部、尖端以及纽结之间生长，在这些位置上底部生长是最常见的，而尖端的形态并没有发现变化。在生长期间，晶须的直径维持不变，但其在电极上生长的范围并不是一成不变，而是视时而动[20]。Steiger 等[21]运用光学显微镜原位检测锂枝晶的成长，发现锂枝晶几乎是同步地沿着锂／基底界面、纽结或尖端生长的。他们认为，这种生长几乎是不受尖端的电场以及浓度梯度主导的，而是晶体学缺陷（如 SEI 膜上的弱点、位错、晶界甚至杂相）引导枝晶的生长（图 3-13）。

具备优异安全性能的可充电电池是其商业化应用的先决条件。在电芯短路前出众的循环寿命则是安全的锂金属电池最重要的指标之一。枝晶被认为是电芯短路以及失效的一个预兆，当枝晶形成之后，它们导致电芯短路以及循环性能下降的概率非常之高。

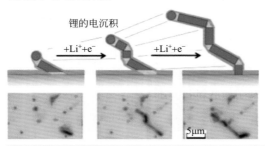

图 3-13

光学显微镜对针状锂生长原位观测录像的示意图以及光片 [21]

在稀溶液中，"Sand 时间"（Sand's time）是一种被普遍接受的测量枝晶生长起始时间的指标，是由 Henry J. S. Sand 于 1901 年率先提出的 [22]。当时他正着手研究硫酸铜与硫酸混合物中氢的释放行为。在铜的沉积期间，Cu^{2+} 的浓度在近电极区域为 0，之后氢气产生。此后，这个理论被借鉴并拓展到更广阔的范畴中。对于在二元液体电解质中以高倍率充电的锂金属负极来说，阳离子会被迅速地消耗，之后它在电极附近的浓度预期会在某时刻降至 0；之后，强大的电负性电场会在短期内电吸收并电沉积大量的锂离子，引起枝晶的生长。这一行为以"Sand行为"被熟知，而这个时间就被称为"Sand 时间"［式（3-5）］：

$$\tau_s = \pi D \left(\frac{c_0 e z_c}{2J} \right)^2 \left(\frac{\mu_a + \mu_c}{\mu_a} \right)^2 \tag{3-5}$$

式中，μ_c 和 μ_a 是阳离子和阴离子的迁移数；e 是元电荷；J 是电流密度；z_c 是阳离子电荷数；c_0 是初始的阳离子（锂盐）浓度；D 是二元扩散系数。

Sand 时间模型为描述锂枝晶的形成提供一种定量的思路，表明枝晶生长所需要的时间正比于 J^{-2}。一般当 $J > J^* = 2ec_0D(\mu_c+\mu_a)/(\mu_a l)$（$l$ 是两电极间距）时，Sand 时间会给出在相对较高电流密度下枝晶形成的预测。J^* 的边界数值表明其与两电极间距的数值成负相关，这也意味着枝晶在两电极间距较大的软包电池以及电解池中要比紧密压实的扣式电池的生长更加容易一些。在较低电流密度下（$J < J^*$），离子浓度表现出线性变化，而局部的不均相貌在此成为一个关键因素。类似于上述结论，一些经验性的结果表明，枝晶的出现时间随着 J^{-2} 单调递增，而穿越电芯的时长则正比于 J^{-1}。

Sand 时间在不同温度下的测量可以被用来表征电芯阻抗对于枝晶生长的影响。曾经就有人指出，尽管电流密度保持不变，但随着温度的升高，枝晶的生长速率反而变得更小。Akolkar 就枝晶在低温下的萌发提出过一个模型，内容是离子扩散阻抗以及电极表面反应阻抗的增大，导致在低温下锂枝晶的生长加速[23]。这个模型也同样可以预测在特定电流密度下枝晶自由生长的临界温度。

三、抑制锂枝晶的策略

目前，抑制锂枝晶的策略主要有液体电解质添加剂、锂金属表面预处理、形貌调控三种。

（1）液体电解质添加剂　该法是通过在液体电解质中添加其他物质，对电极表面生成的 SEI 膜产生影响，从而提高电极的寿命。目前，液体电解质添加剂主要分为无机添加剂与有机添加剂。

无机添加剂主要包括金属盐类与酸性物质（酸性气体或相应的酸）。Kanamura 等[24-26] 研究发现，在液体电解质中添加 HF 后，锂枝晶现象在很大程度上得到抑制，界面电阻降低，从而提高电化学性能。这是因为在液体电解质中加入 HF 后，电极表面形成很薄的 LiF/Li_2O 双层 SEI 膜，促使嵌入的锂呈球形颗粒状沉积。这种 SEI 膜可以提高电流密度分布的均匀性，抑制电极表面枝晶的生长。类似于 HF 作用机制的添加剂还有 CO_2 与 SO_2 等，向液体电解质中通入 CO_2 直至饱和，电极表面被惰性的 $LiCO_3$ 覆盖。含有 $LiCO_3$ 的 SEI 膜可以减慢液体电解质与金属锂负极之间的电子转移反应，致使 SEI 膜的增长速率降低，提高 SEI 膜的电子电导率，从而减缓枝晶的生长，提高电化学性能。金属盐类添加剂主要为金属碘化物盐类，这种添加剂的作用机制为：在电化学反应过程中，金属阳离子在金属锂负极表面处发生还原，与锂形成锂合金，可以近似认为是一种合金负极，其降低电极表面的活性，降低界面的电阻；同时，可以提供一个较为平滑的表面，促使电流密度分布得更加均匀，从而使锂枝晶现象得到抑制，提高电化学性能。

有机添加剂最重要的一个优点是其参与组成的 SEI 膜具有良好的力学性能，对活性物质在充放电过程中发生的体积膨胀效应有一定的抑制作用，这一点是无机盐组成的 SEI 膜所达不到的。R. Mogi 等[27] 通过实验对比氟代碳酸乙烯酯（FEC）、碳酸亚乙烯酯（VC）、亚硫酸乙二醇酯（ES）作为添加剂对电池循环性能的影响，发现在液体电解质中添加 5% FEC 后，电极的循环性能提高，循环30 次后容量维持在可逆容量的 80% 左右。将电池解剖后发现，电极表面沉积的锂颗粒十分规则，并且随着放电过程的深入，没有发现锂颗粒的团聚现象。电极表面的保护膜十分致密并且平整，抑制枝晶的生长；而加入 VC 以及 ES 后的电极循环性能并没有加入 FEC 的好。

（2）锂金属表面预处理　通过各种方法对锂金属负极表面预处理，得到一层具有各项优异性质的保护膜，也可以称为非原位 SEI 膜。较为理想的保护膜应该具有一些特点：①较高的离子电导率；②较低的电子电导率；③较好的化学稳定性与力学性能。Chung 等[28, 29]运用 RF 磁控溅射制备 0.95μm 厚的非晶、致密、平整的 LiPON 膜，通过循环伏安测试发现，在电压窗口为 0～5.5V 下，LiPON膜（钝化层）高效抑制液体电解质的氧化以及分解，而且 LiPON 膜具有很好的电子绝缘性，其本身为锂离子导体。重要的是，LiPON 膜本身不影响电极的电阻，不参与化学反应。

非原位 SEI 膜的制备方法主要为物理法以及化学法。物理法包括 RF 磁控溅射法、脉冲激光沉积法、离子束辅助法等。化学法同样可以制备出高性能的非原位 SEI 膜。Ding 等[30]采用 1,3-二氧戊环、1,4-二氧六环等环醚对金属锂片进行预处理，然后对处理后的金属锂负极进行电化学循环测试，发现 1,3-二氧戊环、1,4-二氧六环预处理后的锂电极充放电循环效率提高，如 1,4-二氧六环预处理后的锂片循环效率为 93.8%。这是因为环醚在锂电极表面能够形成稳定的SEI 膜，对电极起到保护性作用，使锂电极具有较小的界面阻抗，对电极的动力学性能不产生影响。

（3）形貌调控　电极表面的不平整会导致电流密度分布不均匀，这也是金属锂负极在循环过程中生成枝晶的重要原因。可以通过对锂金属负极形貌的调控，提高电极的比表面积，从而降低实际的电流密度，以此来制约锂枝晶的形成。目前对锂金属负极的形貌研究主要有：粉末化锂负极、泡沫锂负极以及沉积锂负极。

通过物理或化学手段，将锂金属制备成具有一定颗粒尺寸的粉体，然后采用一定的压实密度将粉体压制成电极，称为粉末化锂负极。通过实验发现，锂粉末颗粒的尺寸越小，比表面积越大，抑制枝晶的程度越强。这是由于粉末化后的锂负极，其比表面积远超过普通锂片负极，在浸入液体电解质后，粉末化后的锂负极可以在极短的时间内与液体电解质反应，快速而且大量生成 SEI 膜。所以，其界面电阻比要比锂片大。在充放电时，粉末化后的锂负极阻抗较为稳定，而锂片负极的阻抗随着循环次数的增加而明显增大。

第三节
嵌锂型负极

锂离子电池的正负极充放电反应是一种锂离子的嵌入/脱出反应，因此锂离子电池也被形象地比喻成"摇椅式电池"。这是 Armand 于 1980 年提出的概念[31]，用来形象描述充放电循环过程中，锂离子在正负电极之间的来回"嵌入"与"脱出"，就像摇椅一样"摇摆"；而这种嵌入 / 脱出反应直接使负极的结构成为高性能负极的决定性因素。这就要求负极材料具有以下性质：①有足够的空间用来接收锂离子；②高的电导率以及较高的孔隙率；③循环过程中电极结构稳定。

石墨、$Li_4Ti_5O_{12}$ 和 $Li_{3-x}M_xN$（M 为金属元素）等负极材料是典型的嵌入型储锂材料。在电化学储锂过程中，锂离子以固溶或者一阶相变方式进入材料的主体结构中。锂离子从嵌入型储锂材料中脱出和嵌入都会引起材料电子和离子电导率的明显变化，但材料的晶胞体积变化较小且主体结构基本不变。这也是嵌入型储锂材料具有较好的充放电循环稳定性的主要原因。以尖晶石结构的 $Li_4Ti_5O_{12}$ 为例，嵌入型储锂材料的可逆储锂过程可以用方程式来表示：

$$[Li]_{8a}[Li_{1/3},\ Ti_{5/3}]_{16d}[O_4]_{32e}+Li^++e^- \rightleftharpoons [Li_2]_{16c}[Li_{1/3},\ Ti_{5/3}]_{16d}[O_4]_{32e} \qquad (3-6)$$

式中，下标是晶体学中的 Wyckoff 位置。

本节将对碳基材料、过渡金属氮化物作为负极材料进行简单介绍，并以碳基材料为例阐述嵌锂型负极的储锂机制。

一、碳基材料

在 20 世纪 90 年代初期，日本索尼公司成功将以碳为负极，以钴酸锂为正极的锂离子电池商业化。图 3-14 示出石墨在电池充放电过程中的锂离子嵌入 / 脱出碳结构反应。碳材料负极可容纳锂离子的嵌入，一方面在很大程度上消除金属锂的不规则锂枝晶生长，极大地提高电池在使用过程中的安全性能；另一方面形成化合物 LiC_6，其电势与金属锂相差不大（小于 0.5V），有利于保持较大的输出电压。这种以碳为负极的锂离子电池很快就成为锂电市场的主宰；同时，对碳负极的性能提升也成为全世界范围内电池行业的研究热门[32]。

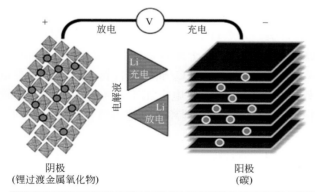

图 3-14
石墨在电池充放电过程中的锂离子嵌入 / 脱出碳结构反应

碳材料自身拥有良好的导电性和导热性，以及低密度、抗腐蚀、热膨胀系数小、弹性小、成本低、纯度高等优点，但致使其成为目前最受关注的负极材料是因为碳基材料在功能上的柔度和错综度。碳基材料有各种各样的结构，每一种结构都对应不同的电化学现象，并且对电化学性能有着深刻影响。近年来研究的碳基材料包括石墨、碳纤维、石油焦、无序炭和有机裂解炭。不同碳基材料在结晶度、粒度、孔隙率、微观形态、比表面积、表面官能团、杂质等多方面存在差异。

1. 碳基材料的类型

碳基负极材料是一个总称，碳基材料通常可以分为 3 类：石墨及石墨化碳材料、易石墨化碳材料（软碳）、难石墨化碳材料（硬碳），它们的脱 / 嵌锂电位与储锂比容量相图如图 3-15 所示。

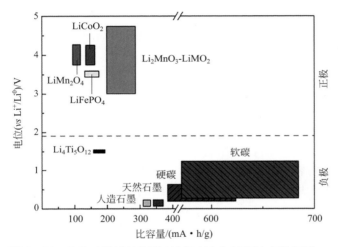

图 3-15　几种碳基材料的脱 / 嵌锂电位与储锂比容量相图

石墨化碳材料可分为人造石墨、天然石墨、中间相碳微球，在晶体结构上具有显著的层状结构。在充放电过程中，锂离子在石墨化材料的层间不断嵌入与脱出。锂离子嵌入石墨化碳材料的层间形成 Li_xC_6 插层化合物，其理论比容量为 372mA · h/g。石墨化碳材料因具有较好的充放电电压平台（0 ～ 0.25V）、较小的不可逆容量及优越的循环稳定性等特点而在锂离子电池负极材料领域得到广泛应用[33]。

天然石墨具有规整的片层结构，适合锂离子脱嵌，资源丰富，成本较低，但未改性天然石墨的循环性能很差。改性方法一般有四种：①球形化法，减小天然石墨的比表面积，减少材料在循环过程中的副反应；②构造核壳结构，即在天然石墨表面包覆一层非石墨化的碳材料；③表面修饰，对天然石墨进行轻微氧化处理，以改变其表面官能团；④引入非金属元素（如 B、F、N、S 等）进行掺杂。

人造石墨是将易石墨化软碳经约 2800℃ 以上石墨化处理制成。二次粒子以随机方式排列，其间存在很多孔隙结构，利于液体电解质的渗透和锂离子的扩散，因此人造石墨能提高锂离子电池的快速充放电能力。

除石墨碳材料外，其他碳基材料大多具有无序结构，碳原子之间的排列是任意旋转或平移，常称为涡轮式无序结构。碳基材料的结晶度（石墨化度）低，晶粒尺寸小，晶面间距（d_{002}）较大，与液体电解质有较好的相容性，不会在有机液体电解质体系中发生分解或者副反应。但是，碳基材料具有较高的首次充放电不可逆容量，而且输出电压较低，无明显的充放电电压平台，这也是与石墨的不同点。根据其结构特征可将碳基材料分为两大类：硬碳与软碳，或者说是易石墨化碳与难石墨化碳。图 3-16 是这两种碳材料结构模型。

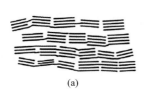 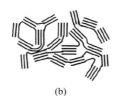

(a)　　　　　　　　　(b)

图 3-16
硬碳（a）、软碳（b）结构模型

从模型上可以发现，易石墨化碳的排列结构具有顺序性，而难石墨化碳的结构更为紊乱。规则的层状结构与不规则的各种缺陷，任何的碳基材料结构都包含这两个部分。通过电化学实验分析发现，层状结构与不规则缺陷都会贡献碳基材料的充放电容量。石墨化程度决定碳层间距，并与有序程度相对应。研究表明，碳基材料结构的有序程度越大，锂离子在其层内的扩散活化能越低，越有利于锂离子的扩散，与大电流充放电性能息息相关。

软碳（无定形碳）即易石墨化碳，是指在 2000℃ 以上的高温条件下能石墨化的无定形碳，主要采用易石墨化碳前驱体（如聚氯乙烯）在 500 ～ 700℃ 下热处理得到，比容量一般在 600 ～ 800mA·h/g。软碳具有晶粒尺寸大，晶面间距较小（0.35nm 左右），与液体电解质的相容性好等特点。但其电压滞后大，首次充放电不可逆容量较高，输出电压较低，无明显的充放电电压平台，并且衰减较快。常见的软碳有石油焦、针状焦、碳纤维、焦炭、碳微珠等。

硬碳又称为难石墨化碳，是高分子化合物的热解碳，这类碳在 2500℃ 的高温下也难以石墨化。常见的硬碳主要有树脂碳（如酚醛树脂、环氧树脂）、有机聚合物热解碳（如 PVA、PVC、PVDF、PAN 等）以及炭黑（如乙炔黑）等。与软碳不同，硬碳没有宏观的晶体学性质，但是缩小到微细区域内时，可发现不同程度的有序结构，可以称其为"微晶体"。从内部整体结构看，它是由尺寸不同的二维乱层微晶体堆积而成的镶嵌体结构。与软碳相比，硬碳主要具有以下三个特点：①晶粒小，晶粒取向更为不规则；②晶面间距（0.35～0.40nm）较大；③密度较小，表面孔隙较多。

在锂离子电池发展的初期，日本索尼公司开发出的锂离子电池所使用的聚糠醇树脂碳（PFA-C）是硬碳材料中最具有特点的一类。PFA-C的晶面间距（d_{002}）在0.37～0.38nm左右，与一阶锂-石墨嵌入化合物（LiC_6）的晶面间距（d_{002}）差不多，这样的晶面间距有利于锂的嵌入而不会引起结构的显著膨胀，使电池具有很好的充放电循环性能。另一种硬碳材料是由酚醛树脂在800℃以下热解得到的非晶态半导体材料聚并苯（PAS），其晶面间距（d_{002}）为0.37～0.40nm左右，有利于锂的脱嵌，在多次循环后，其结构仍能保持稳定，而且比容量可高达800mA·h/g，是一种高容量碳材料。乙炔黑也具有较高的嵌锂容量，其比容量可高达680mA·h/g左右，但其不可逆比容量也很高（500mA·h/g左右）。由于其容量衰减严重且自身密度小，乙炔黑往往用于电极导电剂而不是电池的活性物质。

在碳基负极的研究过程中，曾在理论上认为一阶锂-石墨嵌入化合物（LiC_6）是锂嵌入化合物的最高组成，具有最高的嵌锂容量。但是研究发现，硬碳材料都具有很高的比容量（500～700mA·h/g），远远超过LiC_6的理论容量。但是，硬碳材料的通病是循环性能不好，可逆储锂容量一般随循环的进行衰减得比较快。其原因将在储锂机制部分进行详细介绍。

2. 碳基材料的储锂机制

对于锂在碳基材料中的储存机制，除了公认的石墨与锂形成层间化合物LiC_6外，在别的碳基材料（如无定形碳）中的储存则有多种说法。为了解释高比容量，曾提出许多模型。

（1）锂分子（Li_2）储锂机制　研究表明，800℃热裂解聚苯所得到的无定形碳基材料在嵌锂后，存在锂离子（Li^+）和锂分子（Li_2）两种形态。锂离子的存在是锂嵌入石墨微晶中形成嵌入化合物的结果，其分布如图3-17所示。锂离子占据位置A，而锂原子占据位置B，位置B的两个锂原子形成锂分子，因此该机制称为锂分子（Li_2）机制。在锂嵌入的过程中，锂先占据位置A，当比容量达300mA·h/g以上时，锂开始占据位置B。而在脱出过程中，先是位置A的锂离子发生脱嵌，然后位置B的锂分子离解为锂离子，并分别填充锂离子在位置A脱嵌后留下的空缺。这样位置B的锂分子成为锂离子的"源"。据此，碳基材料的可逆比容量高达1116mA·h/g，相当于高饱和的锂石墨嵌入化合物LiC_2，体积容量比金属锂还大。

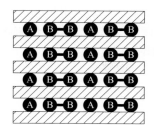
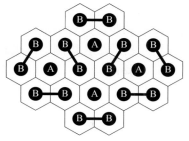

图 3-17　锂分子（Li₂）储锂机制

Ⓐ 锂离子；B—B 共价态的Li₂分子；▨▨▨ 碳层

（2）多层锂机制　中间相微球热处理后所得碳基材料的可逆比容量达 410mA·h/g，超过石墨的理论比容量（372mA·h/g），其多出的可逆容量是多层锂的形成所致，因此称为"多层锂机制"，如图 3-18 所示。

按照多层锂机制的描述，锂占有不同的位置，第一层锂占据 α 位置，实际上该层锂就是石墨嵌入化合物，其在动力学和热力学上都是稳定的。为了使锂原子之间的距离小于共价锂之间的距离（0.268nm），需在 β 位置上再形成另外一层锂。β 层与石墨层之间的作用明显低于 α 层。为了降低 α、β 层间的静电排斥作用，它们之间还存在一定的共价作用。同样，在 γ 位置上还可以形成第三层锂，该种取向多层锂与双层锂的形成相似。较低电势有助于多层锂的形成，但同时会导致枝晶的出现，降低循环寿命，这与实验现象是相符的。该机制与锂分子（Li₂）机制的储存位置基本上一致，只是相互间的作用不一样。

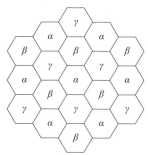

图 3-18
多层锂机制

（3）微孔储锂机制　为了解释无放电曲线上的滞后及容量衰减现象，提出微孔储锂机制。许多具有高可逆储锂容量的碳基材料均具有几纳米大小的微孔，锂在碳基材料中的高可逆储存与这些微孔有很大关系。锂离子在孔隙中以簇的形式储存。充电时，锂同时嵌入石墨层间及微孔；放电时，锂首先从石墨层间脱出，然后从微孔经碳层脱锂。

初始提出的微孔机制并不完善，特别是不能对容量衰减进行很好的解释。依据锂在无定形碳基材料嵌入和脱嵌过程中电子自旋共振谱强度的变化，在上述微孔机制概念的基础上发展了新的微孔机制，该机制见图 3-19。

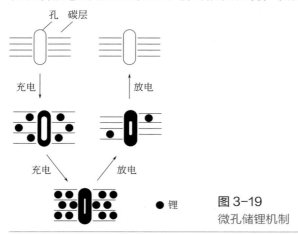

图 3-19
微孔储锂机制

该微孔机制认为微孔绝大多数位于碳层内，而非碳层间，这些微孔主要是在碳化过程中由小分子逸出造成缺陷而形成的。锂在嵌入过程中，首先嵌入石墨微晶中，然后再嵌入位于石墨微晶中间的微孔中，形成锂簇和锂分子。在脱嵌过程中，锂先从位于外围的石墨微晶发生脱嵌，然后位于微孔中的锂簇或锂分子通过石墨微晶发生脱嵌。由于微孔周围为石墨微晶，因此微孔中锂的嵌入在石墨微晶之后，电压位于 0V 左右。微孔周围为缺陷结构，存在自由基碳原子，与锂的作用力比较强，因此锂从微孔中脱嵌需要一定的作用力，这样就产生电压滞后现象。这与锂在嵌入和脱嵌过程中，层间距（d_{002}）的变化相一致。锂嵌入时，d_{002} 增加，达到 0.37nm，此后并不随锂的嵌入而发生变化。而在脱嵌过程中，先是 d_{002} 从 0.37nm 开始减小，达到一定值时，d_{002} 也不再随锂的脱嵌而有所变化。

在无定形碳基材料的前驱体中加入一些致孔剂，如 $ZnCl_2$、层状黏土、交联剂二乙烯基苯等能使微孔数目增加，相应地可逆储锂容量也增加，进一步证明上述机制。

在循环过程中，由于微孔周围为不稳定的缺陷结构，锂在嵌入/脱出过程中导致这些结构的破坏。由于结构的破坏，因此可逆容量也发生衰减。在拉曼光谱 $1580cm^{-1}$ 附近发生的变化表明，充放电过程中存在键的断裂和复原，即产生化学反应而导致结构的破坏。

（4）层 - 边端 - 表面储锂机制　从带状炭膜制得的无定形碳基材料，其可逆储锂比容量可达 440mA·h/g，而且晶体有一定的大小。碳基材料的晶体结构对可逆容量有较大影响，不定向的晶体结构导致锂和碳基材料的作用机制不尽相同。碳基材料可逆储锂有 3 种方式（图 3-20 ）：

① 由于存在部分石墨结构，锂嵌入层中，形成传统的石墨嵌入化合物。

② 无定形碳基材料存在许多缺陷，锂与边端的碳原子发生反应。该种相互作用与聚乙炔掺杂锂的作用相似，后者可达 C_3Li 的水平。

③ 锂与表面上的碳原子发生反应，该种反应类似于上述边端反应。但是，这种反应并不导致石墨层间距离的增加。

由前一种方式可逆储存的锂称为嵌入锂，后两种方式可逆储存的锂则称为掺杂锂。随着层间距 d_{002} 的减小，碳基材料的可逆储锂容量降低，这与表面积的下降和边端数目的减少相吻合。

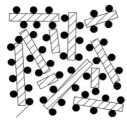

吸附在碳层表面的Li

图 3-20
层－边端－表面储锂机制
▨▨▨ 碳层；● Li

（5）单层墨片分子储锂机制　该机制主要针对硬碳，认为无定形碳由单层墨片分子组成，因此锂可以在墨片分子的两面进行吸附，从而与一般的石墨嵌入化合物相比，容量要提高 1 倍，理论比容量可达 724mA·h/g，其机制如图 3-21 所示。实际上，该机制是在层-边端-表面机制上吸取其表面吸附锂而产生的。

嵌入层间的Li

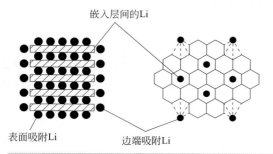

表面吸附Li　　　　边端吸附Li

图 3-21
单层墨片分子储锂机制
▨▨▨ 碳层；● Li

（6）纳米级石墨储锂机制　对酚醛树脂热处理得到 PAS 碳基材料，可逆比容量达 438mA·h/g。通过拉曼光谱研究，发现在 1350cm^{-1} 附近和 1580cm^{-1} 附近有两组峰。前者可归因于纳米级石墨晶体的形成，而后者则是石墨晶体。纳米级石墨晶体较石墨晶体而言要小得多，分别称为 D 峰和 G 峰。D 峰和 G 峰的相对强度随温度的变化而变化，首先随热处理温度的增加而增加，在700℃附近有一个大的峰值，随后减小，这与所得碳基材料的容量变化相一致。因此可认为所得碳基材料在700℃以前主要为纳米级石墨相的不断生成，700℃以后则主要为石墨相的不断生成，即纳米级石墨相和其他相向石墨相转化。纳米级石墨不仅能像石墨一样储锂，而且也能在表面和边缘处部分储锂，因此其储锂容量较石墨更大一些。而在700℃所得的碳基材料中纳米级石墨的含量最多，因此其可逆储锂容量在该温度时最大。

（7）碳-锂-氢机制　在700℃附近裂解多种材料（如石焦油、聚氯乙烯、聚偏氟乙烯等）所得的碳基材料，其可逆储锂容量都随H/C值的增加而增加，即使H/C值高达0.2也同样如此。根据有关石墨-碱金属-氢三元化合物的研究，认为锂可以与这些含氢碳基材料中的氢原子发生键合，这种键合是由嵌入的锂以共价形式转移部分2s轨道上的电子到邻近的氢原子而形成，与此同时C—H键发生部分改变。对于这种键合，可认为是一种活化过程，导致锂脱出时所产生的电势明显滞后现象。在锂脱出时，原来的C—H键复原，如果不能完全复原就会导致循环容量的不断下降。在这类机制下，碳基材料的可逆容量能够超过石墨的理论容量。

锂可能与C—H键发生的反应如下：

$$C—H + 2Li \Longrightarrow C—Li + LiH \qquad (3-7)$$
$$C—H + Li \Longrightarrow C—Li + 0.5H_2 \qquad (3-8)$$

从上述各种机制来看，有些在本质上是一样的，只是阐述的角度不同而已，如锂分子（Li_2）储锂机制和多层锂机制，其结果是每一个六元环均能储存一个锂原子；有些在一定程度上是可以相互包容的，如层-边端-表面储锂机制与纳米级石墨储锂机制。

二、过渡金属氮化物

过渡金属氮化物一般指的是含锂氮化合物 $Li_{3-x}M_xN$（M = Mo、Co、Ni、Fe、Si、Cu）以及反萤石结构或 Li_3N 等化合物，具有良好的电子导电性和离子导电性，但其电化学性能随着材料的不同差别比较大。例如，$Li_{3-x}Co_xN$ 的比容量为90mA·h/g，放电电压在1.0V左右，没有明显的电压平台，而且有明显的容量衰减和电压滞后现象。另一种氮化物 Li_3FeN_2 的比容量为150mA·h/g，放电电位在1.3V附近，具有明显的放电平台，而且无电压滞后现象，但容量衰减很快。另外，Li_3N 富锂氮化物可与贫锂型正极材料组成电池，为正极材料的选择提供新思路，而且由于这类材料首次充电容量大于放电容量，可以与一些首次库仑效率低的负极材料复合，以达到较好的电化学性能。但是，过渡金属氮化物最突出的缺点是不稳定、对水敏感，脱锂时存在1.4V的电压上限。当超过1.4V时，会导致材料结构毁坏失去活性，这些问题严重制约氮化物的实际应用。

第四节
锂合金负极

为了克服锂负极高活泼性引起的负极粉化并形成枝晶以及安全性低的缺点，采用锂合金作为锂二次电池的负极，以及后来在锂离子电池中采用能与锂发生合金化反应的材料一直得到广泛关注。锂合金负极材料主要包括 LiAlFe、LiPb、LiSn、LiIn、LiBi、LiZn、LiCd、LiAlB、LiSi 等。研究发现，在有机液体电解质体系中，锂在常温下也可以与 Al、Si、Sn、Pb、In、Bi、Sb、Ag、Mg、Zn、Pt、Cd、Au、As、Ge 等发生电化学合金化反应。目前，锂离子正极材料普遍采用 $LiMO_2$（M=Co、Ni、Mn）结构，由于正极材料已经提供锂离子，所以负极材料中可以不含有锂源，这为合金材料的发展提供有利的条件。目前主要研究的合金材料为锡基合金、硅基合金、镁基合金等 [34, 35]。

锂合金负极的优势是在电池循环过程中避免负极表面的枝晶生长，很大程度上可提高电池工作的安全性。但是，锂合金负极材料的容量衰减十分严重，多数合金的储锂能力仅仅能维持几个充放电循环。这是因为在反复嵌锂（充电）脱锂（放电）的循环过程中，锂合金中的其他金属将发生较大的体积膨胀与收缩变化，这种较大的体积膨胀与收缩变化导致合金晶格应力的变化，在多次变化后导致负极合金结构解体，造成电池容量极大损失。例如，Li 在 Si 和 Sn 中的体积变化高达 310% 和 260%，导致锂合金负极材料的空间结构逐渐遭到挤压和破坏。在多次循环后，电极活性物质粉化或脱落，电极结构坍塌，电池容量衰减 [34, 35]。

为了解决锂合金膨胀导致容量急速衰减的问题，研究人员采用多种复合体系去应对：

① 采用混合导体全固态复合体系，即将活性物质（如 Li_xSi）均匀分散在非活性的锂合金中，其中活性物质与锂反应，非活性物质提供反应通道；

② 将锂合金与相应金属的金属间化合物混合，如将 Li_xAl 合金与 Al_3Ni 混合；

③ 将锂合金分散在导电聚合物中，如将 Li_xAl、Li_xPb 分散在聚乙炔或聚苯胺中，其中导电聚合物提供一个弹性、多孔且有较高电子和离子电导率的支撑体；

④ 将小颗粒的锂合金嵌入一个稳定的网络支撑体中。

这些措施在一定程度上提高锂合金体系的维度稳定性，但仍未达到实用化的程度。

以下将对硅基、锡基、锑基合金负极进行简单介绍，以硅基负极为例阐释合金负极的储锂机制，并对合金类负极的制备方法进行描述。

一、硅基合金负极

硅基材料被认为是锂合金负极的主流研究方向。硅不具有石墨基材料的层状结构，其储锂机制是通过与锂离子的合金化和去合金化进行的，如图3-22所示。其充放电电极反应可以写为：

$$Si+xLi^++xe^- \rightleftharpoons Li_xSi \qquad (3-9)$$

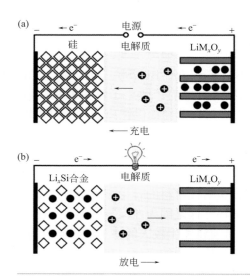

图 3-22
硅的储锂机制示意图

在与锂离子发生合金化与去合金化的过程中，硅的结构会经历一系列变化，而硅锂合金的结构转变和稳定性直接关系到电子的输送[36]。根据硅的脱嵌锂机制，硅的容量衰减机制与过程可描述如下：

① 在首次放电过程中，随着电压的下降，首先形成嵌锂硅与未嵌锂晶态硅两相共存的核壳结构。随着嵌锂深度的增加，锂离子与内部晶体硅反应生成硅锂合金，最终以 $Li_{15}Si_4$ 的合金形式存在。这一过程中相比于原始状态硅体积变大大约3倍，巨大的体积效应导致硅电极的结构破坏，活性物质与集流体活性物质之间失去电接触，锂离子的脱嵌过程不能顺利进行，造成巨大的不可逆容量。

② 巨大的体积效应还会影响 SEI 膜的形成，随着脱嵌锂过程的进行，硅表面的 SEI 膜会随着体积膨胀而破裂再形成，使得 SEI 膜越来越厚。由于 SEI 膜的形成会消耗锂离子，因而造成较大的不可逆容量。同时，SEI 膜较差的电子导电性还会使得电极的阻抗随着充放电过程的进行不断增大，阻碍集流体与活性物质的电接触，增加锂离子的扩散距离，阻碍锂离子的顺利脱嵌，造成容量的快速衰减。较厚的 SEI 膜还会造成较大的机械应力，对电极结构造成进一步破坏。

③ 不稳定的 SEI 膜还会使得硅及硅锂合金与液体电解质直接接触而损耗，造成容量损失。

目前，硅基锂负极材料主要有无定形硅和硅氧化物、低维硅材料、多孔硅与中空硅以及硅基复合材料等。

（1）无定形硅和硅氧化物　无定形硅在低电位下拥有较高的容量，与石墨类电极材料相比具有更高的安全性能。但无定形硅材料只能在有限程度上缓解颗粒的破碎和粉化，其循环稳定性仍不能满足作为高容量电池负极材料的要求。

作为锂离子电池负极材料，SiO 具有较高的理论比容量（1200mA·h/g 以上），良好的循环性能以及较低的脱嵌锂电位。因此，其也是一种极具潜力的高容量锂离子电池负极材料。但氧化硅含氧量的不同，也会影响其稳定性和可逆容量：随着氧化硅中含氧量的提高，循环性能提高，但可逆容量减小。

除此之外，硅氧化物作为锂离子电池负极材料还存在一些问题：由于首次嵌锂过程中 Li_2O 和锂硅酸盐形成过程是不可逆的，使得首次库仑效率很低；同时，Li_2O 和锂硅酸盐导电性差，使得电化学动力学性能较差，因而其倍率性能差；相比于单质硅，硅氧化物作为负极材料的循环稳定性更好。但是，随着循环次数的继续增加，其稳定性仍然很差。

（2）低维硅材料　低维硅材料在同质量下拥有更大的比表面积，利于材料与集流体和液体电解质的充分接触，减少由于锂离子不均匀扩散造成的应力和应变，提高材料的屈服强度和抗粉化能力，使得电极能够承受更大的应力和应变而不粉碎，进而获得更高的可逆容量和更好的循环稳定性。同时，较大的比表面积能承受更高的单位面积电流密度，因此低维硅材料的倍率性能也更好。

① 硅纳米颗粒　相比于微米硅，使用纳米粒径硅的电极材料，其电化学性能无论是首次充放电比容量还是循环容量，都有明显改善。尽管纳米硅颗粒相对于微米硅颗粒有着更好的电化学性质，但当尺寸降至 100 nm 以下时，硅活性颗粒在充放电过程中很容易发生团聚，加快容量衰减，并且较大的比表面积使得硅纳米粒子与液体电解质发生更多的接触，形成更多的 SEI 膜，其电化学性能没有得到根本的改善。因此，纳米硅经常与其他材料（如碳材料）复合用于锂离子电池负极材料。

② 硅薄膜　在硅薄膜的脱嵌锂过程中，锂离子倾向于沿着垂直于薄膜的方向进行，因而硅薄膜的体积膨胀也主要沿着法线方向进行。相比于块状硅，使用硅薄膜可以有效抑制硅的体积效应。不同于其他形态的硅，硅薄膜不需要黏结剂，可作为电极直接加入锂离子电池中进行测试。硅薄膜的厚度对电极材料的电化学性能影响很大，随着厚度的增加，锂离子的脱嵌过程受到抑制。相比于微米级的硅薄膜，纳米级的硅薄膜负极材料表现出更好的电化学性能。

③ 硅纳米线及纳米管　目前，已报道的能大量合成硅纳米线的方法主要包

括激光烧蚀法、化学气相沉积法、热蒸发法和硅基底直接生长法等。

硅纳米管由于其特有的中空结构，相比于硅纳米线有着更好的电化学性能。硅纳米线 / 纳米管相比于硅颗粒，在脱嵌锂过程中横向体积效应不明显，而且不会像纳米硅颗粒一样发生粉碎失去电接触，因而循环稳定性更好。由于其直径小，脱嵌锂更快、更彻底，因而可逆比容量也很高。硅纳米管内外部的较大自由表面可以很好地适应径向的体积膨胀，在充放电过程中形成更稳定的 SEI 膜，使得材料呈现出较高的库仑效率。

（3）多孔硅与中空硅　合适的孔结构不仅能够促进锂离子在材料中快速脱嵌，提高材料的倍率性能；同时，还能够缓冲电极在充放电过程中的体积效应，从而提高循环稳定性。在多孔硅材料的制备中，加入碳材料可以改善硅的导电性能并维持电极结构，进一步提高材料的电化学性能。制备多孔结构硅的常用方法有模板法、刻蚀法和镁热还原法。

近年来，利用镁热还原法制备硅基材料引起研究者的广泛关注。除了用球形氧化硅作为前驱体外，氧化硅分子筛由于自身为多孔结构，因而常被用来制备多孔硅的材料。常用的氧化硅前驱体主要有 SBA-15、MCM-41 等。由于硅的导电性差，在进行镁热还原后往往还会在多孔硅的表面包覆一层无定形碳。

形成空心结构是另外一种有效改善硅基材料电化学性能的途径，目前制备中空硅的方法主要为模板法。尽管中空硅的电化学性能优异，但是目前其制备成本仍然很高，而且同样存在导电性较差等问题。通过设计蛋黄 - 蛋壳（yolk-shell）结构并控制蛋黄与蛋壳之间的空间大小，在有效缓冲硅体积膨胀的同时，作为蛋壳的碳还可以提高材料的导电性，因此具有蛋黄 - 蛋壳结构的碳硅复合材料的循环稳定性更好，可逆容量也更高。

（4）硅基复合材料　根据复合材料的性质不同，硅基复合材料大致可分为硅金属复合材料、硅碳复合材料以及其他硅基复合材料。

① 硅金属复合材料　硅能与很多金属进行二元或者是三元复合（如 Fe、Cu、Ni 等）。与硅 / 化合物型相比，硅与惰性基体的连接力更紧，材料的稳定性更好，其电化学性能更优异。另外，将金属与硅复合，金属可以起到一定的支撑作用，在锂离子的嵌入 / 脱出过程中阻止硅体积膨胀，降低粉化程度。金属与硅形成合金后，嵌锂的自由能更低，进而使嵌锂过程更容易。同时，金属优异的导电性可提高硅合金材料的动力学性能。因而，金属与硅复合可以有效改善硅基复合材料的电化学性能。

Si- 活性金属复合材料虽然比容量较高，但是由于活性金属本身也会出现粉化现象，因而循环性能差。而 Si- 非活性金属复合材料中非活性金属是惰性相，因而会大大降低硅材料的可逆容量，稳定性相应会略有提高。而当把 Si 与活性金属以及非活性金属一起混合形成复合物时，利用协同效应，就可以制备得到稳定性好且容量高的硅基电极材料。

② 硅碳复合材料　碳材料作为锂离子电池负极材料在充放电过程中体积变化小，具有良好的循环稳定性和优异的导电性，因此常被用来与硅进行复合。在硅碳复合负极材料中，根据碳材料的种类可以将其分为两类：硅与传统碳材料和硅与新型碳材料的复合。其中，传统碳材料主要包括石墨、中间相碳微球、炭黑和无定形碳；新型碳材料主要包括碳纳米管、碳纳米线、碳凝胶和石墨烯等。

石墨具有优异的导电性，与硅复合后可以改善硅基材料自身导电性差的问题。常温条件下，硅与石墨化学稳定性很强，很难产生较强的作用力，因而高能球磨法和化学气相沉积法常被用来制备硅石墨复合材料。中间相碳微球是沥青类有机化合物经过液相热缩聚反应和炭化形成的一种微米级的石墨化碳材料，其具有优良的电化学循环特性，现已被广泛应用于商业锂电池负极材料。与石墨类似，将中间相碳微球与硅复合也可提高硅电极材料的电化学性能。

制备碳纤维的常用方法之一为静电纺丝法，通过将硅源加入选取的前驱体中，即可得到硅碳纤维复合材料。通过直接混合法或化学合成法也能制备得到硅碳纳米管/线复合材料。而碳纳米管/线常常被作为第二基体，作为导电网络起导电作用。另外，化学气相沉积法是一种制备纳米管/线的常用方法。利用化学气相沉积法可以在硅表面直接生长碳纤维或碳管，也可以将硅直接沉积生长在碳纤维、碳管表面。

碳凝胶是一种通过溶胶/凝胶法制备的纳米多孔碳材料。碳凝胶内部保持炭化前有机气凝胶的纳米网络结构，具有丰富的孔洞和连续的三维导电网络，起到缓冲硅体积膨胀的作用。碳凝胶的比表面积大，因此硅碳凝胶复合材料的首次不可逆容量很大。同时，有机凝胶中的纳米硅在炭化过程中生成无定形 SiO_x 并易分解成 Si 和 SiO_2，SiO_2 的存在会降低硅基材料的可逆容量，影响材料的电化学性能。

石墨烯具有柔性好、纵横比高、导电性优异和化学性能稳定等优点。良好的柔性使得石墨烯易于与活性物质复合，得到具有包覆或层状结构的复合材料，并且可以有效缓冲充放电过程中的体积效应。相比于无定形碳，二维的石墨烯具有更优异的导电性，可以保证硅与硅、硅与集流体之间良好的电接触。而石墨烯本身也是一种优异的储能材料，将其与硅复合后，可显著提高硅基材料的循环稳定性和可逆容量。目前，常用的制备硅石墨烯复合材料方法主要有简单混合法、抽滤法、化学气相沉积法、冻干法、喷雾法和自组装法等。

孙克宁课题组开展了一些创新性的工作，通过在硅纳米颗粒表面修饰硅烷偶联然后再将其修饰到石墨烯表面的方法，成功得到硅颗粒在石墨烯表面均匀分布的硅碳复合材料，如图 3-23 所示 [37]；发现当硅与石墨烯质量比为 15∶1 时得到的材料性能最优（图 3-24），其首次比容量达到了 1297mA·h/g，循环 50 次以后比容量仍能达到 1203mA·h/g，容量保持率为 92.7%。通过共价键键合的手段连接硅纳米颗粒与石墨烯，保证硅颗粒在石墨烯表面的分散性和结合力，为硅颗粒在充放电过程中的体积膨胀预留充分的缓冲空间，并最大限度避免由于膨胀导致的硅颗粒与导电网络的脱离，最终实现较好的循环稳定性。

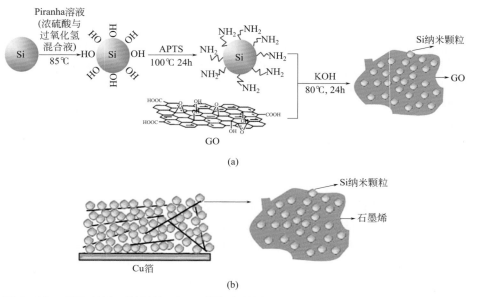

(a)

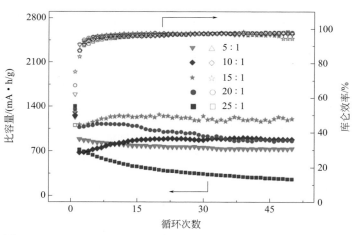

(b)

图 3-23 利用硅烷偶联剂制备硅石墨烯复合材料示意图

图 3-24 不同硅石墨烯投料（质量比）时复合材料的锂电负极性能

③ 其他硅基复合材料　在硅-化合物型复合物的研究方面，作为基体的主要有 TiB_2、TiN、TiC、SiC、TiO_2、Si_3N 等物质。这类复合物常用的制备方法为高

能球磨法，此类硅基材料循环稳定性比纯硅负极材料更好一些，但是由于基体不发生脱嵌锂反应，这类材料的可逆容量一般都很低。

导电聚合物由于自身具有良好导电性、柔性以及易于进行结构设计等优点，不仅可以缓冲硅基材料的体积效应，还能够保持活性物质与集流体良好的电接触。常用的导电聚合物主要有聚吡咯、聚苯胺等。

二、锡基合金负极

随着对纳米合金材料研究的不断深入，纳米合金材料在锂离子电池中的应用成为研究热点并取得较大进展。锡基合金负极作为其中的重要一员也得到深入研究。

一个锡原子理论上可以和 4.4 个锂原子形成合金，这使得锡具有相当高的可逆电极容量，为锡基材料应用于锂离子电池方面展示广阔的研究前景[38, 39]。锡基材料作锂离子电池的负极具有以下优点：

① 操作电位为 1.0 ～ 0.3V（vs Li$^+$/Li），远高于金属锂的析出电位；而锂碳嵌入化合物操作电位为 0.2 ～ 0.1V，这样在大电流充放电过程中，金属锂沉积而产生枝晶的问题可以较好地得到解决；

② 电极在充放电过程中没有溶剂共嵌入问题存在，因此在进行溶剂选择时可选择的范围要宽得多；

③ Sn 的理论比容量为 990mA·h/g[40]，合金堆积密度大，材料的体积比容量高。

与其他合金类材料类似，锡金属本身作为负极材料的最大缺点是循环寿命太短。原因是它与锂的合金化过程中体积变化非常大，体积膨胀可达 100% ～ 300%[39]，在材料内部产生较大应力，引起电极材料粉化，造成与集流体的电接触变差。此外，完全锂合金化的电极材料有较差的导电性。

为了利用锡金属的优点，同时解决其存在的不足，向锡金属中掺杂其他元素形成锡基合金或复合物是解决问题的较好办法。因为在锡金属中掺入其他元素，这些元素会在锡锂化过程中作为惰性材料来缓解体积的变化，减少应力的产生，使材料的循环性能得到提高。除锡合金外，锡的氧化物及复合氧化物也能解决膨胀问题，但它们首次循环时的不可逆容量损失太大且不可避免。这些不可逆容量损失抵消了其高容量优点，妨碍了其商品化使用。因此，对锡基负极的研究目前主要集中在锡基合金材料及复合物上。

J. O. Besenhard 等[41]将金属间化合物与锂反应的方式归结为以下 3 种［式（3-10）～式（3-12）］：

$$x\,Li + MM_y \rightleftharpoons Li_xMM_y \tag{3-10}$$

这种储存锂的方式受到空间间隙位置的限制，使得锂进入的量有限，材料的微观结构以及体积不会发生明显的变化，使电极的循环性能较好。按照这种方式储锂的合金最具代表性的是 Cu_5Sn_5；第一步嵌锂形成 Li_2CuSn 相，如果进一步嵌锂，合金的晶体结构将会发生重排，生成 Cu 和 Li_xSn 合金[42]。

$$x\,Li + MM_y \Longleftrightarrow Li_xM + yM' \tag{3-11}$$

这种反应方式获得的储锂相在非常小的尺寸范围内，均匀分散于非活性基体内的结构中，如 Sn_2Fe 等。

$$(x+y)\,Li + MM_z \Longleftrightarrow yLi + Li_xM + zM' \Longleftrightarrow Li_xM + z\,Li_{y/z}M' \tag{3-12}$$

用这种反应方式可获得两个嵌锂相互很好扩散的结构，如 $SnSb$。

Sn 基合金作为锂离子电池负极材料是由于考虑到与其形成合金的元素，可以缓冲 Li-Sn 合金在脱嵌锂过程中发生的巨大体积变化。因此，一般与其形成合金的元素要求对锂表现为非活性或活性不大，以维持电极体系的稳定。当然，如果缓冲体同锂反应后自身体积变化不大，也可以作为合金元素。比如碳材料虽然对锂有活性，但其脱嵌锂过程中体积变化小，基本不会影响其缓冲作用，因此也常常用于形成合金负极材料。

能与 Sn 形成金属间化合物的元素有很多，如 Cu、Fe、Sb 等，其中以 Sn_2Cu、Sn_2Sb 合金被研究得较为深入。

Sn-Cu 二元化合物主要有 NaCl 结构、CsCl 结构、闪锌矿结构、WC 结构、NiAs 结构和四角结构。吴良根等通过基于混合基表示的第一原理赝势法[43]，计算表明 Sn-Cu 二元合金中能量最低、结构最稳定的是 NiAs 结构，而 Cu_5Sn_5 就是 NiAs 结构。在这种结构中，锡原子成层排列，夹在铜原子之间，锡原子采用三棱柱结构与邻近的 6 个铜原子配合，铜原子采用四棱锥的结构与 5 个锡原子配合。Sn-Sb 合金是目前研究最多的合金负极材料之一，两组分均为活性储锂材料，但嵌、脱锂电位不同，因此 Sb 与 Sn 可相继与 Li 合金化，属于连续合金化反应机理。电沉积法可用于制备纳米 Sn-Sb 合金，但工艺影响因素较多，工艺控制较复杂。目前，人们多采用液相化学还原法，选择合适的配合剂、还原剂，实现还原电位较接近的 Sn、Sb 共还原，制备纳米 Sn-Sb 合金。

除了 Sn-Sb、Sn-Cu、Sn-Co 合金外，参考文献报道的锡基合金还有 Sn-Ca、Mg_2Sn、Sn-Ni、Sn-Mn、Sn-Fe、Sn-Ag、Sn-S、Sn-Zn 等，以及锡的三元合金负极材料。这些材料的循环性能都远优于单质锡，与锡氧化物相比，不可逆容量大大下降。但这些材料的电化学性能与实现商业化还有很大距离[44]。

锡基负极材料因具有较高的比容量和安全性，成为当前锂离子电池负极材料的研究热点之一。近些年来，锡基合金负极材料的电化学性能已有显著提高，为代替石墨化碳材料迈出了坚实一步。但一些导致电化学性能降低的因素仍然没有得到完全解决。导致首次充放电循环不可逆容量损失和循环容量快速衰减的原因主要有：锡基合金中活性物质的损失，合金晶界表面 SEI 膜和氧化膜的形成，活性物质的团聚，锡基合金负极中死锂的产生等。目前，提高锡基合金负极电化学性能的途径很多，主要包括：采用多相组成（活性/非活性体系和活性/活性体系），构造多孔结构和纳米结构电极，制备薄膜合金电极。然而，单一途径很难彻底解决问题，需要几种途径综合运用才能稳定材料的结构，提高材料的循环性能。因此，多种途径的联合运用成为解决循环性能问题的研究趋势。未来的研究重点将放在提高锡基合金负极的倍率性能，降低温度的影响和提高长期充放电的稳定性上。随着一系列关键科学技术问题的解决，锡基合金负极的产业化和广泛应用将成为现实[45]。

三、锑基合金负极

锑（Sb）与 Li 可形成 4 种金属间化合物，其中 Li_3Sb 的理论比容量最高，为 660mA·h/g。Sb 的嵌锂电位约为 0.8V（vs Li），能有效避免锂枝晶的生成，且在嵌脱锂过程中的电化学反应平台平坦，工作电压稳定。Sb 基负极材料具有很好的发展潜力。

锑基合金材料的研究以钴锑合金为主。因为金属 Co 具有独特性质，将其引入其他金属中时，可提高材料的延展性。将 Co 与 Sb 合金化，可提高材料的抗机械应变能力，因而 Co-Sb 是一类很好的合金负极候选材料。$CoSb_3$ 在首次嵌锂时生成 Li_3Sb 和 Co 是一个不可逆的结构转化过程。在随后的嵌脱锂过程中，$CoSb_3$ 不再重新形成，Co 作为惰性基质，可缓冲活性组分 Sb 嵌脱锂时的体积变化。$CoSb_3$ 的嵌锂反应属于取代合金化反应。由于 $CoSb_3$（$7.25g/cm^3$）与 Li_3Sb（$3.34g/cm^3$）的密度差别较大，首次嵌锂时的体积膨胀较大，导致活性物质部分脱落，最终使容量发生衰减。

对锑基合金材料的研究还包括 In-Sb、Cu_2Sb、Al-Sb 等，主要集中在嵌锂机制方面。In-Sb 合金可保持良好的充放电性能，可逆容量密度约为 1710mA·h/cm^3，高于商业用碳负极的 820mA·h/cm^3，且嵌脱锂过程中的体积变化较小，性能稳定。Cu_2Sb 合金的嵌锂反应机制与 In-Sb 类似，但嵌锂过程中析出的 Cu 不与 Li 反应，同 $CoSb_3$ 一样属于取代合金化反应。具有此反应机制的合金还有 Cr-Sb、Mg-Sb 和 Ni-Sb 等[44]。

四、合金材料的制备方法

目前在合金负极材料的制备方法上，用得比较多的是高能球磨法，绝大部分合金材料都可以用该法制得。此外，合金材料还可以采用热熔法、化学还原法、电沉积法以及反胶团微乳液法制备，这些方法都各具特色，能在特定的条件下制备出相应的合金材料[34]。

（1）高能球磨法 高能球磨法是利用球磨机的转动或振动，利用使硬球对原料进行强烈的撞击、研磨和搅拌，把金属或合金粉末粉碎为纳米级微粒的方法，也称机械合金化。Shingu 等[46]首先报道用高能球磨法制备 Al_2Fe 纳米晶材料，为纳米材料的制备找到一条实用化的途径。高能球磨法的主要特征是应用广泛，可用来制备多种纳米合金材料及其复合材料，特别是用常规方法难以获得的高熔点合金纳米材料。高能球磨法制备的合金粉末，其组织和成分分布比较均匀。与其他物理方法相比，该方法简单实用，可以在比较温和的条件下制备纳米晶金属合金。高能球磨法的主要缺点是容易引入某些杂质，特别是杂质氧的存在，使得纳米合金在球磨过程中表面极易被氧化。杂质氧的引入，使得合金材料在嵌锂过程中发生不可逆的还原分解反应，从而带来较大的不可逆容量。

（2）热熔法 热熔法是制备合金材料的传统方法，通过将金属原料混合、熔炼、退火处理，即得到合金材料。其主要优点在于设备和工艺简单，特别是在锂合金的制备方面，目前文献报道的锂合金材料几乎都是用热熔法制备的。热熔法的主要缺点在于很难得到纳米合金材料，一般都要再进行高能球磨法处理，而且对于一些高熔点的金属和相图上不互溶的金属，常规热熔法很难制得其合金材料。

（3）化学还原法 化学还原法是制备合金超细粉体的有效和常用方法之一。通过选择合适的配合剂、还原剂，可以实现还原电位比较接近的金属元素的共还原，从而制得合金材料。化学还原既可以在水溶液中进行，也可以在有机溶剂中进行。化学还原法的主要优点是简单易行，对设备的要求较低，便于工业化生产。常用的还原剂包括水合肼、硼氢化钠、次亚磷酸钠或活泼金属等。目前，采用化学还原法已经制备出纳米 Sn_2Cu、Sn_2Sb、Sn_2Ag 等合金材料。化学还原法的主要缺点在于其局限性很大，对于一些还原电位较负及电位差较大的金属，一般的还原剂很难将其还原或共还原。

（4）电沉积法 近年来，电沉积法作为制备纳米合金材料的方法逐渐受到人们的重视。通过提高沉积电流密度，使其高于极限电流密度，可以得到纳米晶合金材料。电沉积工艺制备的锂电池合金负极材料可以不必使用导电剂、黏结剂，从而使电极具有较大的体积比容量和较低的成本，而且合金材料与基体的结合力比传统的涂浆工艺要好。目前，采用电沉积法已制备出 Sn_2Cu、Sn_2Ni、Sn_2Co、Sn_2Fe、Sn_2Sb、Sn_2Ag、Sn_2Sb_2Cu 等合金负极材料。其中，比较有特点的是 Ulus 等[47]制备的 Sn-Sb-Cu/ 石墨复合材料，通过大电流（$400mA/cm^2$）在铜箔上沉积一层纳米晶多孔的 Sn-Sb-Cu 合金材料，再在合金表面涂覆一层石墨 / PVDF 制得的复合物，在 2.0 ~ 0.02V 之间进行 $0.2mA/cm^2$ 充放电，可逆比容量为 495mA·h/g，35 次循环的容量衰减为每次循环 0.48%。电沉积法的主要缺点在于影响因素比较多，工艺的控制比较复杂，特别是电沉积法制备纳米材料的机制目前认识得还不深刻。

（5）反胶团微乳液法　反胶团微乳液，即油包水（W/O）微乳液，是指以不溶于水的非极性物质（油相）为分散介质，以极性物质（水相）为分散相的分散体系。反胶团微乳液中的水核可以被称为微型反应器或纳米反应器，利用反胶团微乳液法可以比较容易地制备纳米合金颗粒。目前，用反胶团微乳液法已经制备出 Sn/石墨、SnO_2/石墨纳米复合材料。微乳液法的实验装置简单，操作容易，并可人为控制合成颗粒大小。但是，由于微乳液法所适用的范围有限，体系中含水相较少（约占 1/10 体积），致使单位体积产出较少，成本昂贵，不适于工业化生产。

目前，合金负极材料在嵌脱锂过程中的体积膨胀等问题没有得到有效解决。纳米活性颗粒在稳定循环性能、提高高可逆容量等方面具有发展潜力，但如何抑制纳米粒子团聚是需要解决的问题。以惰性组分为基体的缓冲结构，在单一惰性基体中的锂扩散速率较低，设计多组分复合的多重缓冲结构是未来合金负极材料较有希望的发展方向。同时，锂在活性物质中的扩散速率将影响电池的充放电效率和合金化过程，提高锂在电极材料中的室温扩散速率，也是一个需要解决的问题。

第五节
转换反应负极

传统的二次电池体系（如铅酸电池、镍镉电池）采用原子量较大的重金属元素，且只部分利用其氧化还原价态，致使理论能量密度不高。目前发展的锂离子电池是基于嵌入反应机制，过渡金属原子的化合价只允许变 1 价以维持在长循环过程中的结构稳定性，由此使电池能量密度限制其在单电子反应的容量。为克服上述限制，近 10 多年来人们积极探索电化学储能新机制与新材料体系，其中合金化负极反应、轻元素多电子反应、电化学转换反应等均展示出高容量储能的应用可行性。

作为传统氧化还原电极反应的拓展，电化学转换反应突破了对于电极反应过程中活性材料物相与结构变化的限制，只要求反应体系的多相转化能够可逆地进行，最大限度地利用活性组分的多价态以实现反应容量的成倍提升。由于转换反应允许多物种、多相共存，为发展新的电极反应体系提供丰富的材料选择。

本节简要分析电化学转换反应的基本原理和实现条件，以及利用这类反应构建高容量电极体系的示例[48]。

一、转换反应负极的储锂机制

由于目前已知的电池正负极反应大都涉及两相的结构变化，作为一种专门的描述术语，电化学转换反应（electrochemical conversion reaction）一词特指多相参与的氧化还原电极反应，即在电极过程中涉及多组分的可逆结构转化[49]。通常，转换反应可以表述为式（3-13）。

$$mnA^{z+} + zM_nX_m + mnze^- \underset{充电}{\overset{放电}{\rightleftharpoons}} mA_nX_z + nzM^0 \qquad （3-13）$$

式中，M 主要为可变价过渡金属离子（如 Fe^{3+}、Ni^{2+}、Cu^{2+}、Co^{3+} 等）；X 为 F^-、Cl^-、O^{2-}、S^{2-}、N^{3-} 和 P^{3-} 阴离子；A 则可以是 Li^+、Na^+、Mg^{2+} 等碱（土）金属离子。上式表明，在碱（土）金属离子的参与下，过渡金属化合物可以发生多价态的可逆结构转换，释放出通常难于实现的多步骤氧化还原容量[50]。更重要的是，这类反应对阳离子的尺寸并无特殊要求，因而转换反应并不局限于锂离子电池材料，同样也适用于其他离子的电极反应[51]。由于在转换反应中实现多价态的氧化还原反应，因此，一般均表现出超常的储锂比容量（≥约 600mA·h/g），远大于传统固体活性材料。

图 3-25 为基于转换反应的储锂机制[52]。在放电过程中，高价过渡金属化合物与锂离子反应生成不同结构的锂盐和金属单质，表观上为储锂过程；反之，在充电过程中，锂离子从纳米尺度紧密接触的"锂盐/金属单质"两相界面脱出，重新生成过渡金属化合物。在首次放电过程中，锂离子与过渡金属化合物发生完全的还原反应，生成锂化合物和过渡金属纳米颗粒，材料的初始结构完全改变，且过渡金属纳米颗粒均匀嵌入在 Li_nX 中，形成 Li_nX/M^0 纳米复合相。在随后的充电过程中，材料发生氧化反应，Li_nX/M^0 纳米微晶复合物中的锂迁出且又生成 M_nX_m，但其结构有可能和初始结构不同。

上述放电产物中形成的锂化物 Li_nX，无论是 LiF 还是 Li_2O 都是热力学上的高度稳定产物，通常都不具备良好的电化学活性，Li 与 F 的电负性相差为 3，Li 与 O 的电负性相差为 2.5，因而 LiF 和 Li_2O 的电子和离子传导性都很差，常态下其电化学分解分别要在 6.1V、5V 下才能实现。一个独特的现象是 LiF 或 Li_2O 能够在纳米过渡金属的催化作用下，实现在 0.01 ～ 4.5V 之间的可逆形成、分解。这应归因于当电极材料的尺寸降低到纳米级时，在热力学和动力学上均有其特殊之处。从热力学考虑，纳米材料的能带结构发生显著变化，表面能的贡献更加突出，纳米材料的电化学势与体相材料将存在一定的差异。从动力学考虑，纳米电极材料内部电荷分布遍及整个颗粒，离子和电子在颗粒内部的输运受其影响更加突出。此外，参与电化学反应的比表面积显著增加，界面的输运过程更加显著，载流子的输运路径大幅缩短。因而，在过渡金属化合物首次放电过程中产生的纳米微晶复合物颗粒状态下，尤其是这一纳米微晶复合物颗粒是在首次电化学还原过程之中在电极材料内部形成的。该颗粒的外表被 Li_nX 包覆，不存在类似外部制备的纳米结构粉体材料有关的低堆积密度的问题，其电化学性能有所改善，分解电压也大幅下降，这是过渡金属化合物能够通过可逆转化反应实现储锂功能的关键[53]。

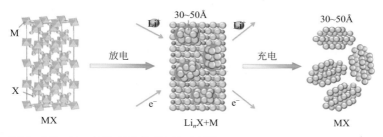

图 3-25　基于转换反应的储锂机制[52]

与嵌入型电极反应相比，这类转换反应在电化学储锂方面具有以下优势：

① 转换反应不要求主体晶相结构保持不变，允许多步骤的结构可逆变化，因而可以利用过渡金属元素的多种氧化态实现高容量储锂。

② 转换反应对于主体晶格没有严格的结构限制，可用于转换电极的金属化合物种类繁多，为发展高容量的电极体系提供丰富的选择。

③ 原则上转换反应对于阳离子的种类与尺寸没有明确限制，许多难于实现可逆嵌入反应的阳离子（如 Na^+、K^+、Zn^{2+}、Mg^{2+} 等）均可用于转换电极反应。正是由于这些显著的优点，电化学转换反应近年来引起人们相当高的研究兴趣，许多类型的化合物被尝试用于构建高容量电极材料。

目前已研究过的、基于转化反应机制而实现储锂功能的电极材料主要为一些结构简单的过渡金属化合物，尤其是二元过渡金属化合物，如氟化物、氧化物、磷化物、硫化物、氮化物和氧氟化合物等。

表 3-1 列出若干金属氟化物、氯化物、氧化物、硫化物和氮化物与 Li^+ 发生转换反应的热力学数据（吉布斯反应自由能 $\Delta_r G_m^\ominus$、电极电动势 $E^\ominus$ 和理论比容量 C_0）[48]。从表 3-1 中可以看出，能够发生转换反应的化合物选择范围十分广泛，涵盖几乎常见的可变价态金属氟化物、氧化物、硫化物。同时，转换反应的电势分布区域也很宽，从约 0.1V 到约 4.0V，既可以用于储锂负极，也可以用于储锂正极。一般而言，氟化物、硫化物因具有较氧化物、磷化物高得多的放电电位平台（4.5 ～ 1.5V），适合于作为正极材料；而其他过渡金属化合物则一般作为负极材料。

表3-1　若干金属化合物的吉布斯反应自由能、电极电动势和理论比容量

M_nX_m	$\Delta_r G_m^{\ominus}/(kJ/mol)$	$E^{\ominus}/V$	$C_0/(mA \cdot h/g)$	M_nX_m	$\Delta_r G_m^{\ominus}/(kJ/mol)$	$E^{\ominus}/V$	$C_0/(mA \cdot h/g)$
CoF_3	−1047	3.617	694	Fe_2O_3	−472	1.631	1007
FeF_3	−794	2.742	712	V_2O_5	−695	1.441	1474
MnF_3	−766	2.647	719	Cr_2O_3	−313	1.081	1058
CrF_3	−660	2.280	738	MnO	−198	1.028	756
VF_3	−539	1.863	745	CuO	−434	2.236	674
TiF_3	−404	1.396	767	NiO	−377	1.811	718
CuF_2	−686	3.553	528	CoO	−348	1.798	715
NiF_2	−572	2.964	554	CoS_2	−732	1.898	871
CoF_2	−551	2.854	553	NiS_2	−753	1.952	873
FeF_2	−514	2.664	571	FeS_2	−718	1.861	893
AgF	−401	4.156	211	MnS_2	−653	1.692	900
$FeCl_3$	−819	2.830	496	Cr_2S_3	−575	1.985	803
$CuCl_2$	−593	3.074	399	CuS	−386	1.998	561
$NiCl_2$	−510	2.642	414	NiS	−360	1.863	591
$CoCl_2$	−499	2.586	413	CrN	−35.6	0.123	1218
$MnCl_2$	−328	1.701	426	Cr_2N	−13.2	0.091	681
$ZnCl_2$	−399	2.069	393	CO_3N	−31.5	0.327	421
$AgCl$	−275	2.846	187	Mn_5N_2	−20.4	0.177	531

　　虽然转换反应原理上可行，实现起来并非易事。由于涉及多种固相结构的重组与转变，转换反应过程需要克服较高的反应能垒，在宏观尺度的材料和界面上很难实现较高的电化学利用率和动力学速度。因此，只有当反应活性组分的尺寸降低到纳米尺寸甚至更小，在纳米尺寸甚至原子尺寸上形成的活性反应界面时，方可实现高效的电化学转换反应。近来研究表明，构建稳定、纳米尺寸的多相反应界面，不仅可以实现多种类型的固相转化反应，甚至可获得具有快速动力学的反应体系。

二、转换反应负极的类型

　　转换反应负极材料常见的有过渡金属氧化物与过渡金属磷化物两种[53]。

　　（1）过渡金属氧化物　过渡金属（Fe、Co、Cu、Ni、Mn）氧化物具有高的理论比容量（一般大于600mA·h/g），是石墨碳材料比容量的2～3倍，所以

成为锂离子电池负极材料研究的新热点。其充放电过程中的反应方程式可表示为式（3-14）。

$$M_xO_y + 2y\ Li \longrightarrow xM + yLi_2O \qquad (3-14)$$

2000 年，Tarascon 课题组首先在 *Nature* 上报道锂离子电池 3d 过渡金属氧化物负极材料的电化学性能[54]，并针对这类材料与锂离子反应的机制做了大量研究工作[54-60]。这类材料主要包括 NaCl 结构的 3d 过渡金属氧化物（如 NiO、CoO、CuO、FeO），以及它们的高价氧化物（如 MnO_2、Fe_2O_3、Fe_3O_4、Cr_2O_3、Co_3O_4、CuO），还包括它们之间形成的混合氧化物（如 $MnFe_2O_4$、$CoFe_2O_4$、$NiFe_2O_4$、$FeCo_2O_4$、$NiCo_2O_4$）等，这类氧化物因能提供高达 700mA·h/g 以上的可逆比容量而受到广泛关注。

铁的氧化物有 α-Fe_2O_3、Fe_3O_4 和 FeO 等。其中，α-Fe_2O_3 作为锂离子电池电极材料，因具有高达 1007mA·h/g 的理论比容量和廉价、无毒等优点受到相对较多的研究。关于 α-Fe_2O_3 作为锂离子电池负极材料的研究最早可追溯到 20 世纪 80 年代，但充放电循环性较差是阻碍其获得实际应用的重要因素。早期参考文献认为，α-Fe_2O_3 是嵌锂材料，1mol α-Fe_2O_3 可与 6mol 锂离子发生反应[61]。Thackeray 等[62]研究发现，当少量锂离子与 α-Fe_2O_3 反应时生成 $Li_xFe_2O_3$（$0 \leqslant x \leqslant 2$），过量锂离子进一步与 $Li_xFe_2O_3$ 反应时发生歧化反应生成 Li_2O 和 Fe 相，因而锂离子与 α-Fe_2O_3 的反应为连续的嵌锂、转化反应两步机制。随后，孙克宁课题组采用溶剂热的方法构筑 Fe_3O_4 锚定在石墨烯气凝胶作为锂电负极材料，以三维导电石墨烯提高 Fe_3O_4 的导电性能，提升 Fe_3O_4 的循环性能和倍率性能[63]。

钴的氧化物有 Co_3O_4 和 CoO。其中，Co_3O_4 作为锂离子电池电极材料，因具有较高的理论比容量（890mA·h/g），而受到较多的研究。与 α-Fe_2O_3 类似，Co_3O_4 的颗粒尺寸、形貌对其电化学性能同样具有重大影响。

铜的氧化物主要有 CuO 和 Cu_2O。其中，CuO 早在几十年前就作为一次锂电池的潜在电极材料已为业界所熟知，而且 Li/CuO 一次锂电池还实现工业化生产。CuO 和 Cu_2O 与锂的反应产物被证实都是纳米铜和 Li_2O，然而关于锂离子与 CuO 反应的机制一直存在争议。一种观点认为锂离子与 CuO 反应直接生成 Cu 和 Li_2O；另一种观点认为锂离子与 CuO 反应经历生成中间相 Cu_2O 的过程；还有一种观点认为锂离子与 CuO 反应经历生成中间相 Li_xCuO（$0 < x < 2$）的过程。产生上述分歧的主要原因是虽然 CuO 具有比 Cu_2O 高得多的理论比容量（674mA·h/g 及 375mA·h/g），但它们实际获得的比容量却非常接近，而且即使在 CuO 完全放电的产物中也存在 Cu_2O。Debart 等[64]采用水热溶剂法合成 CuO 纳米颗粒，发现锂离子与 CuO 反应时首先生成与 CuO 结构类似的 $Cu_{1-x}^{II}Cu_x^{I}O_{1-x}/2$（$0 \leqslant x \leqslant 0.4$）相，进一步反应则生成 Cu_2O 相（$0.4 < x < 0.8$），最后生成 Cu 和 Li_2O 相，对上述争议给出一个较好的解释。

Cr_2O_3 为菱形六面体结构，深绿色晶体，密度为 $5.1g/cm^3$，商品化 Cr_2O_3 的粒子大小一般在 $200 \sim 500nm$ 之间，电子电导率为 $1.78 \times 10^{-7}S/cm$。Cr_2O_3 具有较高的理论储锂比容量（$1058mA \cdot h/g$），相对较低的标准电势（$1.085V$）以及对锂离子具有较高的电化学活性等优势，是一种很有应用前景的负极材料。困扰 Cr_2O_3 获得实际应用的最大问题是在首次充放电过程中，其库仑效率通常较低，最佳的首次充电比容量也低于 $900mA \cdot h/g$。通常认为这是在充电过程中，放电产物 Li_2O/Cr 有部分转变为 CrO 而不是 Cr_2O_3 造成的。Cr_2O_3 粉体材料如果没有经过碳包覆，通常电化学性能很差，使用纳米介孔结构的 Cr_2O_3 能够在一定程度上改善其电化学性能。除了其纳米结构缩短输运路径外，还因为介孔结构吸收一部分液体电解质分解产物，这些产物组成的混合物具有塑性，能够改善转化反应引起的体积变化，进而提高循环性能。孙克宁在金属氧化物形貌及表面调控方面也做了大量工作，来提高和改善金属氧化物的循环性能及倍率性能[65-69]；采用自组装方式构筑氮掺杂石墨烯包覆 Bi_2O_3 负极材料[65]，以及采用离子限域 Bi_2O_3@CMK-3 负极材料[66]。此外，采用溶剂热的方法构筑氧化钼和氧化锡、石墨烯复合物[68, 69]，其优异的电化学性能是得益于氧化物与石墨烯间存在 C—O—M 键（M=Mo、Zn），C—O—M 的存在加速电子传递和金属氧化物的可逆反应。

然而，金属氧化物作为锂离子电池负极材料具有严重的电压滞后现象，导致锂离子电池能量效率降低，而且金属氧化物一般没有平稳的电压平台，导致电池最终的输出电压不稳，不是一种理想的锂离子电池负极材料。

（2）过渡金属磷化物　自从 Nazar[70] 等在 *Science* 上发表采用高温固相法合成的磷化锰（MnP_4）粉末的电化学性能以来，采用不同方法合成金属磷化物，特别是过渡金属磷化物作为锂离子电池负极材料已成为锂离子电池研究领域的热点，目前已经报道的有磷化铁、磷化镍、磷化锡、磷化锰、磷化钴、磷化铜、磷化锌、磷化钛等。相比于过渡金属氧化物，过渡金属磷化物的体积比容量和质量比容量都较高，充放电过程中活性材料的体积变化较小，充放电反应电压平台相对较低，因此被认为是一种很有潜力的石墨负极替代材料。

对于靠前的过渡金属磷化物（M=Ti、V）与锂离子的反应机制是与钴酸锂、石墨等相同的传统嵌入脱出机制；对于靠后的过渡金属磷化物（M=Co、Ni）与锂离子的反应机制则是转化反应机制；对于中间的过渡金属磷化物（M=Fe、Mn）与锂离子的反应机制则为连续的嵌锂、转化反应两步机制[71]。虽然过渡金属磷化物的优点很多，但由于其制备较为困难，导电性差等原因，研究进展一直很缓慢。

在所有的金属磷化物中，磷化锰是最先被制备出来并报道其电化学行为的。充放电和非原位 XRD 研究结果显示，在 $0.5 \sim 3V$ 的充放电电压范围内，磷化锰与锂离子之间的反应为嵌入脱出反应机制，如式（3-15）所示。

$$MnP_4 + 7Li^+ + 7e^- \longrightarrow Li_7MnP_4 \qquad (3-15)$$

铜的磷化物是近年来研究较多的一种金属磷化物，作为锂离子电池电极材料的铜的磷化物主要有 CuP_2 和 Cu_3P。磷化钴（CoP_3）也是率先被报道的过渡金属磷化物之一。Pralong 等[72]采用高温固相合成法，即通过将一定比例的磷粉和钴粉混合后烧结的方法，成功制备出磷化钴粉末。该粉末首次放电过程对应于 9 个锂离子的嵌入，而首次充电过程对应于 6 个锂离子的脱出。因而本书作者推测磷化钴在首次放电与之后的循环过程中的反应机制分别如式（3-16）和式（3-17）所示。

$$CoP_3 + 9Li^+ + 9e^- \longrightarrow Co + 3Li_3P \qquad (3-16)$$
$$3Li_3P \longrightarrow 3LiP + 6Li^+ + 6e^- \qquad (3-17)$$

该机制被选取电子衍射（SAED）的数据所证实。本书作者同时提出，在首次放电过程中生成的金属钴纳米颗粒在随后的充放电反应中起着"活性旁观者"的作用，即高度分散的金属钴可提高电极材料的电子电导率，加速反应的进行。

镍的磷化物可表示为 NiP_y。当 $y \leqslant 1$ 时，镍的磷化物粉体材料通常不具备电化学活性，被研究过的镍的磷化物主要为 NiP_2 和 NiP_3。NiP_2 能够与 6 个锂离子发生可逆的氧化还原反应，立方相 NiP_2 与锂的反应为纯粹的转化反应，而单斜相 NiP_2 与锂的反应则为连续的嵌锂、转化反应两步机制。与镍的磷化物类似，铁的磷化物可表示为 FeP_y。在 FeP、FeP_2、FeP_4 三种铁的磷化物中，FeP 具有最好的电化学性能，其反应机制也为连续的嵌锂、转化反应两步机制。充放电实验表明，FeP 首次放电平台在 0.1V 左右，相当于每个 FeP 中嵌入 2.8 个 Li，对应 $880mA \cdot h/g$ 的首次放电比容量。首次充电平台在 $0.9 \sim 1.1V$ 之间，相当于每个 FeP 中脱出 2.4 个 Li，对应 $720mA \cdot h/g$ 的充电比容量，首次充放电容量损失约为 18%。但放电至 0V 时 FeP 的循环性能很差，分析认为可能是转化反应过程中较大的体积变化所引起的。可以在首次放电至 0V 后，在随后的充放电过程中将放电截止电压提高到 0.2V 来避免 FeP 转化反应时造成的体积过度膨胀，进而提高 FeP 的循环性能。

虽然二元过渡金属化合物作为锂离子电池电极材料具有高的质量比容量，但从实际应用的角度来看，仍存在以下三方面的问题亟待解决：

① 导电性较差，存在严重的电压滞后现象，即其充电电压和放电电压之间存在较大的差别，导致较低的能量效率。

② 首次充放电过程库仑效率低。过渡金属化合物首次充放电过程中库仑效率低的问题主要与两个方面的因素有关：一是 SEI 膜的形成贡献了一部分的不可逆容量；二是在首次放电过程中随着放电程度的加深，过渡金属化合物颗粒同锂离子发生反应，被完全瓦解，生成 $2 \sim 8nm$、有高度电化学活性的过渡金属纳米粒子，以及分散这些金属纳米粒子的非晶态 Li_2O 或 LiF、Li_3P 等基质。在随后的

充电过程中，发生的是上述过程的逆反应，即过渡金属纳米粒子同 Li_2O 或 LiF、Li_3P 等反应，生成纳米过渡金属化合物。这个逆反应过程之所以能够进行，归因于这些 2～8nm 金属颗粒的高度活性。但是，在充电过程中，也并不是所有过渡金属纳米粒子和 Li_2O 或 LiF、Li_3P 等都能完全转化成纳米过渡金属化合物，这也带来一定的首次不可逆容量损失。

③ 可逆循环容量衰减较快。过渡金属化合物通常都是导电性较差的半导体，甚至是绝缘体材料，过渡金属化合物颗粒首次与锂离子反应后，会发生较大的体积膨胀，产生较大的应力，因此颗粒在循环过程中会逐渐出现粉化。这一方面易造成电极材料活性颗粒失去良好的电接触和机械接触，导致电极电导率的降低，虽然在转化反应过程中生成的弥散在复合物中的过渡金属颗粒会在一定程度上弥补电极电导率的降低，但其影响往往极其有限；另一方面易造成电极表面 SEI 膜的破裂，失去对电极的保护，而且还会使纳米过渡金属发生团聚，形成大颗粒而丧失电化学活性。上述因素都直接导致 3d 过渡金属化合物材料的循环寿命有限。

为提高过渡金属化合物的循环稳定性，可以采取的手段之一是增强材料的导电性。过渡金属化合物的导电性得到提高，在电极反应过程中则能减少因失去电接触而丧失活性的过渡金属化合物、纳米过渡金属以及 Li_2O 或 LiF、Li_3P 等的颗粒；同时，还能让活性物质更快地参与电极反应。可以采取的手段之二是抑制过渡金属化合物颗粒与锂反应时因体积膨胀而导致的粉化。具体来说，可通过对颗粒表面进行包覆以及与弹性相复合等方法，来限制过渡金属化合物与锂反应时发生的体积膨胀。

在材料制备时，往往将上述两种手段相结合，让过渡金属化合物与一种高导电的弹性相复合，以使其电化学性能得到较大幅度改善，常见的为将与碳材料、导电性好的过渡金属化合物进行复合。

然而，总体来说，与基于锂离子嵌入/脱出机制的传统锂离子电池电极材料相比，人们对基于转化反应机制而实现储锂功能的电极材料认识还十分肤浅，无论是在理论层面还是在应用层面方面都面临许多问题，还需要深入研究。虽然目前基于转化反应而实现储锂功能的过渡金属化合物电极材料离商业化应用还有一定的距离，但随着其制备技术的不断完善和发展，新的制备方法的不断开发，相关机理的进一步探明，将会为基于转化反应机制而实现储锂功能的过渡金属化合物电极材料作为商业化锂离子电池电极材料铺平道路，并将最终推进新一代高容量、高功率锂离子电池体系的发展。

近年来，锂离子电池负极材料正朝着高比容量、长循环寿命和低成本方向发展[73-91]。碳纳米材料（碳纳米管和石墨烯）具有比表面积大、导电性好、化学稳定性好等优点，在新型锂离子电池中具有潜在的应用。然而，碳纳米材料单独作为负极材料存在不可逆容量高、电压滞后等缺点，与其他负极材料复合使用是目前比较实际的选择。钛酸锂由于具有体积变化小、循环寿命长和安全性好等显著优势，在电动汽车等大型储能领域有较大的发展潜力，由于其能量密度较低，与高电压正极材料 $LiMn_{1.5}Ni_{0.5}O_4$ 匹配使用是未来高安全动力电池的发展方向。金属基（锡基、硅基）材料在发挥高容量的同时伴随着体积变化[92-103]，由于金属基合金材料的容量与体积变化成正比，而实际电芯体积不允许发生大的变化（一般小于5%），所以其在实际应用中的容量发挥受到较大限制，解决或改善体积变化效应将成为金属基材料研发的方向。

参考文献

[1] Wang J Y, Tang H J, Wang H, Yu R B, Wang D. Multi-shelled hollow micro-/nanostructures:Promising platforms for lithium-ion batteries[J]. Mater Chem Front, 2017, 1: 414-430.

[2] Goodenough J B, Kim Y. Challenges for rechargeable Li batteries[J]. Chemistry of Materials, 2010, 22 (3): 587-603.

[3] Cheng X B, Zhang R, Zhao C Z, Zhang Q. Toward safe lithium metal anode in rechargeable batteries: a review[J]. Chemical Reviews, 2017, 117(15): 10403-10473.

[4] Chandrashekar S, Trease N M, Chang H J, et al. 7Li MRI of Li batteries reveals location of microstructural lithium[J]. Nature Materials, 2012, 11: 311-315.

[5] Bhattacharyya R, Key B, Chen H, et al. In situ NMR observation of the formation of metallic lithium microstructures in lithium batteries[J]. Nature Materials, 2010, 9: 504-510.

[6] Ling C, Banerjee D, Matsui M. Study of the electrochemical deposition of Mg in the atomic level: Why It prefers the non-dendritic morphology[J]. Electrochimica Acta, 2012, 76: 270-274.

[7] Ozhabes Y, Gunceler D. Arias T A. Stability and surface diffusion at lithium-electrolyte interphases with connections to dendrite suppression[J]. Arxiv Preprint, 2015.

[8] Ely D R, García R E. Heterogeneous nucleation and growth of lithium electrodeposits on negative electrodes[J]. Journal of the Electrochemical Society, 2013, 160: A662-A668.

[9] Yan K, Lu Z, Lee H W, Xiong F, et al. Selective deposition and stable encapsulation of lithium through heterogeneous seeded growth[J]. Nature Energy, 2016, 1: 16010.

[10] Pei A, Zheng G, Shi F, et al. Nanoscale nucleation and growth of electrodeposited lithium metal[J]. Nano Letter, 2017, 17: 1132-1139.

[11] Chazalviel J N. Electrochemical aspects of the generation of ramified metallic electrodeposits[J]. Physical Review A, 1990, 42: 7355-7367.

[12] Fleury V, Chazalviel J N, Rosso M, et al. The role of the anions in the growth speed of fractal electrodeposits[J]. Journal of Electroanalytical Chemistry, 1990, 290: 249-255.

[13] Sacci R L, Dudney N J, More K L, et al. Direct visualization of initial SEI, morphology and growth kinetics during lithium deposition by in-situ electrochemical transmission electron microscopy[J]. Chemical Communications, 2014, 50: 2104-2107.

[14] Kushima A, So K P, Su C, et al. Liquid cell transmission electron microscopy observation of lithium metal growth and dissolution: root growth, dead lithium and lithium flotsams[J]. Nano Energy, 2017, 32: 271-279.

[15] Barton J L, Bockris J O M. The electrolytic growth of dendrites from ionic solutions[M]. Proceedings of the Royal Society A, 1962, 268: 485-505.

[16] Monroe C, Newman J. Dendrite growth in lithium/polymer systems: A propagation model for liquid electrolytes under galvanostatic conditions[J]. Journal of the Electrochemical Society, 2003, 150: A1377-A1384.

[17] Chen Q, Geng K, Sieradzki K. Prospects for dendrite-free cycling of Li metal batteries[J]. Journal of the Electrochemical Society, 2015, 162: A2004 -A2007.

[18] Harry K J, Hallinan D T, Parkinson D Y, et al. Detection of subsurface structures underneath dendrites formed on cycled lithium metal electrodes[J]. Nature Materials, 2014, 13: 69-73.

[19] Dolle M, Sannier L, Beaudoin B, et al. Live scanning electron microscope observations of dendritic growth in lithium/polymer cells[J]. Electrochemical and Solid-State Letters, 2002, 5: A286-A289.

[20] Yamaki J I, Tobishima S I, Hayashi K, et al. A consideration of the morphology of electrochemically deposited lithium in an organic electrolyte[J]. Journal of Power Sources, 1998, 74: 219-227.

[21] Steiger J, Kramer D, Monig R. Mechanisms of dendritic growth investigated by in situ light microscopy during electrodeposition and dissolution of lithium[J]. Journal of Power Sources, 2014, 261: 112-119.

[22] Sand H J S. On the concentration at the electrodes in a solution, with special reference to the liberation of hydrogen by electrolysis of a mixture of copper sulphate and sulphuric acid[J]. Philosophical Magazine, 1901, 1: 45-79.

[23] Akolkar R. Modeling dendrite growth during lithium electrodeposition at subambient temperature[J]. Journal of Power Sources, 2014, 246: 84-89.

[24] Kanamura K, Shiraishi S, Takehara Z I. Electrochemical deposition of very smooth lithium using nonaqueous electrolytes containing HF[J]. Journal of the Electrochemical Society, 1996, 143: 2187-2197.

[25] Shiraishi S, Kanamura K, Takehara Z I. Surface condition changes in lithium metal deposited in nonaqueous electrolyte containing HF by dissolution-deposition cycles[J]. Journal of the Electrochemical Society, 1999, 146: 1633-1639.

[26] Kanamura K, Shiraishi S, Takehara Z I. Electrochemical deposition of uniform lithium on an Ni substrate in a nonaqueous electrolyte[J]. Journal of the Electrochemical Society, 1994, 141: L108-L110.

[27] Mogi R, Inaba M, Jeong S K, et al. Effects of some organic additives on lithium deposition in propylene carbonate[J]. Journal of the Electrochemical Society, 2002, 149: A1578-A1583.

[28] Chung K, Park J G, Kim W S, et al. Suppressive effect of lithium phosphorous oxynitride at carbon anode on solvent decomposition in liquid electrolyte[J]. Journal of Power Sources, 2002, 112: 626-633.

[29] Chung K, Kim W S, Choi Y K. Lithium phosphorous oxynitride as a passive layer for anodes in lithium secondary batteries[J]. Journal of Electroanalytical Chemistry, 2004, 566: 263-267.

[30] Ding F, Liu Y W, Hu X G. 1,3-Dioxolane pretreatment to improve the interfacial characteristics of a lithium anode[J]. Rare Metals, 2006, 25(4): 297-302.

[31] Armand M. Intercalation electrodes. In: Murphy D W, Broadhead J, Steele B C H, eds. Materials for advanced batteries[M]. New York: Plenum Press, 1980: 145-161.

[32] Murphy D W, Di S F J, Carides J N, et al. Topochemical reactions of rutile related structures with lithium[J]. Materials Research Bulletin, 1978, 13: 1395-1402.

[33] Lu L, Han X, Li J, et al. A review on the key issues for lithium-ion battery management in electric vehicles[J]. Journal of Power Sources, 2013, 226: 272-288.

[34] 任建国，王科，何向明，等. 锂离子电池合金负极材料的研究进展 [J]. 化学进展，2005, 17(4): 597-603.

[35] 张敬君. 锂离子电池合金负极材料的理论设计和合成 [D]. 上海：复旦大学，2008.

[36] Rao B M L, Francis R W, Christopher H A. Lithium aluminum electrode[J]. Journal of the Electrochemical Society, 1977, 124: 1490-1492.

[37] Zhao G Y, Zhang L, Meng Y, et al. Decoration of graphene with silicon nanoparticles by covalent immobilization for use as anodes in high stability lithium ion batteries[J]. Journal of Power Sources, 2013, 240: 212-218.

[38] Huggins R A. Lithium alloy negative electrodes[J]. Journal of Power Sources, 1999, 81: 13-19.

[39] Winter M, Besenhard J O. Electrochemical lithiation of tin and tin-based intermetallics and composites[J]. Electrochimica Acta, 1999, 45: 31-50.

[40] Kepler K D, Vaughey J T, Thackeray M M. Copper-tin anodes for rechargeable lithium batteries: an example of the matrix effect in an intermetallic system[J]. Journal of Power Sources, 1999, 81-82: 383-387.

[41] Besenhard J O, Yang J, Winter M. Will advanced lithium-alloy anodes have a chance in lithium-ion batteries[J]. Journal of Power Sources, 1997, 68(1): 87-90.

[42] 汪飞，赵铭姝，宋晓平. 锂离子电池锡基负极材料的研究进展 [J]. 电池，2005, 35(2): 152-154.

[43] 陈剑，徐磊. 一种锂离子电池锡基合金负极材料及其制备方法：CN106876688A[P]. 2017-6-20.

[44] 樊小勇. 锂离子电池锡基负极材料的电化学制备及性能研究 [D]. 厦门：厦门大学，2007.

[45] 褚道葆，李建，袁希梅，等. 锂离子电池 Sn 基合金负极材料 [J]. 化学进展，2012, 24(8): 1466-1476.

[46] Bin H, Kobayashi K F, Shingu H P. Mechanical alloying and consolidation of aluminum-iron system[J]. Journal of Japan Institute of Light Metals, 1988, 38(3): 165-171.

[47] Ulus A, Rosenberg Y, Burstein L, et al. Tin alloy-graphite composite anode for lithium-ion batteries[J]. Journal of Electrochemical Society, 2002, 149 (5): A635-A643.

[48] 李婷，杨汉西. 电化学转换反应及其在二次电池中的应用 [J]. 电化学，2015, 21(2): 115-122.

[49] Cabana J, Monconduit L, Larcher D, Palacín M R. Beyond intercalation-based Li-ion batteries: The state of the art and challenges of electrode materials reacting through conversion reactions[J]. Advanced Materials, 2010, 22(35): E170-E192.

[50] Gao X P, Yang H X. Multi-electron reaction materials for high energy density batteries[J]. Energy & Environmental Science, 2010, 3(2): 174-189.

[51] Kim S W, Seo D H, Ma X H, Ceder G, Kang K. Electrode materials for rechargeable sodium-ion batteries: potential alternatives to current lithium-ion batteries[J]. Advanced Energy Materials, 2012, 2(7): 710-721.

[52] Armand M, Tarascon J M. Building better batteries[J]. Nature, 2008, 451(7179): 652-657.

[53] 吴超，崔永丽，庄全超，等. 基于转化反应机制的锂离子电池电极材料研究进展 [J]. 化学通报，2011, 74(11): 1014-1025.

[54] Tarascon J M , Armand M. Issues and challenges facing rechargeable lithium batteries[J]. Nature, 2001, 414(6861): 359-367.

[55] Laik B, Poizot P, Tarascon J M. The electrochemical quartz crystal microbalance as a means for studying the reactivity of Cu_2O toward lithium[J]. Journal of the Electrochemical Society, 2002, 149(3): A251-A255.

[56] Morcrette M, Pozier P, Dupont L, et al. A reversible copper extrusion-insertion electrode for rechargeable Li batteries[J]. Nature Materials, 2003, 2(11): 755-761.

[57] Larcher D, Masquelier C, Bonnin D, et al.Effect of particle size on lithium intercalation into α-Fe_2O_3[J]. Journal of Electrochemical Society, 2003, 150(1): A133-A139.

[58] Dedryvere R, Laruelle S, Grugeon S, et al. Contribution of X-ray photoelectron spectroscopy to the study of the

electrochemical reactivity of CoO toward lithium[J]. Chemical Materials, 2004, 16(6): 1056-1061.

[59] Grugeon S, Laruelle S, Dupont L, et al.Combining electrochemistry and metallurgy for new electrode designs in Li-ion batteries[J]. Chemical Materials, 2005, 17(20): 5041-5047.

[60] Taberna P L, Mitra S, Poizot P, et al. High rate capabilities Fe_3O_4-based Cu nano-architectured electrodes for lithium-ion battery applications[J]. Nature Materials, 2006, 5(7): 567-573.

[61] Abraham K M, Pasquariello D M, Willstaedt E B. Preparation and characterization of some lithium insertion anodes for secondary lithium batteries[J]. Journal of the Electrochemical Society, 1990, 137(3): 743-749.

[62] Thackeray M M, Darid W I F, Goodenaugh J B. Structural characterization of the cithiated iron oxides $Li_xFe_3O_4$ and $Li_xFe_2O_3$ $(0 < x < 2)$[J]. Materials Research Bulletin, 1982, 17(6): 785-793.

[63] Fan L, Li B, Rooney D W, Zhang N, Sun K N. In situ preparation of 3D graphene aerogels@hierarchical Fe_3O_4 nanoclusters as high rate and long cycle anode materials for lithium ion batteries[J]. Chemical Communications, 2015, 51 (9): 1597-1600.

[64] Debart A, Dupont L, Poizot P, et al. A Transmission electron microscopy study of the reactivity mechanism of tailor-made CuO particles toward lithium[J]. Journal of the Electrochemical Society, 2001, 148(11): A1266-A1274.

[65] Fang W, Zhang N Q, Fan L S, et al. Bi_2O_3 nanoparticles encapsulated by three-dimensional porous nitrogen-doped graphene for high-rate lithium ion batteries[J]. Journal of Power Sources, 2016, 333(30): 30-36.

[66] Fang W, Zhang N Q, Fan L S, et al. Preparation of polypyrrole-coated Bi_2O_3@CMK-3 nanocomposite for electrochemical lithium storage[J]. Electrochimica Acta, 2017, 238(1): 202-209.

[67] Fang W, Zhang N Q, Fan L S, et al. The facile preparation of a carbon coated Bi_2O_3 nanoparticle/nitrogen-doped reduced graphene oxide hybrid as a high-performance anode material for lithium-ion batteries[J]. RSC Advances, 2016, 6 (102):99825-99832.

[68] Wang P, Zhang Y, Yin Y, et al. Anchoring hollow MoO_2 spheres on graphene for superior lithium storage[J]. Chemical Engineering Journal, 2018, 334(15): 257-263.

[69] Fan L, Zhang Y, Zhang Q, et al. Graphene aerogels with anchored sub-micrometer mulberry-like ZnO particles for high-rate and long-cycle anode materials in lithium ion batteries[J]. Small, 2016, 12 (37): 5208-5216.

[70] Souza D C S, Pralong V, Jacobson A J, et al. A reversible solid-state crystalline transformation in a metal phosphide induced by redox chemistry[J]. Science, 2002, 296: 2012-2015.

[71] Bichat M P, Gillot F, Monconduit L, et al. Redox-induced structural change in anode materials based on tetrahedral $(MPn_4)_x$-transition metal pnictides[J]. Chemical Materials, 2004, 16(6): 1002-1013.

[72] Pralong V, Souza D C S, Leung K T, et al. Reversible lithium uptake by CoP_3 at low potential: role of the anion[J]. Electrochemical Communications, 2002, 4: 516-520.

[73] Rehnlund D, Lindgren F, Bohme S, et al. Lithium trapping in alloy forming electrodes and current collectors for lithium based batteries [J]. Energy & Environmental Science, 2017, 10 (6): 1350-1357.

[74] Li X, Yan P, Xiao X, et al. Design of porous Si/C-graphite electrodes with long cycle stability and controlled swelling[J]. Energy & Environmental Science, 2017, 10 (6): 1427-1434.

[75] Zhao J, Zhou G, Yan K, et al. Air-stable and freestanding lithium alloy/graphene foil as an alternative to lithium metal anodes[J]. Nature Nanotechnology, 2017, 12: 993-999.

[76] 牛津，张苏，牛越，等. 硅基锂离子电池负极材料 [J]. 化学进展，2015, 27 (9): 1275-1290.

[77] Zheng J, Engelhard M H, Mei D, et al. Electrolyte additive enabled fast charging and stable cycling lithium metal batteries[J]. Nature Energy, 2017, 2: 17012.

[78] Xiao N, Mcculloch W D, Wu Y. Reversible dendrite-free potassium plating and stripping electrochemistry for

potassium secondary batteries[J]. Journal of the American Chemical Society, 2017, 139 (28): 9475-9478.

[79] Shim J, Kim H J, Kim B G, et al. 2D boron nitride nanoflakes as a multifunctional additive in gel polymer electrolytes for safe, long cycle life and high rate lithium metal batteries[J]. Energy & Environmental Science, 2017,10: 1911-1916.

[80] Bhatt M D, O'Dwyer C. Recent progress in theoretical and computational investigations of Li-ion battery materials and electrolytes[J]. Physical Chemistry Chemical Physics, 2015, 17 (7): 4799-4844.

[81] Liu C, Neale Z G, Cao G. Understanding electrochemical potentials of cathode materials in rechargeable batteries[J]. Materials Today, 2016, 19 (2): 109-123.

[82] Cheng X B, Yan C, Chen X, et al. Implantable solid electrolyte interphase in lithium-metal batteries[J]. Chem, 2017, 2 (2): 258-270.

[83] Hu X, Li Z, Chen J. Flexible Li-CO_2 Batteries with liquid-free electrolyte[J]. Angewandte Chemie International Edition, 2017, 56 (21): 5785-5789.

[84] Lu Q, He Y B, Yu Q, et al. Dendrite-free, high-rate, long-life lithium metal batteries with a 3D cross-linked network polymer electrolyte[J]. Advanced Materials, 2017, 29 (13): 1604460.

[85] Tao T, Lu S, Fan Y, et al. Anode improvement in rechargeable lithium-sulfur batteries[J]. Advanced materials, 2017, 29 (48): 1700542.

[86] Chen S, Wu C, Shen L, et al. Challenges and perspectives for NASICON-type electrode materials for advanced sodium-ion batteries[J]. Advanced Materials, 2017, 29 (48): 1700431.

[87] Yang Y, Liu X, Dai Z, et al. In situ electrochemistry of rechargeable battery materials: status report and perspectives[J]. Advanced Materials, 2017, 29 (31): 1606922.

[88] Guo Y, Li H, Zhai T. Reviving lithium-metal anodes for next-generation high-energy batteries[J]. Advanced Materials, 2017, 29 (29): 1700007.

[89] Kaiser M R, Chou S, Liu H K, et al. Structure-property relationships of organic electrolytes and their effects on Li/s battery performance[J]. Advanced Materials, 2017, 29 (48): 1700449.

[90] Kang J, Zhang S, Zhang Z. Three-dimensional binder-free nanoarchitectures for advanced pseudocapacitors[J]. Advanced Materials, 2017, 29 (48): 1700515.

[91] Younesi R, Veith G M, Johansson P, et al. Lithium salts for advanced lithium batteries: Li-metal, Li-O_2, and Li-S[J]. Energy & Environmental Science, 2015, 8 (7): 1905-1922.

[92] Aravindan V, Gnanaraj J, Madhavi S, et al. Lithium-ion conducting electrolyte salts for lithium batteries[J]. Chemistry-A European Journal, 2011, 17 (51): 14326-14346.

[93] Li M, Qiu J, Yu Z, et al. New use of conducting salts in electrolytes of high power Li ion batteries[J]. Chinese Journal of Power Sources, 2015, 39 (1): 191-193.

[94] Li S, Zhao D, Cui X, et al. Progress in novel lithium salt electrolyte for Li-ionic battery[J]. New Chemical Materials, 2016, 44 (9): 56-58.

[95] Xue Z M, Chen C H. Progress in studies of lithium salts for Li-ion battery in nonaqueous electrolytes[J]. Progress in Chemistry, 2005, 17 (3): 399-405.

[96] Liu K, Ding F, Liu J, et al. A cross-linking succinonitrile-based composite polymer electrolyte with uniformly dispersed vinyl-functionalized SiO_2 particles for Li-ion batteries[J]. ACS Applied Materials & Interfaces, 2016, 8 (36): 23668-23675.

[97] Cheng X B, Zhang Q. Dendrite-free lithium metal anodes: stable solid electrolyte interphases for high-efficiency batteries[J]. Journal of Materials Chemistry A, 2015, 3 (14): 7207-7209.

[98] Manthiram A, Yu X, Wang S. Lithium battery chemistries enabled by solid-state electrolytes[J]. Nature Reviews Materials, 2017, 2: 16103.

[99] Monchak M, Hupfer T, Senyshyn A, et al. Lithium diffusion pathway in $Li_{1.3}Al_{0.3}Ti_{1.7}(PO_4)_3$ (LATP) superionic conductor[J]. Inorganic Chemistry, 2016, 55 (6): 2941-2945.

[100] Jie H, Jiayue P, Shigang L, et al. A low cost composite quasi-solid electrolyte of LATP, TEGDME, and LiTFSI for rechargeable lithium batteries[J]. Chinese Physics B, 2017, 26 (6): 068201.

[101] Cheng X B, Zhang R, Zhao C Z, et al. A review of solid electrolyte interphases on lithium metal anode[J]. Advanced Science, 2016, 3 (3): 20.

[102] Tan G, Wu F, Zhan C, et al. Solid-state Li-ion batteries using fast, stable, glassy nanocomposite electrolytes for good safety and long cycle-life[J]. Nano Letters, 2016, 16 (3): 1960-1968.

[103] Tikekar M D, Archer L A, Koch D L. Stabilizing electrodeposition in elastic solid electrolytes containing immobilized anions[J]. Science Advances, 2016, 2 (7): e1600320.

第四章

锂离子电池电解质

第一节　液体电解质 / 134

第二节　聚合物电解质 / 166

第三节　无机固体电解质 / 181

电解质作为电池的重要组成部分，在正、负极之间起着输送离子、形成回路的作用，选择合适的电解质也是获得高能量密度和功率密度，长循环寿命和良好安全性能的锂离子二次电池的关键。同时，由于碳负极材料和电解质的组合不同，电池的初始充放电容量会有相当大的差异。随着锂离子电池的发展，先后出现了液体电解质、聚合物电解质及无机固体电解质等。

第一节
液体电解质

一、液体电解质概述

锂离子电池负极的电位与锂接近，比较活泼，在水溶液体系中不稳定，必须使用非水、非质子性有机溶剂作为锂离子的载体，该类有机溶剂和适当的锂盐组成锂离子电池的电解质溶液，称为液体电解质。在液态锂离子电池中，锂盐和溶剂的性质及配比对电池性能的影响很大。从电解质性能出发，锂离子电池电解质必须满足以下几点基本要求。

① 离子电导率　电解质必须具有良好的离子导电性，而不能具有电子导电性。在一般温度范围内，电导率要达到 $10^{-3} \sim 2 \times 10^{-3}$ S/cm 之间。

② 锂离子迁移数　阳离子是运载电荷的重要工具，高的离子迁移数能减小电池在充、放电过程中电极反应时的浓差极化，使电池具有高的能量密度和功率密度。较理想的锂离子迁移数应该接近于1。

③ 稳定性　电解质一般置于两个电极之间，当电解质与电极直接接触时，需避免副反应发生，因此电解质应具有一定的化学稳定性。另外，电解质必须具有好的热稳定性以适应电池的工作温度，需有 0～5V 稳定的电化学窗口，以满足高电位电极材料充放电电压范围内电解质的电化学稳定性，以及电极反应的单一性。

④ 机械强度　当电池技术从实验室阶段至中试或最终生产时，电解质应具有足够高的机械强度，以满足大规模生产及包装过程对电解质的强度需求。

二、有机液体电解质

1. 有机溶剂

有机液体电解质是由锂盐与有机溶剂两部分组成，由锂盐在有机溶剂中溶解而制得。有机溶剂一般由高介电常数和较低黏度的溶剂混合制成。作为锂离子电池液体电解质，有机溶剂一般应具有[1]：①较高的介电常数（ε），即能够溶解足够浓度的锂盐；②较低的黏度（η），有利于锂离子的迁移；③对电池的所有部分，尤其是在电池工作过程中，对充电的阴极表面和阳极表面是惰性的；④溶剂有较高的沸点（150℃）和较低的熔点（-40℃），从而在较宽的范围内保持液体状态；⑤与电极材料有较好的相容性，电极在其构成的液体电解质中能表现出优良的电化学性能；⑥安全（高闪点）低毒，价格低。

能满足上述要求的有机溶剂主要包括有机酯类和醚类，它们均有链状和环状两种结构。醚类溶剂（环状或非环状）一般具有中等介电常数（2～7）和低黏度（0.3～0.6mPa·s），环状酯均具有较大的极性（$\varepsilon = 40 \sim 90$）和黏度（$\eta = 1.7 \sim 2.0$mPa·s）；而非环状酯均具有弱极性（$\varepsilon = 3 \sim 6$）和低黏度（$\eta = 0.4 \sim 0.7$mPa·s）。

酯类溶剂主要有烷基碳酸酯和羧酸酯类[2]。锂离子电池中常用的溶剂主要为碳酸酯，羧酸酯由于稳定性的原因未得到广泛应用。碳酸酯有环状和链状，环状碳酸酯主要是碳酸乙烯酯（EC）和碳酸丙烯酯（PC）。PC在常温下为无色透明、略带有芳香味的液体，介电常数较高，具有较好的低温性能，较高的化学和电化学稳定性。PC的缺点是具有吸湿性，会对液体电解质中水分的控制产生一定影响，而且研究者发现PC会与新沉积的锂发生反应，导致电池的循环性能较差。最近，通过光谱研究已证实，新形成的锂表面上可发生PC还原，且被认为是单电子还原过程。

EC具有与PC相似的结构，比PC少了一个甲基，是PC的同系物。EC的热安全性高于PC，黏度略低于PC，介电常数远高于PC，甚至高于水，能够使锂盐充分溶解或电离，这对提高液体电解质的电导率非常有利。但是，EC分子结构的高对称性使其熔点远高于其他碳酸酯类溶剂，限制EC作为单一溶剂在锂离子电池中的应用。第一款商业化可充锂电池即使用EC/PC混合物作为电解质溶剂[3]。此外，研究者发现EC在石墨阳极上可形成有效的保护膜，即固体电解质膜（solid electrolyte interface，SEI）。SEI膜可以防止阳极表面的电解质继续分解，解决了PC与阳极锂发生反应的问题，大幅提高了电池的循环性能[4]。在PC和EC的甲基或亚甲基的位置上引入—Cl、—F等官能团可以得到一系列新型的碳酸酯溶剂。卤素原子的引入使得该类溶剂的熔点降低，闪点提高，有利于改善液体电解质的低温和安全性能[1]。

链状的碳酸酯主要包括碳酸二甲酯（DMC）、碳酸二乙酯（DEC）、碳酸甲乙酯（EMC）等。由于环状碳酸酯普遍具有较高的黏度和熔点，因此常和低黏度、低熔点的链状碳酸酯混合使用，以期获得更好的性能。DMC与EC可以以任何比例均匀混合，所得混合电解质不仅有益于抑制EC的熔融温度，也可提高DMC的黏度（以获得更高的离子电导率）。此外，这种混合电解质有较宽的电化学稳定窗口，在尖晶石阴极表面上保持稳定至5.0V。而不含EC的链状碳酸酯，在约4.0V（vs Li）[5]时，阴极表面容易发生氧化。分析认为，当EC和DMC（或其他链状碳酸酯）混合作为电解质时，具有协同效应，可将每种单溶剂的优点发挥出来，如EC在阴极表面的高稳定性和对锂盐的高溶剂化能力，DMC的低黏度促进离子传输等。这种基于EC与链状碳酸酯混合物的电解质配方为锂离子电解质的发展应用奠定了基础。研究人员还探讨其他链状碳酸酯，如碳酸二乙酯（DEC）、碳酸甲乙酯（EMC）和碳酸丙烯甲酯（PMC），它们与DMC在电化学特性方面没有显著差异。

醚类溶剂也包括环状和链状两类。醚类溶剂介电常数低，黏度较小。由于其氧化电位较低，故不常用于锂离子电池液体电解质，一般作为碳酸酯的共溶剂或添加剂使用，以提高液体电解质的电导率。环状醚主要包括四氢呋喃（THF）、2-甲基四氢呋喃（2-Me THF）、1,3-二氧环戊烷（DOL）等。DOL同DME一样，可与PC组成混合溶剂，曾用于一次锂电池，但它易开环聚合，电化学稳定性较差。THF具有较低的黏度，对阳离子的配位能力很强，具有较高的反应活性。2-Me THF闪点和沸点低，易被氧化生成过氧化物，且具有吸湿性，有比EC或PC更强的溶剂化能力，常用于共溶剂以提高液体电解质的低温性能。

链状醚主要包括二甲氧基甲烷（DMM）、1,2-二甲氧基乙烷（DME）等。DME具有较强的阳离子螯合能力和低黏度（0.46mPa·s），能显著提高液体电解质的电导率。例如，LiPF$_6$能与DME形成稳定的LiPF$_6$·2DME复合物，增大锂盐的溶解度，从而提高液体电解质的电导率。但DME易被氧化和还原分解，稳定性较差。

要满足电解质的性能要求，一种溶剂往往难以达到，例如一般沸点越高的溶剂，黏度就较大。因此，电解质溶液的实际应用中一般采用混合溶剂。以常用的烷基碳酸酯为例，环状酯极性高、相对介电常数大，但由于其分子间作用力强，所以黏度高，如碳酸丙烯酯和碳酸乙烯酯。而直链酯则由于烷基可以自由旋转、极性小及黏度低，从而相对介电常数小，如碳酸二甲酯和碳酸二乙酯，所以一般将它们混合使用，在一定程度上可以取长补短。用于锂离子电池的有机溶剂种类繁多。锂离子电池常见溶剂的名称、缩写、结构及相关物理化学性质见表4-1[6, 7]。

表4-1 锂离子电池常用溶剂的名称、缩写、结构及相关物理化学性质[6, 7]

名称（缩写）	结构	摩尔质量/(g/mol)	熔点T_m/℃	沸点T_b/℃	黏度η（25℃）/mPa·s	介电常数ε（25℃）	密度d（25℃）/(g/cm³)	偶极矩/D
碳酸乙烯酯（EC）		88	36.4	248	1.90（40℃）	89.78	1.321	4.61
碳酸丙烯酯（PC）		102	-48.8	242	2.53	64.92	1.200	4.81
碳酸丁烯酯（BC）		116	-53	240	3.2	53		
γ-丁内酯（γ-BL）		86	-43.5	204	1.73	39	1.199	4.23
γ-戊内酯（γ-VL）		100	-31	208	2.0	34	1.057	4.29
N-甲基噁唑-N-氧化物（NMO）		101	15	270	2.5	78	1.17	4.52
碳酸二甲酯（DMC）		90	4.6	91	0.59（20℃）	3.107	1.063	0.76
碳酸二乙酯（DEC）		118	-74.3	126	0.75	2.805	0.969	0.96
碳酸甲乙酯（EMC）		104	-53	110	0.65	2.958	1.006	0.89
乙酸乙酯（EA）		88	-84	77	0.45	6.02	0.902	
丁酸甲酯（MB）		102	-84	102	0.6		0.898	
丁酸乙酯（EB）		116	-93	120	0.71		0.878	
二甲氧基甲烷（DMM）		76	-105	41	0.33	2.7	0.86	2.41
1,2-二甲氧基乙烷（DME）		90	-58	84	0.46	7.2	0.86	1.15
1,2-二乙氧基乙烷（DEE）		118	-74	121			0.84	

名称（缩写）	结构	摩尔质量/(g/mol)	熔点T_m/℃	沸点T_b/℃	黏度η（25℃）/mPa·s	介电常数ε（25℃）	密度d（25℃）/(g/cm³)	偶极矩/D
四氢呋喃（THF）		72	-109	66	0.46	7.4	0.88	1.7
2-甲基四氢呋喃（2-Me THF）		86	-137	80	0.47	6.2	0.85	1.6
二氧戊环（DOL）		74	-95	78	0.59	7.1	1.06	1.25
4-甲基二氧戊环（4-Me DOL）		88	-125	85	0.6	6.8	0.983	1.43
2-甲基二氧戊环（2-Me DOL）		88			0.54	4.39		

注：$1D=3.33564×10^{-30}C·m$。

2. 锂盐

电解质锂盐是提供锂离子的载体，作为一种性能优良的电解质锂盐，至少应具备以下条件：①锂盐在溶剂中有足够的溶解度，易于解离，以保证液体电解质有较高的离子电导率；②具有良好的热稳定性和化学稳定性，尤其是阴离子以应对阴极氧化分解稳定；③与电极有良好的兼容性；④生产成本低，低毒安全等。考虑到液体电解质的要求，锂离子电池的导电锂盐一般采用半径适中、配位能力较弱以及耐氧化较强的阴离子。从电解质锂盐在有机溶剂中解离和离子迁移的角度来看，一般应采用阴离子半径大的锂盐。

电解质锂盐可以分为两大类：无机阴离子电解质锂盐和有机阴离子电解质锂盐。目前研究较多的无机阴离子电解质锂盐包括六氟磷酸锂（$LiPF_6$）、四氟硼酸锂（$LiBF_4$）、高氯酸锂（$LiClO_4$）和六氟砷酸锂（$LiAsF_6$）等。

$LiPF_6$是目前商业化锂离子电池中广泛使用的导电锂盐，因为以$LiPF_6$为导电锂盐的碳酸酯液体电解质具有较高的电导率，对铝集流体具有良好的钝化性能，且对4V正极材料具有良好的抗氧化性[8, 9]。$LiPF_6$作为导电锂盐的液体电解质，与石墨类负极表现出较好的相容性，即在电池循环的起始几周内，$LiPF_6$液体电解质能在石墨化碳负极表面形成化学和电化学性能较稳定导通锂离子而对电子绝缘的固体电解质界面（solid electrolyte interphases，SEI）膜，阻止石墨化碳与有机液体电解质组分的进一步反应，从而使锂离子电池在常温运行时具有较长的寿命和较可靠的安全性[8, 10]。

$LiPF_6$碳酸酯液体电解质体系的缺点是化学稳定性差。众多研究结果证实，在高温或质子性杂质存在时，LiPF$_6$碳酸酯液体电解质会发生复杂的自催化分解，并产生 HF。液体电解质中的 HF[11, 12]不仅会导致正极材料金属离子的溶出，而且会造成石墨化碳负极表面的 SEI 膜的化学性腐蚀，从而造成电池的容量快速衰减（特别是在高温条件下），并带来安全隐患。这已成为发展长寿命大型动力与储能电池的技术瓶颈之一。

LiClO$_4$ 在碳酸酯液体电解质中具有较高的溶解度、电导率（在 EC/DMC 溶液中约为 9.0mS/cm，20℃）和阳极稳定性，以及较好的耐水解性能，可在金属锂和石墨等负极表面形成稳定的 SEI 膜，受到研究者的青睐。但因其氧化性强，导致电池存在较高的安全隐患而无法得到广泛使用。

LiAsF$_6$ 在 EC/DMC（1∶1，体积比）液体电解质中具有比 LiPF$_6$ 略高的电导率［11.1mS/cm（1.0mol/L LiAsF$_6$）及 10.7mS/cm（1.0mol/L LiPF$_6$）］，以及较高的耐氧化性能。AsF$_6^-$ 阴离子大约在 1.15 V（vs Li/Li$^+$）还原，得到电子生成 AsF$_3$；而且，AsF$_3$ 能改善负极 SEI 膜的稳定性，提高锂离子电池的循环寿命。但是，与 LiPF$_6$ 相似，LiAsF$_6$ 在 H$_2$O 等质子性物质存在时，也易分解产生有害物质 HF[13]，而且砷元素有毒性，故影响其在锂离子电池中的应用。

LiBF$_4$ 具有良好的耐水解性能，但是由于 BF$_4^-$ 阴离子体积小、负电荷分散度低，导致 BF$_4^-$ 与 Li$^+$ 之间存在较强的相互作用而形成聚集体，从而降低体系内的有效导电离子数目。因此，LiBF$_4$ 液体电解质表现出较低的电导率；而且，BF$_4^-$ 阴离子无法在石墨等负极材料表面形成稳定的 SEI 膜，限制其在锂离子电池中的应用。

有机阴离子电解质锂盐的研究主要是提高锂盐的稳定性，同时增大阴离子半径，将阴离子的电荷进行离域化，从而降低晶格能，减小离子间的相互作用力，提高溶解性和液体电解质的电导率。在新型锂盐的研究中，含氟的有机锂盐和有机硼酸酯锂盐等得到重点关注，如二（三氟甲基磺酰）亚胺锂［LiN（SO$_2$CF$_3$）$_2$］、二（多氟烷氧基磺酰）亚胺锂［LiN（R$_f$OSO$_2$）$_2$］及双草酸硼酸酯锂（LiBOB）等，这些锂盐已作为添加剂得到广泛应用。LiCF$_3$SO$_3$ 和 LiTFSI 在碳酸酯体系中，具有与 LiPF$_6$ 相当的电导率［如 9.0mS/cm（1.0mol/L LiTFSI）vs 10.7mS/cm（1.0mol/L LiPF$_6$）］，较好的耐氧化性能及较高的热稳定性，但对无法取代的正极集流体铝箔存在腐蚀[14]；而且其价格较贵，限制其作为单一导电锂盐在锂离子电池中的应用。

络合硼酸锂化合物具有较好的环境友好性，因而在电解质锂盐的研究中受到一定的关注。这类锂盐多以硼为中心原子，与含氧的配体相结合，形成一个大 π 共轭体系，分散中心离子的负电荷，使阴离子更加稳定的同时又减小了阴、阳离子的相互引力。根据硼原子上的取代基不同，可以将硼酸锂分为两类：芳基硼酸锂和烷基硼酸锂。在芳基硼酸锂中，阴离子多含有数目不等的芳香基团，如双（邻苯二酚）硼酸锂（LBBB）、双（2,3-萘二酚）硼酸锂（LBNB）、双（2,2′-联苯二氧基）硼酸锂（LBBPB）、二（水杨酸）硼酸锂（LBSB）等。在各类新型有机硼酸锂盐中，双草酸硼酸锂（LiBOB）是最有可能代替目前 LiPF₆ 的锂盐之一。LiBOB 的阴离子以硼原子为中心，呈独特的四面体结构。从 LiBOB 的结构可看出，LiBOB 中不含有—F、—SO₃、—CH，一般认为这几种基团导致锂盐的热稳定性差、腐蚀铝箔集流体和低电导率。由于硼原子同具有强吸电子能力的草酸根中的氧原子相连，因此电荷分布比较分散，使阴阳离子间的相互作用较弱，为该盐在有机溶剂中具有高的溶解度、电导率和热稳定性提供了保证。但是，其中的 LiBOB 表现出较强的吸湿性，在负极参与形成的 SEI 膜的阻抗较大[15]，而且在 4V 含 Co 的正极材料表面不具备足够的耐氧化性等[16]。以上的不足限制 LiBOB 作为单一导电锂盐在 LiCoO₂ 等电池中的应用。目前，研究者们主要通过优化液体电解质组成和选择可匹配的电极材料[17]，使 LiBOB 在锂离子电池中得以应用。

常见的用于锂离子电池电解质锂盐的名称、结构及其相关的物理化学性质见表 4-2[18-20]。

表4-2 常见的用于锂离子电池电解质锂盐的名称、结构及其相关的物理化学性质[18-20]

锂盐	结构	摩尔质量/(g/mol)	熔点/℃	分解温度/℃	铝箔腐蚀	电导率（1.0mol/L, 25℃）/(mS/cm)	
						在PC溶液体系中	在EC/DMC溶液体系中
LiBF₄		93.9	293（分解）	>100	无	3.4	4.9
LiPF₆		151.9	200（分解）	约80（EC/DMC）	无	5.8	10.7
LiAsF₆		195.9	340	>100	无	5.7	11.1
LiClO₄		106.4	236	>100	无	5.6	8.4
Li⁺CF₃SO₃⁻		155.9	>300	>100	有	1.7	
Li⁺[N（SO₂CF₃）₂]⁻		286.9	234	>100	有	5.1	9.0

3. 有机液体电解质的性质

（1）离子电导率　离子电导率（σ）反映的是液体电解质传输离子的能力，是衡量液体电解质性能的重要指标之一。一般而言，溶有锂盐的非质子有机溶剂电导率最高可达 2×10^{-2} S/cm，但是较水溶液电解质而言，仍然很低。离子电导率应满足式（4-1）：

$$\sigma = \Sigma n_i u_i z_i e \tag{4-1}$$

式中，n_i 为参与输运的离子的浓度；u_i 为参与输运的离子的迁移率；z_i 为第 i 种离子的电荷量。上式中的变量主要由盐的溶解与离子的溶剂化、溶剂化离子的迁移两个过程决定。盐的溶解和离子的溶剂化主要由锂盐的晶格能、离子和溶剂分子的性质决定。例如，锂离子电池选用的锂盐一般具有较大的阴离子，其晶格能较小，有助于锂盐溶解形成数目更多的自由离子。而锂离子半径较小，常在溶液中强烈溶剂化，结合 2～6 个溶剂分子，形成半径较大的溶剂化层。溶剂化层内的锂离子同溶剂分子之间存在较强的作用，因此这些溶剂分子也将随着锂离子进行迁移，使得迁移阻力增加，移动速率降低，影响液体电解质电导率。

溶剂的介电常数和黏度是影响溶液电导率的两个重要因素。根据 Bjerrum 理论，阴、阳离子依靠静电力形成离子对的临界距离 q 为：

$$q = \frac{|z_i z_j|e^2}{8\pi\varepsilon_0 \varepsilon kT} \tag{4-2}$$

式中，ε_0 和 ε 为真空和溶液的介电常数；k 和 T 为 Bolzmann 常数和温度。只有当阴、阳离子间的距离小于 q 值时，才能形成离子缔合物。显然，高介电常数溶剂形成的离子对临界距离较小，不易于产生离子对。因此，高介电常数溶剂的使用不仅能够增加锂盐的溶解度，还可以降低阳离子间的缔合，增加溶液中自由离子的数目。高介电常数和低黏度在同一种溶剂中难以同时得到满足，通常混合两种或多种溶剂来满足锂离子电池高电导率的要求。

实验中测量的离子电导率由式（4-3）所得：

$$\sigma = \frac{d}{R_b S} \tag{4-3}$$

式中，d 为电导池两电极间距离；R_b 为电解质电阻；S 为电极面积。电解质电阻可采用交流阻抗方法进行测量，通过等效电路对数据进行拟合，以获得等效电路中元件的数值，得到电阻值，通过计算得到电导率。液态电解质的离子电导率一般符合 Arrhenius 方程：

$$\sigma = A\exp\left(-\frac{E_a}{RT}\right) \tag{4-4}$$

式中，E_a 为离子导电活化能；T 为热力学温度；A 为指前因子，也称频率因子；R 为气体常数。将实验得到的电导率的自然对数与温度的倒数作图，得到

lnσ-1/T 关系曲线，拟合得到的直线斜率为 $-E_a/R$，截距为 ln$A$，进而可以得到体系的活化能 E_a 和频率因子 A。

液体电解质在温度较低时，黏度增大，满足 Vogel-Tamman-Fulcher（VTF）方程，此类行为在聚合物电解质中也较为常见，可以通过自由体积模型解释：

$$\sigma = AT^{1/2}\exp\frac{-B}{T-T_0} \tag{4-5}$$

式中，A 为指前因子；B 为活化能 E_a 的数值。通过对电导率与温度关系的非线性拟合，可以得到电解质体系活化能的数值、A 和 T_0。

（2）离子迁移数 离子迁移数是一种离子迁移能力的反映。每一种离子所传输的电荷量占通过溶液的总电荷量的分数，称为该种离子的迁移数，用符号 t（transference number 的第一个字母）表示。电解质溶液的离子电导率是电解质中各种离子贡献的总和。对于锂离子电池和可充放金属锂电池而言，充放电过程中需要传输的是 Li$^+$，Li$^+$ 的迁移数越高，参与储能反应的离子越多。Li$^+$ 迁移数较低将导致离子传导电阻较高，同时阴离子容易富集于正负极表面，导致电极极化增大，并增大阴离子分解的概率，不利于获得好的循环性能和倍率性能。

常见锂盐的锂离子在液体电解质中的迁移数远小于 1，甚至小于 0.5。如在 LiClO$_4$、LiBF$_4$、LiPF$_6$、LiAsF$_6$ 等盐的 PC 溶液中，锂离子的迁移数分别为 0.308、0.292、0.320、0.324。这是由于锂离子在溶液中强烈溶剂化，导致离子迁移数较小，而形成溶剂化层的半径基本相当，因此离子迁移数变化不大。为了提高锂离子的迁移数，可以采取合成或修饰阴离子、加入添加剂等方法对液体电解质进行优化。

Li$^+$ 迁移数可以通过直流极化和交流阻抗相结合测得。采用此法测量 Li$^+$ 迁移数时应考虑三个假设：第一，直流极化后，所有的电流值只由 Li$^+$ 的运输造成；第二，测量结果忽略 SEI 膜对电阻的贡献；第三，在直流极化过程中液体电解质保持稳定，不发生分解。记录初始电流值（I_0），经过一定时间电流趋于稳态，记录此时电流值（I_s），可将 Li$^+$ 的迁移数 t_{Li^+} 表示为 [21]：

$$t_{Li^+} = \frac{I_s}{I_0} \tag{4-6}$$

考虑到极化前后电解质电阻变化对 Li$^+$ 迁移数的影响，采用 Bruce 和 Vincent 的修正公式进行计算 [22]：

$$t_{Li^+} = \frac{I_s(\Delta V - I_0 R_0)}{I_0(\Delta V - I_s R_s)} \tag{4-7}$$

式中，ΔV 为极化电压；R_0、R_s 为电极极化前、后的电阻，数值由电池极化前后的 Nyquist 曲线得出。电极电阻是电池传输电阻（R_{ct}）和电极钝化层电阻（R_{SEI}）之和，可由等效电路得出，通过式（4-7）计算可以得出 Li^+ 的迁移数 t_{Li^+}。

其他测量方法如下：组成两电极的 Li/ 电解质 /Li 电池体系，交流阻抗法测得总电阻 R_{total}，再用此电池进行直流极化测试。设置直流电压为 $10 \sim 100mV$，经过一段时间平衡后，在阻塞其他离子迁移的情况下，测定 Li^+ 迁移的电流。由公式 $R_{DC} = V/I_{DC}$，得到 Li^+ 的迁移数 $t_{Li^+} = R_{total}/R_{DC}$。

（3）电化学窗口　电化学窗口是指电解质能够稳定存在的电压范围，是选择锂离子电池电解质的重要参数之一。在充放电过程中，要求电解质在正负极材料发生氧化还原反应的电位之间保持稳定。因此，E_c（还原电位）应低于金属锂电氧化电位，E_a（氧化电位）必须高于正极材料的锂嵌入电位，即必须在宽的电位范围内不发生还原反应（负极）和氧化反应（正极）。电化学稳定窗口由循环伏安方法测定，在较宽的电位扫描范围内，无明显电流，说明电解质的电化学稳定性较好。一般来说，醚的氧化电位比碳酸酯低，因此 DME 因氧化电位比较低，多用于一次电池。常见 4V 锂离子电池在充电时需补偿过电位，因此液体电解质的电化学窗口需达到 5V 左右。电化学窗口与有机溶剂和锂盐（主要是阴离子）有关。部分溶剂发生氧化反应电位高低顺序：DME（5.1V）< THF（5.2V）< EC（6.2V）< AN（6.3V）< MA（6.4V）< PC（6.6V）< DMC（6.7V）、DEC（6.7V）、EMC（6.7V）（见表4-3）[1]。对于有机阴离子而言，氧化稳定性与取代基有关。吸电子基，如—F 和—CF_3 等的引入有利于电荷的分散，提高稳定性。以玻璃碳为工作电极，则阴离子的氧化稳定性大小顺序为：$BPh_4^- < ClO_4^- < CF_3SO_3^- < [N(SO_2CF_3)_2]^- < C(SO_2CF_3)_3^- < SO_3C_4F_9^- < BF_4^- < AsF_6^- < SbF_6^-$（见表4-3）。

表4-3　惰性电极下不同阴离子的阳极氧化电位[1]

锂盐阴离子	溶剂	浓度/（mol/L）	工作电极	氧化电位/V [$i/$（mA/cm²）]
ClO_4^-	PC	0.65	GC	6.1（1.0）
	PC		Pt	4.6
BF_4^-	PC	0.65	GC	6.6（1.0）
	EC/DMC	1.0	AC	4.78
PF_6^-	THF	0.001	GC	4.4（0.1）
	SL	0.001	GC	4.8（0.1）
	PC	0.65	GC	6.8（0.1）
			GC	4.94（1.0）
			Pt	5.00（1.0）
	EC/DMC	1.0	AC	4.55

锂盐阴离子	溶剂	浓度/(mol/L)	工作电极	氧化电位/V [$i/(\mathrm{mA/cm^2})$]
AsF_6^-	PC	0.65	GC	6.8（1.0）
			GC	5.05（1.0）
			Pt	5.10（1.0）
	EC/DMC	1.0	AC	4.96
	THF	1.0	GC	4.25（0.1）
	THF	0.009	GC	
	SL	0.8	GC	4.69（0.1）
SbF_6^-	THF	1.0	GC	4.10（0.1）
	PC	0.65	GC	7.1（1.0）
Tf	PC	0.65	GC	6.0（1.0）
	PC	0.10	Pt	5.0（0.5）
	EC/DMC	1.0	AC	4.29
$BETI^-$	PC	0.65	GC	6.3（1.0）
	PC	0.1	GC	6.2（0.5）
Im^-	PC	0.65	GC	6.3（1.0）
	PC	0.1	Pt	5.3（0.5）
			GC	5.06（1.0）
			Pt	5.13（1.0）
	EC/DMC	1.0	AC	4.33

理想的锂离子电池所用溶剂应具有高的氧化电位和低的还原电位。表4-4[1]为惰性电极下液体电解质溶剂的电化学稳定性[1]。从表4-4中可以看出，碳酸酯或其他酯类物质具有高的阳极稳定性，而醚类的阴极电化学稳定性相对较高。如碳酸酯的氧化电位大于4.8V，而醚类的氧化电位一般小于4.2V且容易发生聚合。因此，在较低的电压下，醚类就可能发生分解，引起电池能量的降低，对电池安全不利。另外，含有强极性官能团的溶剂（如乙腈、环丁砜、二甲亚砜等）具有非常高的稳定性，如环丁砜的电化学窗口大约为6.1V。所有用于锂离子电池液体电解质溶剂组分的还原电位均高于金属锂的电极电位，电池充放电过程中会在负极表面还原。例如，Zhang[23]等曾利用循环伏安法以0.1mol/L LiClO₄/THF溶液作为电解质，详细研究EC、PC、DEC、DMC和VC在Au等惰性电极表面的还原过程。经研究发现，EC、VC和PC的还原电位分别是1.6V、1.4V、1~1.6V。而还原电位的不同决定了电极表面钝化膜的组成，这对液体电解质与电极的相容性具有重要影响。

表4-4　惰性电极下液体电解质溶剂的电化学稳定性

溶剂	锂盐，浓度/(mol/L)	工作电极	氧化电位/V	还原电位/V
PC	Et_4NBF_4，0.65	GC	6.6	
		Pt	5.0	约1.0
	Bu_4NPF_6	Ni		0.5
	$LiClO_4$，0.1	Au、Pt		1.0～1.2
	$LiClO_4$，0.5	多孔Pt电极	4.0	
	$LiClO_4$	Pt	4.7	
	$LiClO_4$	Au	5.5	
	$LiAsF_6$	Pt	4.8	
EC	Et_4NBF_4，0.65	GC	6.2	
	Bu_4NPF_6	Ni		0.9
	$LiClO_4$，0.1	Au、Pt		1.36
DMC	Et_4NBF_4，0.65	GC	6.7	
	$LiClO_4$，0.1	Au、Pt		1.32
	$LiPF_6$，1.0	GC	6.3	
	LiF	GC	5.0	
DEC	Et_4NBF_4，0.65	GC	6.7	
	$LiClO_4$，0.1	Au、Pt		1.32
EMC	Et_4NBF_4，0.65	GC	6.7	
	$LiPF_6$，1.0	GC	6.7	
γ-BL	$LiAsF_6$，0.5	Au、Ag		1.25
THF	Et_4NBF_4，0.65	GC	5.2	
	$LiClO_4$	Pt	4.2	
	$LiAsF_6$，1.0	GC	4.25（0.1）	
		Pt	4.0	<-2.0
2-Me-THF	$LiAsF_6$，1.0	GC	4.2	
	$LiAsF_6$	Pt	4.2	
	$LiClO_4$	Pt	4.1	
	$LiAsF_6$，1.0	GC	4.15（0.1）	
	$LiAsF_6$，1.0	GC	4.2	
	$LiAsF_6$	Pt	4.1	
DME	Et_4NBF_4，0.65	GC	5.1	
	$LiClO_4$	Pt	4.5	
	$LiAsF_6$	Pt	4.5	

利用循环伏安法测量电化学窗口时，需要注意的问题是合理估计电化学窗口。过高估计电化学窗口的原因是：①循环伏安法采用惰性电极；②扫速较快；③仪器电流测量精度较低；④研究者制图时将电流轴设定较大的范围，导致一些弱电流信号在发表的图中看不出来；⑤采用过电位较高的两电极电化学池测量 CV 曲线；⑥测量温度范围不够宽。因此，在实验中会出现测量的电解质电化学窗口很宽的现象；而在实际电池中，存在 CV 曲线在测量电位范围内并不稳定的现象。而过低估计电解质电化学窗口是由于电解质在第一次扫描时出现显著的氧化还原峰，但在后续扫描中，氧化还原峰电流大幅度下降，意味着正负极表面已经在第一次反应之后形成 SEI 膜钝化，提高后续反应的稳定性。对于这种通过表面钝化拓宽电化学窗口的情况，目前还不能准确进行预测。因此，主要应以实验为主来判断电解质体系的电化学窗口。一般溶剂和锂盐的电化学窗口，可以通过第一性原理计算出材料的最高占据轨道（HOMO）和最低未占据轨道（LUMO）的相对差值来进行大致判断。理论预测可以在开发新电解质体系时提供一定的参考。

（4）黏度　黏度是液体电解质的一个重要参数，其数值直接影响离子在电解质体系中的扩散性能。通常使用的有机液体电解质的溶剂分子是靠分子间较弱的范德瓦耳斯力相互作用，黏度相对较低。离子液体中阴阳离子通过较强的静电库仑力相互作用，导致离子液体室温黏度较大。如 PP13-TFSI 型离子液体室温黏度达到 117mPa·s，而 DMC 的黏度仅为 0.59mPa·s。

同电化学稳定性一样，液体电解质的黏度由锂盐和溶剂共同决定。由于高介电常数的溶剂常具有较高的黏度，不利于液体电解质黏度的降低，因此混合溶剂是液体电解质的首选。溶剂的黏度主要对离子的迁移速率产生影响。

Stokes-Einstein 方程给出离子迁移率与液体黏度的关系式：

$$\mu_i = \frac{1}{6\pi\eta r_i} \tag{4-8}$$

式中，η 为黏度；μ_i 为溶液中离子的迁移速率；r_i 为溶剂化半径。液体电解质的电导率与离子迁移速率成正比，随着黏度的升高而降低。

在高黏度溶剂（如 PC、EC）中加入低黏度的共溶剂（如 DMC、THF、DME 等）形成的二元溶剂一般对理想溶剂具有负偏差，且偏差随温度增加而减小。负偏差表示混合溶剂的黏度比理想的混合溶剂有所降低，因为混合破坏了原有溶剂间的相互作用或纯溶剂的自缔合。混合后的二元溶剂黏度降低有利于提高液体电解质的电导率。

4. 添加剂

有机液体电解质中添加少量的添加剂，能显著改善电池某些方面的性能，这些添加剂被称为功能添加剂。液体电解质功能添加剂已成为当今锂离子电池研究的一个焦点。目前，功能添加剂的研究主要集中在以下方面：改善电极 SEI 膜性能；提高液体电解质低温性能；提高液体电解质电导率；改善液体电解质热稳定性；改善电池安全性能和改善液体电解质的循环稳定性。

（1）成膜添加剂　人们普遍认为在锂离子电池首次充放电过程中，作为锂离子电池的极性非质子溶剂都要在电极与液体电解质界面上发生反应，形成覆盖在电极表面上的 SEI 钝化薄膜。SEI 膜在锂离子电池中具有特别重要的意义，SEI 膜的化学组成、结构、织构和稳定性等物理化学性质是决定锂离子电池碳负极／液体电解质相容性的关键。优化 SEI 膜性质，以实现液体电解质与电极间良好的相容性和拓宽液体电解质的种类是锂离子电池的重要发展方向之一。关键在于选择和制备优良的成膜添加剂，使电极在首次充电过程中先于溶剂化锂离子插层建立起优良的 SEI 膜，允许锂离子自由进出电极而使溶剂分子无法穿越，从而阻止溶剂分子对电极的破坏，提高电极的嵌脱锂容量和循环寿命。

① 有机成膜添加剂　硫代有机溶剂是重要的有机成膜添加剂，主要有亚硫酰基添加剂和磺酸酯添加剂。ES（亚硫酸乙烯酯）、PS（亚硫酸丙烯酯）、DMS（二甲基亚硫酸酯）、DES（二乙基亚硫酸酯）、DMSO（二甲亚砜）都是常用的亚硫酰基添加剂 [24]。通过研究亚硫酰基添加剂存在下石墨电极界面的 SEI 膜形成机制发现，添加剂活性基团的吸电子能力是决定添加剂在电极表面 SEI 膜形成电位的重要因素，而与 Li^+ 在液体电解质中的溶剂化状况无关。Ota 等 [24] 证实了亚硫酰基添加剂还原分解形成 SEI 膜的主要成分是无机盐 Li_2S、Li_2SO_3 或 Li_2SO_4 和有机盐 $ROSO_2Li$。利用 TPD-GC/MS、XPS 及 SEM 等化学分析得知：SEI 膜的组成与电流密度密切相关，在高电流密度下，首先生成无机 SEI 膜，锂离子开始嵌入，随后生成有机 SEI 膜；在低电流密度下，1.5V 开始形成有机 SEI 膜，之后不再有无机盐的生成。Wrodnigg 等 [25] 比较了不同亚硫酰基化合物的电化学性能，发现其在碳负极界面的成膜能力大小依次为：ES > PS ≫ DMS > DES。链状亚硫酰基溶剂不能用于 PC 碳酸丙烯酯基液体电解质的添加剂，因为它们不能形成有效的 SEI 膜，但可以与 EC 配合使用；高黏度的 EC 具有强的成膜作用，可承担成膜任务，而低黏度的 DES 和 DMS 可以保证液体电解质优良的导电性。磺酸酯是另一种硫代有机成膜添加剂。不同体积的烷基磺酸酯，如 1,3-丙烷磺酸内酯、1,4-丁烷磺酸内酯、甲基磺酸乙酯和甲基磺酸丁酯具有良好的成膜性能和低温导电性能，是近年来被看好的有机液体电解质添加剂。

卤代有机成膜添加剂包括氟代、氯代和溴代有机化合物。这类添加剂借助卤素原子的吸电子效应可提高中心原子的得电子能力，使添加剂在较高的电位条件下被还原并有效钝化电极表面。卤代 EC、三氟乙基亚磷酸酯 [tris（2,2,2-trifluoroethyl）phosphite，TTFP]、氯甲酸甲酯、溴代丁内酯及氟代乙酸基乙烷等都是这类添加剂。在 PC 基液体电解质中加入 10% 的 1,2-三氟乙酸基乙烷[1,2-

bis-（trifluoracetoxy）-ethane，BTE] 后，电极在 1.75V（vs Li/Li$^+$）发生成膜反应[26]，可有效抑制 PC 溶剂分子的还原共插反应，并允许锂可逆嵌入与脱嵌，提高碳负极的循环效率。氯甲酸甲酯、溴代丁内酯添加剂可使碳负极的不可逆容量降低 60% 以上。

在其他有机溶剂中，碳酸亚乙烯酯（vinylene carbonate，VC）是目前研究最深入、效果理想的有机成膜添加剂。Aurbach[27] 在 1mol/L 的 LiAsF$_6$/EC+DMC（1：1）液体电解质中加入 10% 的 VC 后，利用分光镜观察电极表面，证实 VC 在碳负极表面发生自由基聚合反应，生成聚烷基碳酸锂化合物，从而可有效抑制溶剂分子的共插反应，同时对正极无不良反应。Matsuoka 等[28] 研究了 VC 在 1mol/L 的 LiAsF$_6$/EC+EMC（1：2）液体电解质中的作用，证实 VC 可使高定向热解石墨（highly oriented pyrolytic graphite，HOPG）电极表面裂缝的活性点失去反应活性，在 HOPG 电极表面形成极薄的钝化膜（厚度小于 10nm）。该钝化膜是由 VC 的还原产物组成，具有聚合物结构。另据索尼公司的专利报道，在锂离子电池非水液体电解质中加入微量苯甲醚或其卤代衍生物，能够改善电池的循环性能，减少电池的不可逆容量损失。这是因为苯甲醚和液体电解质中 EC、DEC 的还原分解产物 RCO$_3$Li 可以发生类似于酯交换的基团交换反应，生成 CH$_3$OLi 沉积于石墨电极表面，成为 SEI 膜的有效成分，使得 SEI 膜更加稳定，降低循环过程中用于修补 SEI 膜的不可逆容量[29]。

② 无机成膜添加剂　优良的无机成膜添加剂的种类和数目较少。CO$_2$ 首次被用于锂离子电池添加剂，用于改善碳负极与液体电解质的相容性。由于 CO$_2$ 在液体电解质中溶解度小，使用效果并不十分理想。相比之下，SO$_2$ 的成膜效果和对电极性能的改善十分明显，但与处于高电位条件下的电池正极材料相容性差，难以用于实际生产。最近，无机固体成膜添加剂的研究有了一些进展，Shin 等[30] 在 1 mol/L LiPF$_6$/EC+DMC 体系中添加饱和 Li$_2$CO$_3$ 后，电极表面产生的气体总量明显减少，电极可逆容量明显提高。Choi 等[31] 利用 SEM、EDX 和 FT-IR 研究电极表面结构与组成的变化，认为 SEI 膜的形成是 Li$_2$CO$_3$ 在电极表面沉积和溶剂还原分解共同作用的结果。加入 Li$_2$CO$_3$ 有助于在电极表面形成具有优良 Li$^+$ 传导性的 SEI 膜，同时在一定程度上抑制 EC 和 DEC 的分解反应。在 LiClO$_4$ 作为电解质锂盐的液体电解质中加入少量 NaClO$_4$，也可以降低电极不可逆容量，改善循环性能。因为 Na$^+$ 的加入改变了液体电解质内部 Li$^+$ 的溶剂化状况和电极界面成膜反应的形式，SEI 膜的结构得到优化。

表 4-5 列出一些代表性成膜添加剂的名称、作用体系、最佳用量和改进效果。可见，虽然有效的成膜添加剂种类很多，但不同添加剂的作用体系、最佳用量和改进效果的差别十分明显。而对于负极友好的添加剂，对正极材料的电化学性能的影响还不是很明确。

表4-5 代表性成膜添加剂的名称、作用体系、最佳用量和改进效果

名称	状态	种类	作用体系	最佳用量	改进效果
ES	液体	有机	PC	3%~5%	首次充放电效率达92.9%
PS	液体	有机	PC	约5%	首次充放电效率接近90%
VC	液体	有机	EC+DMC	约2%	电极容量和寿命均明显提高
苯甲醚	液体	有机	EC+DMC	约1.6%	首次充放电效率达90%左右
N,N-二甲基三氟乙酰胺（DMTFA）	液体	有机	PC	约5%	有效抑制PC分子的嵌入
1,2-三氟乙酰基乙烷（BTE）	液体	有机	PC	约10%	循环效率达99.1%（5次），10次后可达100.0%
碳酸氯乙烯酯（Cl-EC）	液体	有机	EC+PC	约5%	显示出长的循环寿命，充放电效率可达90%
12-冠-4醚（12-Cr-4）	液体	有机	PC+EC	约0.35mol/L	改善SEI膜的结构和电极循环性能
SO_2	气体	无机	PC、DMC、EC	约20%	大幅度提高电极可逆容量
CO_2	气体	无机	PC	饱和	明显改善电极循环性能
Li_2CO_3	固体	无机	EC+DEC	饱和	减少气体生成和电极首次不可逆容量

（2）离子导电添加剂　液体电解质的高电导率是减小 Li^+ 的迁移阻力，提高电池倍率充放电性能的重要保证。提高液体电解质的电导率，特别是低温条件下的电导率对拓宽锂离子电池的应用范围，实现其在偏远和高寒地区的应用具有特别重要的意义。选择合适的导电添加剂是实现这一目标的重要途径。导电添加剂的作用是添加剂分子与电解质离子发生配位反应，促进锂盐的溶解和电离，减小溶剂化锂离子的 Stokes 半径。这些配体添加剂按其在液体电解质中与液体电解质离子的作用情况可分为阳离子配体、阴离子配体和中性配体。

① 阳离子配体　阳离子配体主要用于 Li^+ 的优先溶剂化，减小 Li^+ 的 Stokes 半径，如胺类、冠醚类和穴状配体等。这些物质一般具有较大的施主数（donor number，DN），能够和锂离子发生较强的配位和螯合作用，液体电解质的电导率可在大范围内显著增长，例如 NH_3 和一些低分子胺类可以显著提高液体电解质的电导率，但由于强烈的配合作用，这类添加剂在电极充电过程中往往伴随严重的配体共插，对电极破坏性很大。乙酰胺及其衍生物 [32] 和含氮芳香杂环化合物，如对二氮（杂）苯与间二氮（杂）苯及其衍生物等具有相对较大的分子量，可避免配体的共插；在有机液体电解质中添加适量的这类物质，能够明显改善电池性能。冠醚类、穴状配体可以有效配合阳离子，增加解离度和减小 Li^+ 与溶剂分子间的相互作用。例如，12-冠-4醚 [32] 加入液体电解质体系后，形成配位数为4

的环状配位化学物，配位数满足 Li$^+$ 在液态体系中的配位个数，实现锂盐电解质阴阳离子对的有效分离，能显著改善碳负极在 PC、甲酸乙酯和 THF 等溶剂基液体电解质中的电化学性能。

② 阴离子配体　阴离子配体主要是一些阴离子受体化合物，如硼基化合物，它们能够与锂盐阴离子（如 F$^-$、PF$_6^-$ 等）形成配合物，减小 Li$^+$ 与阴离子间的相互作用，增加 Li$^+$ 迁移数，减小阴离子迁移数和降低阴离子电化学活性。Lee 等[33] 曾报道合成了（C$_6$H$_3$F）O$_2$B（C$_6$H$_3$F$_2$）、（C$_6$F$_4$）O$_2$B（C$_6$F$_5$）等一系列氟代烷基硼化物，这类化合物可使 CF$_3$CO$_2$Li 和 C$_2$F$_5$CO$_2$Li 在 DME 溶液中的电导率显著提高。和阳离子配体相比，阴离子配体更加有效，既可提高液体电解质的电导率，又可增加 Li$^+$ 迁移数。但由于缺乏合适的阴离子配体，研究基础比较薄弱，因此发展方向为合成新的阴离子受体化合物。

③ 中性配体　中性配体化合物主要是一些富电子基团键和缺电子原子 N 或 B 形成的化合物，如氮杂醚类和烷基硼类。在液体电解质中使用这类添加剂可以通过对电解质离子的配合作用同时提高液体电解质中阴、阳离子的导电性，对液体电解质电导率的提高具有显著效果。如 [(CF$_3$)$_2$CHO]$_3$B 和（C$_6$F$_5$O）$_3$B 不仅可将 LiF 在 EC+DMC（1：2）溶剂体系中的电导率从 0 分别提高到 1.35×10^{-3}S/cm 和 3.58×10^{-3}S/cm；也可将 LiCl 和 CF$_3$CO$_2$Li 在 EC+DMC（1：2）溶剂体系中的电导率大幅提高，如图 4-1[34] 所示。说明中性配体化合物的出现使一些结构简单、价格低廉和对环境友好的锂盐在锂离子电池中的应用变为可能，开辟了修饰液体电解质的新途径。

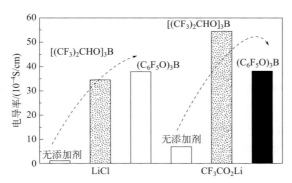

图 4-1　LiCl 和 CF$_3$CO$_2$Li 在含有不同添加剂 EC+DMC（1：2）溶剂体系中的电导率[34]

（3）阻燃添加剂　安全性问题是锂离子电池市场发展的重要前提，特别是在电动汽车等领域的应用对电池的安全性提出了更高、更新的要求。锂离子二次电池在过度充放电、短路和大电流长时间工作的情况下产生大量热量，这些热量成为易燃液体电解质的安全隐患，可能造成灾难性热击穿（热逸溃）甚至电池爆炸。阻燃添加剂的加入使易燃有机液体电解质变成难燃或不可燃的液体电解质，降低电池放热值和电池自热率；同时，可增加液体电解质自身的热稳定性，避免电池在过热条件下的燃烧或爆炸。因此，阻燃添加剂的研制已经成为近几年来锂离子电池添加剂研究的重要方向。

锂离子电池液体电解质阻燃添加剂的研究源于高分子聚合物的阻燃剂。由于被阻燃物质的存在状态不同，其阻燃机制与高分子材料的阻燃机制有所不同。目前，人们认可的锂离子电池阻燃添加剂的作用机制是自由基捕获机制。低沸点的有机阻燃剂[35, 36]，如三甲基磷酸酯（trimethyl phosphate，TMP）在受热的情况下首先气化：

$$TMP（1）\longrightarrow TMP（g）\tag{4-9}$$

气态 TMP 分子受热分解释放出阻燃自由基（如 P·自由基）：

$$TMP（g）\longrightarrow P·\tag{4-10}$$

生成的阻燃自由基有捕获体系中氢自由基的能力：

$$P·+H·\longrightarrow PH\tag{4-11}$$

通过式（4-9）～式（4-11）的过程，阻止了烃类化合物燃烧或爆炸链式反应的发生。显然，阻燃剂的蒸气压和阻燃自由基的含量是决定阻燃剂阻燃性能的重要指标。被阻燃溶剂的蒸气压和含氢量在很大程度上决定了溶剂的易燃程度。因此，阻燃一定量的有机溶剂所需阻燃剂的最少用量因阻燃剂和被阻燃物质性质的不同而不同。图 4-2[36]为三甲基磷酸酯（TMP）阻燃剂阻燃 EC、PC、γ-BL（γ-丁内酯）、DEC、EMC、DME（二甲醚）溶剂所需的最小用量。可见，被阻燃溶剂的沸点越低、蒸气压越高、含氢量越大，所需阻燃剂的用量也就越大。除 P外，F 也是优良的阻燃元素，所以锂离子电池阻燃添加剂大多是含 P 或 F 的有机化合物，如有机磷化物[36]、有机氟化物[37]以及氟代烷基磷酸酯[38]等。

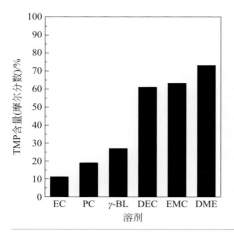

图 4-2

TMP 阻燃剂阻燃不同有机溶剂所需的最小用量[36]

有机磷化物包括烷基磷酸酯类、磷腈类化合物、磷取代基的化合物、磷 - 氮键化合物，如三甲基磷酸酯（trimethyl phosphate，TMP）、三乙基磷酸酯（triethyl phosphate，TEP）、六甲基磷腈（hexamethyl phosphazene，HMPN）等，都是优良的阻燃剂。多数磷基阻燃剂电化学稳定性差，容易在碳负极表面发生类似于PC 的还原分解，且黏度较高，加入后降低液体电解质的电导率，因而限制磷基阻燃剂在锂离子电池中的应用。日本普利司通公司研制了以磷和氮为基本原料的磷氮烯添加剂，在液体电解质中加入 5% 可以使液体电解质产生难燃性或不可燃性的效果，且不影响电池本身的电化学性能，估计近年来将有较大的市场需求。

有机氟代化合物具有较高的闪点，同时氟取代氢原子后降低溶剂分子的含氢量，降低溶剂的可燃性，添加到有机液体电解质中可以提高液体电解质的闪点，有助于改善电池在受热、过充电状态下的安全性能。Yokoyama 等 [37] 在其专利中指出，氟代环状碳酸酯类化合物，如 CH_2F-EC、CHF_2-EC 和 CF_3-EC 都具有较好的化学和物理稳定性，较高的闪点和介电常数，能够很好地溶解电解质锂盐并与其他有机溶剂混溶。

卤代烷基磷酸酯，如氟代烷基磷酸酯既有 P 元素又有 F 元素，烷基上的H 被 F 取代后，其电化学稳定性和热稳定性得到增强。与有机磷化物和有机氟代化合物相比，不仅阻燃效果更加明显，借助氟化基团也有助于电极界面形成稳定的 SEI 膜。三（2,2,2- 三氟乙基）磷酸酯 [tris-（2,2,2-trifluoroethyl）phosphate，TFP]、二（2,2,2- 三氟乙基）- 甲基磷酸酯［bis-（2,2,2-trifluoroethyl）methylphosphate，BMP］都是理想的锂离子电池阻燃添加剂，不仅使 1mol/L $LiPF_6$/EC+EMC（1：1）液体电解质不易燃，同时保证了液体电解质的电导率和优良的电化学性能 [38]。美国 Illinois 技术研究所用甲醇和六氯环三磷酸合成的卤代磷酸酯可以在基本上不影响电池电性能的前提下，使电池自热率降低 70%。

（4）提高液体电解质低温性能的添加剂　随着锂离子电池的快速应用，锂离子电池技术深入到了军用、航空等技术领域，这些领域要求锂离子电池的使用温度在 -40℃以下。目前锂离子电池的工作温度一般为 -20 ～ 60℃，低温条件下对锂离子电池液体电解质的要求也更为苛刻。在更低温度下，如 -40℃条件下，锂离子电池的放电容量低于室温时的 12%，因为低温条件下，电极反应活性下降，特别是负极反应活性下降导致锂金属在负极表面大量沉积。随着循环的不断进行，金属锂不断析出，沉积出的金属锂比表面积大，具有高的反应活性，很容易与液体电解质发生不可逆反应，使电池容量降低 [39]。目前，低温性能的研究已成为锂离子电池研究的重点之一。

左晓希等 [40] 在 1mol/L $LiPF_6$/EC+EMC+PC+DMC 四元有机溶剂液体电解质体系中分别加入 1% 的 3 种砜类有机化合物作为添加剂，在 -20℃下放置 4h，0.2C

放电至 2.7V，使含有砜类添加剂电池的低温性能得到较提升。Wrodnigg 等 [41] 研究发现，DES、DMS 等具有较低的黏度和较高的介电常数，适合作为 EC 有机溶剂体系的液体电解质添加剂。Yu 等 [42] 指出，PS 和 DMS 与 LiPF$_6$ 组成的液体电解质分解电压可高达 4.5V，具有更好的低温性能和安全性能。

氟醚和氟酯类化合物不会增加溶液黏度，稳定性好，抗电化学氧化性强，介电常数高，能充分溶解有机物并且温度应用范围宽，还具有高闪点和安全性。该类化合物使电池具有优异的耐电压性及充放电循环性能。

（5）提高液体电解质高压性能的添加剂　传统使用的有机碳酸酯类液体电解质在高电压下，持续的氧化分解以及正极材料过渡金属离子的溶解问题，限制高压正极材料的容量发挥和应用，发展高压液体电解质添加剂是改善电池性能既经济又有效的方法。现今所报道的高压添加剂在循环过程中一般会比溶剂分子优先氧化，在正极表面形成钝化膜，稳定电极/液体电解质界面，最终实现液体电解质能在高压下稳定存在。从目前公开报道的国内外研究进展来看，在高压液体电解质的开发方面，引入高压添加剂一般可以获得耐 4.4 ～ 4.5V 电压的液体电解质。对于富锂、磷酸钒锂、高压镍锰等正极材料，由于可充电电压达到 4.8V 甚至 5V 以上，因此，必须开发耐更高电压的液体电解质才能获得更高的能量密度。

目前，常用的高电压液体电解质添加剂主要有苯的衍生物（如联苯、三联苯）、杂环化合物（如呋喃、噻吩及其衍生物）[43, 44]、1,4- 二氧环乙烯醚 [45] 和三磷酸六氟异丙基酯 [46] 等。它们均能有效改善液体电解质在高电压下的氧化稳定性，在高电压锂离子电池中起着非常重要的作用。

（6）多功能添加剂　同时具有上述两种以上功能的添加剂称为多功能添加剂。多功能添加剂是锂离子电池的理想添加剂，可以从多方面改善液体电解质的性能，对提高锂离子电池整体电化学性能具有突出的作用，是未来添加剂研究和开发的主攻方向。实际上，现有的某些添加剂本身就是多功能添加剂。例如，12- 冠 -4 醚加入 PC 溶剂后，一方面可提高 Li$^+$ 的导电性，同时利用冠状配体在电极表面的亲电子作用降低了 Li$^+$ 在电极界面与溶剂分子反应的可能性；冠醚对 Li$^+$ 的优先溶剂化作用抑制了 PC 分子共插，电极界面 SEI 膜得到优化，减少电极首次不可逆容量损失。此外，氟化有机溶剂、卤代磷酸酯（如 BTE 和 TTFP）加入液体电解质后，不仅有助于形成优良的 SEI 膜，同时对液体电解质具有一定的甚至明显的阻燃作用，改善电池多方面性能。从液体电解质体系的近期发展来看，在保证液体电解质电导率的前提下，合成、选择和优化既具有优良的成膜作用，又具有很好的阻燃作用，且不影响正极材料电化学性能的多功能添加剂将是锂离子电池更好发展的前提。

三、离子液体电解质

1. 离子液体概述

离子液体是指全部由离子组成的，在室温或相近温度下呈现液态的物质，又称为室温离子液体（room temperature ionic liquid，RTIL）或室温熔融盐（room temperature molten salt）。离子液体电解质完全是由阴阳离子组成。由于阴离子或者阳离子体积较大，阴阳离子的相互作用力较弱，电子分布不均匀，阴阳离子在室温下能够自由移动，呈液体状态。相比普通有机溶剂，离子液体具有如下优势：①蒸气压非常低，几乎可以忽略；②具有较宽的液程，大约300℃；③不易燃；④化学或电化学稳定性好；⑤对水和空气不敏感；⑥无污染且易回收。

离子液体被认为是一种绿色溶剂。由于离子液体具有优良的物化性质，引起人们的广泛关注，其热稳定性好、不易挥发、较宽的电化学窗口、熔点低等特点可以满足锂离子电池的安全要求。至今，已应用于锂二次电池电解质中的离子液体主要有咪唑类、季铵盐类、吡咯类和哌啶类[47]。

2. 离子液体的分类

按照构成阳离子的不同，可以将离子液体电解质分为季铵盐类（tetralkylammonium）、季鏻盐类（phosphonium）、含氮杂环类［如咪唑盐类（imidazolium）］、吡咯烷类（pyrrolidium）、哌啶类（piperidinium）等离子液体。此外，还包括一些将功能基团（—CH_2OCH_3、—NH_2、—SH、—$NHCONH_2$、—OH 和—SO_3H）引入阳离子侧链的离子液体。功能化离子液体是目前离子液体研究领域的热点之一[48]，通过功能基团的引入可以创造出多种新结构的离子液体。这些离子液体的物理化学性质因功能基团的引入而产生明显改变，其中含醚氧基功能基团和氰基功能基团的离子液体研究较多。构成离子液体的阴离子包括 NO_3^-、SCN^-、BF_4^-、PF_6^-、AsF_6^-、$CF_3CO_2^-$、$(CF_3SO_2)_2N^-$。这些阳离子和阴离子可以自由组合，形成不同的离子液体，故离子液体又被称为设计者溶剂。图4-3给出构成离子液体的部分阴阳离子的结构。

3. 离子液体的物理化学性质

一般离子化合物在室温下为固态，阴阳离子间有较强的静电作用力，所以一般都具有较高的熔点、沸点和硬度，如 NaCl 的熔点高达804℃。因此，此类化合物的液态只可能存在于高温下（高温熔融盐）。普通离子化合物熔点较高的原因是其阴阳离子在晶体中做最有效密堆积。因此，如果把阴阳离子做大且结构不对称，由于空间阻碍，强大的静电作用力无法使阴阳离子在微观上做密堆积，离子之间的作用力被明显降低，从而使其熔点降低，在室温下可能成为液态，这样就可以得到室温离子液体。在这种液体中只存在阴阳离子，没有中性分子，一般离子液体的熔点都低于室温，呈现液态。

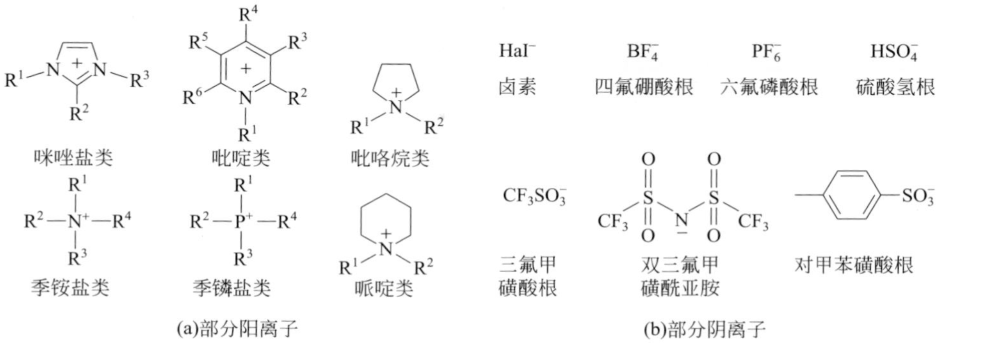

(a)部分阳离子　　　　　　　　　　　　　　　　　(b)部分阴离子

图4-3　构成离子液体的阴阳离子结构

黏度是锂离子电池液体电解质的一个重要参数，其数值直接影响离子在电解质体系中的扩散性能。通常使用的有机液体电解质的溶剂分子是靠分子间的范德瓦耳斯力相互作用；而离子液体体系的作用力是通过阴阳离子的相互作用，导致离子液体室温下的黏度较大，如哌啶类离子液体（PP13-TFSI）室温黏度高达117mPa·s，而咪唑类离子液体的黏度要好于哌啶类离子液体，其室温黏度仅为34mPa·s，这也是影响其室温电导率的一个主要因素。

一般来说，采用阴离子为 TFSI⁻ 的离子液体，其黏度的影响主要来自阳离子，因为 TFSI⁻ 阴离子空间结构的高对称性，决定了其整体结构接近电中性，电荷整体分布均匀，锂离子与阴离子之间的静电作用力近似于范德瓦耳斯力。而阳离子对结构的影响主要取决于阳离子构成，阳离子的支链及支链的空间结构对离子液体黏度的影响十分显著，所以通常离子液体的阳离子为甲基和丙基结构取代（1，3结构），或者乙基和丁基结构取代（2，4结构），以尽量减小体系的黏度，并且使体系保持一种理想的结构[49]。

离子液体的电导率受黏度影响显著：离子液体的黏度越大，锂离子在其中的迁移越困难。在众多离子液体中电导率最好的是 EMI-TFSI（黏度也最小），其室温电导率接近 10^{-2}S/cm。离子液体体系的电导率还和锂盐的浓度有关，以咪唑类为例，最新的研究表明，在离子液体体系中掺入一定量的有机液体电解质可以明显降低离子液体的黏度和提高离子液体电导率。表 4-6[50, 51] 给出不同体积分数的咪唑类离子液体 EMI-TFSI 与 1mol/L LiPF₆/EC-DEC 有机液体电解质共混体系的黏度和电导率。由表 4-6 可知，体系的黏度随着有机液体电解质体积分数的增大而逐渐减小，但是电导率却呈现不同的变化规律。离子液体体系电导率随着有机液体电解质含量的增大呈现先增大后减小的趋势。这说明对离子液体体系而言，其电导率受黏度和锂盐浓度影响显著。

表4-6　EMI-TFSI 与 1mol/L LiPF₆/EC-DEC 有机液体电解质共混体系的黏度和电导率[50, 51]

离子液体	黏度（25℃）/ mPa·s	电导率（25℃）/（mS/cm）
0% EMI-TFSI	12.1	8.50
10% EMI-TFSI	12.7	9.45
20% EMI-TFSI	13.7	9.31
30% EMI-TFSI	14.1	9.41
40% EMI-TFSI	14.9	10.09
50% EMI-TFSI	16.3	10.11
60% EMI-TFSI	17	10.45
70% EMI-TFSI	19.9	10.26
80% EMI-TFSI	24.5	10.13
90% EMI-TFSI	30.5	9.78
100% EMI-TFSI	36.3	8.61

图 4-4[50, 51] 给出在 N- 甲基 -N- 丙基双三氟甲基磺酰胺（PYR13-TFSI）体系中锂盐浓度对离子液体体系电导率的影响。在纯离子液体体系中，电导率会随着锂盐浓度的增大而逐渐减小。锂盐浓度的增加，使体系中 Li⁺ 载流子的数目增加。但在离子液体的特殊体系中，增加锂盐浓度，体系黏度增加，会使 Li⁺ 的迁移变得困难，因此纯离子液体体系的总浓度通常控制在 0.2 ～ 0.4mol/L 之间。

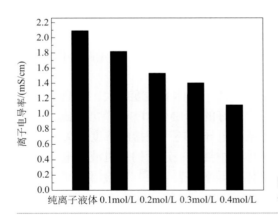

图 4-4
锂盐浓度对离子液体体系电导率的影响[50, 51]

相比于有机液体电解质的溶剂（有机链状或环状酯），离子液体的热稳定性更为优良。离子液体的构成仅为阴阳离子，因此其热稳定性一般高于300℃，而有机液体电解质溶剂通常在100℃挥发。离子液体热稳定性高是其作为锂离子电池电解质的优点之一，可以在一定程度上解决电池在运行过程中因液体电解质挥发带来的安全性问题。

电化学窗口是选择离子液体作为锂离子电池液体电解质的重要参数之一，要求离子液体在锂离子充放电过程中保持一定的电化学稳定性。通常离子液体的氧化电位由阴离子决定，还原电位由阳离子决定，图4-5给出几种常用离子液体电解质的电化学窗口数据。目前，离子液体阴离子采用TFSI$^-$，可以获得较大的电化学窗口，一般氧化电位大于4.5V。由图4-5[52]可知，相比于EMI-TFSI型离子液体，季铵盐类和哌啶类离子液体具有更大的电化学窗口，并且还原电位相对较低，比咪唑类离子液体的还原电位低1.5V左右。季铵盐类和哌啶类离子液体的还原电位为-0.3V[vs Li/Li$^+$（Fc/Fc$^+$换算成相对于Li/Li$^+$电位需要加3.2V）]；而咪唑类离子液体还原电位为1V（vs Li/Li$^+$），这使得咪唑类离子液体容易在锂电极发生分解，进而影响电池的性能。表4-7[52]列举一些应用于锂离子电池的代表性室温离子液体的物理性质参数。

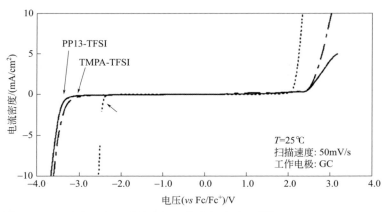

图4-5 几种常用离子液体电解质的电化学窗口 [52]

表4-7 一些代表性室温离子液体的物理性质参数[52]

离子液体	玻璃化转变温度/℃	熔点/℃	黏度（25℃）/mPa·s	电导率（25℃）/（mS/cm）
EMIC-AlCl$_3$（摩尔比1∶1）	-82	8	34	22.7（30℃）
BPC-AlCl$_3$（摩尔比1∶1）	-64	27	42	41.3
EMI-BF$_4$	-91	11	43	13

离子液体	玻璃化转变温度/℃	熔点/℃	黏度（25℃）/mPa·s	电导率（25℃）/（mS/cm）
EMI-PF$_6$	−80	62	15（80℃）	5.2
EMI-TFSI	−98	−15	28	8.4
EMI-BETI	−85	−1	61	3.4
DMPI-TFSI	−81	−81	60	3.0
TMPA-TFSI		22	72	3.27
PP13-TFSI		8.7	117	1.51
TMHA-TFSI	−74		153	4.3

4. 离子液体在锂电池中的应用

由于离子液体具有电导率高，电化学稳定窗口宽，在较宽的温度范围内不挥发、不易燃，绿色环保等优点，将其作为锂离子电池和电化学电容器等器件的电解质和增塑剂时将具有良好的应用前景。目前其应用形式主要为两类：一是直接用于液体电解质；二是将室温离子液体引入聚合物得到复合的离子液体 / 聚合物电解质，兼具离子液体和聚合物电解质的优点，使电池的稳定性和安全性得到进一步提高。

（1）咪唑类离子液体电解质　1- 甲基 -2- 乙基咪唑阳离子型离子液体黏度较小、电导率高（约为 10^{-2}S/cm），成为咪唑类离子液体中最受关注的种类。其中，EMICl-AlCl$_3$、EMI-BF$_4$、EMI-TFSI 离子液体可应用于超级电容器、太阳能电池、锂离子电池。

B. Garcia 等 [53, 54] 研究了 EMI-TFSI 作为锂离子电池液体电解质的一些性能，并且比较了 EMI-TFSI 和 EM-BF$_4$、EC-DEC 溶剂作为电解质溶剂的性能。EMI-TFSI 电化学窗口达到 4.3 V，因为咪唑环上 C2 位置有质子（2 位碳还原性强），导致其还原电位较高（1V，vs Li/Li$^+$），所以不能采用锂金属作为电池的负极。Li$_4$Ti$_5$O$_{12}$/LiCoO$_2$ 电池采用咪唑类离子液体 EMI-TFSI 在 0 ～ 7℃的范围内进行循环性能测试，电池可逆容量保持在 80% 以上。室温下电池的大电流性能（1C）要好于使用 1mol/L LiTFSI/EC-DEC 的有机液体电解质体系的电池，200 次循环后，电池比容量仍保持在 106mA·h/g，并且室温下咪唑类离子液体的电导率要好于 EC-DEC 体系。

Seki[55, 56] 等研究了 C2 位甲基取代改性的咪唑类离子液体 DMPIm-TFSI 与 EMI-TFSI 的性质比较。C2 位甲基取代后，虽然咪唑类离子液体的电导率有所下降（由 1.02×10^{-2} S/cm 下降到 3.41×10^{-3} S/cm），但使用该类液体电解质时，电池的可逆容量得到明显提高，如使用 EMI-TFSI 液体电解质，Li/LiCoO₂ 半电池循环 50 次后电池的比容量仅为 106mA·h/g；而使用 DMPIm-TFSI 电池的可逆比容量，仍保持为 121mA·h/g。

除 C2 位取代对咪唑类离子液体进行改性外，在离子液体体系中加入添加剂，也可进一步提高离子液体在电池中的性能。Chagnes[57, 58] 等将 γ- 丁内酯（GBL）、乙腈（CAN）等有机添加剂加入咪唑类离子液体电解质体系中，电池的倍率性能和电导率得到了明显改善，但是石墨负极的循环性能方面未得到明显改善。为了提高咪唑类离子液体中石墨材料的循环性能，必须在离子液体中加入成膜添加剂，如 Holzapfel 等[59] 将 5%（体积分数）的碳酸亚乙烯酯（VC）添加到 1mol/L 的 LiPF₆/EMI-TFSI 的液体电解质体系中，通过对 Li₄Ti₅O₁₂/ 石墨电池循环前后电极片的 SEM 和 EIS 对比发现，VC 的添加在石墨表面形成稳定的 SEI 膜，界面稳定性大幅度提高，提高了 Li⁺ 在石墨材料的嵌入和脱出性能，电池的可逆比容量大于 340mA·h/g。其他成膜添加剂，如 EC、FEC 等的效果均比 VC 差。

（2）季铵类离子液体电解质 Zheng 等[60] 研究了 LiMn₂O₄ 正极材料在 TMHA-TFSI 离子液体电解质体系中的循环性能。DSC 分析结果表明，TMHA-TFSI 离子液体的玻璃相温度和熔点分别为 -65.2℃和 14.1℃，热重分析结果表明，280℃前离子液体未发生分解，证明了这种离子液体具有良好的热稳定性。黏度和电导率测试表明，30℃时，其黏度为 120.3mPa·s，电导率为 14.1×10⁻⁴S/cm，加入 Li-TFSI 配制成 1mol/L 电解质溶液后，电导率下降为 2.52×10⁻⁴S/cm。正极材料 LiMn₂O₄ 电极在该液体电解质体系中不同温度下的循环伏安测试表明，温度越高，氧化还原峰强度越大，说明 Li⁺ 在材料的嵌入和脱出越容易。在该种电解质体系中，Li/LiMn₂O₄ 电池首次室温放电比容量为 108.2mA·h/g（库仑效率为 91.4%），随着温度降低，不可逆容量增大，界面阻抗增大，Li⁺ 迁移困难。研究发现，测试温度也不宜过高，温度过高会导致负极氧化，进而导致库仑效率下降，适宜温度为 30℃。对电池不可逆容量分析可知，电池容量损失可能是电解质阳离子与 Li⁺ 共嵌入尖晶石形成不可逆结构，也可能是姜泰勒效应，导致晶格结构发生改变所致。

Tsunashima 等[61] 研究了以 P 原子为中心原子的季铵盐类离子液体电解质的性能，研究发现，P 的季铵盐类离子液体作为电解质，比以 N 原子为中心原子的季铵盐类离子液体具有更高的电导率和更低的黏度。尤其是 P 的侧链上有醚氧基时，离子液体的黏度约为 44mPa·s（25℃），电化学窗口为 -3.0 ～ +2.3V（vs Fc/Fc⁺），热稳定性可达 400℃。研究发现，阳离子的非对称结构有利于降低离子液体的熔点（其中，P2224-TFSI 型离子液体熔点为 55℃，P2225-TFSI 型离子液体熔点为 17℃），含醚氧基的 P 型季铵盐类离子液体熔点进一步下降（P222.1O2-TFSI 型离子液体熔点为 14℃，P222.2O1-TFSI 型离子液体熔点为 10℃）。此外，

P 型季铵盐类离子液体的黏度随分子量的下降而降低 [P2225-TFSI（25℃）为 88mPa·s，相同温度下 P666（14）-TFSI 黏度高达 450mPa·s]；而功能化的离子液体 P222（1O1）-TFSI 和 P222（2O1）-TFSI 在 25℃的黏度分别为 35mPa·s 和 44mPa·s。醚氧基引入的主要作用是便于电子从醚基转移到阳离子中心，能够降低 N 中心原子的正电荷效应，进而降低阴阳离子之间的静电作用。另一种解释是醚基本身松弛灵活的结构有利于降低离子液体的黏度，降低 Li$^+$ 在体系中的迁移阻力。通过黏度和摩尔电导率的 Walden-plot 图分析，P 中心原子型离子液体降低阴阳离子之间的静电作用。以 P 为中心的季铵盐类离子液体的稳定性高于以 N 为中心的季铵盐类离子液体，并且离子液体功能化后对离子液体性质的提高非常明显。相比于咪唑类离子液体，P 中心原子型离子液体的阳离子稳定性较好，电化学稳定窗口大于 5V，并且还原电位低于 0V（vs Li/Li$^+$）。T. Sato 等 [62] 研究了 DEME-TFSI 型离子液体在石墨负极上的性能，虽然该种离子液体没有在石墨负极发生分解，但是该体系的离子液体也无法在石墨负极形成稳定的 SEI 膜。通过在 DEME-TFSI 型离子液体中添加 10% VC 成膜添加剂，使石墨负极的循环得到明显改善，电池可逆比容量达到 350mA·h/g。但是，由于 VC 在首次充放电过程中大量分解，使该电池的首次效率低于 60%，同时使用该类离子液体电解质的电池倍率性能较差。

（3）吡咯烷类和哌啶类离子液体电解质　Fernicola 等 [51] 研究了以 N- 甲基 -N- 丁基吡咯双三氟甲基磺酰胺离子液体（BEPYR14-TFSI）作为锂离子电池液体电解质的性能，比较了锂箔分别浸泡在咪唑类和吡咯烷类离子液体中的外观变化，发现吡咯烷类离子液体对 Li 负极稳定性好于咪唑类离子液体，并且其热稳定性高于 360℃。图 4-6 给出 LiFePO$_4$ 正极材料在 BEPYR14-TFSI 液体电解质体系中不同倍率下的循环性能图，LiFePO$_4$ 在体系中获得较好的可逆比容量（0.2 C 充放电速率下的可逆比容量接近 100mA·h/g，1 C 充放电速率下的可逆比容量约为 63mA·h/g）。许金强 等 [63] 系统地研究了 N- 甲基 -N- 丙基哌啶双三氟甲基磺酰胺（PP13-TFSI）离子液体作为锂离子电池液体电解质的性能。相比于其他类型离子液体，哌啶类阳离子离子液体的黏度较高和电导率较低，并且它对碳负极材料的稳定性较好，近年来成为研究的热点，也成为最有可能商业化的离子液体电解质。

离子液体 PP13-TFSI 的电化学窗口在 6V 左右，大于咪唑类离子液体的 4.5V，并且哌啶类离子液体还原电位约为 -0.3V（vs Li/Li$^+$），而咪唑类离子液体的还原电位在 1.4V（vs Li/Li$^+$）。LiCoO$_2$ 正极在几种离子液体电解质体系中的充放电性能测试表明，在 PP13-TFSI 液体电解质体系中，LiCoO$_2$ 正极表现出很好的循环性能和较高的库仑效率，可以直接应用于以锂为负极的二次锂电池中。比较 Li-BF$_4$/BMI-BF$_4$、Li-PF$_6$/BMI-PF$_6$ 以及 Li-TFSI/PP13-TFSI 三种离子液体电解质中锂

电化学沉积和溶出的 CV 特性，通过氧化峰和还原峰面积的比较发现，Li-BF₄/
BMI-BF₄、Li-PF₆/BMI-PF₆ 正向扫描时几乎看不到氧化峰，证明该电解质中锂的
电化学沉积和溶出是高度不可逆的，而在 Li-TFSI/PP14-TFSI 型离子液体体系中
发现了明显可逆的氧化还原峰，并且第一次和第二次氧化峰面积几乎相等，证明
Li^+ 在这种离子液体中可以很好地完成沉积和溶解，印证了 Li-TFSI/PP14-TFSI 型
离子液体作为锂离子电池电解质的优势。

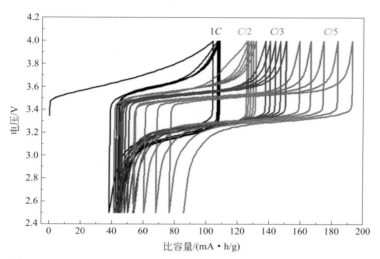

图 4-6 LiFePO₄ 正极材料在 BEPY14-TFSI 电解质体系中不同倍率下的循环性能图[51]

  Sakaebe 等[52] 对哌啶类离子液体（PP13-TFSI）作为二次锂离子电池液体电
解质的性能进行了研究。相比于其他离子液体，虽然 PP13-TFSI 的黏度较高和电
导率较低，但它对碳负极材料的稳定性较好，近年来成为研究的热点。图 4-7 给
出 LiCoO₂ 电极在几种离子液体电解质体系中的充放电曲线，采用的是 Li/ 离子
液体电解质 /LiCoO₂ 组扣电池以 C/20 速率进行测试。使用咪唑类离子液体 EMI-
TFSI 作为液体电解质的 Li/LiCoO₂ 电池首次容量衰减约为 30%［图 4-7（a）］；而
采用 N 原子为中心的季铵盐 TMPA-TFSI，电池首次的不可逆容量约为 25%，而
且这种不可逆容量随着循环次数的增加是不可恢复的［图 4-7（b）］。研究发现，
当将 TMPA-TFSI 离子液体放置在手套箱一段时间后，有固相物质从离子液体中
析出，这与采用该类离子液体循环后电池极片表面残留物质相似，这些物质可
能是影响电池可逆容量的关键因素。图 4-7（c）和图 4-7（d）比较了吡咯烷类离
子液体 P13-TFSI 和哌啶类离子液体 PP13-TFSI 在 Li/LiCoO₂ 电池中的性能，采
用 PP13-TFSI 电解质的电池在 15 次循环后比容量保持在 120mA·h/g；而采用
P13-TFSI 离子液体电解质的电池在 15 次循环后比容量仅为 105mA·h/g。

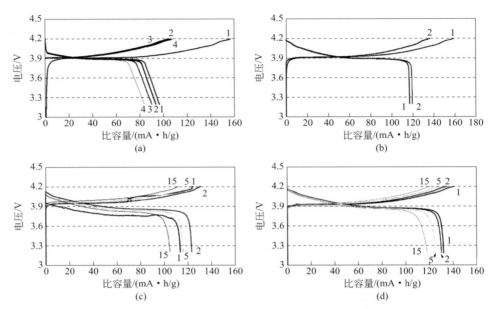

图 4-7 室温下 LiCoO₂ 电极在几种离子液体电解质中的充放电曲线（3.2 ~ 4.2 V，图中数字代表循环次数）[52]

（a）EMI-TFSI（C/20）；（b）TMPA-TFSI（C/20）；（c）P13-TFSI（C/10）；（d）PP13-TFSI（C/10）

图 4-8 给出 Li/LiCoO₂ 电池在两种离子液体电解质体系中循环 30 次的性能曲线，使用 PP13-TFSI 型离子液体电解质体系的电池，循环 30 次后的电池可逆比容量仍在 110mA·h/g；而使用 P13-TFSI 型离子液体的电池可逆比容量仅为 90mA·h/g 左右，并且使用 PP13-TFSI 离子液体电解质体系比使用 P13-TFSI 离子液体电解质体系的电池具有更高的库仑效率。

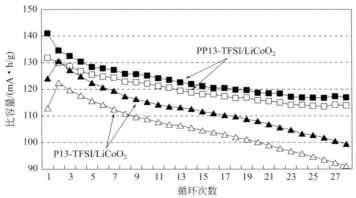

图 4-8 LiCoO₂ 电极在 P13-TFSI 和 PP13-TFSI 型离子液体电解质中循环性能的比较 [52]

（4）阴离子结构对离子液体电解质性能的影响。阴离子结构对离子液体性能的影响较小，尤其对作为液体电解质的离子液体影响更小。常见离子液体电解质的阴离子有 BF_4^-、PF_6^-，但其较通常采用 TFSI$^-$ 结构的离子液体的性能差。对采用 PP13$^+$ 结构作为阳离子和分别采用 TFSI$^-$、BF_4^-、PF_6^- 作为阴离子的离子液体进行电化学窗口测试，三种离子液体的氧化分解电位 PP13-TFSI（5.5V）好于 PP13-BF_4（5.4V）以及 PP13-PF_6（5.1V）。

Matsumoto 等 [64] 研究了咪唑阳离子 EMI$^+$ 配合 $CF_3SO_3^-$（FSI$^-$）结构和 TFSI$^-$ 结构的阴离子构成的离子液体对 Li/LiCoO$_2$ 电池性能的影响。研究发现，采用 FSI$^-$ 阴离子的离子液体黏度要比使用 TFSI$^-$ 的离子液体黏度低 60%，加入一定浓度的 Li 盐后，使用 FSI$^-$ 离子液体比使用 TFSI$^-$ 离子液体的黏度低 50%。但是，在电池循环性能上，使用该类离子液体的电池可逆容量并不一定高于使用 TFSI$^-$ 阴离子结构离子液体的电池。锂盐在 FSI$^-$ 结构的离子液体中，溶解性低（室温下一般 1L 离子液体只能溶解 0.2mol Li-FSI；而在相同条件下 1L 离子液体 EMI-TFSI 可以溶解 2mol Li-TFSI），并且该结构的离子液体负极稳定性差，应用到锂离子电池中时，必须加入成膜添加剂。

Zhang 等 [65] 研究了不同阴离子结构的咪唑类离子液体的黏度随着温度变化的情况，由于 TFSI$^-$ 阴离子具有特殊结构，采用 TFSI$^-$ 阴离子的离子液体在各个温度下的黏度均小于采用 BF_4^-、PF_6^- 阴离子的离子液体，这对提高离子液体电解质性能具有重要意义。

Zhou 等 [66] 研究了以 B 原子为中心的阴离子 $[RBF_3]^-$（其中，R 为 CF$_3$、C$_2$F$_5$、n-C$_3$F$_7$、n-C$_4$F$_9$）作为离子液体阴离子的性质。与采用 TFSI$^-$ 阴离子的离子液体相比，这种高对称性结构的阴离子使电荷分散更好，并且降低离子液体的构建度，使得具有该种阴离子结构的离子液体具有更低的黏度、更好的电导率、更高的热稳定性和更宽的电化学窗口。但是，此类阴离子合成过程复杂，成本较高，不适于大规模生产。

（5）共混型离子液体电解质　纯离子液体体系电解质存在着黏度大，锂盐浓度低及与电极材料的润湿性不好的缺点，进而影响电池的循环性能和库仑效率。近年来，人们在离子液体中加入一定的有机液体电解质成分对其进行改性。

Guerfi 等 [67] 研究了 EMI-TFSI 型离子液体与有机液体电解质 1mol/L LiPF$_6$/EC-DEC 共混体系的性能，发现这种共混型液体电解质［有机液体电解质含量 50%（体积分数）］具有很好的安全性和较高的电导率（约为 10mS/cm）；分别与正极材料 LiFePO$_4$、负极材料 Li$_4$Ti$_5$O$_{12}$ 组成电池，在不同倍率下的循环性能测试发现，0.1 ～ 1C 的充放电电流变化下，电池容量没有明显的衰减。对全电池 LiFePO$_4$/Li$_4$Ti$_5$O$_{12}$ 进行测试，电池保持较好的可逆容量和库仑效率。但是，碳材料负极在体系中进行测试时，电池的容量衰减很快，这是咪唑类离子液体还原电位较高所致。

Nakagawa 等[68]研究了 PP13-TFSI 与商用 1mol/L LiPF$_6$/EC-DEC- DMC（1：1：1）共混液体电解质的性能，研究发现，离子液体体系中含有的有机液体电解质的体积分数低于 50% 时，体系具有较好的安全性。对石墨和硬碳负极材料在这种共混型液体电解质体系中进行电池充放电性能的研究发现，电池的充放电比容量与纯有机液体电解质体系相差不大（0.1 C 倍率下石墨约为 330mA·h/g，硬碳约为 220mA·h/g），电池在 10 次循环内容量没有明显衰减。

室温离子液体作为锂离子电池液体电解质展示了良好性能，虽然还存在诸多问题，但由于其本身具有难挥发、不燃烧的优势，在解决锂离子电池安全性问题方面显示了诱人的前景。从短期来看，纯粹的离子液体组成的液体电解质很难得到应用，离子液体和传统有机液体电解质的复合将是近年来的重要研究方向。从长期来看，还要对离子液体的结构进行更深入的研究，以合成新的具有更低黏度、更低成本以及和正负极相容性良好的离子液体。

总体来看，在众多室温离子液体电解质中，咪唑类室温离子液体电解质易于制备，且黏度低，导电性好；但电化学活性大，电化学窗口窄，对金属锂不稳定，负极材料在其中难以实现有效的电化学循环。合适的添加剂可以先于离子液体的还原反应，在电极表面形成优良的固体电解质相界面（SEI）膜，阻止离子液体的还原分解，但用于 4V 级锂离子电池的可行性仍有待考证。

季铵盐类、吡咯类、哌啶类室温离子液体电化学窗口宽，对金属锂的稳定性好，用于锂离子电池电解质时不会在电极表面发生氧化或还原分解，具有良好的应用前景。但这些离子液体难以在碳负极表面形成优良的 SEI 膜，其阳离子先于锂离子嵌入石墨层间，嵌入的大体积阳离子阻碍锂离子嵌层反应，碳负极材料在其中难以进行有效的嵌、脱锂循环。优良的添加剂可以先于阳离子嵌层在电极界面形成优良的 SEI 膜，并有效阻止阳离子嵌层反应，碳负极材料在其中可以表现出优良的电化学性能。因此，添加剂的选择和优化是改善室温离子液体电解质与锂离子电池电极材料相容性的重要途径。

目前，室温离子液体电解质常用的添加剂有 SOCl$_2$、HF、H$_2$O、HCl 等无机添加剂和 VC、ES、EC、Cl-EC 等有机成膜添加剂。SOCl$_2$、HF 虽然能够改善离子液体与碳负极材料的相容性，但其明显的腐蚀性和氧化性却给正极材料带来巨大的破坏。有机添加剂对正极材料和负极材料都比较友好，但其本身固有的可燃性仍然无法从根本上消除电池的安全隐患。因此，室温离子液体电解质与电极相容性的微观机制尚有许多问题亟待解决。室温离子液体电解质的优化将成为开发安全、绿色锂离子电池的重要途径。

四、液体电解质的问题及发展趋势

1. 液体电解质存在的问题

尽管液体电解质已经在商品化锂离子电池中实际应用，但仍存在如下问题：

（1）安全性问题　锂离子电池的安全性一直是制约其发展且亟待解决的难题。由于锂离子电池的比能量高，液体电解质为有机易燃物，电池在加热、过充电或过放电、短路、高温等条件下容易导致温度升高，加速电池内部的热量产生。过量的热积聚在电池内部，会使电极活性物质发生热分解或使液体电解质氧化，产生大量气体，引起电池内压急剧升高，带来燃烧或爆炸等安全隐患。

（2）电池成型困难　因受液体电解质的制约很难将锂离子电池制备成实际需要的形状，只能制备成常见的方形、圆形等。

（3）成本高　目前使用的有机液体电解质多是高纯度的 $LiPF_6$ 和基于碳酸丙烯酯的有机混合溶剂。这些试剂价格昂贵且受极端条件的限制，如 $LiPF_6$ 高温下容易分解，碳酸丙烯酯的凝固点较高，使得锂离子电池在低温（ < -20℃ ）和高温（ > 50℃ ）下的应用受到极大限制。

鉴于以上原因，新型的固态电解质、凝胶电解质等显示独特的优势，有的已经实现少量的工业化生产。但这些电解质电导率低，循环效率差，仍需要进一步的研发。在现有基础上，通过选择合适的有机溶剂、锂盐或添加剂，优化液体电解质的组成等对改善和提高电解质的性能更具实际意义。

2. 液体电解质的发展趋势

锂离子电池液体电解质发展中需要重点关注以下几个方面：

（1）液体电解质和电池的安全性　安全性可以通过使用离子液体、氟代碳酸酯，或在液体电解质中加入防过充添加剂、阻燃剂，或采用高稳定性锂盐得以提高。而采用固体电解质有望彻底解决电池安全性的问题。

（2）提高电解质的工作电压　通过提纯溶剂、采用离子液体或氟代碳酸酯、添加正极表面膜添加剂等方法提高电解质工作电压。此外，发展固体电解质也能显著提高电压范围。

（3）拓宽工作温度范围　低温液体电解质体系需要采用熔点较低的醚、腈类体系，高温需要采用离子液体、新锂盐、氟代酯醚来进一步拓宽工作温度。固体电解质可以在高温时工作，但低温性能可能较差。

（4）延长电池寿命　需要精确调控 SEI 膜的组成与结构，主要通过 SEI 膜成膜添加剂、游离过渡金属离子捕获剂等来实现。固体电解质也在界面稳定性方面具有优势。

（5）降低成本　需要降低锂盐和溶剂的成本，如锂盐和溶剂纯度较低时，如何提高电池性能，这方面目前仍需要深入研究。

聚合物电解质

1973 年 Wright 等首次发现聚氧化乙烯（PEO）与碱金属盐配合物具有离子导电性。1979 年 Armand 提出 PEO/碱金属盐配合物可作为新型可充电电池的离子导体，由此拉开了聚合物电解质的研究序幕。聚合物材料的应用能够从根本上解决液体电解质电池存在的缺点，其优势总结起来有以下几点：①聚合物膜厚度可以很薄，电池的重量相对较轻；②消除锂液态电解质电池中锂电极和溶液中物质的电化学反应，提高电池寿命；③高低温性能好，可提高电池的安全性能，消除锂液态电解质电池中液体的渗漏问题；④便于生产各种外观形状的锂电池；⑤利于工业化生产。聚合物电解质具有较好的导电性，以及质量轻、弹性好、易成膜等特点，符合化学电源质轻、安全、高效、环保的发展趋势，因此成为近几年化学电源研究和开发的热点。目前，聚合物电解质已经不仅仅局限于电子产品锂电池的应用，还涉及汽车用锂电池、光电化学太阳能电池、燃料电池以及超级电容器等方面。

电池体系中的电解质是电子绝缘体、离子载流体。从实用化的角度来看，作为锂离子电池用的聚合物电解质应具有以下性能：

（1）较高的离子电导率　聚合物锂离子电池充放电时，离子在电解质中的扩散速率是制约电池大电流充放电的瓶颈之一。为保证聚合物锂离子电池常温下能正常工作，聚合物电解质需要具有至少 10^{-3}S/cm 数量级的室温离子电导率。

（2）热力学和电化学稳定性好　电池充放电时会产生热量，电极表面钝化膜面积增加也可导致电池内部升温，聚合物电解质可能出现熔化和分解，甚至造成短路。因此，电解质的热稳定性是保证电池安全充放电的必要条件之一。除此之外，聚合物电解质还必须在电池充放电电压范围内具有足够的电化学稳定性；否则，电池容量会出现衰减，电池也容易出现短路。电解质的电化学稳定性通常用电化学窗口来表示，一般要达到 4.5V 以上。

（3）有一定的机械强度　聚合物电解质在电池中还起到隔离正负极的作用，这就要求它有足够的机械强度来支撑正负极片。当然，高的机械强度也更利于聚合物电池的工业化、规模化生产。

（4）较高的锂离子迁移数　电解质的导电是通过正负离子共同实现的，而对锂离子电池而言，只有锂离子的迁移可参与成流反应。因此，聚合物电解质要具有较高的锂离子迁移数才能减小充放电过程中的浓度梯度。现有电解质体系的锂离子迁移数大多在 0.2～0.4 之间，即锂离子对电导率的贡献不足一半。

（5）价格合理　能完全满足上述条件的聚合物电解质至今还未发现，已得到研究的电解质要么室温电导率低（如全固态电解质），要么机械强度有限（如增塑型电解质）。作为锂离子电池用的聚合物电解质，应具有价格合理的特点。

一、聚合物电解质的类型及性质

聚合物电解质种类繁多，按照不同的分类标准，可将聚合物电解质进行分类，如图 4-9 所示。

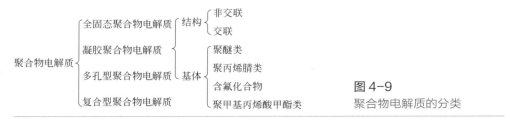

图 4-9
聚合物电解质的分类

1. 全固态聚合物电解质

全固态聚合物电解质（DSPE）是由大分子量的聚合物本体（包括共混）与盐，或聚合物本体与盐并加有无机填料所构成，通常为固态。未加无机填料时（如 PEO-LiCF$_3$SO$_3$）称为聚合物电解质；添加无机填料时，通常称为复合聚合物电解质（composite SPE）或杂化聚合物电解质（hybrid SPE），如 PEO-LiClO$_4$-Al$_2$O$_3$ 复合聚合物电解质。

DSPE 是研究最多及最早的一类聚合物电解质，由能使锂盐溶解并有助于锂盐解离、离子快速迁移的聚合物和锂盐二者结合而成。全固态聚合物电解质的电化学稳定性和对电极的稳定性均较好，人们研究过的 DSPE 以含氧聚合物为主。早期的研究已经表明，聚合物中非晶部分的链段运动使 Li$^+$ 解络合与再络合过程（传输过程如图 4-10 所示）反复进行，从而促使载流子快速迁移。

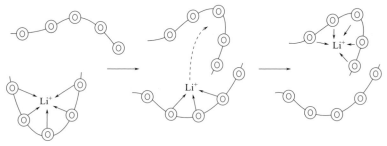

图 4-10　Li$^+$ 在非结晶区传输过程示意图

由于作为 SPE 基体材料的高分子材料大多结晶度较高，低温下聚合物基体与锂盐形成的配合物大部分处于结晶区，导致聚合物链段难以进行热运动[69]，因此 SPE 的离子电导率均较低，限制其实际应用。提高全固态聚合物电解质离子电导率的方法主要有两种：一是通过扩大无定形态的比例增加载流子的迁移速率；二是增加载流子浓度。常用的具体措施如下。

（1）交联　交联是降低聚合物结晶度，提高离子电导率，改善力学性能的常用方法之一。陈益奎等将一定比例的 PVDF、PEO、交联剂及 SiO$_2$ 溶于特定的有机溶剂中，并添加邻苯二甲酸二丁酯为增塑剂，制备的隔膜经萃取干燥后，在高温条件下放置几分钟引发交联，最后浸入液体电解质中得到聚合物电解质膜。通过交联制备的交联复合型聚合物电解质膜具有良好的电导率，组装的电池也具有良好的循环性能。交联可有效防止 PEO 溶于液体电解质。单纯 PEO 基的交联网络目前仅应用于凝胶型电解质，仍难以满足微孔型电解质的需要；而 PVDF-HFP 与交联 PEO 的半互穿网络电解质可兼具二者优点。孙克宁课题组以聚乙烯亚胺（PEI）为引发剂，采用环氧端基的聚乙二醇（DIEPEG）为单体，制备聚乙二醇网络。由于聚乙烯亚胺与 PEO 分子结构类似，可单独用于锂电池聚合物电解质基体，同时反应温度只有 50℃，可以克服之前 PVDF-HFP 基半互穿网络聚合物电解质的缺陷[70]。

（2）共聚　共聚要求参与共聚的聚合物分子中含有 O、F 等强吸电子原子。以磷酸酯为连接剂与聚乙二醇和聚己二醇共聚得到的聚磷酸无规则共聚物（LPC），其室温离子电导率为 8.0×10^{-5} S/cm。

（3）接枝　接枝是指通过化学键在聚合物大分子链接上长度 3～7 之间的聚醚链或功能性基团，是改性聚合物材料的常用手段，其在以聚合物为主体材料的电解质中较为常用。主体聚合物一般为聚丙烯酸、聚氧化乙烯、聚氧化丙烯等。由于接枝的聚醚链长度适当，因此可以在不使聚合物结晶的条件下，得到较高的电导率。如用 AN、MMA 和 PEGMEMA 作为原料可在氮气气氛下合成出含聚氧化乙烯侧链的聚合物凝胶电解质，其室温离子电导率达 10^{-3} S/cm，同时具有较好的力学性能[71]。在硅氧烷中引入氧化乙烯侧链，电导率为 3.92×10^{-3} S/cm，也能改善聚合物电解质的机械强度[72]。通过共聚反应在 PVDF-HFP 链上接枝聚乙二醇侧链，可得到同时含有 PVDF-HFP 和 PEG 的接枝共聚物（PVDF-HFP-*g*-PEG），然后通过萃取法可制备该共聚物的微孔电解质膜。PVDF-HFP 和 PVDF-HFP-*g*-PEG 聚合物微孔膜的液体电解质吸液率如图 4-11 所示。PVDF-HFP 的饱和吸液率是 2.80，而 PVDF-HFP-*g*-PEG 则提高到 3.32。分析认为，第一是接枝后膜成孔性良好，微孔量增大，孔容积增大；第二是含 PEG 侧链的基体与液体电解质有更好的亲和性，基体更利于吸附液体电解质；第三是接枝 PEG 后，PVDF-HFP 主链结晶度降低，使基体可吸附更多的液体电解质。因此，PVDF-HFP 接枝 PEG

后，基体和微孔对液体电解质的容纳能力皆有提高，表现为饱和吸液率显著增大，即接枝后聚合物电解质的电导率得到提高。

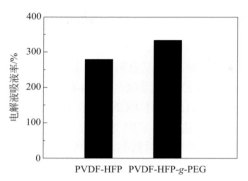

图 4-11　PVDF-HFP 和 PVDF-HFP-*g*-PEG 聚合物微孔膜的液体电解质吸液率

　　PVDF-HFP 和 PVDF-HFP-*g*-PEG 两种电解质的电导率都随着温度的增长呈上升趋势；同时，两曲线都近似为直线，符合 Arrhenius 方程，如图 4-12 所示。这说明微孔中吸附的液体电解质在传导中起主要作用。比较以相同聚合物/溶剂/成孔剂配比所制 PVDF-HFP 和 PVDF-HFP-*g*-PEG 聚合物电解质，PVDF-HFP-*g*-PEG 具有更高的电导率，说明 PVDF-HFP 适当接枝聚乙二醇可在基本保持 PVDF-HFP 膜优良热性能的前提下，提高电解质的电导率。

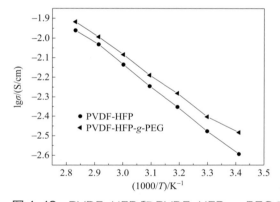

图 4-12　PVDF-HFP 和 PVDF-HFP-*g*-PEG 电解质的电导率－温度关系图

　　（4）共混　聚合物共混可以抑制结晶，提高链段运动能力，改善电导率和力学性能。如 Wang 等[73]将 PVDF-HFP 与 PMAML 共混，室温电导率可达到 2.6×10^{-3}S/cm，电池充放电循环 65 次后，容量衰减至 90%；将 0.05*C* 放电比容量定为 100%，0.8*C*、1.2*C* 的放电比容量分别为 92% 和 85%。当 PEO 与 PVDF

共混时，电解质的离子电导率最高达 7.0×10^{-3} S/cm，而力学性能也有一定提高[74]。对聚合物电解质来说，共混可以增加聚合物材料中无定形区域的面积，随着无定形区域的扩大，Li$^+$ 的迁移更易进行，使聚合物膜的离子电导率得到改善。任众、孙克宁等[70]将 PVDF-HFP 与完全腈乙化纤维素（DH-4-CN）共混制备微孔聚合物电解质，DH-4-CN 介电常数高（$\varepsilon=31$），利于液体电解质的吸附和锂盐的离解，并抑制 PVDF-HFP 结晶，从而提高共混电解质的电导率。这种聚合物电解质拥有较宽的电化学稳定窗口（> 4.8V）。同时，DH-4-CN 可提高本体电阻和界面电阻的稳定性。研究发现，PVDF-HFP/DH-4-CN=14：1（质量比）的共混聚合物电解质电导率最好，在 20℃时可达 4.36×10^{-3} S/cm。图 4-13 显示了不同比例 PVDF-HFP/DH-4-CN 共混电解质的电导率对数与温度倒数之间的关系。所有样品膜的电导率都随着温度的增长呈上升的趋势。聚合物电解质的保持能力体现了在实际应用中防止液体电解质渗析的能力。图 4-14 显示各聚合物电解质的失重比率 - 时间变化关系。可以发现共混 DH-4-CN 后，聚合物膜保液能力都有不同程度的提高，共混量越大，保液能力越好。这是由于 DH-4-CN 与碳酸酯类有机溶剂有着良好的亲和性，提高加入量意味着基体与液体电解质亲和力增强。同时，随 DH-4-CN 共混比例的增加，表面的微孔变稀疏，这也抑制液体电解质的挥发。图 4-15 为共混聚合物电解质的本体电阻和与锂金属之间的电阻随储存时间的变化。DH-4-CN 共混量多，本体电阻变化曲线越平坦，即液体电解质保持性好，可使本体电阻稳定性提高。同时，纯 PVDF-HFP 结晶度随时间延长而增加也使本体电阻增加，而混入 DH-4-CN 可以抑制结晶度。在整个测试期间，各聚合物电解质样品的本体电阻基本上保持恒定，意味着制备的微孔电解质具有良好的长期稳定性。由图 4-15（b）可见，DH-4-CN 共混量越多，界面电阻稳定性越好，这是因为共混的 DH-4-CN 越多，液体电解质保持性越好且膜表面微孔稀疏，有机溶剂与锂金属片接触少。

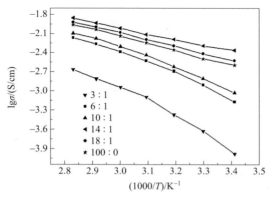

图 4-13 不同比例 PVDF-HFP/DH-4-CN 共混电解质的电导率与温度倒数之间的关系

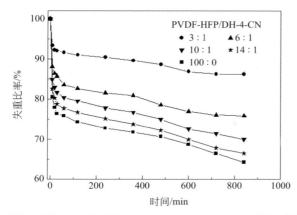

图 4-14 　不同比例 PVDF-HFP/DH-4-CN 共混膜电解质的失重比率 - 时间变化图

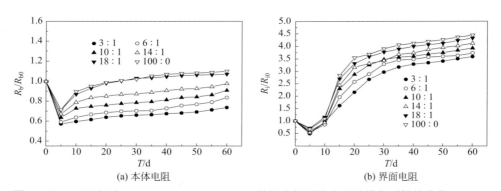

图 4-15 　不同比例 PVDF-HFP/DH-4-CN 共混电解质的电阻随储存时间的变化

　　由此可见，提高 DSPE 离子电导率的主要方法有以下两种：①利用接枝、嵌段、交联、共混等方法来抑制聚合物的结晶并降低玻璃化转变温度，增强链段运动能力来提高载流子的迁子浓度，如选用单离子导电聚合物；②在聚合物电解质中加入无机化合物粉末，如适当增加锂盐的用量，一方面增加聚合物分子链排列的无序度，另一方面它与聚合物电解质中的锂盐或聚合物链段作用，减弱聚合物链段与 Li$^+$ 的配合作用，使得 Li$^+$ 更容易迁移。

　　尽管研究者采取多种方法对 DSPE 进行改性，但距离所要求的离子电导率范围还是有一定差距，这是其在锂离子电池中难以取代液体电解质的主要原因。不过，DSPE 不含任何液体，是真正意义上的固态电解质，避免了液体存在时带来的问题。针对其离子电导率低的特点，可以在工作电流小的微电子器件上进行进一步探讨和尝试。

2. 凝胶聚合物电解质

凝胶聚合物电解质（GSPE）主要由聚合物、增塑剂、锂盐三部分组成，其制备技术非常简单，只需将以上三种成分配制成适当黏度的溶液，在基体材料上流延成膜，真空干燥去除溶剂便可得到。凝胶聚合物电解质将固、液两种电解质的优势集为一体，弥补液体电解质存在的漏液、溶胀等缺点，使得电池形状的设计更加自由化。由于制备的凝胶聚合物电解质室温下离子电导率较高（高达 10^{-3} S/cm），因此极具发展前景。

根据作用力性质的不同，凝胶聚合物电解质可分为物理交联型和化学交联型。其中，物理交联型是线型聚合物分子与溶剂、锂盐通过聚合物链物理交联点作用形成网络结构，从而形成凝胶状膜。物理交联的 GSPE，因相互作用力较弱而容易漏液，存在潜在的安全隐患。化学交联型 GSPE 是单体、溶剂、电解质锂盐，或者是预聚物、溶剂、电解质锂盐，加入交联剂后通过热或光聚合反应，形成一种以化学键相互作用的网络结构，是真正意义上的凝胶体，相对比较稳定。凝胶聚合物电解质按基体类型可分为 PAN 物理交联型 GSPE、PEO 体系 GSPE、PVDF 物理交联型 GSPE、PMMA 系列 GSPE。

PAN 物理交联型 GSPE 离子电导率一般在 10^{-3}S/cm 数量级，分解电压一般在 $4.3 \sim 5.0$V，能满足锂离子电池要求。但由于 PAN 链上含有强极性基团—CN，与锂离子相容性差，GSPE 膜与锂电极界面钝化现象严重，限制其在锂离子电池中的作用。为了改善 PAN 与电极的界面相容性，Kim 等 [75] 将合成的聚（丙烯腈 - 甲基丙烯酸甲酯 - 苯乙烯）（AMS）三元共聚物用于制备 GSPE，相比于 PAN 均聚物，AMS 体系的 GSPE 与电极界面性能得以改善。

PEO（聚环氧乙烷）体系 GSPE 最早由 Wright 等 [76] 在 1973 年提出。由于 PEO 本身对电解质盐有溶剂化作用，PEO 体系聚合电解质的离子电导率较低，加入增塑剂可提高聚合物电解质的室温电导率，达到 10^{-3}S/cm，但其力学性能变差，分析认为是由于 PEO 部分溶于 EC 或 PC 中。线型 PEO 在增塑剂存在时易溶解，在 PEO 低聚物中加入交联剂，利用紫外（UV）聚合方法，使之成为一种网络状大分子，可降低聚合物在溶剂中的溶解度；同时，有利于包容更多的液体电解质。

PVDF 物理交联型 GSPE 最早是在 1975 年由 Feuillade 等 [77] 采用聚丙烯腈（PAN）、聚偏二氟乙烯 - 六氟丙烯（PVDF-HFP）交联共聚物与碳酸丙烯酯（PC）、电解质盐制备，是物理交联和化学交联的凝胶聚合物电解质。由于 PVDF 聚合物结构对称、规整，不利于离子导电。PVDF 和 HFP 共聚物相对于 PVDF 来说结晶度下降，在制备 GSPE 膜时，能够更好地形成凝胶膜，同时凝胶膜离子电导率提高。因此，现在的研究主要集中在 PVDF-HFP 共聚物上。PVDF 聚合物链含有很强的推电子基—CF$_2$，而且 PVDF 有较高的介电常数（$\varepsilon = 8.4$），有利于锂盐的解离。因此，PVDF 是制备聚合物凝胶电解质较理想的聚合物母体。

对于 PMMA 系列 GSPE，由于 MMA 单元中有一羰侧基，与碳酸酯类增塑剂中的氧相互作用强，能够容纳大量的液体电解质，并与其有良好的相容性，使电极有较好的界面稳定性。虽然 PMMA 体系 GSPE 电导率、锂离子迁移数、电位窗口、循环伏安性能均达到锂离子电池要求的性能，但由于机械强度差，限制了其应用。因此，通过对聚合物母体 PMMA 进行改性，例如交联成网络状、共聚、共混等成为解决聚合物电解质机械强度问题的有效方法。

3. 多孔型聚合物电解质

多孔型聚合物电解质（PSPE）聚合物本体具有多孔结构，增塑剂和盐存在于聚合物本体多孔结构中。因此，该聚合物膜应具有较高的孔隙率，较强的液体保持能力及一定的机械强度。此外，对聚合物多孔膜的孔径、形态结构以及聚合物本体在液体电解质中的溶胀能力等也符合一定要求。微孔型聚合物电解质所用基材大部分是 PVDF-HFP，膜的加工性能较好，所以很受开发商的重视，是最有希望应用于锂离子电池的一类聚合物电解质。Song 等[78]研究了 PC、磷酸三邻甲苯酯（TCP）、磷酸三乙酯（TEP）和 DBP 四种增塑剂对 PVDF-HFP 多孔膜孔结构的影响。Huang 等[79]用 PEO 的低聚物代替 DBP 增塑剂，由于 PVDF-HFP 与 PEO 之间存在着微观相分离，制备得到的多孔膜孔径为 $1 \sim 5\mu m$，远远高于由 PVDF-HFP-DBP 体系得到的膜孔径（$10 \sim 100nm$）。电化学测试结果表明，采用 PEO 低聚物为添加剂时提高了电解质的电导率和锂离子迁移数。Huang 等[80]研究了 PVDF-HFP/PS 共混体系，其中 PS 为隔膜提供力学强度。当共混膜中 PS 为 30%（质量分数）时吸液率达到最大，此时室温电导率为 $2 \times 10^{-3}S/cm$。Zhang 等[81]制备了微孔 P（AN-MMA）聚合物电解质，以 1mol/L 的 $LiBF_4$ 溶解在 EC-GBL 的混合溶剂中作为液体电解质，吸液量为 390% 的膜，在 20℃时电导率可达 $2.2 \times 10^{-3}S/cm$。Subramania 等[82]报道了不同组成比例的 PVDF-HFP/PAN 微孔聚合物电解质的电化学性能，20℃时具有最大锂离子电导率（$3.4 \times 10^{-3}S/cm$），电解质锂离子迁移数达 0.782，接近液态电解质水平。PSPE 膜性能优异，最为突出的是 Li^+ 在其内部网状结构的微孔中传输，传输行为和离子电导率值均与液态电解质相近。PSPE 典型代表是以 Bellcore 技术制备的 PVDF-HFP 电解质膜，最先由 Bell Communication Research 公司的 Gozdz 等进行研究。与 GSPE 膜相比，在不影响机械强度的情况下，PSPE 能吸收更多的液体电解质：以 PC 计量，其吸入量可达 65%（质量分数）；以固体聚合物体积计量，吸入量可达固体体积的 200%。在 PSPE 膜中离子以微孔为通道进行传输，其传输行为更接近液体电解质。PSPE 膜的离子电导率一般在 $10^{-3}S/cm$ 数量级，其数值与吸入的液体量有关。利用 Bellcore 技术制备的 PSPE 膜最先应用于锂离子电池实际生产中并已推向市场，在移动电话和 PDA 中得到应用，这是聚合物锂离子电池在产业化方面迈出的很重要的一步。PSPE 的出现不仅简化了锂离子电池的装配过程，还降低设计的成本及提供制造新型电池形状的可能性。

微孔型 PVDF-HFP 基聚合物电解质具有良好的力学性能和机械加工性能，但氟化聚合物对锂具有化学不稳定性，氟与锂反应生成氟化锂，因此 PVDF-HFP 基聚合物电解质不适用于锂为阳极的电池。PEO 与液体电解质亲和性良好，并且与电极（尤其是负极）具有更好的界面稳定性，降低或消除锂枝晶的形成及其对电池安全与循环寿命的影响。但 PEO 机械强度和热稳定性较差，且易溶于电解质中，难以单独应用于微孔型的电解质。PVDF-HFP 与 PEO 共混是一种简单有效的方法，干扰因素少，成膜易控制。但 PVDF-HFP 和 PEO 相容性差，长时间储存或使用会产生明显相分离，失去结合两者优点的特性，最终导致电池性能降低。交联可有效防止 PEO 溶于液体电解质。单纯 PEO 基的交联网络难以满足微孔型电解质的需要，而 PVDF-HFP 与交联 PEO 的半互穿网络电解质可兼具二者优点，同时克服共混膜的不足。任众、孙克宁等以聚乙烯亚胺（PEI）为引发剂，采用环氧端基的聚乙二醇（DIEPEG）为单体，制备聚乙二醇网络。由于聚乙烯亚胺与 PEO 分子结构类似，可单独用于锂电池聚合物电解质基体，同时反应温度只有 50℃，故克服了以前制备 PVDF-HFP 基半互穿网络聚合物电解质向半互穿网络体系中引入杂质的缺陷。表 4-8 为从 N_2 吸附 - 脱附曲线计算得到的各半互穿网络聚合物膜的孔参数。PVDF–HFP/DIEPEG+PEI（60：40）的聚合物膜具有最大的比表面积和孔体积，以及最小的平均孔径，即此膜具有最丰富、密集的微孔结构。该结构由于聚合物膜中适量的 DIEPEG 和 PEI 使成孔剂中的水分散良好，形成的水聚集体尺寸微小、分布均匀。因此，脱水后可得到良好的孔结构，这对于吸附液体电解质最为有利。

表4-8　PVDF–HFP/DIEPEG+PEI聚合物膜的孔参数

PVDF-HFP/DIEPEG+PEI（质量比）	比表面积/（m²/g）	孔容积/（mL/g）	平均孔径/nm
100：0	0.87	0.00768	30.3
80：20	1.10	0.00912	25.7
70：30	1.26	0.01108	25.5
60：40	1.34	0.01302	24.7
50：50	1.03	0.00897	26.1
40：60	0.69	0.00612	29.4
30：70	0.68	0.00608	30.5
20：80	0.54	0.00527	31.4

图 4-16 为各半互穿网络聚合物电解质的电导率 - 温度关系图。随 DIEPEG+PEI 含量的增加，电导率先增大后减小，这与表 4-8 所列孔容积变化趋势一致，

即孔容积越大吸附液体电解质越多，电导率越高：以 60∶40 膜的电导率为最高，20℃时达到 2.30×10^{-3}S/cm；纯 PVDF-HFP 的电导率为 1.07×10^{-3}S/cm，说明在 PVDF-HFP 中引入适量的交联 PEG 形成半互穿网络可大幅度提高电导率。以 PVDF-HFP/DIEPEG+PEI（60∶40）聚合物为电解质组装扣式电池，其充放电测试曲线见图 4-17。电池的首次放电比容量为 113.4mA•h/g。前 5 次放电曲线比较平缓，放电中值电压大于 3.8V，平台容量占总容量的 90% 以上。除首次充放电效率为 84.7% 外，其后电池的充放电库仑效率都大于 98%，且充放电容量差距微小。第 5 次放电比容量为首次放电比容量的 99.4%，所有的充放电之间的转换压降很小，表明电池的内阻较小。

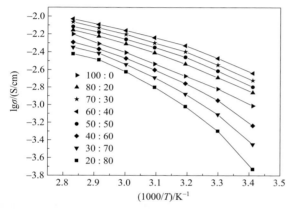

图 4-16 不同比例 PVDF-HFP/DIEPEG+PEI 聚合物电解质的电导率 – 温度图

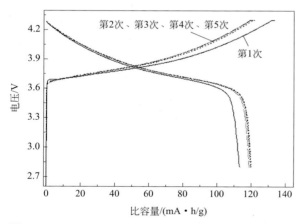

图 4-17 PVDF-HFP/DIEPEG+PEI 聚合物电解质组装的扣式电池前 5 次循环充放电测试曲线

图 4-18 为以 PVDF-HFP/DIEPEG+PEI（60∶40）聚合物为电解质的扣式电池在室温下的充放电循环性能曲线。电池初始比容量为 120.4mA·h/g，随循环次数增多，曲线呈平缓下降趋势，50 次循环后电池放电比容量为 119.1mA·h/g，整个循环的库仑效率均大于 99%，几乎无容量损失，这是因为 PVDF-HFP/DIEPEG+PEI（60∶40）的聚合物半互穿网络膜有较高的比表面积，同时交联 PEG 具有良好的吸收液体电解质的性能，使得电解质膜含有大量的液体电解质，"贫液"现象难以发生，整个循环过程保持较高电导率和小的不可逆容量。另外，该电解质膜具有高孔隙率、高吸液率和高电导率的特点，同时交联 PEG 网络对液体电解质吸收力较强。因此，该电池具有良好的大电流放电能力。

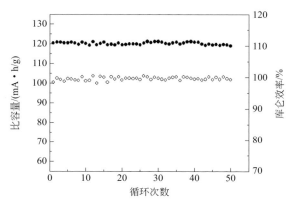

图 4-18 PVDF-HFP/DIEPEG+PEI 聚合物电解质组装的扣式电池在室温下的充放电循环性能曲线

PSPE 膜优点众多，但缺陷也不容忽视。由于它是一种相分离结构，液体电解质和聚合物本体支撑结构是两相，两者相互作用弱。微孔可看成是一种毛细管结构，吸取液体电解质后，在平衡状态时液体电解质吸附在微孔内，当外界条件改变（如温度变化或者受到振动、挤压时）时，平衡遭到破坏。微孔中处于平衡状态的液体电解质容易产生毛细管"芯吸效应"，液体容易从微孔中渗析到 PSPE 表面，进而流失，导致电解质性能不稳定。因此，孔径向更小尺寸发展是一个值得研究的方向。另外，Bellcore 工艺中很重要的一步是萃取塑化剂，萃取塑化剂所用的萃取剂就是甲醇、丙酮等有机溶剂，考虑到环保问题，对其回收循环会增加设备费用。

4. 复合型聚合物电解质

在高分子材料中加入某些无机填料，能使聚合物电解质的性能得到改善，具体表现在膜性能、力学性能、离子电导率和迁移数、电化学稳定窗口、对电极的界面稳定性等方面。这些无机填料包括电化学惰性的 α-Al_2O_3、氧化物粉末、铁电性粉末、含锂化合物粉末等。随着纳米技术的发展，粉末颗粒向超细化发展，纳米级的 SiO_2、TiO_2、ZnO、Al_2O_3 粉末相继出现，研究者把这些纳米粉末应用于 SPE 的研究中，通过制备复合型聚合物电解质（CSPE）膜，使得电解质的离子电导率得到大幅度提高。

将无机粉末添加到 SPE 中制备的 CSPE，在各方面性能的提升具体表现如下。

（1）机械强度　加入的无机粉末粒子与聚合物分子链间通过分子间作用力或化学键结合在一起，形成三维网络结构，从而大幅改善聚合物电解质的力学性能及电化学性能，解决部分聚合物体系由于不易成膜和机械强度较差导致的电池短路问题，可以更好地满足日益发展的高性能电池要求。

（2）离子电导率　聚合物电解质内无机粒子的加入可显著提高电解质的离子电导率。

（3）电化学窗口　无机粉末的加入可使得聚合物电解质（SPE、GPE 等）的电化学窗口得到拓宽，如（PVDF-HFP）-PMMA/$CaCO_3$（SiO_2）复合膜，其电化学稳定窗口达到 4.8V 以上。

二、聚合物电解质的制备

对同一种聚合物电解质而言，采用不同的制备方法，电解质膜在形态结构、吸液率、机械强度、电化学性能等方面可能会产生较大差异。因此，在制备锂离子电池电解质膜之前，需对制备电解质膜所用的材料、环境及对电解质膜结构特点的要求进行综合评估，确定一种最佳的制备方法。制备聚合物电解质的常用方法如下。

（1）萃取法　萃取法又名溶剂蒸发法，由美国 Bellcore 公司发明，最早应用于制备 PVDF-HFP 电解质膜。该法具体步骤如下：首先将 PVDF-HFP 共聚物粉末及增塑剂邻苯二甲酸二丁酯（DBP）添加到溶剂中，机械搅拌，待形成均一透明的溶液后在基体上流延成膜，待溶剂挥发后得到聚合物膜，然后用有机物乙醚提取造孔剂 DBP 形成微孔。当聚合物隔膜被浸入液体电解质后，电解质溶液便迅速充满这些微孔，微孔越多，吸取的液体电解质就越多，电导率就越高。但过高的孔隙率势必导致力学性能下降，而太低的孔隙率又将引起离子电导率的下降。因此，我们可以通过添加一些无机纳米颗粒来改善电解质的机械强度，并权衡三者之间的关系。任众、孙克宁等通过共聚反应在 PVDF-HFP 链上接枝聚乙二醇侧链，得到同时含有 PVDF-HFP 和 PEG 的接枝共聚物，然后通过萃取法制备该共聚物的微孔电解质膜；将 PVDF-HFP-g-PEG 粉末加入邻苯二甲酸二丁酯（DBP）和丙酮的混合溶剂中，DBP：丙酮 =1：6（质量比），室温下磁力搅拌使聚合物充分溶解，涂布浆料后，丙酮自然挥发，聚合物逐渐沉积成膜。

以该方法制备的电解质电导率较高，且制备工艺相对简单，成本较低，克服了电解质需在无水条件下制备等诸多缺陷。但整个制备过程中所用的溶剂及增塑剂的抽取过程需用到大量易燃有机化合物，且制备周期较长，限制了此类方法的使用。为进一步简化制作工艺、保护环境，人们开始将视线转向制备过程更为直接的相转化法。

（2）L-S 相转化法　L-S 相转化法又称沉浸凝胶法，是相转化法中最重要的一种方法，由于其简便的特点为聚合物分离膜带来了工业价值，是制膜史上的一块里程碑。根据改变溶液热力学状态物理方法的不同，L-S 相转化法又可分为热诱导沉淀相分离、从气相吸收非溶剂沉淀相分离、溶剂蒸发沉淀相分离及浸入非溶剂沉淀相分离四种。其中，浸入非溶剂沉淀相分离是最为普遍的制膜方法，其制膜工艺为：先将聚合物溶解，初步成膜后再浸入非溶剂浴中，利用溶剂与非溶剂对聚合物溶解性的不同使聚合物溶液发生液 - 液相分离而形成微孔膜。

相转化过程中常用丙酮、THF（四氢呋喃）或 DMF（N, N- 二甲基甲酰胺）作为溶剂，水或乙醇作为非溶剂，选用的聚合物材料有 PVDF-HFP、PAN、苯乙烯以及它们与 PMMA 或 PEO 等的共混共聚物。以 PVDF-HFP 为主，制备的微孔型电解质电导率通常都较高，但机械强度参差不齐，有的具有一定弹性，有的脆性较大。一般来说，微孔型聚合物电解质主要靠储存于微孔中的液体电解质导电，储液量多则电导率高，但储液量多也意味着膜中孔穴占的比例较大，电解质的机械强度必然会受影响。如何权衡这两个因素，在保证一定机械强度的基础上提高电解质的导电能力是最需解决的问题。Choi 等[83] 研究了不同溶剂制得的 PVDF 均聚物或共聚物膜的形态，在聚合物与溶剂的相容性好时得到的是致密膜，在相容性不太好时则得到微孔膜。膜越致密，吸收的电解质溶液越少，电导率越低。当吸收的电解质溶液达到一定量后，电导率可提高至 10^{-3}S/cm 数量级。Lee[84] 和 El-Nesr[85] 等改进了溶剂与不良溶剂之间配比，使相转化工艺更加完善。Catalani[86] 等研究了溶剂对 PVDF-HFP 薄膜孔结构及性能的影响。结果表明，以丙酮为溶剂、蒸馏水为不良溶剂的聚合物溶液在 60℃，搅拌 2h，采用干法制膜，薄膜厚度控制在 50μm，制得的薄膜能满足聚合物锂离子电池的要求。Rosemberg[87] 等采用水蒸气沉淀法制备 PVDF-HFP 微孔型聚合物电解质，研究了掺杂纳米二氧化硅对电化学性能的影响。表 4-9 列出了几种有代表性的微孔型聚合物电解质的性能。

表4-9　相转化法制备的微孔型聚合物电解质的性能

聚合物电解质基质	液体电解质	室温电导率/（mS/cm）
PVDF-HFP	LiFP$_6$-EC-DEC	2.1

聚合物电解质基质	液体电解质	室温电导率/（mS/cm）
PVDF-HFP/SiO$_2$	LiClO$_4$-EC-DEC	2.11
PVDF-HFP/PMMA	LiFP$_6$-EC-EMC	0.95
PVDF-PEO	LiClO$_4$-PC	1.96
PVDF-HFP/PMMA	LiClO$_4$-EC-PC	0.804
PVDF-HFP-PAN	LiClO$_4$-EC-DEC	3.41
PAN	LiFP$_6$-EC-DMC	2.8
P（AN-MMA）	LiClO$_4$-EC-DMC	1.0
PMS	LiClO$_4$-EC-DMC	1.0

（3）高压静电纺丝法　高压静电纺丝是指带有电荷的前驱体溶液在高压电场的作用下从毛细尖端喷射出来，经溶剂蒸发，以纤维的形式交错沉积形成无纺布的过程。静电纺丝装置（图4-19）主要由高压电源、推进泵、注射器和负极收集装置组成，基本纺丝过程为：将配好的待电纺的聚合物溶液灌进注射器中，启动高压电源，调节电压在10～30kV范围，随着溶剂的蒸发在收集器上便得到无纺布纤维。

在静电纺丝过程中，影响电纺出来的聚合物电解质性能的因素主要包括三种：①前驱体溶液或熔体的固有特性，如黏度、挥发性、表面张力、电导率等内因；②可调控因素，如溶液浓度、泵的转速等；③环境因素，包括空气的湿度、风向等外因。

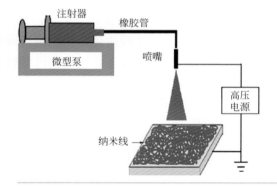

图 4-19
静电纺丝装置示意图

三、聚合物电解质的发展趋势

1. 目前存在的问题

全固态聚合物电解质存在的主要问题是室温离子电导率过低，电池只能在较高温度下使用。以增塑型聚合物为电解质的电池虽已实现了产业化，但实际应用时仍有不足，主要表现为：①电池高倍率充放电性能和低温性能欠佳；②电解质及聚合物电池的生产工艺还有待改善；③电池成品率需进一步提高；④成本高。

电解质的室温离子电导率是液态电解质的几分之一甚至几十分之一，与电极的接触也不好，这是电池高倍率充放电性能和低温性能不好的直接原因；凝胶型聚合物电池虽然对电解质的机械强度无很高的要求，但由于聚合物的组成较复杂，热聚合时需要的时间较长，电池的综合性能因此受到影响；而微孔型聚合物电解质机械强度差，制约着聚合物电池的规模化生产和成品率的提高。

2. 研究方向及发展趋势

目前，妨碍全固态聚合物电解质常温使用的主要原因是其离子电导率过低，可从两方面进一步开展研究：一是采用分子链段运动较快的新型聚合物体系，可通过选用或制备新的有机高分子材料来实现，也可采用嫁接方法将某些有机固体增塑剂连接到现有或新制备的高分子链上，通过自增塑作用来提高电解质的电导率；二是研制新的导电锂盐或制备新型"Polymer in Salt"电解质。增塑型聚合物电解质目前已实现了工业应用，前景光明，未来的研究重点如下。

（1）制备复合型聚合物电解质　复合型聚合物电解质（composite polymer electrolyte，CPE）是在凝胶型或微孔型电解质中加入无机材料后制成的多相复合体，其中加入无机纳米材料的作用是：①阻碍聚合物链段的规整排列，降低电解质的结晶度，提高离子电导率；②吸附固化聚合物，增强聚合物的力学性能和热稳定性；③作为 Lewis 酸与锂盐负离子及聚合物中的 X（X=N、F、O）反应，减少 Li^+-X^- 离子对，增加载流子数目，促进 Li^+ 迁移；④吸附体系中微量杂质和水分，改变电解质与锂的界面状况，减少阻抗和腐蚀。通常添加的无机材料有 SiO_2、Al_2O_3、TiO_2 等，既可直接添加，也可现场制备或改性后再添加。除了添加纳米材料外，加入陶瓷材料等也能改善电解质的微孔结构，减少漏液；加入中孔"择形"分子筛可只让半径较小的 Li^+ 进入孔道，从而起到载流子单向通道的作用，增加锂离子迁移数。

（2）研制新型聚合物电解质材料　无论是微孔型还是凝胶型聚合物电解质体系，在实际应用过程中要解决电导率、机械强度或现场聚合工艺等问题，都需要对高分子的官能团或链段的结构进行设计，以得到新的性能更佳的聚合物体系。

总结近年的研究成果发现，用于电解质的聚合物新材料的研制主要集中在以下方面：①用几种聚合物的单体共聚，以制备梳状结构的聚合物；②采用微波或紫外光辐射等手段将一种聚合物嫁接到另一种高分子材料上，利用其中的一种增强电解质的机械强度，另一种改善储液能力；③对原有聚合物材料进行化学改性处理；④借鉴全固态电解质中单离子导体能提高 Li$^+$ 迁移数的性质，制备具有梳状结构的含锂大分子；⑤在聚合物分子中引入硼原子，利用其缺电子性质改善电解质界面性质，提高电池循环性能；⑥根据超支结构的聚合物比线型分子有更强的储液能力和离子传输能力的性质，制备具有超支化结构的星形或多臂形聚合物；⑦合成含多个羰基或多个吸电子原子的化合物，提高聚合物与液体电解质的相容性。其中，单离子导体是指只有一种离子能迅速传导而实现导电的一类离子导体，通过化学键将阴离子固定在高聚物分子链上或使阴离子的体积较大，相对于阳离子不便于移动。在锂离子电池中，锂离子是充放电过程中参与成流反应的离子，而现有电解质体系中锂离子的迁移数一般都为 0.2 ～ 0.5。因此，研究具有高离子电导率且迁移数接近于 1 的固体聚合物电解质将成为一个重要的方向。

（3）新型制备工艺的设计　对现有 Bellcore 工艺进行改进，利用微波、紫外线、等离子体等现代手段合成新材料，设计新的更简单、实用的聚合物电解质制备工艺，结合高分子内部结构的调整和外部作用力的影响来改善聚合物电解质的机械强度等关键性能。

（4）聚合物电解质中离子传输机理和界面性质的研究　目前对聚合物电解质的制备工艺研究较多，对基础理论研究相对较少。电池工作过程中的传质、表面转化以及电荷传递等一系列复杂过程都发生在电极与聚合物电解质的界面上，因此，电池界面性质的好坏直接影响其综合性能。另外，了解电解质的离子传输机理对设计新的聚合物电解质体系同样具有重要指导意义。总之，加强电解质的基础理论研究势在必行。

随着初期化成的进行，在聚合物锂离子电池中电极与聚合物电解质界面上会形成界面钝化层，而界面层的组成、致密程度和稳定性对电极反应的动力学常数、电池循环性能以及安全性都有直接影响。随着固态核磁共振谱技术、中子衍射谱技术以及交流阻抗技术等研究方法的使用，人们正在深入研究电极与聚合物电解质界面的性质。

第三节
无机固体电解质

固体电解质又称超离子导体，具有较高的离子电导率（一般要求 $\sigma > 10^{-3}$S/cm），低的电子电导率，低的活化能（ $E < 0.5$eV），在电化学器件、高能高密度电池、高储能与转化关系等诸多领域中有潜在的使用前景，已引起人们的广泛关注。

目前锂离子二次电池所采用的有机液体电解质，容易出现漏液，腐蚀电极甚至发生氧化燃烧等安全性问题。采用固体电解质作为电池的隔膜材料制作全固态电池，具有使用温度范围宽、自放电小、使用寿命长、装配方便、可实现小型化、产品价格低、在高温下可保持稳定性等优点。优良的锂离子无机固态电解质应当具有以下特点：

① 工作温度下（最好为室温下）具有较高的锂离子传导率；
② 在工作温度下的电子电导率可以忽略不计；
③ 没有晶界阻抗，或者晶界阻抗小到可以忽略的程度；
④ 在制备和工作期间与电极（特别是锂和锂合金负极）间，具有良好的稳定性；
⑤ 电解质与电极的热膨胀系数相吻合；
⑥ 宽电化学窗口电压［0～5.5V（*vs* Li）］；
⑦ 环境友好、不吸潮、价廉且易制备。

锂离子无机固体电解质材料按照其物质结构可以分为晶体型固体电解质和玻璃态非晶态固体电解质。晶体型固体电解质又分为钙钛矿型、NASICON 型、LISICON 型、层状 Li_3N 型，以及其他一些新型的固体电解质；而非晶态固体电解质主要包括氧化物玻璃和硫化物玻璃两大类固体电解质材料。

一、钙钛矿型

理想的钙钛矿结构 ABO_3 为立方面心密堆积。钙钛矿结构的固体电解质，其离子导电性通常由晶体中的空位、离子传递瓶颈大小以及离子的晶化有序度等因素决定。典型的钙钛矿锂离子固体电解质是钛酸镧锂（$Li_{1/2}La_{1/2}TiO_3$）[88]，见图4-20。

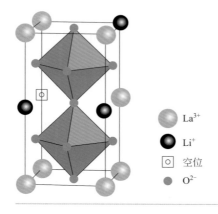

La³⁺
Li⁺
☐ 空位
O²⁻

图 4-20
钛酸镧锂（$Li_{1/2}La_{1/2}TiO_3$）的结构模型示意图

该类型固体电解质材料的研究主要集中于结构元素的掺杂或部分元素的替代。在 ABO_3 结构中 A 位置对材料的导电性影响最为明显，因为 A 位置通常决

定 Li^+ 在材料中的传输瓶颈大小。比如 A 位置，用半径较大的高价离子 Sr^{2+} 取代 ABO_3 结构中的部分 Li^+ 和 La^{3+}，晶胞体积增大，传输 Li^+ 的瓶颈变大，电导率随之变大。而用半径较小的 Ca^{2+} 取代时，离子电导率就相应地减小。对 B 位的研究主要是高价金属元素（如 Sn、Zr、Mn、Ge、Al）掺杂对材料性能的作用研究，最近有新的研究是将晶体结构中的部分 O^{2-} 用 F^- 替代，以改变晶体内化学键的键强，从而提高材料的离子电导率[89]。

二、NASICON型

当钙钛矿中的氧用多阴离子取代时，可以增加晶体内自由体积，提高离子电导率，这就是 NASICON 型固体电解质。这类化合物的分子式一般为 $M[A_2B_3O_{12}]$，这里 M、A、B 分别代表一价、四价、五价的离子，其结构如图 4-21 所示。在这种晶体结构中有两种填隙位置（M_1 和 M_2）可由 M^+ 导电离子来占据，导电阳离子通过瓶颈从一个位置迁移到另一个位置，瓶颈的大小取决于骨架离子 $[A_2B_3O_{12}]^-$ 的大小。这类固体电解质的离子通道与离子半径大小必须匹配，需结构稳定、相单一、孔隙率低、致密度高，才能具有较高的离子电导率[90]。

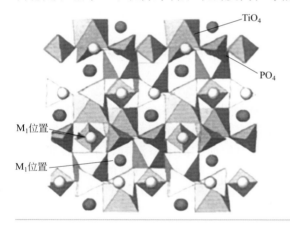

图 4-21
NASICON 型晶体结构的示意图

对 NASICON 型固体电解质材料的改性研究依旧以掺杂为主，例如掺入低价元素 Al、Fe、Sc 和 Y 等，以增加晶体中可移动的锂离子数目，以 Ge^{4+} 替代 Ti^{4+} 改善晶体结构和离子通道，掺入具有烧结特性更好的成分，尽量减小晶界阻抗。

三、LISICON型

LISICON 是另一类具有较高离子电导率的固体电解质材料，其典型代表是

$Li_{14}Zn（GeO_4）_4$，以 $Li_{11}Zn（GeO_4）_4$ 构成牢固的三维网络结构，而剩下的 3 个 Li^+ 作为可移动的离子。对 LISICON 的改性研究集中于材料掺杂和新型制备方法[91]。通过掺杂引入其他元素（如 Zr）可以提高晶体的稳定性，防止分相的出现，有针对性地制造孔隙或改变通道的大小，以及弱化骨架与迁移离子间的作用力，从而提高离子的电导率。有的研究是利用新的制备方法改变材料的结构（如孔隙率）和烧结性等性质，以改变其离子导电性。近期对 LISICON 型材料的改性主要是对于硫代 LISICON（thio-LISICON）固体电解质的研究，通过 S 取代结构中的 O 可以显著提高晶胞尺寸，扩大离子传输瓶颈尺寸，使 LISICON 型固体电解质的离子电导率大幅提高。

四、层状 Li_3N 型

Li_3N 晶体具有层状结构，锂离子可以在两层 Li_2N 之间进行传输，其锂离子电导率达到 $10^{-3}S/cm$。但是，Li_3N 的电化学稳定范围十分狭窄。对 Li_3N 型材料的研究主要是 Li_3N 的衍生物，比如在其中掺杂一些卤族元素、碱金属、碱土金属元素和其他一些元素，主要目的是提高材料的分解电压，但掺杂后往往会引起材料离子电导率的大幅下降。研究同时还发现，一些 Li_3N 的衍生物有可能作为锂电池活性材料应用。

五、氧化物玻璃电解质

氧化物玻璃电解质是由网络构成氧化物（如 SiO_2、B_2O_3、P_2O_5）和网络改性氧化物（如 Li_2O）组成，氧离子固定在玻璃网络间并以共价键连接，只有锂离子可以在网络间迁移。氧化物玻璃电解质的离子室温电导率一般都不高，而且影响其离子室温电导率的因素有很多。首先，增加 Li_2O 的含量会导致氧化物玻璃电解质电导率的升高。但对锂离子导体来说，Li_2O 含量增加到一定程度时，会导致非桥接氧原子数增加，非桥接氧原子可以捕获锂离子，从而降低氧化物玻璃电解质的电导率。其次，锂离子的导电性能与材料的缺陷结构也有很大关系，氧化物玻璃电解质的传导通道中存在最小的孔道，它决定着锂离子的传导速率。

由于氧化物玻璃电解质一般具有较好的物理化学和电化学稳定性，对它的研究主要是如何提高其离子电导率。高价离子对氧化物玻璃电解质材料的掺杂作用是目前该领域研究的热点之一，通过 V^{5+}、Se^{4+}、Ti^{4+}、Ge^{4+}、Al^{3+} 等高价离子的掺杂可以改变网络结构以及锂离子的传输环境，从而十分明显地提高氧化物玻璃电解质的电导率。

六、硫化物玻璃电解质

硫化物玻璃电解质比氧化物玻璃电解质具有更高的离子电导率，这是由于硫的电负性较小，对离子的束缚力较小；而半径较大，离子通道较大，这些均有利于离子的迁移。经过十几年的研究，硫化物玻璃电解质性能得到很大改善，但其热稳定性能仍较差，容易吸潮。研究表明，在硫化物玻璃电解质 Li_2S_2-SiS_2 中掺入少量的氧化物 LiMO（M=Si、P、Ge、B、Al、Ga、In）可提高材料的热稳定性能、电化学窗口和离子电导率。硫化物玻璃电解质作为锂离子电池的电解质已经得到广泛研究。

七、Garnet型锂离子固态电解质

Garnet 型的 $Li_7La_3Zr_2O_{12}$（LLZO）自从 2007 年由 Murugan 等[92]通过高温固相合成法制备成功后，因具有高的离子电导率，低的界面电阻，优良的稳定性能和电化学性能，逐渐成为二次锂离子电池最有潜力的固态电解质之一。

LLZO 晶体结构是由 $[AO_4]$ 四面体和 $[BO_6]$ 八面体共边界组成的三维网络。其中，Li 同时处于四面体和八面体上。LLZO 存在两种晶体结构，分别是立方结构和四方结构，其晶体结构如图 4-22 所示，其中立方结构又分为高温立方结构和低温立方结构。在 LLZO 中，Li 如果与四面体中的氧配位，则称为 Li（1）；如果与八面体中的氧配位，则称为 Li（2）。在立方结构中，Li（1）和 Li（2）结构如图 4-22（b）和图 4-22（c）所示；在四方结构中，Li 处于 1 个四面体上和 2 个扭曲的八面体上，其 Li（1）、Li（2）、Li（2′）具体结构见图 4-22（b′）和图 4-22（c′）。在 LLZO 中，只有存在足够的锂空位，才会促进锂的移动，从而导电。研究发现，在立方结构中，锂亚晶格总是处于无序状态，因而不存在较长的锂离子空位有序排列。相反，在四方结构中，锂亚晶格处于有序状态，存在较长的锂空位有序排列，因此立方结构晶体电导率通常比四方结构晶体高。

目前，合成 Garnet 型的 LLZO 无机固体电解质的方法主要有高温固相合成法、溶胶凝胶法，以及放电等离子体烧结法、微波合成法等其他一些方法。在制备 LLZO 时，应因地制宜选取适合的方法，合理调控原材料的含量、烧结温度和烧结时间等因素，以获得离子电导率较高且结构稳定的电解质。

LLZO 晶体结构的差异使得立方结构的 LLZO 离子电导率通常比四方结构的高 2～3 个数量级，然而在高温烧结下，立方结构不稳定，容易转换为四方结构，从而降低离子电导率。因此，建立 LLZO 稳定的立方结构成为研究快速锂离子导体的一大热点，也是提高 LLZO 离子电导率的一条途径。研究发现，通过对 LLZO 进行掺杂可以有效抑制晶体结构的改变，呈现稳定的立方晶体结构。掺杂

改性就是用适宜的原子去替代原有 LLZO 中的某个原子位置，得到比较稳定的适合 Li⁺ 通过的晶体结构，弱化基础骨架与 Li⁺ 的作用力，从而降低晶界电阻，提高离子电导率。目前，主要针对 LLZO 中的 Li、La 和 Zr 位置进行掺杂改性。

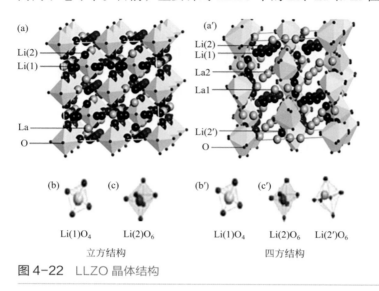

图 4-22　LLZO 晶体结构

　　总之，液体电解质虽然已经在商业化锂离子电池中得到实际应用，但由于液体电解质为有机易燃物，电池在加热、过充电或过放电、短路、高温等条件下容易导致温度升高，从而带来燃烧或爆炸等安全隐患。液体电解质电池成型困难，只能制备成常见的方形、圆形。与此同时，目前使用的高纯度 LiPF₆ 和基于碳酸丙烯酯的有机混合溶剂价格昂贵。鉴于以上原因，新型的锂离子聚合物电解质以及无机固态电解质等显示独特的优势：①消除锂液态电解质电池中液体的渗漏问题，提高电池的安全性能；②有效地避免锂液态电解质电池中锂电极和溶液中物质的电化学反应，提高电池的寿命；③便于生产各种外观和形状的锂电池，利于工业化生产，成本较低。

　　聚合物电解质存在的主要问题是室温离子电导率过低，是液态电解质的几分之一甚至十几分之一，与电极的接触性不好，导致电池高倍率充放电性能和低温性能欠佳。可从两方面进一步开展研究：一是采用分子链段运动较快的新型聚合物体系，这可通过选用或制备新的有机高分子材料来实现，也可采用嫁接方法将某些有机固体增塑剂连接到现有或新制备的高分子链上，通过自增塑作用来提高电解质的电导率；二是研制新的导电锂盐或制备新型 "Polymer in Salt" 电解质。当然，相关电解质及聚合物电池的生产工艺还有待改善。无机固体电解质作为电池的隔膜材料制作全固态电池，具有使用温度范围宽、自放电小、装配方便、可实现小型化、产品价格低、在高温下可保持稳定等优点。但是，这类电解质的离子电导率小，与正负极的接触电阻大，导致电池的容量低、循环效率差，因此仍需要进一步研究和开发。

参考文献

[1] Xu K. Nonaqueous liquid electrolytes for lithium-based rechargeable batteries[J]. Chemical Reviews, 2004, 104: 4303-4418.

[2] Barthel J, Gores H J. Liquid nonaqueous electrolytes[M]. New York: VCH-Wiley, 1998.

[3] Mcmillan R S, Juzkow M W. A Report on the development of a rechargeable lithium cell for application in autofocus cameras[J]. Journal of The Electrochemical Society, 1991, 138: 1566-1569.

[4] Fong R, Sacken U, Dahn J R. Studies of lithium intercalation into carbons using nonaqueous electrochemical cells[J]. Journal of The Electrochemical Society, 1990, 137: 2009-2013.

[5] Xu K, Ding S P, Jow T R. Toward reliable values of electrochemical stability limits for electrolytes[J]. Journal of The Electrochemical Society, 1999, 146: 4172-4178.

[6] Janz G J. Nonaqueous electrolytes handbook[M]. New York: Academic Press, 1972.

[7] Ding M S, Xu K, Zhang S S, et al. Liquid/solid phase diagrams of binary carbonates for lithium batteries part II [J]. Journal of The Electrochemical Society, 2001, 148: A299-A304.

[8] Xu K. Electrolytes and interphases in Li-ion batteries and beyond[J]. Chemical Reviews, 2014, 114: 11503-11618.

[9] Younesi R, Veith G M, Johansson P, et al. Lithium salts for advanced lithium batteries: Li-metal, Li-O$_2$, Li-S[J]. Energy & Environmental Science, 2015, 8: 1905-1922.

[10] Agubra V A, Fergus J W. The Formation and stability of the solid electrolyte interface on the graphite anode[J]. Journal of Power Sources, 2014, 268: 153-162.

[11] Tasaki K, Kanda K, Nakamura S, et al. Decomposition of LiPF$_6$ and stability of PF$_5$ in Li-ion battery electrolytes: Density functional theory and molecular dynamics studies[J]. Journal of The Electrochemical Society, 2003, 150: A1628-A1636.

[12] Yamaki J, Shinjo Y, Doi T, et al. The rate equation of decomposition for electrolytes with LiPF$_6$ in Li-ion cells at elevated temperatures[J]. Journal of The Electrochemical Society, 2015, 162: A520-A530.

[13] Aravindan V, Gnanaraj J, Madhavi S, et al. Lithium-ion conducting electrolyte salts for lithium batteries[J]. Chemistry, 2011, 17:14326-14346.

[14] Zhang S S, Jow T R. Aluminum corrosion in electrolyte of Li-ion battery[J]. Journal of Power Sources, 2002, 109: 458-464.

[15] Grützke M, Kraft V, Hoffmann B, et al. Aging investigations of a lithium-ion battery electrolyte from a field-tested hybrid electric vehicle[J]. Journal of Power Sources, 2015, 273: 83-88.

[16] Xu K. Tailoring electrolyte composition for LiBOB batteries and energy storage[J]. Journal of The Electrochemical Society, 2008, 155: A733-A738.

[17] Li S Y, Zhao Y Y, Shi X M, et al. Effect of sulfolane on the performance of lithium bis(oxalato)borate-based electrolytes for advanced lithium ion batteries[J]. Electrochimica Acta, 2012, 65: 221-227.

[18] Tarascon J M, Guyomard D. New electrolyte compositions stable over the 0 to 5V voltage range and compatible with the $Li_{1+x}Mn_2O_4$/carbon Li-ion cells[J]. Solid State Ionics, 1994, 69: 293-305.

[19] Ue M, Mori S. Mobility and ionic association of lithium salts in a propylene carbonate‐ethyl methyl carbonate mixed solvent[J]. Journal of The Electrochemical Society, 1995, 142: 2577-2581.

[20] Walker C W, Cox J D, Salomon M. Conductivity and electrochemical stability of electrolytes containing organic solvent mixtures with lithium[J]. Journal of The Electrochemical Society, 1996, 143: L80-L82.

[21] Fujinami T, Buzoujima Y. Novel lithium salts exhibiting high lithium ion transference numbers in polymer electrolytes[J]. Journal of Power Sources, 2003, 119: 438-441.

[22] Liaw B Y, Roth E P, Jungst R G, et al. Correlation of arrhenius behaviors in power and capacity fades with cell impedance and heat generation in cylindrical lithium-ion Cells[J]. Journal of Power Sources, 2003, 119: 874-886.

[23] Zhang X R, Kostecki R, Richardson T J, et al. Electrochemical and infrared studies of the reduction of organic carbonates[J]. Journal of The Electrochemical Society, 2001, 148: A1341-A1345.

[24] Ota H, Sato T, Suzuki H, et al. TPD-GC/MS analysis of the solid electrolyte interface (SEI) on a graphite anode in the propylene carbonate/ethylene sulfite electrolyte system for lithium batteries[J]. Journal of Power Sources, 2001, 98: 107-113.

[25] Wrodnigg G H, Wrodnigg T M, Besenhard J O, et al. Propylene sulfite as film-forming electrolyte additive in lithium ion batteries[J]. Electrochemistry Communications, 1999, 1: 148-150.

[26] Winter M, Appel W K, Evers B, et al. Studies on the anode/electrolyte interfacein lithium ion batteries[J]. Monatshefte für Chemie, 2001, 132: 473-486.

[27] Aurbach D, Gamolsky K, Markovsky B, et al. On the use of vinylene carbonate (VC) as an additive to electrolyte solutions for Li-ion batteries[J]. Electrochimica Acta, 2002, 47: 1423-1439.

[28] Matsuoka O, Hiwara A, Omi T. Ultra-thin passivating film induced by vinylene carbonate on highly oriented pyrolytic graphite negative electrode in lithium-ion cell[J]. Journal of Power Sources, 2002, 108: 128-138.

[29] 黄文煌, 严玉顺, 万春荣, 等. 电解液添加剂对锂离子蓄电池循环性能的影响 [J]. 电源技术, 2001, 25: 91-93.

[30] Shin J S, Han C H, Jung U H, et al. Effect of Li_2CO_3 additive on gas generation in lithium-ion batteries[J]. Journal of Power Sources, 2002,109: 47-52.

[31] Choi Y K, Chung K, Kim W S, et al. Suppressive effect of Li_2CO_3 on initial irreversibility at carbon anode in Li-ion batteries[J]. Journal of Power Sources, 2002, 104: 132-139.

[32] Tsutsumi M, Horiuchi H, Watanable I, et al. Electrolytic solution for lithium secondary battery and lithium secondary battery using the same[P]. USP, 5731106, 1998.

[33] Lee H S, Yang X Q, Xiang C L, et al. The synthesis of a new family of boron-based anion receptors and the study of their effect on ion pair dissociation and conductivity of lithium salts in nonaqueous solutions[J]. Journal of The Electrochemical Society, 1998, 145: 2813-1818.

[34] Sun X, Lee H S, Yang X Q, et al. A New additive for lithium battery electrolytes based on an alkyl borate compound[J]. Journal of The Electrochemical Society, 2002, 149: A355-A359.

[35] Xu K, Zhang S S, Allen J L, et al. Nonflammable electrolytes for Li-ion batteries based on a fluorinated phosphate[J]. Journal of The Electrochemical Society, 2002, 149: A1079-A1082.

[36] Wang X M, Yasukawa E, Kasuya S. Nonflammable trimethyl phosphate solvent-containing electrolytes for lithium-ion batteries: I Fundamental properties[J]. Journal of The Electrochemical Society, 2001, 148: 1058-1065.

[37] Yokoyama K, Sasano T, Hiwara A. Fluorine-substituted eyelic carbonate electrolytic solution and battery

containing the same[P]. USP, 6010806, 2000.

[38] Xu K, Ding M S, Zhang S S, et al. Evaluation of fluorinated alkyl phosphates as flame retardants in electrolytes for Li-ion batteries: I physical and electrochemical properties[J]. Journal of The Electrochemical Society, 2003, 150: A161-A169.

[39] Zhang S, Xu K, Jow T. Low-temperature performance of Li-ion cells with a $LiBF_4$-based electrolyte[J]. Journal of Solid State Electrochemistry, 2003, 7: 147-151.

[40] 左晓希，李伟善，刘建生，等. 砜类添加剂在锂离子电池电解液中的应用 [J]. 电池工业，2006, 11: 97-99.

[41] Wrodnigg G H, Besenhard J O, Winter M. Cyclic and acyclic sulfites: New solvents and electrolyte additives for lithium ion batteries with graphitic anodes[J]. Journal of Power Sources, 2001, 98: 592-594.

[42] Yu B T, Qiu W H, Li F S. A study on sulfites for lithium-ion battery electrolytes[J]. Journal of Power Sources, 2006, 158: 1373-1378.

[43] Lee Y S, Lee K S, Sun Y K, et al. Effect of an organic additive on the cycling performance and thermal stability of lithium-ion cells assembled with carbon anode and $LiNi_{1/3}Co_{1/3}Mn_{1/3}O_2$ cathode[J]. Journal of Power Sources, 2011, 196: 6997-7001.

[44] Lee K S, Sun Y K, Noh J, et al. Improvement of high voltage cycling performance and thermal stability of lithium-ion cells by use of a thiophene additive[J]. Electrochemistry Communications, 2009, 11: 1900-1903.

[45] 许梦清，邢丽丹，李伟善. 用于高电压锂离子电池的非水电解液及其制备方法与应用 [P]. CN, 101702447A, 2010-05-05.

[46] Von C A，Xu K. Electrolyte additive in support of 5V Li-ion chemistry[J]. Journal of The Electrochemical Society，2011, 158: A337-A342.

[47] Welton T. Room-temperature ionic liquids solvents for synthesis and catalysis[J]. Chemical Reviews, 1999, 99: 2071-2083.

[48] Li D M, Shi F, Guo S, et al. One-pot synthesis of silica gel confined functional ionic liquids: Effective catalysts for deoximation under mild conditions[J]. Tetrahedron Letters, 2004, 45: 265-268.

[49] Hagiwara R, Matsumoto K, Nakamori Y, et al. Physicochemical properties of 1,3-dialkyimidazolium fluorohydrogenate room temperature molten salts[J]. Journal of The Electrochemical Society, 2003, 150: D195-D199.

[50] Sun J, MacFarlane D R, Forsyth M. A new family of ionic liquids based on the 1-alkyl-2-methyl pyrrolinium cation[J]. Electrochimica Acta, 2003, 48: 1707-1711.

[51] Fernicola A, Croce F, Scrosati B, et al. LiTFSI-BEPyTFSI as an improved ionic liquid electrolyte for rechargeable lithium batteries[J]. Journal of Power Sources, 2007, 174: 342-348.

[52] Sakaebe H, Matsumoto H. N-methyl-N-propylpiperidinium bis (trifluorometha- nesulfonyl) imide (PP13-TFSI)– novel electrolyte base for Li battery[J]. Electrochemistry Communications, 2003, 5: 594-598.

[53] Garcia B, Lavallee S, Perron G, et al. Room temperature molten salts as lithium battery electrolyte[J]. Electrochimica Acta, 2004, 49: 4583-4588.

[54] Garcia B, Armend M. Aluminium corrosion in room temperature molten salt[J]. Journal of Power Sources, 2004, 132: 206-208.

[55] Seki S, Kobayashi Y, Miyashiro H. Lithium secondary batteries using modified-imidazolium room-temperature ionic liquid[J]. The Journal of Physical Chemistry B, 2006, 110: 10228-10230.

[56] Kim S, Jung Y J, Park S J, et al. Effect of Imidazolium cation on cycle life characteristics of secondary lithium-sulfur cells using liquid electrolytes[J]. Electrochimica Acta, 2007, 52: 2116-2122.

[57] Chagnes A, Diaw M, Carré B, et al. Imidazolium-organic solvent mixtures as electrolytes for lithium batteries[J]. Journal of Power Sources, 2005, 145: 82-88.

[58] Sugimoto T, Kikuta M, Ishiko E, et al. Ionic liquid electrolytes compatible with graphitized carbon negative without additive and their effects on interfacial properties[J]. Journal of Power Sources, 2008, 183: 436-440.

[59] Holzapfel M, Jost C, Prodi-Schwab A. Stabilisation of lithiated graphite in an electrolyte based on ionic liquids: An electrochemical and scanning electron microscopy study[J]. Carbon, 2005, 43: 1488-1498.

[60] Zheng H H, Zhang H, Fu Y, et al. Temperature effects on the electrochemical behavior of spinel $LiMn_2O_4$ in quaternary ammonium-based ionic liquid electrolyte[J]. The Journal of Physical Chemistry B, 2005, 109: 13676-13684.

[61] Tsunashima K, Sugiya M. Physical and electrochemical properties of low-viscosity phosphonium ionic liquids as potential electrolytes[J]. Electrochemistry Communications, 2007, 9: 2353-2358.

[62] Sato T, Maruo T, Marukane S. Ionic liquids containing carbonate solvent as electrolytes for lithium ion cells[J]. Journal of Power Sources, 2004, 138: 2253-2261.

[63] 许金强，杨军，努丽燕娜，等. 二次锂电池用离子液体电解质研究 [J]. 化学学报，2005, 63: 1733-1738.

[64] Matsumoto H, Sakaebe H, Tatsumi K, et al. Fast cycling of $Li/LiCoO_2$ cell with low-viscosity ionic liquids based on bis(fluorosulfonyl)imide $[FSI]^-$ [J]. Journal of Power Sources, 2006, 160: 1308-1313.

[65] Zhang Z X, Gao X H, Yang L. Electrochemical properties of room temperature ionic liquids incorporating BF_4^- and $TFSI^-$ anions as green electrolytes[J]. Chinese Science Bulletin, 2005, 50: 2005-2009.

[66] Zhou Z B, Matsumoto H, Tatsumi K. Structure and properties of new ionic liquids based on alkyl-and alkenyltrifluoroborates[J]. Chemphyschem: a European journal of chemical physics and physical chemistry, 2005, 6: 1324-1332.

[67] Guerfi A, Dontigny M, Charest P, et al. Improved electrolytes for Li-ion batteries: mixtures of ionic liquid and organic electrolyte with enhanced safety and electrochemical performance[J]. Journal of Power Sources, 2010, 195: 845-852.

[68] Nakagawa H, Fujino Y, Kozono S. Application of nonflammable electrolyte with room temperature ionic liquids (RTILs) for lithium-ion cells[J]. Journal of Power Sources, 2007, 174: 1021-1026.

[69] Song J Y, Wang Y Y, Wan C C. Review of gel-type electrolytes for lithium- ion batterie[J]. Journal of Power Sources, 1999, 77: 183-197.

[70] Ren Z, Sun K N, et al. A microporous gel electrolyte based on poly(vinylidene fluoride-co-hexafluoro propylene)/fully cyanoethylated cellulose derivative blend for lithium-ion battery[J]. Electrochimica Acta，2009, 54(6): 1888-1892.

[71] 齐力，董邵俊. 含聚氧化乙烯侧链的聚合物凝胶电解质的动态力学性能和离子导电性 [J]. 功能高分子材料，2005, 15(2): 232-237.

[72] Rossi N A A, Zhang Z C, Schneider Y, et al. Synthesis and characterization of tetra- and trisiloxane-containing oligo(ethylene glycol) highly conducting electrolytes for lithium batteries[J]. Chemistry of Materials, 2006, 18(5): 1289-1295.

[73] Wang Z L, Tang Z Y. A Novel Polymer electrolyte based on PMAML/ PVDF-HFP blend[J]. Electrochimica Acta, 2004(49): 1063-1068.

[74] Sannier L, Bouchet R, Santinacci L, et al. Lithium metal batteries operating at room temperature based on different PEO-PVDF separator configurations[J]. Journal of Electrochemical, Society, 2004, 151(6): 873-879.

[75] Kim D W, Sun Y Y. Polymer electrolytes based on acrylonirtile-methyl methacrylate styrene terpolymer of rechargeable lithium-polymer batteries[J]. Journal of Electrochemical Society, 1998, 145: 1958-1963.

[76] Fenton D E, Parker J M, Wright P V. Complexes of alkaline metal ions with poly(ethylene oxide)[J]. Polymer, 1973, 14(4): 589-594.

[77] Feuillade G, Perche P H. Ion-conductive macromolecular gels and membranes for solid lithium cells[J]. Journal of Applied Electrochemistry, 1975(5): 63-69.

[78] Song J Y, Cheng C L, Wan C C. Microstructure of poly(vinylidene fluoride)-based polymer electrolyte and its effect on transport properties[J]. Journal of Electrochemical, Society, 2002, 149(9): 1230-1236.

[79] Wang P H, Huang H T, Wunder S L. Novel microporous poly(vinylidene fluoride) blend electrolytes for lithium-ion batteries[J]. Journal of Electrochemical, Society, 2000, 147(8): 2853-2861.

[80] Huang H T, Wunder S L. Ionic conductivity of microporous PVDF-HFP/PS polymer bends[J]. Journal of Electrochemical, Society, 2001, 148(3): 279-283.

[81] Zhang S S, Ervin M H, Xu K, et al. Li-ion battery with poly(acrylonitrile- methyl methacrylate)-based microporous gel electrolyte[J]. Solid State Ionics, 2005(176): 41-46.

[82] Subramania A, Sundaram N T K, Kumar G V. Structural and electrochemical properties of micro-porous polymer blend electrolytes based on PVDF-co-HFP- PAN for Li-ion battery applications[J]. Journal of Power Sources, 2006(153): 177-182.

[83] Choi S W, Kim J R, Jo S M, et al. Electrochemical and spectroscopic properties of electrospun PAN-based fibrous polymer electrolytes[J]. Journal of Electrochemical, Society, 2005, 152(5): 989-995.

[84] Choi S S, Lee Y L, Joo C W, et al. Electrospun PVDF nanofiber web as polymer electrolyte or separator[J]. Electrochimica Acta, 2004(50): 339-343.

[85] El-Nesr E M. Effect of Solvents on gamma radiation induced graft copolymerization of methyl methacrylate onto polypropylene[J]. Journal of Applied Polymer Science, 1997, 63(3): 377-382.

[86] LopéRgolo L C, Catalani L H, Machado L D B, et al. Development of reinforced hydrogels Ⅰ radiation induced graft copolymerization of methylmethacrylate on non-woven polypropylene fabric[J]. Physical Chemical, 2000(57): 451-454.

[87] Rosemberg Y, Sigmann A, Narkis M, et al. Sol/gel contribution to the behavior of γ-irradiated poly(vinylidene fluoride) [J]. Journal of Applied Polymer Science, 1991, 43(3): 535-541.

[88] Knauth P. Inorganic solid Li ion conductors: An overview [J]. Solid State Ionics, 2009, 180: 911.

[89] Chung H T, Kim J G, Kim H G. Dependence of the lthium ionic conductivity on the B-site ion substitution in $(Li_{0.5}La_{0.5})Ti_{1-x}M_xO_3$ (M=Sn, Zr, Mn, Ge)[J]. Solid-State Ionics, 1998, 107:153-160.

[90] Barth S, Olazcuaga R, Gravereau P, Leflem G, Hagenmuller P. $Mg_{0.5}Ti_2(PO_4)_3$ - A new member of the NASICON with low thermal expansion[J]. Material Letter, 1993, 6: 96-101.

[91] Bates J B, Dudney N J, Gruzalski G B. Electrical-properties of amorphous lithium electrolyte thin films[J]. Solid State Ionics, 1992, 53: 647.

[92] Murugan R, Thangadurai V, Weppner W. Fast lithium ion conduction in garnet-type $Li_7La_3Zr_2O_{12}$[J]. Angewandte Chemie International Edition, 2007, 46: 7778-7781.

第五章

锂离子电池隔膜

第一节　锂离子电池隔膜概述 / 193

第二节　聚烯烃隔膜 / 196

第三节　复合隔膜 / 200

第四节　新体系隔膜 / 209

第五节　锂离子电池隔膜发展趋势 / 216

第一节
锂离子电池隔膜概述

锂离子电池主要由正极材料、负极材料、电解质、隔膜、封装材料五部分组成。其中，隔膜是一类多孔高分子材料，在正负极之间起电子绝缘、提供锂离子迁移微孔通道的作用，如图 5-1 所示。尽管隔膜不直接参与电极反应，但它影响电池动力学过程，决定着电池的界面结构、电解质的保持性和电池的内阻等，进而影响电池的容量、循环性能等关键特性。此外，隔膜对电池的安全性也有较大影响。

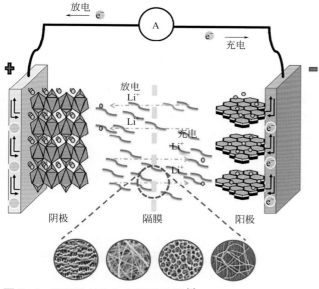

图 5-1 隔膜的结构与作用示意图 [1]

一般来说，锂离子电池的隔膜需要具备以下几种性质以保证电池性能：①良好的绝缘性；②耐受液体电解质腐蚀，有足够的化学和电化学稳定性；③足够的穿刺强度、拉伸强度；④较高的孔隙率，微孔分布均匀；⑤在厚度、透气、孔径分布等方面具有较高的均一性。

与之相对应，衡量隔膜性能的参数主要有：厚度、孔径与孔径分布、孔隙率、透气阻力、闭合温度与破膜温度、机械强度、浸润性、穿刺强度和一致性等。

（1）厚度　厚度与内阻有关，越薄内阻越小，从而实现大功率充放电。对于消耗型锂离子电池，一般将 25μm 作为隔膜厚度的标准。但是在便携式产品的需求日益增长的形势下，16μm 甚至更薄的隔膜开始大范围应用。对于动力电池来说，装配过程中的机械要求使得所需隔膜更厚一些；而且，对于动力电池来说安全性能非常重要，而厚一些的隔膜意味着更好的安全性。

隔膜厚度的均匀性是一个特别重要的质量指标，它直接影响隔膜的外观以及内在性能，生产过程中必须严格把控。在自动化程度很高的隔膜生产线上，隔膜厚度都是采用精度很高的在线非接触式测厚仪及快速反馈控制系统进行自动检测和控制的。隔膜的厚度均匀性包括纵向厚度均匀性和横向厚度均匀性。其中，横向厚度均匀性尤为重要，一般均要求控制在 ±1μm 以内。

（2）孔径与孔径分布　锂电池隔膜材料本身具有微孔结构，微孔在整个隔膜材料中的分布应当均匀。目前所使用的电极颗粒一般在 10μm 的量级，孔径一般在 0.03 ~ 0.12μm。孔径太小会增加电阻，孔径太大容易使正负极接触或被枝晶刺穿引起短路。一般来说，亚微米孔径的隔膜足以阻止电极颗粒的直接通过，当然也不排除有些电极表面处理不好，粉尘较多导致的一些诸如微短路等情况。

（3）孔隙率　孔隙率是单体膜的体积中孔体积百分率，它与原料树脂及膜的密度有关。孔隙率的大小和内阻有一定关系，但不同种隔膜之间的孔隙率的绝对值无法直接进行比较。现有锂离子电池隔膜的孔隙率在 40% ~ 50% 之间。

（4）透气阻力　理论上来说，隔膜不是电池的必要组成部分，是为了满足工业化生产才加入的，所以隔膜需要满足一个很重要的性能：不能恶化电池的电化学性能，主要表现在内阻上。可用以下两个参数评价这一性能。

① MacMullin 数　含液体电解质的隔膜的电阻率和液体电解质本身的电阻率之间的比值。此数值越小越好，消耗型锂离子电池的这个数值为 8 左右。

② Gurley 数　一定体积的气体，在一定压力条件下通过一定面积的隔膜所需要的时间。与隔膜装配的电池的内阻成正比，即该数值越大则内阻越大。不过单纯比较两种不同隔膜的 Gurley 数是没有意义的，因为它们的微观结构可能完全不一样，但是同一种隔膜的 Gurley 数的大小可以很好地反映内阻的大小。

（5）闭合温度与破膜温度　电池内部发生放热反应自热、过充或电池外部短路时，将会产生大量的热量，造成微孔闭合，从而阻断离子的继续传输而形成断路，起到保护电池的作用，微孔闭合时的温度就是闭合温度。一般来说，PE 的闭合温度约为 130 ~ 140℃，PP 的闭合温度约为 150℃。闭合温度低，可以在低温时有效阻断电化学反应与放热过程的继续进行，防止热失控。

破膜温度是指电池内部自热或外部短路使电池内部温度升高，超过闭合温度后微孔闭塞阻断电流通过，热熔性能使温度进一步上升，造成隔膜破裂、电池短路。破裂时的温度即为破膜温度。破膜温度高，可以保证电池有较宽的安全工作范围。

（6）机械强度　机械强度主要是指隔膜的拉伸强度，足够的拉伸强度可以防止隔膜变形。隔膜的拉伸强度与制膜的工艺有关。采用单轴拉伸时，隔膜在拉伸方向与垂直方向上的强度不同；而采用双轴拉伸时，隔膜在两个方向上的一致性会相近。一般拉伸强度主要是指纵向强度要达到 100MPa 以上；而横向强度不能太大，过大会导致横向收缩率增大，这种收缩会加大锂电池正、负极接触的概率。

（7）浸润性　为了保证电池的内阻不致太大，要求隔膜能够被电池所用液体电解质完全浸润。浸润性一方面与隔膜材料本身相关，另一方面和隔膜的表面及内部微观结构密切相关。较好的浸润性有利于提高隔膜与液体电解质的亲和性，增加隔膜与液体电解质的接触面积，进而增加离子导电性，提高电池的充放电性能和容量。浸润性可通过测定其吸液率和持液率来衡量。

（8）穿刺强度　在一定的速度（每分钟 3～5m）下，让一个没有锐边缘的直径为 1mm 的针刺向环状固定的隔膜，为穿透隔膜所施加在针上的最大力就称为穿刺强度。足够的穿刺强度可以防止锂枝晶、极片毛刺刺穿隔膜造成短路，抗穿刺强度值一般在 300～500gf(1gf=0.009807N)。但是，测试时所用的方法和实际电池中的使用情况有很大差别，直接比较两种隔膜的穿刺强度不是特别合理。

（9）一致性　由于制备工艺的不同，隔膜各个性能参数的一致性可能差别较大。这会造成电池组装过程中受限于电池组中单体电池的性能"短板"，引起电池组的整体性能大幅降低。因此，保证隔膜各性能参数的一致性，是隔膜生产过程中的一个重要课题。

表 5-1 列出隔膜性能参数与锂离子电池性能之间的关系。表 5-2 列出某型号锂离子电池隔膜的参数要求。

表5-1　隔膜性能参数与锂离子电池性能之间的关系

隔膜性能	安全性	容量	倍率性能	循环性能	质量	体积
厚度↑	↑	↓	↓	↓	↑	↑
孔径↑	↓	↑	↑	↑	—	—
孔隙率↑	↓	—	↑	↑	—	—
透气阻力↑	↑	—	↓	↓	—	—
内阻↑	↑	—	↓	↓	—	—
机械强度↑	↑	—	—	—	—	—
穿刺强度↑	↑	—	—	—	—	—
一致性↑	↑	↑	↑	↑	—	—

表5-2 某型号锂离子电池隔膜的参数要求

序号	参数名称	参数要求
1	厚度	$< 25\mu m$
2	阻抗	$< 2\Omega \cdot cm^2$
3	孔径	$< 1\mu m$
4	孔隙率	约等于40%
5	Gurley数	约等于1s/μm
6	混合渗透强度	$> 100N/\mu m$
7	抗拉强度	6.9 MPa偏移量$< 2\%$
8	穿刺强度	$> 300gf/\mu m$
9	闭合温度	约等于130℃
10	高温完整性	$> 150℃$

注：1gf=0.009807N。

目前，商业化的锂离子电池隔膜生产材料以聚烯烃为主，主要包括聚丙烯（PP）、聚乙烯（PE）以及PP/PE复合材料。聚烯烃可提供良好的力学性能、化学稳定性和高温自闭性能，是当前锂离子电池隔膜的主要原材料。聚烯烃类有机隔膜具有较好的力学性能及成本低等优点，但在热稳定性、吸液体电解质性能等方面存在不足，安全性也有待提升。目前，其他类型的隔膜材料仍处于研究与中试当中，如聚烯烃-陶瓷复合隔膜、新体系隔膜材料等。

本章将对聚烯烃隔膜、复合隔膜与新体系隔膜材料分别进行介绍。

第二节
聚烯烃隔膜

聚烯烃隔膜是目前主流的动力锂离子电池隔膜，主要以PP、PE、PP/PE/PP复合膜为主。PE、PP微孔膜具有较高的孔隙率，较低的电阻，较高的抗撕裂强度，较好的抗酸碱能力，良好的弹性，以及对非质子溶剂的较好耐受性。

聚烯烃隔膜的主要种类与特点如表5-3所示。

表5-3 聚烯烃隔膜的主要种类与特点

材料	PP	PE	PP/PE/PP
结构	单层、双层	单层、双层	三层

材料	PP	PE	PP/PE/PP
生产方法	干法	干法、湿法	干法
优点	机械强度高，加工范围宽	孔隙率、透气率与机械强度高	—
缺点	加热条件下易氧化	熔点较低（110～130℃）	高温透过性差

锂电池隔膜具有诸多特性，其性能指标难以兼顾决定了其生产工艺技术壁垒高，研发难度大。隔膜生产工艺包括原材料配方和快速配方调整、微孔制备技术、成套设备自主设计等。其中，微孔制备技术是锂电池隔膜制备工艺的核心，根据微孔成孔机理的区别可以将隔膜工艺分为干法与湿法两种，这也是目前聚烯烃隔膜的主要制备方法。其中，干法又称熔融拉伸法（MSCS），湿法又称热致相分离法（TIPS）。

（1）干法　干法隔膜工艺是隔膜制备过程中最常采用的方法。该工艺是将高分子化合物、添加剂等原料混合形成均匀熔体，挤出时在拉伸应力作用下冷却结晶，形成平行排列的结晶结构，经过热处理后的薄膜在拉伸后晶体之间分离而形成狭缝状微孔，再经过热定型制得微孔膜。在聚丙烯微孔膜制备中除了拉开片晶结构外，还可以通过在聚合物中添加结晶成核剂，形成特定的β晶型，然后在双向拉伸过程中发生β晶型向α晶型的转变，晶体体积收缩产生微孔。

目前，干法工艺主要包括干法单向拉伸（干法单拉）和干法双向拉伸（干法双拉）两种工艺。

干法单拉工艺是使用流动性好、分子量低的PE或PP聚合物，利用硬弹性纤维的制造原理，先制备出高取向度、低结晶的聚烯烃铸片，低温拉伸形成银纹等微缺陷后采用高温退火使缺陷拉开，进而获得孔径均一、单轴取向的微孔薄膜。干法单拉工艺流程如下。

① 投料　将PE或PP及添加剂等原料按照配方预处理后输送至挤出系统。

② 流延　将预处理的原料在挤出系统中经熔融塑化后从模头挤出熔体，熔体经流延后形成特定结晶结构的基膜。

③ 热处理　将基膜经热处理后得到硬弹性薄膜。

④ 拉伸　将硬弹性薄膜进行冷拉伸和热拉伸后形成纳米微孔膜。

⑤ 分切　将纳米微孔膜根据客户的规格要求裁切为成品膜。

干法双拉工艺是中科院化学研究所开发的具有自主知识产权的工艺，也是中国特有的隔膜制造工艺。由于PP的β晶型为六方晶系，单晶成核，晶片排列疏松，拥有沿径向生长成发散式束状的片晶结构的同时不具有完整的球晶结构，在热和应力作用下会转变为更加致密和稳定的α晶型，在吸收大量冲击能后将会在材料内部产生孔洞。该工艺通过在PP中加入具有成核作用的β晶型改性剂，利用 PP 不同相态间密度的差异，在拉伸过程中发生晶型转变形成微孔。干法双拉工艺流程如下。

① 投料　将 PP 及成孔剂等原料按照配方预处理后输送至挤出系统。

② 流延　得到 β 晶型含量高、β 晶型形态均一性好的 PP 流延铸片。

③ 纵向拉伸　在一定温度下对铸片进行纵向拉伸，利用 β 晶型受拉伸应力易成孔的特性来致孔。

④ 横向拉伸　在较高的温度下对样品进行横向拉伸以扩孔，同时提高孔隙尺寸分布的均匀性。

⑤ 定型收卷　通过在高温下对隔膜进行热处理，降低其热收缩率，提高尺寸稳定性。

（2）湿法　湿法工艺是指利用高分子材料和特定的溶剂在高温条件下完全相容，冷却后产生相分离的特性（即热致相分离原理），使溶剂相连续贯穿于聚合物相形成的连续固态相中，经过拉伸扩孔后，将溶剂萃取后在聚合物相中形成微孔。在目前湿法隔膜制造过程中，通常将增塑剂（高沸点的烃类液体或一些分子量相对较低的物质）与聚烯烃树脂混合，利用熔融混合物降温过程中发生固 - 液相或液 - 液相分离的现象，压制膜片，加热至接近熔点温度后拉伸使分子链取向一致，保温一定时间后再用易挥发溶剂（例如二氯甲烷和三氯乙烯）将增塑剂从薄膜中萃取出来，进而制得相互贯通的亚微米尺寸微孔膜材料。

湿法异步拉伸工艺流程见图 5-2，具体过程如下。

① 投料　将 PE、成孔剂等原料按照配方进行预处理，输送至挤出系统。

② 流延　将预处理的原料在双螺杆挤出系统中经熔融塑化后从模头挤出熔体，熔体经流延后形成含成孔剂的流延厚片。

③ 纵向拉伸　将流延厚片进行纵向拉伸。

④ 横向拉伸　将经纵向拉伸后的流延厚片横向拉伸，得到含成孔剂的基膜。

⑤ 萃取　基膜经溶剂萃取后形成不含成孔剂的基膜。

⑥ 定型　将不含成孔剂的基膜干燥、定型得到纳米微孔膜。

⑦ 分切　将纳米微孔膜根据客户要求的规格裁切为成品膜。

图 5-2　湿法异步拉伸工艺流程

湿法同步拉伸技术工艺流程与异步拉伸技术基本相同，只是拉伸时可在横、纵两个方向同时取向，免除单独进行纵向拉伸的过程，增强隔膜厚度均匀性，湿法同步拉伸工艺如图 5-3 所示。但同步拉伸存在的问题第一是车速慢，第二是可调性略差，只有横向拉伸比可调，纵向拉伸比则是固定的。

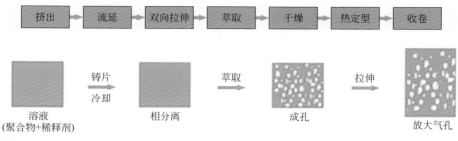

图 5-3 湿法同步拉伸工艺示意图

在湿法隔膜中，双向同步拉伸技术可在横、纵两个方向同时取向，免除单独进行纵向拉伸的过程，增强隔膜厚度均匀性，产品透明度高，无划伤，光学性能及表面性能优异。其是综合性能最好的隔膜，在隔膜高端市场中占据着重要地位，也是现阶段市场表现最好的锂电池隔膜。

相比于干法隔膜，湿法隔膜在厚度均匀性、力学性能（拉伸强度、抗穿刺强度）、透气性能、理化性能（润湿性、化学稳定性、安全性）等材料性质方面均更为优良，有利于液体电解质的吸液、保液并改善电池的充放电及循环能力，适合用于高容量电池。从产品力的角度来说，湿法隔膜综合性能强于干法隔膜。目前采用湿法制膜的主要公司有日本的旭化成、东燃化学、住友化学，美国的Akzo 和 3M，韩国的 SK 等。

湿法隔膜同样存在缺点，除受限于基体材料导致热稳定性较差外，多为非产品因素，如需要大量的溶剂，易造成环境污染；与干法工艺相比，其设备复杂、投资较大、周期长、成本高、能耗大、生产难度大、生产效率较低等。目前采用干法制膜的公司主要有日本的宇部、三菱、东燃化学、美国的塞拉尼斯等。

聚烯烃类隔膜的干湿法工艺对比如表 5-4 所示。

表5-4 聚烯烃隔膜的干湿法工艺对比

项目	干法工艺		湿法工艺	
	单向拉伸	双向拉伸	异步拉伸	同步拉伸
工艺原理	晶片分离	晶型转换	热致相分离	
厚度/μm	20～50		5～10	
孔径分布/μm	0.01～0.30		0.01～0.10	
孔隙率/%	30～40		35～45	
闭合温度/℃	145		130	
熔断温度/℃	170		150	

项目	干法工艺		湿法工艺	
	单向拉伸	双向拉伸	异步拉伸	同步拉伸
穿刺强度/gf[①]	200~400		300~550	
横向拉伸强度/MPa	< 100		130~150	
纵向拉伸强度/MPa	130~160		140~160	
横向热收缩（120℃）/%	< 1		< 6	
纵向热收缩（120℃）/%	< 3		< 3	
产品	单层PP/PE隔膜，复合隔膜	单层PP隔膜	单层PE隔膜	
成本	相对较低	最低	较高	最高
环境友好性	友好	需要成孔剂	需要大量溶剂	

① 1gf = 0.009807N。

第三节
复合隔膜

近年来，复合隔膜已成为动力锂离子电池隔膜的发展方向。该类隔膜是以干法、湿法以及非织造布为基材，在基材上涂覆无机陶瓷颗粒层或复合聚合物层的复合型多层隔膜。

一、无机涂层

在隔膜表面涂覆无机陶瓷材料能有效改善隔膜性能：首先，无机材料，特别是陶瓷材料热阻大，可以防止高温时热失控的扩大，提高电池的热稳定性；其次，陶瓷颗粒表面的—OH等基团亲液性较强，从而提高隔膜对于液体电解质的浸润性。近年来，Al_2O_3 陶瓷涂覆的隔膜已在国内实现产业化并逐步实现大规模应用；而研究者尝试将多种类型的无机纳米颗粒，如 $AlOOH$、SiO_2、TiO_2、MgO 和 $BaTiO_3$ 等涂覆在基膜上，以提升隔膜的综合性能。

通过在 PE 膜上涂覆 $AlOOH$ 层可显著提高 PE 膜的热稳定性，原因在于高温环境下熔化的一部分 PE 由于毛细作用会进入表面 $AlOOH$ 层，并与 $AlOOH$ 颗粒形成互相连接的表面结构，从而提高隔膜的热稳定性。如图5-4（a）所示，在140℃下该复合膜几乎无热收缩，在180℃下处理0.5h，其热收缩率小于3%[2]。

通过简单的涂覆法制备复合隔膜容易产生一系列问题，如将陶瓷颗粒涂覆在隔膜表面时会发生颗粒团聚、分散不均、涂覆后陶瓷颗粒脱落以及复合隔膜受潮等问题。为此，研究人员在 Al_2O_3 涂层浆料中加入 DLSS 表面活性剂改进涂覆工艺，图 5-5 显示在没有加入表面活性剂时，Al_2O_3 涂层表面出现纵向裂纹，加入 DLSS 能降低液滴表面张力，使 Al_2O_3 颗粒均匀分散在 PE 膜表面。使用这种表面活性剂制造的隔膜具有均一的表面性质，可改善液体电解质的润湿性 [3]。利用乳化石蜡和 Al_2O_3 纳米陶瓷颗粒配成的水性涂层浆料，涂覆在 PE 隔膜上，能有效阻止隔膜吸水，提高电池在高湿度环境中的循环性能，如图 5-6 所示 [4]。

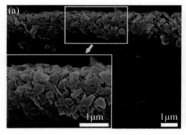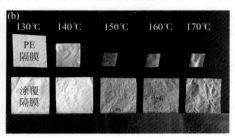

图 5-4　AlOOH 涂覆隔膜 SEM 照片及实物照片

（a）AlOOH 涂覆隔膜在 150℃处理 0.5 h 后的截面 SEM 照片；
（b）130 ～ 170℃下 PE 隔膜和涂覆隔膜热收缩率的对比照片

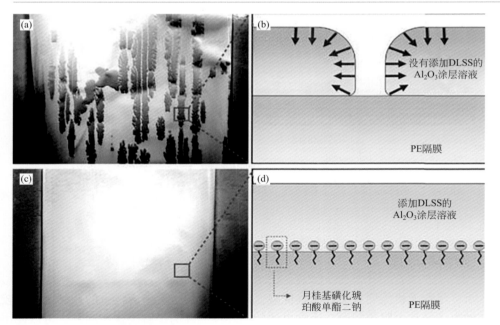

图 5-5　复合隔膜表面结构示意图

（a）（b）加入 DLSS 活性剂前；（c）（d）加入 DLSS 活性剂后

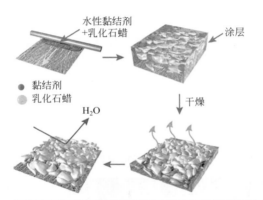

图 5-6
加入乳化石蜡后涂层表面示意图

将 SiO₂ 颗粒氨基化后涂覆在 PE 隔膜表面，可利用氨基与电解质高温分解产生的 PF₅ 发生复合反应的原理，避免液体电解质中 HF 的产生，从而可抑制高温环境下正极活性材料内过渡金属的溶解，且由于 SiO₂ 陶瓷颗粒的热阻大，可进一步提高复合隔膜在高温下的稳定性和力学性能[5]。

由于陶瓷离子尺寸较大，涂覆后隔膜表面较小的比表面积限制隔膜表面与液体电解质的接触，导致陶瓷复合隔膜的离子电导率提升并不明显。将分子筛（ZSM-5）通过浸涂的方式涂覆在 PE 隔膜表面，利用分子筛独特的孔道结构可以使锂离子及液体电解质阴离子在其中自由穿梭，同时孔道内的负电环境有利于提高锂离子的迁移率，如图 5-7 所示[6]。

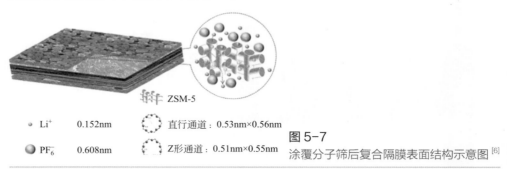

Li⁺	0.152nm	直行通道：0.53nm×0.56nm	
PF₆⁻	0.608nm	Z形通道：0.51nm×0.55nm	

图 5-7
涂覆分子筛后复合隔膜表面结构示意图[6]

二、聚合物涂层

尽管无机涂层有上述一些优点，但是涂覆层也会造成严重的孔洞堵塞和较大的离子转移电阻等问题，影响电池的循环性能。为了解决这些问题，可以使用聚合物纳米颗粒或者聚合物纤维作为涂层材料来代替传统的致密涂层。高孔隙率的纳米多孔结构，不仅提高了对液体电解质的润湿性，也提高了离子电导率。许多种聚合物涂层已应用在 PE 或 PP 隔膜上，如 PVDF、PEO、聚酰亚胺（PI）及芳纶纤维（ANF）等。

采用多次浸渍法将芳纶纤维涂覆在 PP 膜表面，如图 5-8 所示，随着浸渍次数的增加，涂层更加致密和均一，复合隔膜孔隙率降低但孔径分布更集中。相比于 PP 隔膜，芳纶纤维复合隔膜表现出较高的尺寸稳定性[7]。

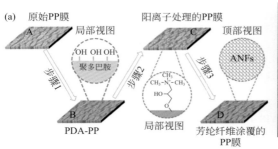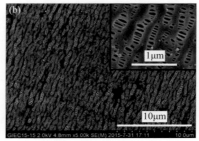

图 5-8 涂覆后的隔膜表面结构图

（a）ANF多次浸渍复合过程；（b）复合后隔膜表面SEM图

将低熔点、低密度的聚乙烯（LDPE）聚合物颗粒涂覆在非织造聚对苯二甲酸乙二酯（PET）基膜上，如图 5-9 所示，得到的复合隔膜 SFNS 在 200℃下仍保持尺寸稳定；在 140℃左右，表面的聚乙烯聚合物发生熔化而使孔洞闭合。此外，SFNS 隔膜相比 PET 隔膜表现出更佳的润湿性能[8]。

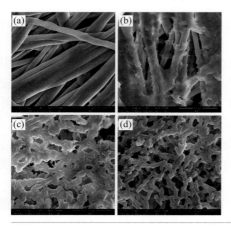

图 5-9

纯 PET 隔膜及 PE 颗粒复合隔膜的 SEM 照片

（a）纯PET隔膜；

（b）3%（质量分数）PE颗粒复合隔膜；

（c）5%（质量分数）PE颗粒复合隔膜；

（d）7%（质量分数）PE颗粒复合隔膜

含氟聚合物（如 PVDF-HFP）具有较好的有机溶剂亲和性和化学稳定性，但是其力学性能并不好，因此常用来和其他力学性能高的聚合物复合。通过静电纺丝和溶液浇注法制造的 PVDF-HFP/PET/PVDF-HFP 复合隔膜结构如图 5-10 所示 [9]。其中，PET 膜是由含季铵 SiO$_2$ 纳米粒子改性的 PET 纳米纤维非织造层，可以提供良好的机械支撑，由此得到的三明治结构复合隔膜具有较好的耐热性及优异的液体电解质浸润性。

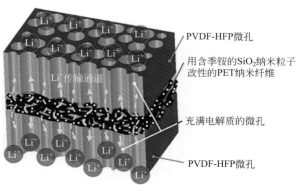

图 5-10 PVDF-HFP/PET/PVDF-HFP 复合隔膜结构示意图

聚多巴胺（PDA）具有强的黏附性和亲水性，可黏附在低表面能物体表面，且在 200℃时仍能保持其物理强度。将 PDA 涂覆在微孔 PE 隔膜表面，能够改善隔膜的许多关键特性，如液体电解质润湿性、液体电解质吸液率和离子电导率等 [10]。

三、有机/无机复合涂层

有机 / 无机复合涂层隔膜是在聚合物涂层浆料中分散添加无机粒子，混合均匀后涂覆在隔膜基材上。

结合陶瓷材料和聚合物材料的各自优点，厦门大学赵金宝团队 [11] 通过引入一种有机 - 无机复合包覆层来提高隔膜的热稳定性和机械稳定性，他们将陶瓷颗粒涂覆在 PE 膜两侧表面，再用浸渍法将 PDA 引入，使其包裹在陶瓷和 PE 外表面形成一个整体覆盖的自支撑膜，结构如图 5-11 所示。在 230℃高温条件下，复合膜依然没有发生热收缩，并且具有良好的液体电解质润湿性。由于力学性能、电化学性能以及热稳定性能等综合性能的提升，使该复合隔膜在电池中的表现优于 PE 膜和陶瓷复合隔膜。

华南师范大学的李伟善课题组 [12] 在 PE 隔膜表面涂覆掺入纳米 CeO$_2$ 陶瓷颗粒的四元聚合物 P（MMA-BA-AN-St）组成复合隔膜。其中，MMA 单体起到提高电解质亲和性的作用，St 单体起到提高隔膜力学性能的作用，AN 和 BA 单体则提供黏结力和提高离子电导率，如图 5-12 所示。聚合物涂层中陶瓷颗粒含量对复合隔膜性质具有重要影响，随着纳米 CeO_2 含量的添加，内部孔道逐渐连通，但进一步提高纳米 CeO_2 的添加量将使孔的数量降低，孔径尺寸变大，相应的液体电解质保持率和离子电导率则随着陶瓷浓度先增大后减小，不同浓度的陶瓷含量会使隔膜具有不同的性能优势。

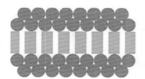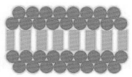

涂覆 SiO_2 陶瓷颗粒　　　　浸润在多巴胺溶液中过夜

▪▪▪▪▪ PE隔膜　　　● SiO_2颗粒　　　—— PDA层

图 5-11　PDA 包覆 SiO_2 颗粒及 PE 膜结构示意图

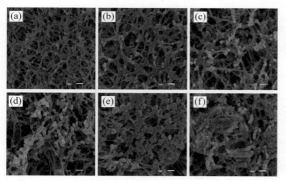

图 5-12　不同浓度的纳米 CeO_2 复合隔膜表面孔洞结构 SEM 图

（a）0%（质量分数）；（b）10%（质量分数）；（c）50%（质量分数）；
（d）100%（质量分数）；（e）150%（质量分数）；（f）200%（质量分数）

四、原位复合

原位复合是在成膜浆料中分散陶瓷颗粒或聚合物纤维等，通过湿法双向拉伸、相转化或者静电纺丝等工艺制成隔膜，相比于直接在隔膜表面复合陶瓷层和聚合物，原位复合隔膜中的有机相能牢牢包裹住陶瓷颗粒及纤维，解决涂层在表面脱落的问题；同时，将陶瓷颗粒分布在复合隔膜的三维结构中，能够形成一定的刚性骨架，在高温环境下具有较好的稳定性，从而防止隔膜在热失控条件下发生严重热收缩。另外，加入陶瓷颗粒能阻止聚合物结晶，并形成陶瓷颗粒与聚合物之间的界面，有助于隔膜电化学性能的提高。陶瓷颗粒的加入为隔膜表面引入大量微孔，从而提高隔膜的表面积，直接提高了隔膜的离子电导率[13, 14]。但是，在原位复合过程中，添加陶瓷颗粒的总量会受到限制，因为一旦陶瓷颗粒添加超过一定的量，会发生颗粒团聚，从而影响电池的循环性能。

康奈尔大学的 Yong Lak Joo 课题组[15]报道了一种静电纺丝制备的 PAN（聚丙烯腈）聚合物陶瓷纳米纤维复合隔膜，将聚硅氮烷（PSZ）和正硅酸乙酯（TEOS）按不同比例制成前驱体加入 PAN 浆料中，经纺丝及热处理后形成陶瓷纤维网络。如图 5-13 所示，添加 TEOS 在提升复合隔膜热稳定性的同时，影响聚合物的结晶度，使得隔膜中无定形区增多，从而提升了离子电导率。随着 TEOS 含量的增大，隔膜的离子电导率增大。

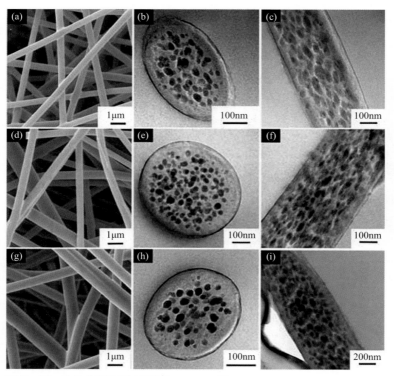

图 5-13　陶瓷纤维网络隔膜截面 SEM 图

（a）～（c）40%（质量分数）TEOS；（d）～（f）20%（质量分数）TEOS；
（g）～（i）0%（质量分数）TEOS

北卡罗来纳州立大学的张向武课题组[16]报道了一种 SiO₂/PAN 纳米纤维复合隔膜，其通过溶胶凝胶法将 TEOS 加入 PAN 浆料中，形成无机网络，提高了无机纳米颗粒和有机基体间的相容性。在有聚合物存在的情况下，TEOS 发生原位水解缩聚，并通过静电纺丝法制造了一种高含量、无机颗粒分散均匀的有机 - 无机复合结构隔膜。通过此种方法提高了复合隔膜中 SiO_2 的含量，且随着 SiO_2 的增多，SiO_2 和聚合物链之间的排斥力增大，在纺丝过程中改变了溶液性质，减少了聚合物链之间的复合，使隔膜中纤维直径减小，从而使该隔膜的孔径尺寸减小，孔隙率增大，提高隔膜的液体电解质保持率。SiO_2 还能够吸收液体电解质中的杂质（如，H_2O、HF、O_2 等），保持隔膜与液体电解质的接触稳定性。这些性质的提高，使得 SiO_2/PAN 复合隔膜表现出良好的循环性能和倍率性能。

为了提高原位复合隔膜中陶瓷的负载量，可以用抽滤的方式将陶瓷纳米颗粒加入静电纺丝 PVDF/PAN 隔膜中，其制备过程如图 5-14 所示[17]，得到的复合隔膜陶瓷负载量达到 67.5%。其中，陶瓷颗粒分布均匀无团聚，隔膜表现出优良的综合性能。

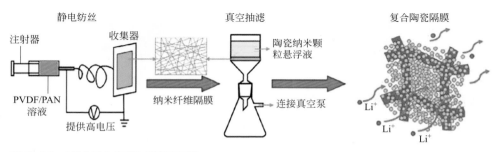

图 5-14 抽滤复合陶瓷过程示意图

东华大学黄晨等[18]将 ZrO_2 纤维作为基底掺入聚合物 PVDF-HFP 中，通过相转化法制造隔膜，对比了不同浓度的 ZrO_2 纤维以及 ZrO_2 颗粒作为基底时隔膜的力学性能、热稳定性、电化学性能等。无机纤维之间通过摩擦力和凝聚力在多孔聚合物中提供良好的机械支撑，与使用无机颗粒作为隔膜基底相比具有更完整的结构，如图 5-15 所示。75% 的 ZrO_2 纤维复合隔膜相比 75% ZrO_2 颗粒复合隔膜的燃烧性能更好，随着纤维浓度的增加，隔膜的强度增加到 5MPa，且具有合适的液体电解质吸收率。

斯坦福大学崔屹课题组[19]开发了一种"核 - 壳"结构微米纤维，利用静电纺丝技术将防火剂磷酸三苯酯（TPP）作为纤维内核，并用 PVDF-HFP 作为高分子外壳将其包裹，由此复合纤维无序堆叠得到自支撑的独立膜，如图 5-16 所示。该复合膜在电池正常工作时防火剂被包裹在 PVDF-HFP 聚合物内，防止其与液体电解质接触，减少防火剂的添加对电池电化学性能的影响，而在电池发生热失控的时候，PVDF-HFP 外壳部分熔化，使内部防火剂 TPP 释放到液体电解质中，起到抑制燃烧的作用。

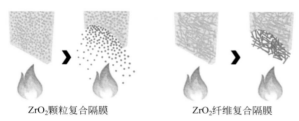

ZrO₂ 颗粒复合隔膜   ZrO₂ 纤维复合隔膜

图 5-15　75% 的 ZrO$_2$ 颗粒复合隔膜与 75% 的 ZrO$_2$ 纤维复合隔膜燃烧性能

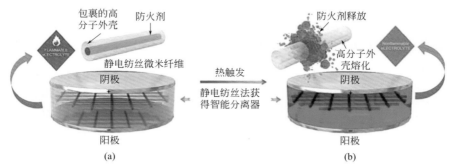

图 5-16　"核 – 壳"结构及热触发时聚合物外壳熔化的示意图

　　电子科技大学何伟东课题组[20]通过分层溶剂析出的方法制备了具有三维纳米多孔结构的聚偏氟乙烯 - 六氟丙烯（PVDF-HFP）-PE 复合隔膜。该复合隔膜制备采用的是双溶剂体系，如图 5-17 所示，丙酮 -NMP 双溶剂引起的蒸发速率及聚合物亲和力的差异，是隔膜形成 95.6% 的高孔隙率和三维分层多孔分布结构的关键。理论计算表明，丙酮 -NMP 双溶剂在 PVDF-HFP 上吸收能量的差异是形成"岛间"结构的主要驱动力，其在高功率锂离子电池循环期间提供大量 Li$^+$ 传输通道，复合隔膜中的 PE 则显著增强隔膜的机械强度和热稳定性。

　　中科院上海硅酸盐研究所朱英杰研究员和华中科技大学胡先罗教授团队合作，基于具有优异热稳定性、阻燃性以及液体电解质润湿性的羟基磷灰石纳米线（HAP NW）构建了一种高柔性、多孔耐高温锂离子电池隔膜[21]。如图 5-18 所示，研究者通过杂化方式在 HAP NW 和纤维素（CF）之间形成分级交联网络结构，在赋予隔膜高柔性的同时提升了其机械强度。HAP NW 网络的高热稳定性使隔膜在 700℃的高温下仍能保持其结构完整性，并且 HAP NW 的耐火性可确保电池的高安全性。由于其具有独特的组成和高孔隙率的结构，所制备的 HAP/CF 隔膜对液体电解质有接近 0°的接触角和 253% 的高电解质吸收率，说明其具有优越的液体电解质润湿性。采用该隔膜组装的电池比采用 PP 隔膜组装的电池具有更好的电化学性能、循环稳定性能和倍率性能。更重要的是，电池的热稳定性得到大幅度提升，即使在 150℃高温环境中也能够保持正常工作状态。

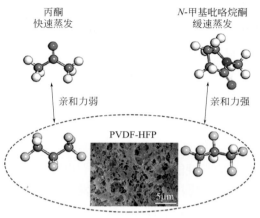

图 5-17　丙酮 –NMP 在复合隔膜中对聚合物亲和力及蒸发速率作用的示意图

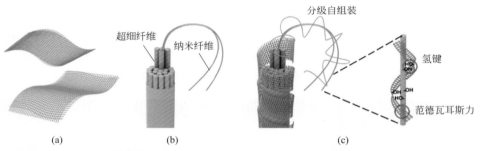

图 5-18　HAP NW 和纤维素（CF）之间形成分级交联网络结构

（a）HAP NW 结构；（b）纤维素；（c）HAP NW 和纤维素杂化

第四节
新体系隔膜

　　由于聚烯烃材料本身为疏液表面且具有低的表面能，导致这类隔膜对液体电解质的浸润性较差，从而影响电池的循环寿命。另外，由于 PE 膜和 PP 膜的热变形温度比较低（PE 膜的热变形温度为 80 ～ 85℃，PP 膜为 100℃），温度过高时隔膜会发生严重的热收缩，因此这类隔膜不适于在高温环境下使用，这使得传统聚烯烃隔膜无法满足现今 3C 产品及动力电池的使用要求。为满足锂离子电池技术的发展需要，研究者们在传统聚烯烃隔膜的基础上发展了各种新体系锂电池隔膜材料。

非织造隔膜通过非纺织的方法将纤维进行定向或随机排列，形成纤网结构，然后用化学或物理的方法进行加固成膜，使其具有良好的透气率和吸液率[22, 23]。天然材料和合成材料已经广泛应用于制备无纺布膜。天然材料主要包括纤维素及其衍生物，合成材料包括 PET、聚偏氟乙烯（PVDF）、PVDF-HFP、聚酰胺（PA）、PI、芳纶［间位芳纶（PMIA）、对位芳纶（PPTA）］等。

一、聚对苯二甲酸乙二酯

聚对苯二甲酸乙二酯（PET）是一种力学性能、热力学性能、电绝缘性能均优异的材料。PET 类隔膜最具代表性的产品是德国 Degussa 公司开发的以 PET 隔膜为基底，陶瓷颗粒涂覆的复合膜，其表现出优异的耐热性能，闭合温度高达 220℃[24]。

湘潭大学肖启珍等[25]用静电纺丝法制备了 PET 纳米纤维隔膜，制造出的纳米纤维隔膜具有三维多孔网状结构，如图 5-19（a）所示，纤维平均直径为 300nm 且表面光滑。静电纺丝法制造的 PET 隔膜熔点为 255℃，远高于 PE 膜，最大拉伸强度为 12MPa，孔隙率达到 89%，吸液率达到 500%，远高于市场上的 Celgard 隔膜；离子电导率达到 2.27×10^{-3}S/cm，且循环性能也较 Celgard 隔膜优异，电池经历 50 次循环后 PET 隔膜多孔纤维结构依然保持稳定，如图 5-19（b）所示。

图 5-19　PET 隔膜 SEM 图
（a）充放电循环前；（b）充放电循环后

二、聚酰亚胺

聚酰亚胺（PI）同样是综合性能良好的聚合物之一，具有优异的热稳定性，较高的孔隙率，以及较好的耐高温性能，可以在 200 ~ 300℃下长期使用。复旦大学刘天西和夏永姚等[26]用静电纺丝法制造 PI 纳米纤维隔膜。该隔膜降解温度为

500℃，比传统 Celgard 隔膜高 200℃，如图 5-20 所示。PI 隔膜在 150℃高温条件下不会发生老化和热收缩。另外，由于 PI 极性强，对液体电解质润湿性好，所制造的隔膜表现出极佳的吸液率。静电纺丝法制造的 PI 隔膜相比于 Celgard 隔膜具有较低的阻抗和较高的倍率性能，0.2C 充放电 100 次后容量保持率依然为 100%。

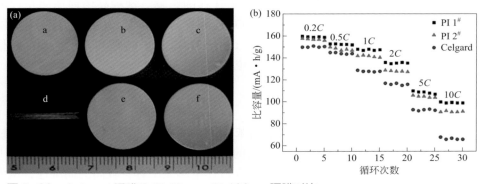

图 5-20　Celgard 隔膜及 PI 40μm、PI 100μm 隔膜对比

（a）Celgard 隔膜及 PI 40μm、PI 100μm 隔膜 150℃处理前（a、b、c）后（d、e、f）热收缩；（b）倍率测试

浙江大学朱宝库[27]报道了一种新型羧基化聚酰亚胺（PI）隔膜，其通过基于碱处理的表面改性来制备，聚酰亚胺隔膜水解原理如图 5-21 所示。他们提出

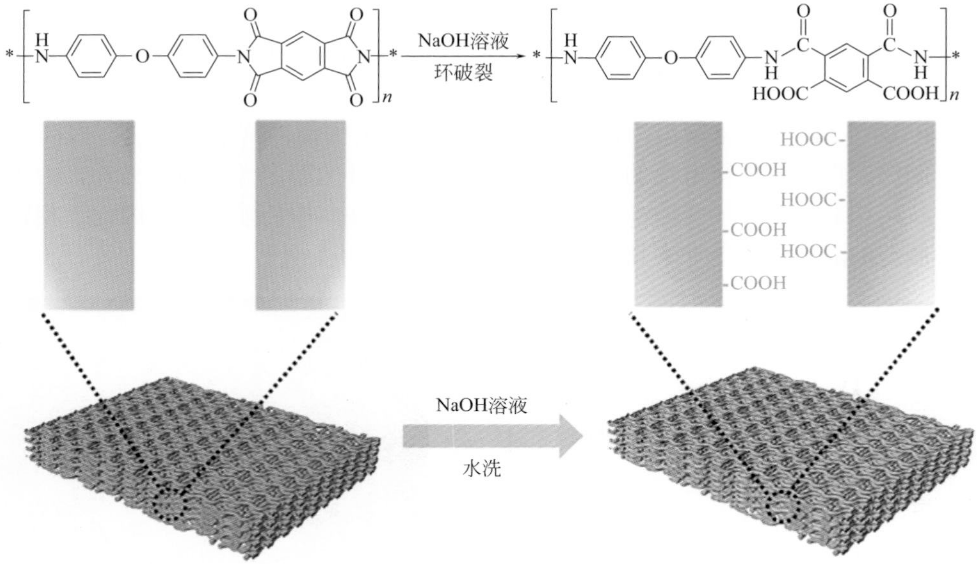

聚酰亚胺薄膜　　　　　　　　　　　　　　　　　　　　羧基化聚酰亚胺薄膜

图 5-21　聚酰亚胺隔膜水解原理

具有非共用电子对的—COOH 基团，有助于锂离子的去溶剂化和锂离子传输速率的提高，而且这种改性并没有破坏 PI 隔膜的微观结构。结果表明，羧基化 PI 隔膜有利于提高锂离子迁移数（高达 0.87），是原 PI 隔膜的 4 倍。根据纽曼模型，PI-COOH 隔膜表面的锂离子传输速率计算值比单纯 PI 隔膜高 6 倍以上，这是第一次定量说明—COOH 基团对于锂离子迁移的影响。这种高传输速率是锂离子迁移数量高的原因，这使得使用 PI-COOH 隔膜的电池具有优异的放电倍率性能。再加上 PI 材料具有出色的热稳定性，这使得 PI-COOH 隔膜可用于需要高热稳定性、高安全性和高功率密度的锂离子电池之中。

三、间位芳纶

间位芳纶（PMIA）全称为聚间苯二甲酰间苯二胺，是一种芳香族聚酰胺，由于其阻燃性能好，应用此材料制成的隔膜能提高电池的安全性能。此外，由于羧基基团的极性相对较高，使得隔膜在液体电解质中具有较高的润湿性，从而提高隔膜的电化学性质。一般而言，PMIA 隔膜是通过非纺织的方法制造，如静电纺丝法。但是，由于非纺织隔膜自身存在的问题，如孔径较大会导致自放电，从而会影响电池的安全性能和电化学性能表现，在一定程度上限制非纺织隔膜的应用；而相转化法由于其通用性和可控制性，具备商业化的前景。

朱宝库团队[28] 通过相转化法制造海绵状的 PMIA 隔膜，如图 5-22 所示，孔径分布集中，90% 的孔径在微米以下且拉伸强度较高（达到 10.3MPa）。相转化法制造的 PMIA 隔膜具有优良的热稳定性，在温度上升至 400℃时仍没有明显质量损失，隔膜在 160℃下处理 1h 没有收缩。同样，由于具有强极性官能团使得 PMIA 隔膜接触角较小，仅有 11.3°，海绵状结构使得其吸液迅速，提高了隔膜的润湿性能，使得电池的活化时间减少，长循环的稳定性提高。另外，由于海绵状结构的 PMIA 隔膜内部互相连通，使锂离子在其中传输通畅。因此，相转化法制造的隔膜离子电导率高达 1.51mS/cm。

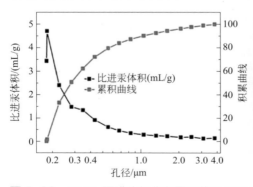

图 5-22　PMIA 隔膜孔径分布图和截面 SEM 图

四、聚对亚苯基苯并二噁唑

新型高分子材料聚对亚苯基苯并二噁唑（PBO）是一种具有优异力学性能、热稳定性能、阻燃性能的有机纤维。其基体是一种线型链状结构聚合物，在650℃以下不分解，具有超高强度和模量，是理想的耐热和耐冲击纤维材料[29]。

由于PBO纤维表面极为光滑，物理化学惰性极强，因此纤维形貌较难改变。PBO纤维只溶于100%的浓硫酸、甲基磺酸、氟磺酸等，经过强酸刻蚀后的PBO纤维上的原纤会从主干上剥离脱落形成分丝形貌，提高比表面积和界面黏结强度。如图5-23所示，孙克宁课题组[30]用甲基磺酸和三氟乙酸的混合酸溶解PBO原纤形成纳米纤维后，通过相转化法制备出超薄、高强度、耐高温的电池隔膜。PBO新体系隔膜的拉伸强度能够达到525MPa，弹性模量可达20GPa，耐热温度最高可达600℃。此外，通过工艺改变，可使薄膜的孔径范围在数微米到几十纳米之间可调，当孔径在10nm左右时，该薄膜能够有效阻止锂枝晶生长，降低枝晶刺穿隔膜的风险，进一步提高锂电池的安全性。如图5-24所示，使用该PBO隔膜能显著提高电池的常温和高温循环性能。

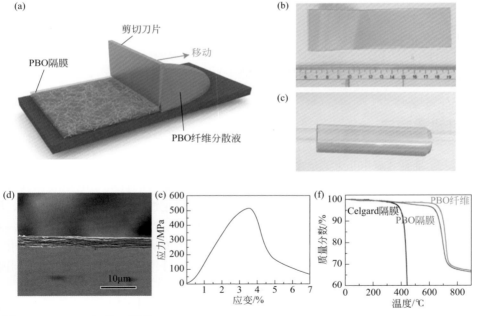

图5-23 PBO新体系隔膜

（a）PBO隔膜制备工艺；（b）（c）PBO隔膜外观照片；（d）PBO隔膜界面SEM照片；
（e）PBO隔膜的应力-应变曲线；（f）PBO纤维、PBO隔膜及Celgard隔膜的热重曲线

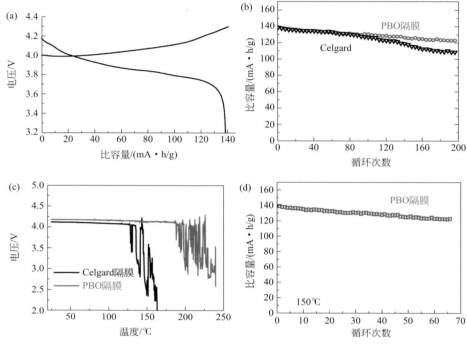

图 5-24　PBO 隔膜相关测试数据

（a）以PBO隔膜组装的扣式电池的充放电曲线；（b）扣式电池室温循环性能；
（c）扣式电池的耐高温特性；（d）以PBO隔膜组装的扣式电池在150℃下的循环曲线

五、纤维素隔膜

　　纤维素（cellulose）是由葡萄糖组成的大分子多糖，不溶于水及一般有机溶剂，是植物细胞壁的主要成分。以纤维素为原料制备的锂离子电池隔膜具有良好的耐热性、液体电解质浸润性、化学及电化学稳定性，同时还具有成本低、环境友好等优点。但是，纤维素具有很强的吸湿性，易燃烧，表面富含羟基等，而且纯纤维素膜的机械强度不是太高，单纯纤维素不能满足电池隔膜的综合要求。所以，需要通过复合其他高性能高分子材料来提高纤维素隔膜的疏水性能、阻燃性能以及力学性能等[31]。

　　中科院青岛能源所崔光磊团队在纤维素复合隔膜领域开展了一系列研究工作，采用静电纺丝技术制备纳米的三乙酸纤维素无纺膜，通过水解制备得到纤维素无纺膜，然后在纳米纤维膜的两侧浸涂 PVDF-HFP 涂层，得到纤维素 /PVDF-HFP 复合电池隔膜[32]，如图 5-25 所示。涂布 PVDF-HFP 有利于改善纤维素膜的吸湿性，并且复合隔膜具有更小的孔径，有利于减少电池的自放电，提高电池的循环寿命。随后，他们利用抄纸工艺制备聚芳砜 - 纤维素复合隔膜[33]。聚芳砜（PASF）具有优良的耐热性能、力学性能、介电特性及化学稳定性。聚芳砜和纤维素通过化学物理相互作用，赋予复合隔膜优异的热稳定性，用该隔膜组装的 $LiFePO_4$ /Li 电池可在 120℃的条件下稳定进行充放电循环。

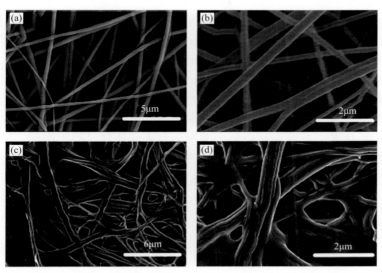

图 5-25 纤维素无纺膜及纤维素 /PVDF-HFP 复合隔膜的 SEM 照片

（a）（b）纤维素无纺膜；（c）（d）纤维素/PVDF-HFP复合隔膜

瑞典乌普萨拉大学汪朝晖和 Leif Nyholm 等[34] 提出一种双层纤维素隔膜设计。他们将薄绝缘层与具有导电性和氧化还原活性的多孔支撑层组合到一起，获得厚度与传统隔膜厚度近似的柔性氧化还原活性隔膜。氧化还原活性隔膜的双层结构一侧是约 3μm 厚的绝缘纳米纤维素（NCF）层，另一侧是 7μm 厚的氧化还原活性 PPy / 纤维素复合层。实验证明，约 3μm 的 NCF 层可以有效防止锂离子电池短路并保障安全，具有氧化还原活性的 PPy / 纤维素复合层则为 NCF 层提供机械支撑，同时有利于提高锂离子电池容量。与商用 PE 隔膜相比，柔性氧化还原活性隔膜在热稳定性和液体电解质润湿性方面有明显优势。采用氧化还原活性隔膜可代替传统隔膜，$LiFePO_4$ 半电池容量可以从 0.16mA·h 增加到 0.276mA·h，体积比容量和质量比容量均有所提高，表明氧化还原活性隔膜可增加电化学储能系统的容量。因此，这种方法在锂离子电池以及其他电能存储设备中具有较好的应用前景。

第五节
锂离子电池隔膜发展趋势

　　我国锂电池隔膜行业处于高速发展的阶段，2016 年中国产业界锂电池隔膜产量为 9.29 亿平方米，与 2015 年相比增长 33.03%，特别是国产湿法隔膜受下游需求影响，同比增长在 50% 以上。湿法隔膜逐渐成为主流的技术路线，但同时国产隔膜整体技术水平与国际一线技术水平相比还有较大差距。

　　在技术发展领域，传统的聚烯烃隔膜已无法满足当前锂电池的需求，制备高孔隙率、高热阻、高熔点、高强度、对液体电解质具有良好浸润性的隔膜是今后锂离子电池隔膜的发展方向。为实现这些技术指标，可以从以下三个方面入手：第一，研发新材料体系，并发展相应的生产制备技术，使其尽快工业化；第二，隔膜涂层具有成本低、技术简单、效果显著等优点，是解决现有问题的有效手段；第三，原位复合制备工艺较复杂，可以作为未来隔膜的研究方向。

参考文献

[1] Lee H, Yanilmaz M, Toprakci O, et al. A review of recent developments in membrane separators for rechargeable lithium-ion batteries[J]. Energy & Environmental Science, 2014, 7 (12): 3857-3886.

[2] Yang C, Tong H, Luo C, et al.Boehmite particle coating modified microporous polyethylene membrane: A promising separator for lithium ion batteries[J].Journal of Power Sources, 2017, 348: 80-86.

[3] Ieon H, Yeon D, Lee T, et al. A water-based Al_2O_3 ceramic coating for polyethylene-based microporous separators for lithium-ion batteries[J].Journal of Power Sources, 2016, 315: 161-168.

[4] Kim S, Cho K. Enhanced moisture repulsion of ceramic-coated separators from aqueous composite coating solution for lithium-ion batteries inspired by a plant leaf surface[J].Journal of Materials Chemistry A, 2016, 4 (14)：5069-5074.

[5] Cho J, Jung Y, Lee Y, et al. High performance separator coated with amino-functionalized SiO_2 particles for safety enhanced lithium-ion batteries[J].Journal of Membrane Science, 2017, 535: 151-157.

[6] Mao X, Shi L, Zhang H, et al. Polyethylene separator activated by hybrid coating improving Li^+ ion transference number and ionic conductivity for Li-metal battery[J]. Journal of Power Sources, 2017, 342: 816-824.

[7] Hu S, Lin S, Tu Y, et al. Novel aramid nanofiber-coated polypropylene separators for lithium ion batteries[J]. Journal of Materials Chemistry A, 2016, 9 (4)：3513-3526.

[8] Kim Y, Lee W, Kim K, et al. Shutdown-functionalized nonwoven separator with improved thermal and electrochemical properties for lithium-ion batteries[J].Journal of Power Sources, 2016, 305：225-232.

[9] Wu Y, Yang C, Luo S, et al. PVDF-HFP/PET/PVDF-HFP composite membrane for lithium-ion power batteries[J].

International Journal of Hydrogen Energy, 2017, 42 (10): 6862-6875.

[10] Ryou M, Lee Y, Park J, et al. Mussel-inspired polydopamine-treated polyethylene separators for high-power Li-ion batteries, Advanced Materials, 2011, 23 (27)：3066-3070.

[11] Dai J, Shi C, Li C, et al. A rational design of separator with substantially enhanced thermal features for lithium-ion batteries by the polydopamine–ceramic composite modification of polyolefin membranes[J]. Energy & Environmental Science, 2016, 9 (10)：3252-3261.

[12] Luo X, Liao Y, Zhu Y, et al. Investigation of nano-CeO_2 contents on the properties of polymer ceramic separator for high voltage lithium ion batteries[J]. Journal of Power Sources, 2016, 348: 229-238.

[13] Liu H, Xu J, Guo B, et al. Effect of SiO_2 content on performance of polypropylene separator for lithium-ion batteries[J].Journal of Applied Polymer Science, 2014, 131（23）：1-6.

[14] Stephan A, Nahm K. Review on composite polymer electrolytes for lithium batteries[J]. Polymer, 2006, 47：5952-5964.

[15] Smith S, Williams B, Joo Y. Effect of polymer and ceramic morphology on the material and electrochemical properties of electrospun PAN/polymer derived ceramic composite nanofiber membranes for lithium ion battery separators[J].Journal of Membrane Science, 2017, 526：315-322.

[16] Yanilmaz M, Lu Y, Zhu J, et al. Silica/polyacrylonitrile hybrid nanofiber membrane separators via sol-gel and electrospinning techniques for lithium-ion batteries[J]. Journal of Power Sources, 2016, 313: 205-212.

[17] Zheng W Z, Zhu Y, Na B, et al. Hybrid silica membranes with a polymer nanofiber skeleton and their application as lithium-ion battery separators[J]. Composites Science and Technology, 2017, 144: 178-184.

[18] Wang M, Chen X, Wang H, et al. Improved performances of lithium-ion batteries with a separator based on inorganic fibers[J]. Journal of Materials Chemistry A, 2017, 5(1): 311-318.

[19] Liu K, Liu W, Qiu Y, et al. Electrospun core-shell microfiber separator with thermal-triggered flame-retardant properties for lithium-ion batteries[J]. Science Advances, 2017, 3(1): 1-8.

[20] Luo R, Wang C, Zhang Z, et al. Three-dimensional nanoporous polyethylene-reinforced PVDF-HFP separator enabled by dual-solvent hierarchical gas liberation for ultrahigh-rate lithium ion batteries[J]. ACS Applied Energy Materials, 2018, 1: 921-927.

[21] Li H, Wu D, Wu J, et al. Flexible, high-wettability and fire-resistant separators based on hydroxyapatite nanowires for advanced lithium-ion batteries[J]. Advanced Materials, 2017, 29: 1703548.

[22] Lu C. Application of nonwovens in the battery separator[J]. Synthetic Fiber in China, 2013, 42(8): 7-31.

[23] Zhang X. Performance evaluation of a non-woven lithium ion battery separator prepared through a paper-making progress[J]. Journal of Power Sources, 2014, 256(12): 96-101.

[24] Orendorff C. The role of separators in lithium-ion cell safety[J]. Electrochemical Society Interface, 2012, 21(2): 61-65.

[25] Hao J, Lei G, Li Z, et al. A novel polyethylene terephthalate nonwoven separator based on electrospinning technique for lithium ion battery[J]. Journal of Membrane Science, 2013, 428: 11-16.

[26] Miao Y, Zhu G, Hou H, et al. Electrospun polyimide nanofiber-based nonwoven separators for lithium-ion batteries[J]. Journal of Power Sources, 2013, 226: 82-86.

[27] Lin C, Zhang H, Song Y. Carboxylated polyimide separator with excellent lithium ion transport properties for a high-power density lithium-ion battery[J]. Journal of Materials Chemistry A, 2018, 6: 991-998.

[28] Zhang H, Zhang Y, Xu T, et al. Poly (*m*-phenylene isophthalamide) separator for improving the heat resistance and power density of lithium-ion batteries[J]. Journal of Power Sources, 2016, 329: 8-16.

[29] Shi G, Ju S, Huang C, et al. Tensile strength of surface treated PBO fiber[J]. Material Science Forum, 2015, 815: 662-668.

[30] Hao X, Zhu J, Jiang X, et al. Ultrastrong polyoxyzole nanofiber membranes for dendrite-proof and heat-resistant battery separators[J]. Nano Letters, 2016, 16: 2981-2987.

[31] 刘志宏，柴敬超，张建军，等. 高性能纤维素基复合锂离子电池隔膜研究进展 [J]. 高分子学报，2015，11: 1246-1257.

[32] Zhang J, Liu Z, Kong Q, et al. Renewable and superior thermal-resistant cellulose-based composite nonwoven as lithium-ion battery separator[J]. ACS Applied Materials & Interfaces, 2013, 5: 128-134.

[33] Xu Q, Kong Q, Liu Z. et al. Cellulose/polysulfonamide composite membrane as a high performance lithium-ion battery separator[J]. ACS Sustainable Chemistry & Engineering, 2014, 2: 194-199.

[34] Wang Z, Pan R, Ruan C, et al. Redox-active separators for lithium-ion batteries[J]. Advanced Science, 2017, 5(3): 1700663.

第六章

锂硫电池

第一节　锂硫电池概述 / 220

第二节　锂硫电池正极材料 / 222

第三节　锂硫电池功能性中间层及改性隔膜 / 242

第四节　锂硫电池电解质 / 248

第五节　锂硫电池的发展趋势 / 250

第一节
锂硫电池概述

锂硫电池的概念最早出现在 19 世纪 60 年代，锂硫电池体系理论上具有高比容量和高能量密度的特点[1]。该体系采用单质硫作为正极材料，拥有 1675mA·h/g 的理论比容量，与金属锂匹配组成电池，其理论比能量可高达 2600W·h/kg，远高于现阶段所使用的商业化二次电池，极具开发和应用前景，受到广泛关注[2]。此外，单质硫作为正极材料具有廉价和环境友好的特性，因此极具商业价值。锂硫电池被认为是下一代极具发展潜力的高比能量二次电池体系。虽然锂硫电池具有如此多的优点，但是由于单质硫与放电产物 Li_2S 存在的电绝缘性，放电过程中硫的体积膨胀，电化学反应中产生的可溶性中间产物多硫化锂的穿梭效应，最终放电产物的不可控沉积等问题降低了活性物质的利用率，缩短电池的循环寿命，严重阻碍锂硫电池的产业化进程[3]。

一、锂硫电池的电化学工作原理

锂硫电池的电化学工作原理与常规的锂离子电池的脱嵌锂不同，锂硫电池在充放电过程中发生了一系列 S—S 键的断裂和生成的多步反应，并同时生成一系列的中间产物，是一个涉及电子离子传递的多相多步反应过程[4]。如图 6-1 所示，在放电过程中，八元环形式的硫得到电子形成 Li_2S_8，这个过程对应着图中

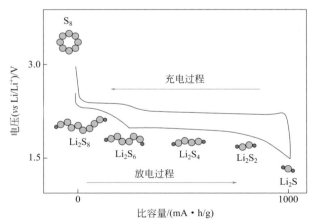

图 6-1　锂硫电池工作原理[5]

的第一个平台（2.3V）；Li_2S_8进一步发生还原反应，形成Li_2S_6和Li_2S_4等高阶多硫化物，对应着$2.3 \sim 2.05V$的放电平台；随着放电深度的进行，高阶多硫化物会被还原生成低阶多硫化物Li_2S_n（$n=1 \sim 3$），对应2.05V附近的放电平台。在这个放电过程中，生成的多硫化锂会溶解在液体电解质中，并在液体电解质中发生迁移。而放电产物Li_2S_2和Li_2S不溶于液体电解质，沉积在导电骨架上[5]。

二、锂硫电池存在的问题

虽然锂硫电池的能量密度远高于目前商业化的锂离子二次电池，但在实际充放电过程中存在活性物质利用率低、循环性能差、电池寿命短、锂枝晶、液体电解质和隔膜等多方面问题，限制锂硫电池的发展和应用。锂硫电池存在的问题主要包括以下几个方面：

① 室温下，正极单质硫和放电产物Li_2S是绝缘体，其中硫的电导率仅为5×10^{-30}S/cm，而Li_2S的电导率也只有3.6×10^{-7}S/cm。导电性的不足明显影响了充放电过程中电子和离子的传递效率，导致反应动力学差，电化学极化严重，反应不充分，从而降低活性物质利用率。

② 正极材料硫在充放电过程中体积变化大，导致电极开裂，甚至活性物质脱落，从而缩短电池的循环寿命。

③ 充放电过程中容易生成可溶性的多硫化锂。多硫化锂会穿过隔膜迁移至负极并被还原成短链的多硫化锂，而重新回到正极又被氧化成长链的多硫化锂，"穿梭效应"的发生极大地降低活性物质利用率和库仑效率。

④ 放电产物的不可控沉积不仅影响活性物质的利用，而且其差的导电性也影响电化学反应动力学。

⑤ 目前采用的醚类液体电解质对多硫化锂有较好的溶解性，穿梭效应严重，从而导致活性物质的损失和锂负极表面的破坏，降低电池容量和库仑效率，同时也带来安全隐患。

⑥ 目前锂硫电池中采用的隔膜为PP/PE，虽然能提供有效的离子通道，但是对于锂硫电池充放电过程中产生的中间产物多硫化锂并没有很好的阻隔作用；多硫化锂会通过隔膜的微孔扩散到负极，在锂金属表面被还原生成Li_2S_2和Li_2S，导致活性物质损失和界面破坏。

上述提到的问题都和硫正极有直接或者间接的关系，针对上述问题，科研工作者已从多个方面对锂硫电池性能进行改进，主要包括正极、负极、隔膜、电解质等方面。

第二节
锂硫电池正极材料

锂硫电池正极存在着单质硫导电性差，放电中间产物易溶于液体电解质，充放电过程中体积膨胀（80%）等问题。近年来研究表明，选取合适的载体材料与硫复合可以解决上述问题。相比于其他材料而言，碳材料具有密度小、导电性好、自然来源广、比表面积大等优点，是一种理想的锂硫电池正极载体。将硫与碳材料复合形成碳硫复合物作为锂硫电池正极材料是近年来锂硫电池正极的研究热点之一。

一、多孔碳

随着纳米科学和纳米技术的快速发展，多孔材料已经成为材料、化学、物理、生物等科学领域最有吸引力的研究材料之一。多孔碳材料具有良好导电性、高比表面积、可调孔径和种类丰富等优点。作为锂硫电池正极硫载体时，多孔碳材料可以提高复合材料的导电性，抑制多硫化物的溶解，并且可以缓解充放电过程中活性物质的体积膨胀。因此，近年来许多研究人员都致力于开发多孔碳作为锂硫电池中硫的载体。接下来我们将讨论不同多孔碳材料对锂硫电池性能的影响。

1. 介孔碳

Nazar 课题组 [3]2009 年以 CMK-3 作为正极载体，采用加热熔融的方法与硫复合，得到均匀的复合材料，使容量大幅度提高（图 6-2）；同时，又在复合材料表面覆盖锂离子导体聚乙二醇（PEG），使容量进一步提高。一方面，PEG 链端的亲水基团可与极性的多硫化物相互作用，从而将其限制在正极表面附近；另一方面，PEG 的表面修饰可有效抑制放电产物在电极表面的不均匀沉积和团聚，从而保持电极材料表面形貌结构的稳定。此后，多种介孔碳材料被用于锂硫电池正极载体，并且能够明显提高锂硫电池的性能 [6-8]。

介孔碳的孔体积制约着复合材料的能量密度和硫负载量（> 70%），因此需要开发具有大孔体积和优化孔结构的一些多孔碳基体。比如，将具有相互连通孔道和大孔体积（4.69cm³/g）的磷灰石孔隙结构的介孔碳材料作为锂硫电池正极载体 [9]。这种碳/硫复合材料的硫含量高达 84%，处于合适的硫填充水平，可以有效缓解充放电过程中硫的体积膨胀问题。为了得到最适合的锂硫电池正极载体材料，Giannelis 等[10] 探究了具有不同孔结构、孔体积和比表面积的介孔碳对锂硫电池性能的影响，在相同硫含量的情况下，增大孔体积比增加比表面积对锂硫电池容量的提升效果更明显，但介孔材料孔的大小对电池的性能影响不大。

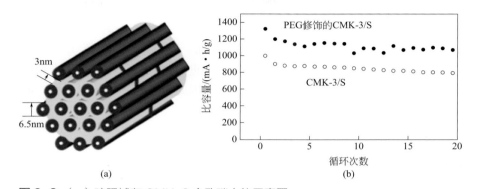

图6-2 （a）硫限域在 CMK-3 介孔碳中的示意图；
（b）PEG 修饰的 CMK-3/S 和纯 CMK-3/S 电极在 168mA/g 电流密度下循环性能的对比

受单质硫不导电问题的制约，锂硫电池的高倍率性能一直是个挑战。Nazar 课题组[11] 以三嵌段共聚物为模板设计并合成具有双重孔径的介孔碳材料，在不牺牲容量和循环寿命的前提下，获得较高的倍率性能。这种双重孔径的介孔碳的孔径为 2.0nm 和 5.6nm，这些小孔与孤立大孔相互连接，促进多硫化物和锂离子的移动，从而提升锂硫电池的倍率性能。其研究表明，掺杂 10% 的介孔二氧化硅可以进一步提升容量和循环稳定性。后来 Schuster 等[6] 合成具有双重孔径的有序介孔纳米球作为硫载体，其放电比容量高达 1200mA·h/g，并且显示出良好的循环稳定性。由此可见，定向调控介孔尺寸对锂硫电池性能有很大影响。

2. 微孔碳

对于硫/微孔碳复合材料，当碳基体的孔径减小到微孔尺度，特别是约 0.5nm 时，电化学反应将与正常的硫正极非常不同，放电过程只有一个电压平台并且电位在 1.8V 左右；同时，受到孔结构的制约，在硫的含量较低的情况下（≤60%，质量分数）才能得到较好的电化学性能。

高学平课题组[12] 通过在 149℃下对硫和微孔碳球的混合物进行热处理 4h 制备硫/微孔碳球复合材料，这可以使硫以高度分散的状态存在于碳球的微孔内，该复合材料在商业碳酸酯基电解质中具有优异的循环稳定性和良好的倍率性能。楼雄文课题组[13] 以 MOFs 为模板制备微孔碳多面体（MPCP），并使用 MPCP 作为硫的载体，对硫/微孔碳复合电极进行系统研究；同时，探究影响锂硫电池电化学性能的一些关键参数，如硫负载量、复合材料硫含量和液体电解质种类等。

研究表明，制备的碳硫复合物在酯类液体电解质和醚类液体电解质中都具有很高的库仑效率和很好的循环稳定性。

该体系与纯硫的反应机制差异的原因并不明确。郭玉国课题组[14]使用小硫分子（S_{2-4}）作为正极的活性物质，解释了微孔碳/硫复合材料的独特反应机制。通常的单质硫以八元环（S_8）的形式存在（直径大约 0.8nm），当微孔碳材料的孔减小到 0.5nm 时，S_8 分子无法进入孔道内部。通过球磨加热等方法可以破坏 S_8 的环状结构，使其以小硫分子的形式存在并进入微孔内。小硫分子在放电过程中避免传统锂硫电池第一步多硫化锂的生成，因此只存在一个放电平台，有效地抑制多硫化锂的溶解。

3. 等级多孔碳

为了结合不同孔径的碳材料的优点，最近大量研究者设计和制造了等级多孔碳，其结合了微孔和介孔的优点，具有很好的循环稳定性和快速的离子传输能力。2007 年，解放军防化研究院[15]提出以大孔碳、介孔碳为载体将硫填充其中制备寄生型复合材料（LMC/S）的策略，利用介孔碳的模板作用、高导电性及强吸附作用实现硫颗粒的纳米化，改善电极的导电性，抑制反应物和放电产物的溶解，提高硫的利用率和循环稳定性。梁成都课题组[16]合成孔径为 7.3nm 的介孔碳材料，然后通过氢氧化钾的活化过程又引入小于 2nm 的微孔结构，得到微介孔碳材料。这种等级的微介孔碳材料具有比表面积大、孔隙率大的优点，可以改善锂硫电池的循环性能并提高硫的利用率。

然而，由于微孔、中孔和大孔均匀分布在上述等级多孔碳中，较大孔中的单质硫仍然可以直接接触电解质，因此不能有效抑制多硫化物的溶解，无法得到较好的循环稳定性。因此，将等级多孔碳/硫复合材料的循环稳定性提高到同微孔碳/硫复合材料是一个很大的挑战。黄云辉课题组[17]设计了一种具有高度有序的中微孔核壳结构的等级纳米碳材料作为硫载体。这个结构很好地结合介孔碳和微孔碳的优点，高度有序的介孔碳的"核"保证足够的硫载量和高的活性物质利用率，微孔碳的"壳"不仅可以作为稳定循环寿命的物理屏障，避免内部放电产生的多硫化锂溶解到液体电解质中，还可以提高整个复合电极的倍率性能。此外，这个结构还具有微孔和介孔碳/硫复合物的电化学反应过程，显示出很好的循环稳定性。

4. 杂原子掺杂的多孔碳材料

虽然多孔碳材料与硫复合后可以改善单质硫本身不导电、体积膨胀和多硫化锂的溶解等问题，但是电池的长期稳定性还需要进一步提升。研究表明，极性的多硫化锂与非极性的单质碳之间只存在很弱的物理吸附作用，无法更好地固定多硫化锂。在碳材料中引入一些杂原子可以提供极性位点与多硫化锂键合，形成更强的化学吸附作用，有效抑制多硫化锂的溶解，从而获得长期的稳定性。

与传统的碳材料相比，氮掺杂的介孔碳球（MNCS）对多硫化锂有很强的吸附作用，即使不用加热与硫复合，也可以有很好的循环稳定性[18]。同时，MNCS具有很高的振实密度，有利于高载量电极的制备。在面密度达到 5mg/cm² 的情况下，循环 200 次后容量还可以保留 83%。杂原子的含量决定着吸附多硫化锂的活性位点的数量，因此富氮材料具有更优异的固硫效果。除了氮原子，其他原子掺杂碳对多硫化锂也有很好的固定效果。

Nazar 课题组[19]制备了一种氮硫共掺杂的介孔碳材料，并且还通过密度泛函理论计算了不同氮硫掺杂比例对多硫化锂的吸附作用。相比于单掺杂和无掺杂的碳材料，这种共掺杂的正极具有更好的电化学性能。熊胜林课题组[20]设计了一种可以大规模制备的氮氧共掺杂的无孔碳材料，通过控制前驱体的物料比，可以控制杂原子的含量，并且在不同的载量下都具有很好的循环稳定性。这种碳材料孔体积只有 0.0247cm³/g，排除了物理吸附对多硫化锂的作用，进一步验证化学吸附可以有效抑制多硫化锂的溶解。

为了探究不同杂原子掺杂对多硫化锂吸附性能的影响，张强课题组[21]通过密度泛函理论对比了不同杂原子掺杂的碳材料对多硫化锂的吸附性能的影响。氮掺杂和氧掺杂的碳材料对多硫化锂的吸附性能明显增强，而其他原子对多硫化锂的吸附无明显促进，甚至具有一定的负作用。最后还总结了对杂原子选取的要求：①杂原子需要有多余的电子对与多硫化锂形成路易斯酸碱相互作用；②杂原子需要有较高的电负性以及与锂原子相匹配的原子半径；③杂原子需要和碳材料体系形成非定域化的 π 键；④杂原子需要能和碳之间形成稳定的化学键。该项研究对后续工作中杂原子的选取具有很大的帮助。

5. 生物质碳材料

多孔碳材料的制备通常需要精细的工序，包括高温工艺和腐蚀性酸用于模板合成，不利于锂硫电池的商业化应用。因此，需要通过一些更容易和更具成本效益的方法来获得多孔碳载体。由于许多生物质材料具有有机／无机复合材料的自然层次结构，设计良好的碳化方法可将这些生物质材料的结构保留在一些有望合成的多孔碳材料中，可用于负载硫的主体，提高锂硫电池的电化学性能。此外，许多生物质碳载体可以从原来的废物和可再生资源中获得，这些废物和可再生资源可商业化利用，其成本低并且环境友好，很有希望作为大规模生产的锂硫电池正极载体材料。

黄雅钦课题组[22]以猪骨为原料制备生物质碳材料作为锂硫电池正极载体，相对于传统锂硫电池具有更高的容量和更好的稳定性。随后，一系列生物质材料被用于多孔碳的碳前驱体，例如棉花、竹、香蕉皮、橄榄石、荔枝壳、丝绸茧、木棉纤维、鱼鳞等[23-30]，并借助氢氧化钾活化工艺得到高比表面积和孔体积的多孔碳材料。上述材料的成本优势使其有很好的应用前景。

但是，之前报道的生物质碳材料作为锂硫电池正极载体时，在循环过程中容量衰减严重，仍然需要进一步研究去解决这个问题。海苔中具有丰富的氨基酸和蛋白质，碳化后可以提供大量的杂原子。同时，海苔在我国沿海地区可以大量人工养殖，产量大，成本低。因此，孙克宁课题组[31]选用海苔作为原材料，制备海苔碳材料作为锂硫电池正极载体。为了得到高性能的锂硫电池，对得到的海苔碳进行了进一步活化，提高其比表面积和孔体积，有利于高硫载量锂硫电池的制备。制备的活化海苔碳具有层状的多孔二维结构，可以提供电子传输路径并且有利于高硫负载量正极的制备；制备的活化海苔碳具有丰富的氮原子和氧原子，它们能够提供活性位点，有效地抑制穿梭效应。此外，制备的活化海苔碳/硫正极材料具有优异的电化学性能，在5C的电流密度下放电比容量仍然可以达到626mA·h/g，在较高载硫量的情况下也有很高的容量。同时，在2C的电流密度下循环1000次，每次循环容量衰减率只有0.022%。和之前的生物质碳材料相比，海苔碳对锂硫电池的性能有明显提升。海苔碳有希望成为大规模生产的锂硫电池正极载体材料。

6. 碳纳米管

作为锂硫电池正极载体，碳材料本身的物性也是影响电池性能的关键因素。碳纳米管（CNT）具有力学性能好、电导率高、热导率高等优点，广泛应用于能源储存领域。碳纳米管可为电极提供快速的三维导电网络，并且展现出优异的机械稳定性和丰富的活性位点。

传统的电极由活性物质、导电炭黑和黏结剂构成。Han等[32]用碳纳米管代替导电炭黑制备锂硫电池正极极片，用以提高导电能力和硫电极的循环寿命。实验表明，相比于传统的导电添加剂（Super P、科琴黑和乙炔黑等），一维的碳纳米管可以提供更有效的导电网络。但是，使用传统的电极浆料制备方法很难制备均匀分散的电极，同时碳纳米管和单质硫之间无法充分接触，影响了电池的整体性能。为了解决这个问题，邱新平等[33]通过常用的熔融法将硫与碳纳米管复合作为正极材料，明显提升了活性物质的利用率和电池的循环稳定性。与其他多孔的碳材料相比，碳纳米管的比表面积（通常 < 200m²/g）和孔体积（通常 < 0.8cm³/g）都比较低，无法达到很高的硫负载量。如何制备具有高比表面积的碳纳米管是需要解决的关键问题。黄绍明课题组[34]采用水蒸气刻蚀的方法制备多孔碳纳米管，其管孔大小可控并且不影响碳纳米管本身的导电性，同时还在表面引入大量含氧官能团，为固定多硫化锂提供了活性位点。

碳纳米管的内径很小，无法容纳更多的硫，导致大部分活性物质都在碳纳米管外壁直接与液体电解质接触，无法有效地限制多硫化锂。因此，扩大碳纳米管的内径也是提高硫载量的有效途径。在微米级的碳管内壁修饰碳纳米管，微米管可以保证高的载硫量，内部的碳纳米管可以形成导电网络，促进电化学反应过程中电子的传递，同时还可防止微米管内部放电过程中活性物质的流失[35]。这种独特的结构展现出很好的倍率性能，在2C的电流密度下，放电比容量可以达到1274mA·h/g。为了进一步防止多硫化锂的扩散，李峰课题组[36]将硫与1,3-二异丙烯基苯（DIB）复合形成富硫的高分子结构，再修饰到碳管内部。中空的碳管可以作为微反应器，同时未被填充的部分可以适应充放电过程中的体积膨胀。这种富硫高分子中硫和碳的强相互作用力可以有效地抑制多硫化锂的溶解。相比于单纯的硫/碳管电极，这种富硫结构具有更高的放电容量和良好的循环稳定性。

传统方法制备的电极中黏结剂、导电炭黑和铝箔没有容量，降低了锂硫电池的质量容量和体积容量。碳纳米管有很好的自编织行为，因此可以被制造为无黏结剂和无导电剂的柔性膜电极，提高锂硫电池的能量密度。Manthiram课题组[37]合成了无黏结剂和集流体的硫/多壁碳纳米管膜电极，并在4C下获得了1012mA·h/g的比容量。除此之外，自支撑薄膜可以制备高负载量的电极，张强课题组[38]制备了具有等级结构的硫/碳纳米管电极，面密度高达6.3mg/cm²。在这种等级电极中，短的碳纳米管被用于短程导电主体，而超长碳纳米管用来构建导电网络。该电极的初始放电比容量可达995mA·h/g。范守善课题组[39]将碳纳米管加热后迅速冷却，制备多孔的碳纳米管，然后与硫混合溶解后超声，蒸干溶剂得到自支撑正极薄膜，制备的电极具有很好的物理性能和很高的体积比容量。

尽管碳纳米管的高导电性和独特的一维结构有利于制备大倍率和高面积载量的锂硫电池，但是其较低的表面积和孔体积依旧会使许多活性物质与液体电解质接触，即使制备多孔的碳纳米管，也无法保证很好的循环稳定性，如何改善这一问题依旧是目前需要继续研究的问题。

7. 石墨烯

石墨烯优异的电子迁移率可以解决单质硫不导电的问题，其高比表面积和柔软的二维层状结构，可以缓解硫的体积膨胀。

传统的熔融扩散法制备碳/硫复合材料受到实验条件的制约，单质硫无法均匀地分散在碳骨架内。因此，张跃刚课题组[40]选用氧化石墨烯作为正极载体，并采用化学方法原位沉积硫。化学法制备的纳米级硫单质分布得更均匀，后续的低温加热处理过程可以修饰氧化石墨烯表面的官能团，氧化石墨烯表面上的官能团可以使导电基体与活性物质紧密接触，有效地限制了多硫化物的溶解。氧化石墨烯导电网络还能适应放电过程中电极的体积变化，展现出很高的容量和倍率性能。

石墨烯片层之间的π-π相互作用导致石墨烯片层之间很容易堆叠，降低其比表面积。为了解决这一问题，杨树斌课题组[41]采用电沉积的方法，以硫化钠作为硫源一步制备高倍率石墨烯/硫阵列电极，并且探究了电沉积条件对性能的影响。制备的石墨烯/硫阵列电极在8C的电流密度下，比容量可以达到410mA·h/g。此外，魏飞课题组[42]用水滑石作为模板，合成连通的双层石墨烯结构。CVD法合成的石墨烯具有可控的形貌，相较于金属氧化物而言，水滑石对碳源具有更稳定的结构。水滑石的厚度可以达到10nm，可以有效地抑制石墨烯的堆叠，同时还可以保证单质硫均匀分布在石墨烯网络中。制备的石墨烯/硫电极具有很好的倍率性能，10C的电流密度情况下比容量还能达到713mA·h/g。

石墨烯与其他材料一样，也面临着长期循环稳定性不好的问题。石墨烯的功能化会引入其他官能团，与多硫化锂之间形成路易斯酸碱相互作用，从而达到抑制多硫化锂溶解的目的。楼雄文课题组[43]采用一步水热法合成氨基修饰的石墨烯。氨基与多硫化锂产生路易斯酸碱相互作用，从而抑制其扩散到液体电解质中，对电池的循环稳定性和倍率性能都有很明显的提升。

杂原子掺杂会在石墨烯表面引入更多的活性位点，有利于对多硫化锂的固定，从而提升电池的循环寿命。Dominko课题组[44]制备氟掺杂的石墨烯作为多硫化锂的固定剂，通过控制反应条件，制备不同氟含量的石墨烯。氟含量过低，无法提供足够的活性位点，循环稳定性差；氟含量过高，会影响电极的导电性，降低放电容量。只有掺杂的原子适量时，才能提高电池的容量和循环性能。为了进一步固定多硫化锂，王永刚等[45]合成氮、硼共掺杂的石墨烯作为锂硫电池的正极载体。氮原子具有孤对电子，会与多硫化锂中的锂键合；硼原子具有空轨道，会与多硫化锂中的硫键合。实验现象和理论计算结果均表明，这种双重键合的作用会对多硫化锂有更强的吸附能力。

石墨烯/多孔碳杂化硫正极是减小硫粒径的另一个方法。Nazar课题组[46]通过离子液体将科琴黑/硫复合物阳离子化，直接与带负电的氧化石墨烯自组装，然后再用水合肼还原，形成石墨烯包覆的硫复合物。通过控制反应时间可以控制含氧官能团的含量，这种双重碳包覆的电极具有很好的循环稳定性。

高载量的锂硫正极是锂硫电池商业化发展的必然趋势。为了制备单位面积载硫量高的正极，李峰课题组[47]将三维石墨烯与还原的氧化石墨烯复合，结合了两者的优点：三维石墨烯的高孔隙率有利于高载量电极的制备；氧化石墨烯表面丰富的含氧官能团可抑制多硫化锂的穿梭效应；单位面积载量最高可以达到14.36mg/cm²，且展现出较好的循环稳定性。

孙克宁课题组[48]采用一种简单的方法，制备了一种新型的空心MoO₂球和氮掺杂还原氧化石墨烯（MoO₂/G）的复合材料。如图6-3所示，这种相互连接的MoO₂/G复合材料有几个明显的优点：① N-rGO和中空MoO₂球可以通过物理和化学吸附来固定多硫化物；② C、O、Mo之间的化学键有利于MoO₂和rGO

之间的电荷转移，提高锂硫电池的动力学性能；③夹在 rGO 层中的 MoO₂ 球可以阻止 rGO 的团聚，扩大层间间距；④ rGO 提供了导电网络，大幅减少氧化还原过程中电子输运的障碍。这是首次在锂硫电池中引入氧化物和石墨烯之间的这种化学键并发挥作用。与简单的物理混合物 MoO₂ 和 rGO 正极载体相比，MoO₂/G 复合材料具有显著增强的稳定性和倍率性能。

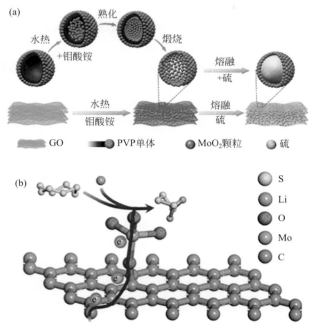

图6-3 （a）MoO₂/G 和 MoO₂/G-S 的合成过程；
（b）理论计算得到的 MoO₂/G 参与锂硫反应示意图

石墨烯的高比表面积和良好的导电性使其有望成为高载量锂硫电池的正极载体材料，并且杂原子掺杂和功能化的石墨烯也展现出比较优异的电化学性能。然而，尽管化学剥离的石墨烯相对便宜，仍无法实现低成本的商业化锂硫电池。

8. 中空碳材料

中空碳材料具有足够的硫负载空间，能减少活性物质与液体电解质的接触，有助于提高活性物质的利用率。因此，为了提高锂硫电池的电化学性能，中空碳材料被广泛研究作为储存硫的载体材料。

Archer 课题组[49]最早设计了一种高度石墨化的中空碳球（HCS）作为硫载体。通过将 HCS 暴露于硫蒸气三次，可以将高含量的硫（70%）装入碳球内部。HCS/S 复合材料大幅提高了硫的利用率和稳定性，放电比容量高达 1100mA·h/g，循环稳定可达 100 次。另外值得注意的是，HCS/S 电极在不添加 LiNO₃ 的液体电解质中，其库仑效率大于 90%，表明碳壳可以很好地抑制多硫化锂的溶解。随后，一系列中空碳球结构被用于锂硫电池的载体[50-52]。

为了探究中空碳球中影响锂硫电池性能的因素，Magdalena M. Titirici 等[51]使用二氧化硅作为硬模板，葡萄糖和木糖作为碳前体分别合成厚度为 5 ~ 8nm 的多孔中空球。通过熔融扩散法让硫进入碳球的内部，并对比了两种中空碳球 / 硫复合材料作为锂硫电池正极的性能，发现比表面积较大的木糖碳源的材料能够明显降低多硫化锂的溶解，而碳壳较厚的葡萄糖空心球具有很高的库仑效率。由此得出的结论：更小的表面积和更厚的碳壳可能对多硫化锂有更好的抑制作用。

为了进一步抑制多硫化锂的溶解，楼雄文课题组[53]制备了一种新型的双层碳纳米球作为锂硫电池正极载体，使用简便的熔融扩散法，可以将硫包裹在双层壳结构内部。此外，柔性双壳可以有效地减轻多硫化锂向外扩散并适应活性材料的体积变化。但是，这些空心碳球结构通过熔融扩散法无法保证硫单质可以充满碳球内部，同时内部的硫无法与碳层接触，进而影响活性物质的利用率。为了解决这一问题，陆安慧课题组[54]合成了一种相互连接的空心核壳结构碳球作为锂硫电池正极载体。内部的微孔碳核具有很高的表面能，可以促进硫扩散到内部空隙，而且这种相互连通的结构还可为内部的活性物质提供更好的电子扩散路径。

振实密度是影响电极体积能量密度的关键参数。为了提高电池的振实密度，郑南峰课题组[55]合成了一种碗状中空碳纳米结（HCS），这种 HCS 具有超高的表面积，可以促进电解质渗透并且加强 HCS 与硫 / 多硫化物的相互作用；同时，杂原子掺杂可以增强 HCS 的导电性和与多硫化物中间体之间的化学吸附。这种结构还优化了电子传导路径，在不牺牲硫负载能力的前提下，提高了碳 / 硫复合材料的振实密度。这种独特的结构展现出很好的循环性能和倍率性能。

和上述的空心球相比，碳纤维有利于构建导电网络，从而提升电池的反应动力学，进而提升倍率性能。很多报道以氧化铝模板合成空心碳纤维作为硫载体，并且电池的性能有明显提升[56-58]。汪国秀课题组[59]以氧化镁作为硬模板，采用化学气相沉积的方法制备三维的空心纳米线。氧化镁作模板成本低，更适合大规模应用。相比于硬模板法，静电纺丝法更适合制备具有高表面 / 体积比、低成本的一维纳米纤维。楼雄文课题组[60]采用静电纺丝法制备了一种莲藕状多通道碳纤维（HCF）。HCF 为硫提供了很大的存储空间，并可以使硫和碳材料之间紧密接触，并且这种三维互连通的导电网络降低电子和离子传输的阻力。包覆氨基修饰的石墨烯后，这种三维电极具有 10.7mA·h/cm² 的面积比容量，并且容量保留率高。

中空碳材料相比于其他碳材料而言，对多硫化锂具有更好的限制作用，但是复杂的合成工艺制约了其大规模的生产和应用，如何设计工艺更简单、成本低廉的中空结构是促进其发展的关键。

经过几十年的研究，碳材料正极载体的设计主要集中在碳硫复合材料本身的形貌、结构、组成、物理性质、化学性质和电化学性质等。碳材料本身具有的优点，使其与单质硫复合后可以明显提升锂硫电池的放电容量、倍率性能和循环稳定性。但是，由于碳材料与多硫化锂的弱相互作用，导致其无法获得长期的循环稳定性，如何改善这一问题是今后要继续研究的方向。相比于锂离子电池而言，锂硫电池最大的优势就是较高的能量密度，但是引入碳材料作为载体难免会牺牲电极的能量密度，因此如何制备高能量密度的锂硫电池也是应重视的问题。

二、非碳正极材料

碳材料作为锂硫电池正极材料，依靠碳材料对多硫化物的物理吸附作用以及物理限域作用，在一定程度上可以有效地限制多硫化物的溶解，对锂硫电池循环性能有所提升。但是，由于非极性碳材料对多硫化物的吸附仅依赖弱的物理相互作用，循环过程中反应生成的多硫化物会溶解到液体电解质中，造成严重的穿梭效应，从而造成容量损失以及电池循环寿命缩减等问题。最近，研究者提出采用过渡金属化合物，如金属氧化物[61-68]、硫化物[69-74]、碳化物[75-77]、氮化物[78-80]、磷化物[81, 82]以及金属有机骨架结构[83-85]等极性材料。这些极性材料对多硫化物具有强的化学吸附作用，可以有效抑制多硫化物的穿梭效应，从而提高锂硫电池的电化学性能。下面将对各种极性硫宿主材料进行详细介绍。

1. 金属氧化物

由于多硫化物是非极性的，极性碳材料对其束缚能力较弱，而极性的金属氧化物材料对多硫化物的穿梭具有更强的限制能力。近年来，研究者们开发出一系列过渡金属氧化物。其中，研究报道最多的当属 TiO_2 材料。在 2012 年，Nazar 课题组[61]首次使用介孔 TiO_2 材料，并以正极材料添加剂的形式在锂硫电池中具体应用。与以往碳材料不同的是，TiO_2 材料因其表面带有正电荷，与多硫化物之间形成强的静电作用，可以有效限制多硫化物的穿梭效应。通过在介孔碳材料中引入 TiO_2 添加剂，比容量可从 900mA·h/g 提升到 1200mA·h/g，即使循环 200 次，大部分比容量仍可以保留，相对于单独的介孔碳材料，循环稳定性大幅度提高。其提出的金属氧化物与多硫化物之间的静电作用可抑制多硫化物穿梭效应的观点，为以后的研究工作提供了方向，具有指导性。

2013 年，崔屹课题组[62]制备了一种 TiO_2 包覆硫的核-壳结构，TiO_2 包覆层不仅可以有效缓解硫在充放电过程中的体积膨胀问题，其表面的 Ti—O 基团以及表面羟基还可以有效抑制多硫化物的穿梭效应。在硫含量高达 71% 的条件下，0.5 C 电流密度下放电，首次比容量可以达到 1030mA·h/g，即使经过 1000 次循环，比容量仍能够保持在 600mA·h/g。随后，他们又制备出一种 Ti 低配位点的 Ti_4O_7 导电材料[63]，认为这种极性材料可以暴露丰富的低配位的 Ti 活性位点，有利于吸附和选择性沉积多硫化物，且取得比 TiO_2/S 更高的可逆容量以及更加优异的循环稳定性。

同期，Nazar 课题组[64]合成了一种不导电的 S/MnO_2 纳米片复合材料，在硫含量达到 75% 的条件下，0.2C 首次充放电比容量高达 1300mA·h/g，且经过 200 次循环后，比容量仍能保持在 1200mA·h/g 左右，即使在 2C 下充放电，比容量仍能够达到 800mA·h/g 以上。更为重要的是，该参考文献提出并证明了一种新的机制，即 MnO_2 可以在表面吸附多硫化物离子，且与之反应生成不可溶的硫代硫酸盐，从而有效地限制多硫化物的扩散，极大地提高电池的电化学性能。通过进一步进行多硫化物的吸附对比试验以及 XPS 分析，证实了在二氧化锰表面生成硫代硫酸盐和连多硫酸根离子，很好地验证这种机制的真实性。

随后，孙克宁课题组[65]受"尖端效应"的启发，制备了一种蒲公英形状结构的中空球状氧化铜（图 6-4）。考虑到传统的极性材料比表面积小，与多硫化物的接触面积有限，无法有效抑制多硫化物的溶解。另外，生成的 Li_2S 会脱离极性材料表面，在充电过程中无法全部转化为硫，从而导致电池性能变差。因此，选择设计一种具有可控结构和组成的材料，可以实现充放电产物的均匀沉积，从而提高电池性能。氧化铜的氧化电位在 2.53V，可以促进硫代硫酸盐的形成，因此选择制备一种针状组成的蒲公英形状结构的中空球形氧化铜材料，简称 HCOS。HCOS-S 电极在 0.2C 倍率下首次放电比容量达到 1200mA·h/g，1C 倍率下充放电循环 500 次后，比容量仍能够保持在 883mA·h/g。这也为后续去设计具有特殊结构的极性材料，从而为提高锂硫电池性能的工作提供了一种新的思路。

然而，由于单独的金属氧化物材料作为锂硫电池正极时，导电性较差，在一定程度上牺牲锂硫电池的高倍率性能，无法发挥出锂硫电池大电流密度以及高容量的优势。2016 年崔屹课题组[67]报道了使用生物质木棉纤维碳化作为基底，与几种不导电的金属氧化物形成复合载体材料（图 6-5），并提出一种新的机制，认为吸附和扩散会共同控制多硫化物的转化过程。另外，通过实验对比分析发现，在 Al_2O_3、CeO_2、La_2O_3、CaO 以及 MgO 多种氧化物中，基于 MgO 与碳复合材料的锂硫电池展现出最佳的循环稳定性。

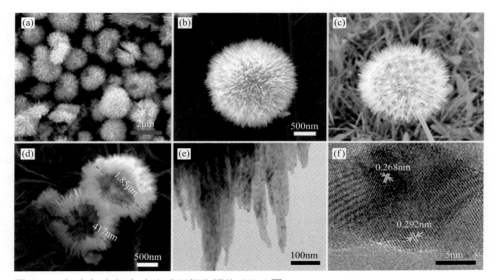

图6-4 （a）（b）（d）中空球形氧化铜的 SEM 图；
（c）与 HCOS 类似结构的蒲公英照片；HCOS 的 TEM（e）和 HRTEM（f）图

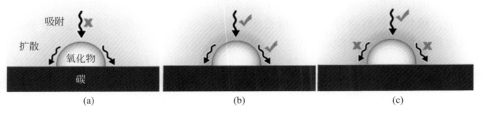

图6-5 Li_2S_x 在不同类型金属氧化物表面的吸附和扩散机制

（a）仅具有弱吸附作用的金属氧化物；（b）兼具优异的吸附性能及良好的扩散特性的金属氧化物；
（c）仅具有优异吸附性能，而不具有良好扩散特性的金属氧化物

    2017 年，孙克宁课题组[68]制备了一种具有多级介孔结构的 $C@SnO_2$ 材料，其制备步骤如下：首先通过简单水热法在碳纳米纤维上沉积生成前驱物 SnS_2 纳米片阵列，进而煅烧前驱物 SnS_2 纳米片得到多级结构的介孔 SnO_2 纳米片。相比以往利用硬模板、冷冻干燥以及表面活性剂模板等方法，这种制备方法更为简单，不需要烦琐的步骤。此外，通过吸附试验和紫外光谱证明，SnO_2 具有比 SnS_2 更强的吸附多硫化物的能力。通过结合碳纳米纤维组成的导电网络结构，这种 $C@SnO_2/S$ 正极材料在 0.2C 下首次放电比容量达到 1228mA·h/g，循环 100 次后比容量仍可以保持在 1100mA·h/g，即使是在 4C 高倍率下充放电，比容量仍能够达到 520mA·h/g。这种优异的性能源于 SnO_2 材料对多硫化物强的吸附能

力以及其对多硫化物氧化还原动力学过程的促进。另外，二维 SnO_2 纳米片状结构有利于暴露更多的活性位点去吸附转化多硫化物，并且碳纳米纤维材料提供了良好的导电网络。

此外，孙克宁课题组[69]设计构建的 $C@SnO_2/TMS/S$ 正极材料，展现出高的比容量，优异的循环稳定性和高的倍率性能。即使在高达 $5C$ 下循环 4000 次后仍能有 $448mA \cdot h/g$ 的比容量，对应于容量衰减每次仅为 0.009%。这种优异的性能可以归结于几方面原因：①多孔 SnO_2 纳米片可以将更多的硫限制在其纳米孔内部，并可提供更多活性位点与可溶性多硫化物形成强的化学吸附作用，抑制多硫化物的穿梭；②SnO_2 纳米片之间的大孔能够有效控制反应过程中硫的体积膨胀问题，并且这种结构有利于液体电解质在电极中的渗透和 Li^+ 的快速扩散；③高导电性的 $1T\text{-}MoS_2$ 纳米片可以暴露出丰富的边缘位点，加速电子传输速率，提高多硫化物的氧化还原反应动力学性能。

2. 金属硫化物

相对于金属氧化物，金属硫化物对多硫化物具有一定强度的吸附能力且具有更好的导电性。因此，金属硫化物在锂硫电池中也有着广泛应用。2014 年，崔屹课题组[70]利用一个特殊的反应，即 $MCl_4 + 2Li_2S \longrightarrow MS_2 + 4LiCl$（M = Ti、Zr 和 V）的反应机制制备出具有核壳结构的二维层状硫化物包覆硫化锂结构材料。其中，硫化钛具有高导电性和极性吸附位点，Li_2S 的负载量可以达到 $5.3mg/cm^2$，且取得良好的倍率性能。

虽然已经证实金属硫化物对多硫化物的吸附能力适中，适合作为锂硫电池正极材料。但是，其在多硫化锂转换过程中的具体作用方式尚不清晰。在 2016 年，Nazar 课题组[71]制备了一种具有类石墨烯金属导电性的 Co_9S_8 材料，其具有比表面积大、孔体积大、导电性高以及对多硫化物吸附性能强等优点。值得注意的是，在参考文献中提出 Co_9S_8 材料对多硫化物的作用机制是依靠多硫化物中的 S^{2-} 与 Co_9S_8 材料中的 Co^{2+}，以及多硫化物中的 Li^+ 与 Co_9S_8 材料中的 S^{2-} 的相互作用，通过暴露不同的晶面即对应不同的 Co/S 原子比。对其进行理论计算和 XPS 分析，证实了极性材料 Co_9S_8 对多硫化物的作用机制。

同期，张强课题组[72]以 CoS_2 材料为例，证明了金属硫化物在锂硫电池的氧化还原过程中具有催化特性。为了说明 CoS_2 材料对多硫化物氧化还原过程的催化作用，选择比表面积极小、无规则形貌的 CoS_2 纳米粒子材料与石墨烯复合作为锂硫电池正极材料，以降低 CoS_2 材料对多硫化物吸附性能的影响。通过实验，证明 CoS_2 材料可以有效降低极化电位，加速多硫化物的氧化还原过程；对多硫化物氧化还原过程具有催化能力的正极材料可以有效提高锂硫电池性能，为以后的锂硫工作提供新的切入点。

随后，崔屹课题组[73]通过理论和实验证明硫化物对硫化锂氧化到硫单质的过程有催化作用。在参考文献中列举了六种不同的金属硫化物，分别为金属材料Ni_3S_2、FeS和CoS_2，半金属性质的VS_2和TiS_2，以及半导体材料SnS_2。通过理论计算和吸附试验验证了这六种材料对多硫化物的吸附能力，进一步比较硫化锂在各种金属硫化物表面的初始活化能垒、锂离子扩散速度以及极化电压，证明金属硫化物相对于碳材料可以有效地提高锂离子扩散速度，具有降低硫化锂活化能垒和减少极化等优点，由此证明金属硫化物可以有效催化硫化锂到硫单质的氧化转变过程。另外，值得注意的是，在这几种金属硫化物中，VS_2和TiS_2表现出的催化性能更佳，这与它们和多硫化物之间的结合能更强有直接联系。

MoS_2材料因其在一些催化反应中有着高的催化活性，同时具有硫缺陷的MoS_2会暴露更多的边缘位置，这些位置对硫化锂的沉积具有优异的电催化活性。Jim Yang Lee课题组[74]报道了一种具有硫缺陷的二硫化钼材料，并提出硫缺陷为催化多硫化物转化的活性中心，能够加速多硫化物的转化过程，进而和还原氧化石墨烯复合作为硫的宿主材料。这种复合电极表现出十分优异的倍率性能，在$8.0C$时，其充放电比容量可达826mA·h/g。

另外，钱逸泰教授课题组[75]将电导率出色的NiS_2应用在锂硫电池中，获得优异的电化学性能。他们提出一种新的方法制备锂硫电池正极材料，首先水热合成前驱物Ni-C复合材料，然后将制备的Ni-C复合材料和单质硫复合在密闭容器中高温热处理制备S/NiS_2-C复合材料，避免传统材料制备后再利用高温熔融法制备正极材料的烦琐过程，且这种材料有利于减小电极的极化电压，提高整个电极的反应动力学性能。

3. 金属碳化物

金属碳化物以其优良的导电性和化学稳定性著称，常见的碳化物有碳化钙、碳化铬、碳化钒、碳化铁以及碳化钛等[76-78]。其中最具有代表性的是碳化钛（TiC），具有NaCl型面心立方结构，在晶格位置上碳原子和钛原子是等价的。TiC原子间以很强的共价键结合，它的键型包括离子键、共价键和金属键混合在同一晶体结构中，因此TiC具有良好的导电性（10^4 S/cm）和电化学稳定性。

张强课题组以$Ti(OH)_4$@G材料为基础，在不同高温下碳化处理制备TiC@G材料和TiO_2@G材料，比较两种极性材料之间的差异。通过吸附试验和理论计算发现，TiC和TiO_2材料对多硫化物的吸附作用要明显强于碳材料。相比于TiO_2材料，TiC材料具有更高的电导率，因此更适合作为锂硫电池的正极材料。与传统的非导电极性碳基材料相比，多硫化物的吸附位点在极性材料表面，因

此 Li_2S/Li_2S_2 等放电产物会过多地沉积在非导电极性材料表面，直接影响多硫化锂的转化速率。而采用高电导率的 TiC 材料既可以吸附多硫化物，又能够在导电 TiC 材料表面完成硫化锂的成核过程，有效提高活性物质的利用率；进一步通过电化学性能比较发现，TiC@G 材料展现出更优异的倍率性能和循环稳定性能。

MXene 是一种过渡金属碳化物 / 碳氮化物材料，由 Gogotsi 课题组首次发现 [77]。MXene 是通过选择性刻蚀层状 MAX 相中的 A 原子（$M_{n+1}AX_n$，A= ⅢA/ ⅣA 族元素），随后在极性溶剂中剥离形成的。MXene 也常用统一的分子式 $M_{n+1}C_nT_n$ 表示，其中 T 代表表面有限的官能团（—OH、—O、—F）。这类材料凭借其优异的导电性以及表面丰富的官能团，在超级电容器以及锂离子 / 钠离子电池中展现出非常优异的性能。Nazar 课题组 [78] 首次将剥离的 Ti_2C 类 MXene 材料应用在锂硫电池中，其表面丰富的羟基和未杂化的 Ti 原子能够有效固定多硫化物，结合材料本身出色的导电性，电池展现出非常优异的电化学性能，0.05C 下首次充放电比容量可以达到 1400mA·h/g 以上，即使在 1C 倍率下充放电比容量也能够达到 1000mA·h/g。

4. 金属氮化物

金属氧化物（例如 TiO_2）作为硫的宿主材料时，虽然其能够依靠与多硫化物产生的相互作用限制多硫化物的溶解，但是因其导电性差，会阻碍电子传递过程，导致较低的活性物质利用率和较差的倍率性能。过渡金属氮化物（TMNs）由于其具有优良的物理性质、导电性以及化学稳定性而受到广泛研究。

如图 6-6 所示，Goodenough 课题组 [79] 利用固 - 固相分离法，以 $ZnTiO_3$ 为前驱物制备具有介孔结构的 TiN 材料。这种材料不仅拥有超过单金属 Ti 以及 C 材料的高导电性，而且还具有因表面形成氧化物镀层而展现出的化学稳定性。通过与碳材料以及 TiO_2 比较，发现 TiN 材料不仅具有高的导电性，本身也具有极性表面，可以有效提升锂硫电池的倍率性能和循环性能。

传统锂硫电池的正极硫含量在 70% 以下，因为随着硫含量的增加往往伴随着更加剧烈的穿梭效应，容量急剧衰减，更低的比容量以及较差的倍率性能等问题，限制了锂硫电池的商业化应用。董全峰课题组 [80] 以 Co_3O_4 为前驱物，在氨气中高温处理制备得到 Co_4N 纳米片组成的介孔球形材料。如图 6-7 所示，通过吸附试验和拉曼测试证明，Co_4N 材料比 Co_3O_4 以及 Super P 对多硫化物具有更好的吸附效果。这种 Co_4N/S 材料含硫量为 73.32% 时，在 0.1C 下充放电首次放电比容量可以达到 1659mA·h/g，且在 1C 下循环放电 100 次后，比容量仍保持在 1000mA·h/g。即使当硫含量增加到 90% 甚至 95% 时，放电比容量仍能够分别保持在 1428mA·h/g 和 1259mA·h/g。在 2C 高倍率下经历 800 次长循环后，比容量仍能分别维持在 690mA·h/g 和 540mA·h/g 以上。

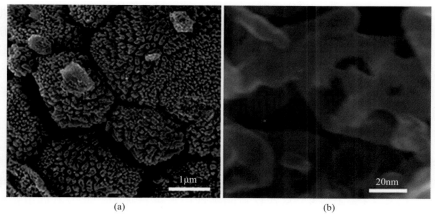

图 6-6　不同放大倍数下 TiN 的扫描电镜照片

（a）1μm；（b）20nm

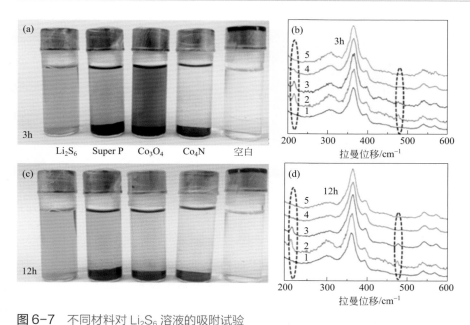

图 6-7　不同材料对 Li_2S_6 溶液的吸附试验

（a）3h；（b）吸附试验3h后的拉曼光谱；（c）12h；（d）吸附试验12h后的拉曼光谱
1—空白；2—Li_2S_6溶液；3—Li_2S_6+Super P；4—Li_2S_6+Co_3O_4；5—Li_2S_6+CoN

随后，李峰课题组[81]提出一种可以有效抑制穿梭效应的方法，采用高导电多孔的氮化钒石墨烯复合材料对多硫化物进行化学锚定。石墨烯的三维片层结构和丰富的孔结构大幅提升硫的负载量，也建立了快速的离子传输通道。氮化钒对多硫化物具有强化学吸附作用且能促进多硫化物的转化,这种化学锚定有力地限制了穿梭效应。另外,氮化钒具有金属氮化物高导电性的特点,有效解决了硫正极绝缘的问题。通过简单的一步水热法制备氮化钒石墨烯复合材料,冷冻干燥后可以保持很好的形态,可直接作为锂硫电池正极材料,不需要加入黏结剂、金属集流体以及导电添加剂。在 $1C$ 下循环 200 次,容量可以保持 81%,即使在 $3C$ 下循环,比容量仍能够达到 $700mA \cdot h/g$。

5. 金属磷化物

当前在锂硫电池中,作为化学吸附极性宿主的材料很多,其中氧化物、氮化物、硫化物、碳化物等均表现出对多硫化物的强化学吸附能力。但是,锂硫电池放电产物 Li_2S_x($x = 4 \sim 8$)是在材料的极性位点进行吸附,并没有同电极整体的导电网络相连接,从而导致多硫化锂的吸附活性位点(极性材料表面)和其反应活性位点(极性材料、导电骨架、液体电解质三相界面)之间在空间上发生物理隔绝,这极大地限制中间态多硫化物的反应活性(图 6-8)。

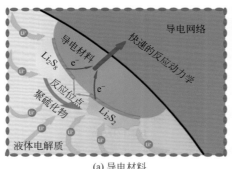
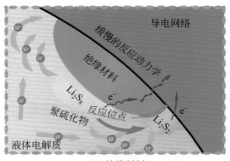

(a) 导电材料 　　　　　　　　　　　　　(b) 绝缘材料

图 6-8 高电导率的极性宿主材料(a)和绝缘的极性宿主材料(b)对多硫化锂反应的示意图

针对上述问题,孙克宁课题组[82] 通过水热反应并随后磷化的方式,制备了拥有中空结构的 Ni_2P 纳米球作为锂硫电池正极宿主材料。由于金属磷化物拥有可比拟碳材料的高电导率(大约 $10^4S/cm$),从而极大地增加电极反应活性界面面积,使得放电产物多硫化锂可以直接在磷化物的极性表面发生反应,提高硫正极的反应活性。此外,中空结构可以容纳更多的硫在宿主材料的内腔中,从而有效地避免游离的多硫化锂穿过隔膜向负极扩散,提高材料的循环寿命。通过熔融法制备 S@Ni_2P-YS 电极材料,在 $0.2C$ 下首次充放电比容量可以达到 $1409mA \cdot h/g$,即便在高达 $10C$ 的倍率下进行循环,比容量仍能达到 $439mA \cdot h/g$。

随后,陶新永课题组[83] 从理论方面证实金属磷化物对硫化锂的催化性能。

通过综合研究 Ni_2P、Co_2P 以及 Fe_2P 三种材料，并通过与 N、P 共掺杂的碳纳米片材料对比，证实过渡金属磷化物对多硫化物具有较强的吸附性能，特别是 Fe_2P 材料，相比其他两种金属磷化物具有更强的吸附性能。通过理论计算进一步发现，过渡金属磷化物相比碳材料对 Li_2S 具有更高的吸附能以及更低的分解能垒，有利于提高活性材料的利用率。电化学性能测试发现 Ni_2P 材料展现出优异的循环稳定性，即便硫含量达到 $3.4mg/cm^2$，在 0.5 C 电流密度下循环 400 次，容量保持率仍能够高达 90% 以上，进一步证实过渡金属磷化物有助于锂硫电池性能的提升。

6. 金属硼化物

孙克宁课题组[84]首次利用简单合成方法合成硼化钴（Co_2B）@ 石墨烯材料作为一种新型硫载体，基于 Co 和 B 均可以与多硫化物形成相互作用的"协同效应"。硼化钴（Co_2B）@ 石墨烯复合材料作为正极材料的比容量为 1487mA·h/g（在 0.1C 电流密度下）；在 1C 条件下循环 450 次后，比容量为 758mA·h/g（衰减率为 0.029%），展现出非常优异的循环性能。

7. MOFs

金属有机骨架结构（MOFs）材料是一类多孔性材料，1995 年由 Yaghi 课题组命名，在近些年吸引了许多科研人员的注意。MOFs 材料是一种晶体由金属单元（二级构建单元简称 SBUs）和有机配体组装而成，通过变换 SBUs 和配体类型，可以得到不同的 MOFs 材料。目前报道的 MOFs 种类已超过 20000 种，且数目还在不断上升中。另外，由于 MOFs 具有高的比表面积、稳定的骨架结构和大的孔径分布等特点，它们在气体储存和分离、气体传感器、催化剂、药物传输以及电化学体系方面都有潜在的应用前景，且在最近几年都取得不错的研究进展。

Tarascon 课题组[85]在 2011 年首次将 MOFs 材料应用到锂硫电池中。MOFs 由于由金属单元和有机骨架组成，可以依靠金属提供的酸性位点和多硫化物之间通过路易斯酸碱相互作用固定硫。2018 年孙克宁课题组[86]制备 Ni 掺杂 ZIF-8 负载碳纤维布的复合材料（Ni-ZIF-8@CC），并以此作为锂硫电池中硫的异质结构载体。非极性碳基载体对多硫化物的吸附能力很弱，并且不能催化多硫化物的进一步转化；传统极性载体对多硫化物有很强的吸附能力，但不具有催化活性，不能进一步促进多硫化物接下来的转化；具有多化学组分的异质结构载体既可以有效吸附多硫化锂（LiPSs），又可以催化其转化为放电最终产物 Li_2S（图 6-9）。通过 XPS 光谱和 DFT 模拟计算，发现 Ni-ZIF-8 通过与多硫化锂之间形成 Ni-S 和 Li-N 的协同相互作用，可以有效吸附多硫化锂。同时，具有电催化活性的 Ni 离子可以提高多硫化物的电化学反应动力学性能，使得电池循环过程中锂离子快速扩散，降低电化学反应的过电势。基于上述优势，以 Ni-ZIF-8@CC/S 为正极的锂硫电池在 1 C 倍率下具有 1006mA·h/g 的初始比容量，并可以稳定循环 500 次；当硫的负载量为 5.5mg/cm^2 时，电池仍具有 5.3mA·h/cm^2 的可逆比容量。

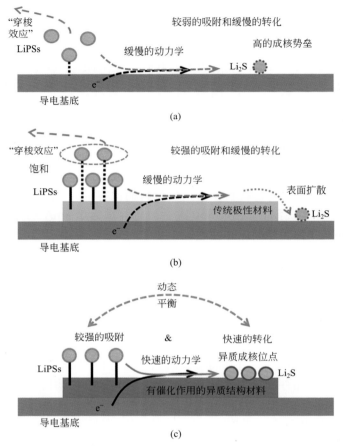

图 6-9 不同载体对多硫化物的吸附与进一步转化机制示意图

此外，孙克宁课题组[87]设计合成了 Fe-MOF 衍生的 Fe$_3$O$_4$/C 作为锂硫正极的载体，基于氧化物和碳对于多硫化物的协同效应，该材料展示出好的循环稳定性能。

8. 其他

董全峰课题组[88]在常温下合成了 ZIF-67，在惰性气体条件下高温碳化得到 Co-N-GC 复合材料（图 6-10）。其中，金属 Co 起到促进长链多硫化物转化为短链的作用，从而提高了锂硫电池比容量。而掺杂的 N 元素促进 Li$_2$S$_6$ → Li$_2$S$_8$ → S$_8$ 的氧化循环，增加循环稳定性，提高了硫的利用率。0.05 C 电流密度下放电比容量可达 1670mA·h/g，基本可以接近硫的理论容量。1C 大电流密度下循环 500 次比容量可以稳定在 600mA·h/g。这类材料说明金属掺杂的碳材料对多硫化物有很好的吸附作用，能够有效增加 Li-S 电池的循环稳定性。

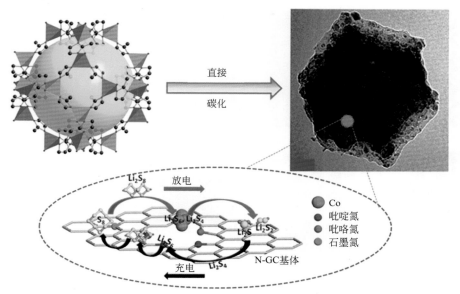

图 6-10 Co-N-GC 复合材料的制备过程和在 Li-S 电池充放电过程中和多硫化物的相互作用示意图

陆盈盈课题组[89] 提出传统的绝缘性金属氧化物与碳复合电极材料，由于金属氧化物的绝缘性本质，相对于导电基底而言不利于多硫化物的进一步氧化还原反应。另外，金属氧化物对多硫化物具有非常强的吸附性，限制了多硫化物转移到导电基底上进行下一步反应，降低了电池的电化学性能。因此，与多硫化物之间具有适中作用力的材料更有利于提高电池性能。考虑到金属氯化物相对于金属氧化物与多硫化物之间产生的吸附作用较为适中，因此选择制备了一系列金属氯化物修饰的碳基材料，且首次将这些非导电性的卤化盐类材料应用到锂硫电池中，展现出优异的电化学性能。相比 $CaCl_2$ 以及 $MgCl_2$ 材料，$InCl_3$ 修饰的碳纳米纤维材料作为锂硫电池正极材料时，显现出更优异的电化学性能。

铁电材料是指具有铁电效应的一类材料，它是热释电材料的一个分支。铁电材料及其应用研究主要集中在凝聚态物理、固体电子学领域，而且铁电材料具有自发极化的特性。魏秉庆教授课题组[90] 采用传统电池制备工艺，将典型的铁电材料 $BaTiO_3$（BTO）纳米颗粒作为添加剂加入正极浆料中，利用纳米 BTO 自身不对称晶体结构产生的自发极化吸附中间产物极性多硫化物，从而达到提高锂硫电池循环稳定性的效果，其作用示意图如图 6-11 所示。该研究工作提出了一种抑制多硫化物穿梭效应的新策略，为高性能锂硫电池的实际应用提供了新的思路。

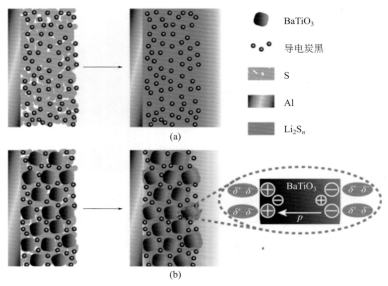

图 6-11　多硫化物在正极处的分布示意图
（a）不含有 $BaTiO_3$ 纳米粒子；（b）含有 $BaTiO_3$ 纳米粒子

　　王海梁课题组[91] 以有机分子二茂铁共价锚定的氧化石墨烯材料作为锂硫电池正极材料。当硫含量在 73% 时，$1C$ 电流密度下循环 550 次，容量衰减率低至每次 0.014%。通过理论计算和光谱分析发现二茂铁和多硫化物之间的作用，是依靠二茂铁分子中环戊二烯配体与多硫化物中锂离子形成阴离子 π-π 键，能够有效限制多硫化物的溶解。

第三节
锂硫电池功能性中间层及改性隔膜

　　在硫正极和聚合物隔膜之间插入功能性中间层的概念是由 Manthiram 课题组首先提出的[92]：将一种微孔结构的碳纸置于正极和隔膜之间，提高了电池中活性物质的利用率和容量保持率。中间层的功能相当于在正极区域内嵌入导电网络，促进电子传输，有效地降低电阻，并抑制穿梭的多硫化物扩散到负极。基于这些独特的优势，所制得的硫正极载硫量高，具有较高的活性材料利用率以及良好的循环稳定性。

孙克宁课题组[93]将三维碳纤维布（CC）置于隔膜和硫正极之间作为锂硫电池的功能性中间层，用以储存和捕获多硫化锂中间产物。当正极中硫的负载量为 $6.8mg/cm^2$ 时，在 $1C$ 倍率下，电池的初始面积比容量为 $6.89mA \cdot h/cm^2$，并可以稳定循环 100 次；在 $5C$ 大倍率下，电池面积比容量仍可达到 $3.80mA \cdot h/cm^2$（比容量为 $560mA \cdot h/g$），并可以稳定循环 1000 次。同时，通过制备轻质量的碳纤维布（L-CC），进一步提高电池的能量密度。电池出色的循环性能和倍率性能归因于 CC 中间层中三维网状结构对多硫化物具有强吸附性能，从而在充放电循环过程中有效地抑制穿梭效应。

隔膜是电池系统的基本组成之一，在常规电池系统中主要作用是隔开电池正、负极，防止其直接接触发生电子短路，同时不妨碍正负极间的离子迁移[94]。因此，一般锂离子电池隔膜都是绝缘性的多孔膜，比如单层或者多层复合的聚丙烯（PP）、聚乙烯（PE）和玻璃纤维膜等[95]。而在锂硫电池系统中，可溶性多硫化锂 LiPSs（直径 < 0.6876nm）能自由扩散，通过这些多孔膜（孔径 > 30nm）到达负极与金属锂发生反应，造成电池容量与库仑效率的损失[96]。因此，可以对锂硫电池隔膜进行合理修饰来限制可溶性多硫化锂 LiPSs 在正、负极之间的穿梭，保护金属锂负极，提升活性材料利用率，进而提高电池循环稳定性。近年来，已经有多种材料用于对锂硫电池隔膜材料的修饰，包括碳材料、无机化合物材料、聚合物材料以及多种材料的共修饰等，这些修饰能显著提升锂硫电池的性能，表现出极大的应用潜力[97, 98]。

碳材料是一种常用的电极/隔膜修饰材料[99]，例如导电炭黑[100]、碳纳米管[101]、石墨烯[102, 103]和杂原子掺杂的碳材料[104, 105]等已经得到广泛研究。由于碳材料具有较高的导电性，将它们修饰在隔膜正极侧表面上时，可以在隔膜正极侧构建"集流体"结构，提高锂硫电池正极导电性，降低隔膜/正极界面电阻，进而促进电化学反应，提高电池的倍率性能。同时，还可以活化吸附在导电层上的活性物质，实现部分含硫组分的回收，提高电池的库仑效率。

Manthiram 课题组率先报道了一系列碳修饰锂硫电池隔膜的工作[100, 106-108]。例如，他们采用流延成型的方法将 Super P 导电碳微球涂覆在 PP 隔膜表面，简单、高效地构建了导电碳修饰隔膜结构。采用这种修饰隔膜以纯硫为正极构建的锂硫电池，在 $0.2C$ 倍率下可得到 $1400mA \cdot h/g$ 的初始比容量，并可以稳定循环 200 次，每次循环容量衰减率为 0.2% 左右。Zhu 等[109]在具有高孔隙率的玻璃纤维上涂覆导电碳层形成复合隔膜，该隔膜降低了界面阻力，获得了极高的活性材料利用率，表现出良好的倍率性能。在 4C 倍率下循环 200 次后，电池比容量仍能保持在 956mA·h/g，同时该导电碳层还限制多硫化物的跨膜扩散，表现出优异的稳定性及库仑效率。

孙克宁课题组[110]采用碳纳米纤维/PVDF 复合物修饰锂硫电池隔膜，其中高导电性的碳纳米管不仅能降低硫正极的界面阻抗，其大量的纳米空间还能有效固定并储存多硫化物，因此该膜表现出极高的对可溶性多硫化物的吸附及再利用能力，缓解了穿梭效应。使用该膜组装的电池表现出优良的稳定性，在 0.5C 倍率下循环 200 次，其库仑效率保持在 99% 以上，电池比容量保持在 768.6mA·h/g，两倍于隔膜未修饰的电池。

崔屹课题组[111]发现锂硫电池在循环过程中大量多硫化物会沉积在常规隔膜中，因此对隔膜中含硫组分的活化和再利用能有效提升锂硫电池的库仑效率。通过在隔膜表面修饰薄导电碳层，实现这部分"死硫"的回收利用。该电池在 0.5C 倍率下放电比容量可达到 1350mA·h/g，并且在 500 次循环内平均每次循环的容量衰减率仅为 0.09%。纳米碳材料的多孔结构对多硫化物存在物理吸附，但吸附能力较弱，通过表面 N、S 等杂原子的引入能增强其对多硫化物的吸附作用[21, 112]，从而提高对多硫化物的"锚定"能力。王东海课题组[18]通过蒸发诱导自组装法（EISA）合成的前驱体碳化得到碳纳米管包裹的微孔氮掺杂碳球（MNCS/CNT）。该复合物中含氮官能团的化学吸附作用能显著增强其对多硫化物的锚定能力，导电碳确保电子的迅速转移及氧化还原反应的快速发生。因此，MNCS/CNT 复合物能有效缓解多硫化物的溶解，比容量可达 1480mA·h/g，循环 200 次后容量仍能保持 90% 以上。Wu 等[113]制备硼掺杂的还原氧化石墨烯功能材料（B-rGO），掺入的硼基团不仅提高包覆层的导电性，而且明显提高对多硫化物的吸附能力，该材料制备的锂硫电池获得优异的性能。

隔膜作为锂硫电池中重要的组成部分，其不仅可以阻止正、负极接触，而且能够为液体电解质提供扩散孔道。然而，这种传统意义上的隔膜无法缓解多硫化物的穿梭问题。针对上述问题，孙克宁课题组[114]报道了一种不仅能够抑制多硫化物穿梭，而且可以加速多硫化物转化过程的四硫化钒石墨烯修饰的新型隔膜材料。研究表明，该隔膜材料在锂硫电池体系下具有电化学活性，能够为锂硫电池提供额外的容量。通过利用这种新型隔膜材料，锂硫电池展现出高的比容量以及超长的循环寿命。

综上所述，在锂硫电池隔膜上引入碳材料进行修饰可明显地降低电池正极阻抗，活化多硫化物，提高电极活性材料利用率。多孔结构可对多硫化物起到较好的物理吸附作用，杂原子掺杂后能进一步提升化学吸附能力，但吸附能力还是较弱，因此电池的长循环稳定性较差。如果将其与对多硫离子具有强吸附力的极性化合物复合，有望进一步提升锂硫电池性能。

利用聚合物材料，包括具有离子选择性的 Nafion[115] 和聚多巴胺 [116] 等材料对锂硫电池隔膜改性也是一种有效限制多硫化物的策略。利用聚合物表面的带电官能团可以实现对锂离子的选择性透过，同时通过电荷排斥效应可以抑制多硫化物阴离子的扩散，从而在一定程度上缓解多硫化物的穿梭效应。离子选择性的 Nafion 膜上带负电的磺酸基团可以作为 Li^+ 跃迁位点，实现锂离子的输运，同时通过静电作用排斥多硫化物，阻止聚硫阴离子透过。采用预锂化的方法还可以提高 Nafion 膜 Li^+ 迁移数 [117]，降低界面阻抗，进而提升电池循环稳定性，而且还可以有效改善锂硫电池的显著自放电现象，提高其在低倍率下的充放电效率 [118]。

张强课题组 [119, 120] 在普通隔膜表面负载了一层超薄 Nafion 膜，在负载量仅为 0.7mg/cm^2 时，仍能有效阻止多硫化物阴离子的扩散，同时对 Li^+ 扩散阻力较小。引入该离子选择性隔膜，在采用无硝酸锂添加剂液体电解质的情况下，将锂硫电池库仑效率提高至 95% 以上，在 500 次充放电循环后容量保持率仍在 60% 以上。

黄云辉课题组 [121] 采用 Nafion 与 Super P 导电炭黑复合修饰隔膜，获得双功能隔膜体系。其中，Nafion 层可抑制多硫化物阴离子的扩散，而 Super P 颗粒可实现部分物理阻挡，在提升功能层阻挡效率的同时减小界面阻抗。

除 Nafion 外，其他具有静电排斥能力的高分子也被引入锂硫电池的隔膜系统中 [122-125]。比如，金朝庆课题组 [122] 提出了一种 Li-PFSD 结构，该结构功能基团为—$SO_2C(CN)_2Li$。该基团具有比 Nafion 更高的锂离子电导率，因此表现出更好的倍率性能。

北京理工大学陈人杰团队 [116] 通过原位聚合的方法，在隔膜的双面均修饰了花瓣状多巴胺，以降低电荷转移阻抗和固体电解质界面（SEI）阻抗来改善循环性能。致密的多巴胺在正极侧可有效阻碍多硫化物扩散，在负极侧则可诱导金属锂表面形成稳定的 SEI 膜，并促使金属锂在充放电过程中均匀沉积。在 2C 倍率下，该锂硫电池可稳定循环 3000 次，且每次循环容量衰减率仅为 0.018%。聚合物材料主要通过静电排斥作用抑制多硫化物的扩散，但是不可避免地会影响锂离子的扩散，导致额外的 Li^+ 扩散阻力，因此可能会产生更大的极化，一定程度上降低倍率性能。

无机化合物（如金属氧化物等）材料也被应用于锂硫电池隔膜的功能化改性，此类材料由于制备简单和性能出色，受到人们的广泛关注。将金属氧化物，如 Al_2O_3[126-128]、V_2O_5[129] 和 TiO_2[130] 等材料通过混合、掺杂或者涂覆的方法修饰在隔膜上，由于其本身具有良好的浸润性和较强的极性 [131]，修饰后能有效提高隔膜的液体电解质浸润和吸收能力，降低跨膜扩散阻力。同时，可通过化学吸附抑制多硫化物的扩散，提高电池的循环稳定性；而且，其本身具有的热稳定性能减少隔膜的热收缩，提高电池的安全性能。

中南大学张治安课题组[126]将Al_2O_3粉末与PVDF混料涂覆在Celgard隔膜上，Al_2O_3颗粒在隔膜表面构建曲折的孔道结构。由于其具有良好的浸润性，锂离子可以通过液体电解质高速透过此孔道，而多硫化物的扩散得到抑制，从而有效削弱了穿梭效应。该电池在0.2C倍率下，循环50次后还能保持593mA·h/g的可逆比容量。

李峰课题组[128]通过涂覆的方法将石墨烯和Al_2O_3负载于聚丙烯隔膜两侧，该体系表现出了优异的双功能特性。涂覆在正极一侧的石墨烯可以作为液体电解质富集层和导电层，提高离子和电子传输速率；涂覆在负极一侧的Al_2O_3颗粒可以增加电池的安全性和稳定性。该电池在0.2C倍率下循环100次后仍能保持804.4mA·h/g的可逆比容量。V_2O_5是一种高性能的Li^+固态导体，将其涂覆在隔膜上可实现对Li^+的高速传输，抑制多硫化物的穿梭，从而可以消除可溶性多硫化物与锂负极的相互作用[129]。

杨全红课题组[132]设计了一种TiO_2-TiN异质结构，实现了多硫化物的高效吸附-扩散-转换过程，TiO_2对LiPSs有超强的吸附能力，同时高导电性的TiN能将其快速转化为不溶的Li_2S，因此LiPSs从TiO_2至TiN表面的快速扩散有助于实现较高的捕获效率和较快的转化速率。将该化合物与石墨烯复合通过抽滤的方法将其负载于隔膜上，采用该隔膜的电池在0.3C的低电流密度下循环300次后比容量保持在927mA·h/g，硫含量分别为$3.1mg/cm^2$和$4.3mg/cm^2$时，在1C倍率下循环2000次，容量保持率分别高达73%和67%。可见，将氧化物材料的极性与高导电性材料的高电子传导性结合起来，能有效提高活性硫组分的吸附再利用能力。

二维MXene材料同时具有高导电性与极性吸附位点，悉尼科技大学汪国秀课题组[133]就将二维的MXene材料应用于隔膜的功能层，降低了电极的界面阻抗。同时，其对多硫化物良好的物理-化学吸附作用有效阻止了多硫化物向负极的扩散。当该功能层在隔膜上的负载量仅为$0.1mg/cm^2$时，采用该隔膜的锂硫电池在0.5C倍率下循环500次，每次循环容量衰减率仅为0.062%，库仑效率高达100%。

除氧化物外，其他无机物（如硫化物）也能用于锂硫电池隔膜修饰。唐智勇课题组[134]将MoS_2修饰于商业Celgard隔膜上，该隔膜具有超高的锂离子传导率，能将锂离子快速、高效地在隔膜两侧进行传输，同时抑制多硫化物的扩散。因此，该电池表现出优异的循环稳定性及较高的库仑效率。

黑磷也能用于锂硫电池隔膜修饰。崔屹团队[135]提出将具有二维结构的黑磷材料作为功能层修饰在聚烯烃隔膜上，利用黑磷良好的导电性以及P原子与Li和S的相互作用，达到对多硫化物吸附与活化的目的，提高活性材料的利用率，降低容量衰减。在0.4A/g的电流密度下，该锂硫电池具有930mA·h/g的初始比容量，并且在循环 100 次后的容量保持率仍高达 86%。

锂硫电池在放电过程中会生成可溶的多硫化锂，溶解到液体电解质中并扩散到负极表面，造成活性物质的损失和金属锂表面的钝化。通过控制隔膜的结构可以有效地抑制多硫化锂在电池内部穿梭，改善锂硫电池的容量衰减问题。

孙克宁课题组[136]采用水浴法直接合成无机化合物普鲁士蓝修饰商业化的 Celgard 隔膜，作为一种新型的具有离子筛分作用的锂硫电池隔膜，如图 6-12 所示。相比于之前烦琐的涂布或者抽滤方法制备的功能化隔膜而言，这种直接生长的方式有利于减少合成的步骤，实现功能化隔膜的大规模生产。普鲁士蓝是一种具有独特结构的金属有机框架材料，参考文献中理论计算的结果表明，普鲁士蓝分子具有合适的晶格尺寸和独特的框架结构，可以在抑制多硫化物穿过的前提下，保证锂离子的顺利通过；在缓解锂硫电池穿梭效应的同时，实现高性能锂硫电池的制备。

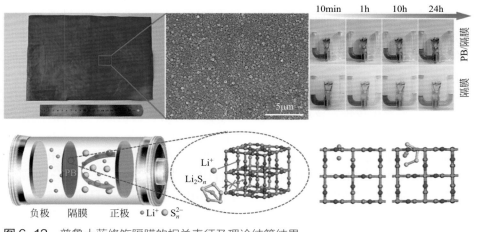

图 6-12 普鲁士蓝修饰隔膜的相关表征及理论结算结果

由于 PB/Celgard 隔膜具有对多硫离子的选择性筛分的特性，在不影响电池锂离子传导能力的前提下，使得该隔膜可以发挥出很好的电化学性能及循环稳定性。研究结果表明，该隔膜对多硫离子有很好的限制作用。PB/Celgard 隔膜的锂离子电导率为 0.132mS/cm，锂离子转移数为 0.92，不同反应过程中锂离子的扩散系数分别为 $9.28cm^2/s$、$1.39cm^2/s$、$1.96cm^2/s$，这些都与商业化的 Celgard 隔膜相近，证明普鲁士蓝修饰后的隔膜对锂离子的扩散没有影响。在 $1C$ 的电流密度下，循环 1000 次的容量衰减率只有 0.03%。这种离子选择性隔膜的制备为功能化锂硫电池隔膜提供了一种新的设计理念。

无机化合物作为隔膜修饰材料主要利用的是其热稳定性、液体电解质浸润性、化学吸附性能等特性。同时，部分无机化合物还具有较高的导电性，可以在吸附可溶性多硫化物的同时将其转化为不溶性硫化锂。然而对于大多数无机材料而言，其低导电性确实限制转换LiPSs的能力，因此提高其比表面积并与高导电材料复合会是不错的选择。

第四节
锂硫电池电解质

在锂硫电池体系中，电解质是一个非常重要的组成部分。电解质的主要作用是在正负极之间进行锂离子的传输。但对于锂硫电池来说，由于多硫化物会溶解于多数有机液体电解质，发生穿梭效应腐蚀锂负极，因此对电解质的选择必须考虑其与正极多硫化物的相互作用以及对锂负极的影响。近来对锂硫电池电解质的关注和研究逐渐增多，主要包括有机液体电解质、固体电解质和离子液体三方面。

在有机液体电解质方面，传统锂离子电池常用的碳酸酯类溶剂不适用于锂硫电池，因为多硫化物在这些液体电解质中高度可溶，会造成严重的活性物质损失和容量衰减。目前锂硫电池所采用的有机溶剂主要为醚类溶剂，包括1,3-二氧戊烷（DOL）、乙二醇二甲醚（DME）、四乙二醇二甲醚（TEGDME）、聚乙二醇二甲醚（PEGDME）以及四氢呋喃（THF）等。然而，单一组分的溶剂体系通常性能都较差，通常会将几种溶剂综合使用。对于锂盐，目前锂硫电池常用的有 $LiN(CF_3SO_2)_2$（LiTFSI）等磺基类电解质，此类电解质盐具有良好的稳定性和离子导电性。在液体电解质添加剂方面，最重要的是对于硝酸锂（$LiNO_3$）的使用。研究显示，硝酸锂可以在锂负极产生钝化膜，有效保护锂负极，提高库仑效率。

液体电解质用量和硫质量的比例（E/S）对锂硫电池来说是一个非常重要的参数。一方面，液体电解质是一种没有电化学活性的成分，它的用量对锂硫电池的能量密度有很大影响。研究表明，即使有令人满意的硫含量、高的硫负载量以及高的硫利用率，锂硫电池的实际能量密度在过量液体电解质的情况下仍旧无法超过商业化锂离子电池的能量密度[137]。另一方面，由于液体电解质直接关系到多硫化物的溶解问题，所以液体电解质的用量对硫的利用率、循环稳定性和库仑效率都有影响。因此，无论考虑锂硫电池的电化学性能还是能量密度，E/S 都是一个非常重要的参数。然而，目前大部分研究很少提供关于 E/S 的信息，说明这个关键参数被大多数研究者所忽略。

2018 年，孙克宁课题组与耶鲁大学王海梁课题组合作[138]，发现在低液体电解质量的条件下（E/S 为 6μL/mg），以 CNT-S 为正极的锂硫电池的氧化还原反应动力学明显变慢（图 6-13）。在 CNT-S 电极结构中引入具有催化作用的 MoP 纳米颗粒后，电池的电化学性能得到明显改善，电压滞后显著降低，表明 MoP 对硫的电化学转化反应具有催化作用。通过进一步优化 MoP 在电极材料中的含量，在更具有挑战性的条件下（E/S = 4μL/mg），电池仍具有 5.0mA·h/cm² 的可逆比容量，并可以稳定循环 50 次。通过对电池循环后正负极的形貌和化学组成进行分析，证明了 MoP 纳米颗粒作为电催化剂，可以有效促进多硫化锂的电化学转化及固态产物 Li₂S 在电极上的均匀沉积，在低液体电解质量的条件下实现了具有良好可逆性的充放电循环过程。

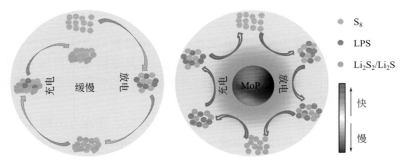

(a) 低电解液量锂硫电池   (b) 低电解液量引入MoP催化剂的锂硫电池

图 6-13　传统锂硫电池与引入 MoP 催化剂的锂硫电池在低液体电解质量条件下反应路线示意图

如果采用聚合物电解质或凝胶电解质类固体电解质，可以在一定程度上改善锂硫电池的循环性能。固体电解质也可起到隔膜的作用。由于在固体电解质中多硫化物的溶解扩散要比在液体电解质中小得多，可以有效减少活性物质的迁移，提高活性物质的利用率，并有利于锂负极的保护。然而，固体电解质在室温下离子导电性较差，采用固体电解质的锂硫电池需要较高的工作温度，因此在室温下的放电容量和倍率性能还需要进一步优化。此外，固体电解质的过电位较高，导致能量效率偏低，其界面阻抗还需要进一步减小。使用固体电解质时，还要考虑与金属锂的相互作用，这些都是亟待解决的问题。

关于电解质的研究，还有一个方面是离子液体的使用。目前离子液体还不被广泛接受，这主要是由于离子液体黏度大、润湿性差，并且成本较高。但是，将离子液体与醚类溶剂混合被证实能够改善液体电解质的热稳定性和离子导电性。

近来也有报道，氧化石墨烯/硫复合材料在含有离子液体的三元电解质体系中显示良好的循环性能。

第五节
锂硫电池的发展趋势

随着科研工作者的不断努力，已经从电极、隔膜和液体电解质等不同方面进行大量的工作，对锂硫电池内部反应机制的探索也在不断深入，从基础研究到应用研究都取得长足的进步。然而，锂硫电池技术依然存在诸多技术难题，未来仍然要对几个关键技术进行突破。

首先，在锂硫电池的正极方面可以开发具有非溶解机制的含硫正极材料。此外，制备具有多功能的硫载体也是未来的发展方向。尤其是碳基材料与无机材料的复合，利用碳基材料的导电性和物理吸附以及无机材料的催化和吸附，来促进对多硫化锂的吸附、扩散及电化学转化。

其次，发展新的隔膜体系，减少多硫化锂的穿梭效应。在现有隔膜体系表面进行修饰，降低界面电阻的同时阻挡多硫化锂的穿梭，进一步提高电池的容量、库仑效率和循环性能。

再次，在液体电解质部分，目前的工艺在锂硫电池中液体电解质的使用量达到总重的50%，这将会严重制约锂硫电池能量密度的提升。未来的研究重点将是采用固态或者凝胶电解质来减少液体电解质的用量。

最后，对负极进行表面修饰或者采用锂合金负极来提高负极的稳定性，同时也可减少负极对液体电解质的消耗。

此外，可以通过产学研合作来推进技术的突破和创新，推进锂硫电池的产业化进程；加大理论基础的研发和创新，采用多途径的电化学原位手段突破锂硫电池新材料和新理论的发展瓶颈。

参考文献

[1] Evers S, Nazar L F. New approaches for high energy density lithium-sulfur battery cathodes [J]. Accounts of Chemical Research, 2012, 46(5): 1135-1143.

[2] Peramunage D, Licht S. A solid sulfur cathode for aqueous batteries [J]. Science, 1993, 261(5124): 1029-1032.

[3] Ji X, Lee K T, Nazar L F. A highly ordered nanostructured carbon-sulphur cathode for lithium-sulphur batteries [J]. Nature Materials, 2009, 8(6): 500-506.

[4] Liu D, Cao G. Engineering nanostructured electrodes and fabrication of film electrodes for efficient lithium ion intercalation [J]. Energy & Environmental Science, 2010, 3(9): 1218-1237.

[5] Bruce P G, Freunberger S A, Hardwick L J, et al. Li-O$_2$ and Li-S batteries with high energy storage [J]. Nature Materials, 2012, 11(1): 19-29.

[6] Schuster J, He G, Mandlmeier B, et al. Spherical ordered mesoporous carbon nanoparticles with high porosity for lithium-sulfur batteries [J]. Angewandte Chemie International Edition, 2012, 51(15): 3591-3595.

[7] Jeong T G, Moon Y H, Chun H H, et al. Free standing acetylene black mesh to capture dissolved polysulfide in lithium sulfur batteries [J]. Chemical Communications, 2013, 49(94): 11107-11109.

[8] Zhang S S. Liquid electrolyte lithium/sulfur battery: fundamental chemistry, problems, and solutions [J]. Journal of Power Sources, 2013, 231: 153-162.

[9] Li D, Han F, Wang S, et al. High sulfur loading cathodes fabricated using peapodlike, large pore volume mesoporous carbon for lithium-sulfur battery[J]. ACS Applied Materials & Interfaces, 2013, 5(6): 2208-2213.

[10] Sahore R, Levin B D, Pan M, et al. Design principles for optimum performance of porous carbons in lithium-sulfur batteries [J]. Advanced Energy Materials, 2016, 6(14): 1600134.

[11] He G, Ji X, Nazar L. High "C" rate Li-S cathodes: sulfur imbibed bimodal porous carbons [J]. Energy & Environmental Science, 2011, 4(8): 2878-2883.

[12] Zhang B, Qin X, Li G, et al. Enhancement of long stability of sulfur cathode by encapsulating sulfur into micropores of carbon spheres [J]. Energy & Environmental Science, 2010, 3(10): 1531-1537.

[13] Wu H B, Wei S, Zhang L, et al. Embedding Sulfur in MOF‐derived microporous carbon polyhedrons for lithium-sulfur batteries [J]. Chemistry-A European Journal, 2013, 19(33): 10804-10808.

[14] Xin S, Gu L, Zhao N H, et al. Smaller sulfur molecules promise better lithium-sulfur batteries [J]. Journal of the American Chemical Society, 2012, 134(45): 18510-18513.

[15] 王维坤，余仲宝，苑克国，等．高比能锂硫电池关键材料的研究 [J]. 化学进展，2011, 23(2/3): 540-547.

[16] Liang C D, Dudney N J, Howe J Y. Hierarchically structured sulfur/carbon nanocomposite material for high-energy lithium battery [J]. Chemistry of Materials, 2009, 21(19): 4724-4730.

[17] Li Z, Jiang Y, Yuan L, et al. A highly ordered meso@microporous carbon-supported sulfur@smaller sulfur core-shell structured cathode for Li-S batteries [J]. ACS Nano, 2014, 8(9): 9295-9303.

[18] Song J, Gordin M L, Xu T, et al. Strong lithium polysulfide chemisorption on electroactive sites of nitrogen-doped carbon composites for high-performance lithium-sulfur battery cathodes [J]. Angewandte Chemie, 2015, 127(14): 4399-4403.

[19] Pang Q, Tang J, Huang H, et al. A nitrogen and sulfur dual-doped carbon derived from polyrhodanine@cellulose for advanced lithium-sulfur batteries [J]. Advanced Materials, 2015, 27(39): 6021-6028.

[20] Mi K, Chen S, Xi B, et al. Sole chemical confinement of polysulfides on nonporous nitrogen/oxygen dual-doped carbon at the kilogram scale for lithium-sulfur batteries [J]. Advanced Functional Materials, 2017, 27(1): 1604265.

[21] Hou T Z, Chen X, Peng H J, et al. Design principles for heteroatom-doped nanocarbon to achieve strong anchoring of polysulfides for lithium-sulfur batteries [J]. Small, 2016, 12(24): 3283-3291.

[22] Wei S, Zhang H, Huang Y, et al. Pig bone derived hierarchical porous carbon and its enhanced cycling performance of lithium-sulfur batteries [J]. Energy & Environmental Science, 2011, 4(3): 736-740.

[23] Zhang B, Xiao M, Wang S, et al. Novel hierarchically porous carbon materials obtained from natural biopolymer as host matrixes for lithium–sulfur battery applications [J]. ACS Applied Materials & Interfaces, 2014, 6(15): 13174-13182.

[24] Moreno N, Caballero A, Hernan L, et al. Lithium–sulfur batteries with activated carbons derived from olive stones [J]. Carbon, 2014, 70: 241-248.

[25] Gu X, Wang Y, Lai C, et al. Microporous bamboo biochar for lithium-sulfur batteries [J]. Nano Research, 2015, 8(1): 129-139.

[26] Sun Z, Wang S, Yan L, et al. Mesoporous carbon materials prepared from litchi shell as sulfur encapsulator for lithium-sulfur battery application [J]. Journal of Power Sources, 2016, 324: 547-555.

[27] Zhang S, Zheng M, Lin Z, et al. Activated carbon with ultrahigh specific surface area synthesized from natural plant material for lithium–sulfur batteries [J]. Journal of Materials Chemistry A, 2014, 2(38): 15889-15896.

[28] Tao X, Zhang J, Xia Y, et al. Bio-inspired fabrication of carbon nanotiles for high performance cathode of Li-S batteries [J]. Journal of Materials Chemistry A, 2014, 2(7): 2290-2296.

[29] Wang C C, Li J R, Lv X L, et al. Photocatalytic organic pollutants degradation in metal-organic frameworks [J]. Energy & Environmental Science, 2014, 7(9): 2831-2867.

[30] Yang K, Gao Q, Tan Y, et al. Biomass-derived porous carbon with micropores and small mesopores for high-performance lithium-sulfur batteries [J]. Chemistry-A European Journal, 2016, 22(10): 3239-3244.

[31] Wu X, Fan L, Wang M, et al. Long-life lithium-sulfur battery derived from nori-based nitrogen and oxygen dual-doped 3D hierarchical biochar [J]. ACS Applied Materials & Interfaces, 2017, 9(22): 18889-18896.

[32] Han S C, Song M S, Lee H, et al. Effect of multiwalled carbon nanotubes on electrochemical properties of lithium/sulfur rechargeable batteries [J]. Journal of the Electrochemical Society, 2003, 150(7): A889-A893.

[33] Yuan L, Yuan H, Qiu X, et al. Improvement of cycle property of sulfur-coated multi-walled carbon nanotubes composite cathode for lithium/sulfur batteries [J]. Journal of Power Sources, 2009, 189(2): 1141-1146.

[34] Xiao Z, Yang Z, Nie H, et al. Porous carbon nanotubes etched by water steam for high-rate large-capacity lithium–sulfur batteries [J]. Journal of Materials Chemistry A, 2014, 2(23): 8683-8689.

[35] Jin F, Xiao S, Lu L, et al. Efficient activation of high-loading sulfur by small CNTs confined inside a large CNT for high-capacity and high-rate lithium–sulfur batteries [J]. Nano Letters, 2015, 16(1): 440-447.

[36] Hu G, Sun Z, Shi C, et al. A sulfur-rich copolymer@ CNT hybrid cathode with dual-confinement of polysulfides for high-performance lithium-sulfur batteries [J]. Advanced Materials, 2017, 29(11): 1603835.

[37] Su Y S, Fu Y, Manthiram A. Self-weaving sulfur-carbon composite cathodes for high rate lithium-sulfur batteries[J]. Physical Chemistry Chemical Physics, 2012, 14(42): 14495-14499.

[38] Yuan Z, Peng H J, Huang J Q, et al. Hierarchical free-standing carbon-nanotube paper electrodes with ultrahigh sulfur-loading for lithium-sulfur batteries [J]. Advanced Functional Materials, 2014, 24(39): 6105-6112.

[39] Sun L, Wang D, Luo Y, et al. Sulfur embedded in a mesoporous carbon nanotube network as a binder-free electrode for high-performance lithium-sulfur batteries[J]. ACS Nano, 2015, 10(1): 1300-1308.

[40] Ji L, Rao M, Zheng H, et al. Graphene oxide as a sulfur immobilizer in high performance lithium/sulfur cells[J]. Journal of the American Chemical Society, 2011, 133(46): 18522-18525.

[41] Li B, Li S, Liu J, et al. Vertically aligned sulfur-graphene nanowalls on substrates for ultrafast lithium-sulfur batteries [J]. Nano Letters, 2015, 15(5): 3073-3079.

[42] Zhao M Q, Zhang Q, Huang J Q, et al. Unstacked double-layer templated graphene for high-rate lithium-sulphur batteries [J]. Nature Communications, 2014, 5: 3410.

[43] Wang Z, Dong Y, Li H, et al. Enhancing lithium-sulphur battery performance by strongly binding the discharge products on amino-functionalized reduced graphene oxide [J]. Nature Communications, 2014, 5: 5002.

[44] Vizintin A, Lozinsek M, Chellappan R K, et al. Fluorinated reduced graphene oxide as an interlayer in Li-S batteries [J]. Chemistry of Materials, 2015, 27(20): 7070-7081.

[45] Yuan S, Bao J L, Wang L, et al. Graphene-supported nitrogen and boron rich carbon layer for improved performance of lithium-sulfur batteries due to enhanced chemisorption of lithium polysulfides [J]. Advanced Energy Materials, 2016, 6(5): 1501733.

[46] He G, Hart C J, Liang X, et al. Stable cycling of a scalable graphene-encapsulated nanocomposite for lithium-sulfur batteries [J]. ACS Applied Materials & Interfaces, 2014, 6(14): 10917-10923.

[47] Zhao J, Yang Y, Katiyar R S, et al. Phosphorene as a promising anchoring material for lithium-sulfur batteries: a computational study [J]. Journal of Materials Chemistry A, 2016, 4(16): 6124-6130.

[48] Wu X, Du Y, Wang P X, et al. Kinetics enhancement of lithium-sulfur batteries by interlinked hollow MoO_2 sphere/nitrogen-doped graphene composite[J]. J Mater Chem A, 2017,5: 25187-25192.

[49] Jayaprakash N, Shen J, Moganty S S, et al. Porous hollow carbon@ sulfur composites for high-power lithium-sulfur batteries [J]. Angewandte Chemie International Edition, 2011, 50(26): 5904-5908.

[50] Böttger-Hiller F, Kempe P, Cox G, et al. Twin polymerization at spherical hard templates: An approach to size-adjustable carbon hollow spheres with micro-or mesoporous shells [J]. Angewandte Chemie International Edition, 2013, 52(23): 6088-6091.

[51] Brun N, Sakaushi K, Yu L, et al. Hydrothermal carbon-based nanostructured hollow spheres as electrode materials for high-power lithium-sulfur batteries [J]. Physical Chemistry Chemical Physics, 2013, 15(16): 6080-6087.

[52] Qu Y, Zhang Z, Wang X, et al. A simple SDS-assisted self-assembly method for the synthesis of hollow carbon nanospheres to encapsulate sulfur for advanced lithium-sulfur batteries [J]. Journal of Materials Chemistry A, 2013, 1(45): 14306-14310.

[53] Zhang C, Wu H B, Yuan C, et al. Confining sulfur in double-shelled hollow carbon spheres for lithium-sulfur batteries [J]. Angewandte Chemie, 2012, 124(38): 9730-9733.

[54] Sun Q, He B, Zhang X Q, et al. Engineering of hollow core–shell interlinked carbon spheres for highly stable lithium–sulfur batteries [J]. ACS Nano, 2015, 9(8): 8504-8513.

[55] Pei F, An T, Zang J, et al. From hollow carbon spheres to N-doped hollow porous carbon bowls: rational design of hollow carbon host for Li-S batteries [J]. Advanced Energy Materials, 2016, 6(8): 1502539.

[56] Guo J, Xu Y, Wang C. Sulfur-impregnated disordered carbon nanotubes cathode for lithium–sulfur batteries [J]. Nano Letters, 2011, 11(10): 4288-4294.

[57] Zheng G, Yang Y, Cha J J, et al. Hollow carbon nanofiber-encapsulated sulfur cathodes for high specific capacity rechargeable lithium batteries [J]. Nano Letters, 2011, 11(10): 4462-4467.

[58] Moon S, Jung Y H, Jung W K, et al. Encapsulated monoclinic sulfur for stable cycling of Li-S rechargeable batteries [J]. Advanced Materials, 2013, 25(45): 6547-6553.

[59] Chen S, Huang X, Liu H, et al. 3D hyperbranched hollow carbon nanorod architectures for high-performance lithium-sulfur batteries [J]. Advanced Energy Materials, 2014, 4(8): 1301761.

[60] Li Z, Zhang J T, Chen Y M, et al. Pie-like electrode design for high-energy density lithium-sulfur batteries [J]. Nature Communications, 2015, 6: 8850.

[61] Evers S, Yim T, Nazar L F. Understanding the nature of absorption/adsorption in nanoporous polysulfide sorbents for the Li-S battery [J]. The Journal of Physical Chemistry C, 2012, 116(37): 19653-19658.

[62] Seh Z W, Li W, Cha J J, et al. Sulphur-TiO$_2$ yolk-shell nanoarchitecture with internal void space for long-cycle lithium-sulphur batteries [J]. Nature Communications, 2013, 4: 1331.

[63] Tao X, Wang J, Ying Z, et al. Strong sulfur binding with conducting Magnéli-phase Ti$_n$O$_{2n-1}$ nanomaterials for improving lithium-sulfur batteries [J]. Nano Letters, 2014, 14(9): 5288-5294.

[64] Liang X, Kwok C Y, Lodi-Marzano F, et al. Tuning transition metal oxide-sulfur interactions for long life lithium sulfur batteries: The "goldilocks" principle [J]. Advanced Energy Materials, 2016, 6(6): 1501636.

[65] Yang Y, Wang Z, Li G, et al. Inspired by the "tip effect": A novel structural design strategy for the cathode in advanced lithium-sulfur batteries [J]. Journal of Materials Chemistry A, 2017, 5(7): 3140-3144.

[66] Pang Q, Kundu D, Cuisinier M, et al. Surface-enhanced redox chemistry of polysulphides on a metallic and polar host for lithium-sulphur batteries [J]. Nature Communications, 2014, 5: 4759.

[67] Tao X, Wang J, Liu C, et al. Balancing surface adsorption and diffusion of lithium-polysulfides on nonconductive oxides for lithium-sulfur battery design [J]. Nature Communications, 2016, 7: 11203-11211.

[68] Wang M, Fan L, Wu X, et al. Hierarchical mesoporous SnO$_2$ nanosheets on carbon cloth toward enhancing the polysulfides redox for lithium-sulfur batteries [J]. Journal of Materials Chemistry A, 2017, 5(37): 19613-19618.

[69] Wang M X, Fan L S, Tian D, et al. Rationally design hierarchical SnO$_2$/1T-MoS$_2$ nanoarray electrode for ultralong-life Li-S batteries[J]. ACS Energy Lett, 2018, 3 (7): 1627-1633.

[70] Seh Z W, Yu J H, Li W, et al. Two-dimensional layered transition metal disulphides for effective encapsulation of high-capacity lithium sulphide cathodes [J]. Nature Communications, 2014, 5: 5017.

[71] Pang Q, Kundu D, Nazar L F. A graphene-like metallic cathode host for long-life and high-loading lithium–sulfur batteries [J]. Materials Horizons, 2016, 3(2): 130-136.

[72] Yuan Z, Peng H J, Hou T Z, et al. Powering lithium-sulfur battery performance by propelling polysulfide redox at sulfiphilic hosts [J]. Nano Letters, 2016, 16(1): 519-527.

[73] Zhou G, Tian H, Jin Y, et al. Catalytic oxidation of Li$_2$S on the surface of metal sulfides for Li-S batteries [J]. Proceedings of the National Academy of Sciences, 2017, 114(5): 840-845.

[74] Lin H, Yang L, Jiang X, et al. Electrocatalysis of polysulfide conversion by sulfur-deficient MoS$_2$ nanoflakes for lithium-sulfur batteries [J]. Energy & Environmental Science, 2017, 10(6): 1476-1486.

[75] Lu Y, Li X, Liang J, et al. A simple melting-diffusing-reacting strategy to fabricate S/NiS$_2$-C for lithium–sulfur batteries [J]. Nanoscale, 2016, 8(40): 17616-17622.

[76] Peng H J, Zhang G, Chen X, et al. Enhanced electrochemical kinetics on conductive polar mediators for lithium–sulfur batteries [J]. Angewandte Chemie International Edition, 2016, 55(42): 12990-12995.

[77] Naguib M, Mashtalir O, Carle J, et al. Two-dimensional transition metal carbides [J]. ACS Nano, 2012, 6(2): 1322-1331.

[78] Liang X, Garsuch A, Nazar L F. Sulfur cathodes based on conductive MXene nanosheets for high-performance lithium-sulfur batteries [J]. Angewandte Chemie, 2015, 127(13): 3979-3983.

[79] Cui Z, Zu C, Zhou W, et al. Mesoporous titanium nitride-enabled highly stable lithium-sulfur batteries[J]. Advanced Materials, 2016, 28(32): 6926-6931.

[80] Deng D R, Xue F, Jia Y J, et al. Co$_4$N nanosheet assembled mesoporous sphere as a matrix for ultrahigh sulfur content lithium–sulfur batteries [J]. ACS Nano, 2017, 11(6): 6031-6039.

[81] Sun Z, Zhang J, Yin L, et al. Conductive porous vanadium nitride/graphene composite as chemical anchor of polysulfides for lithium-sulfur batteries [J]. Nature Communications, 2017, 8: 14627.

[82] Cheng J, Zhao D, Fan L, et al. Ultra-high rate Li-S batteries based on a novel conductive Ni$_2$P yolk–shell

material as the host for the S cathode [J]. Journal of Materials Chemistry A, 2017, 5(28): 14519-14524.

[83] Yuan H, Chen X, Zhou G, et al. Efficient activation of Li$_2$S by transition metal phosphides nanoparticles for highly stable lithium-sulfur batteries [J]. ACS Energy Letters, 2017, 2(7): 1711-1719.

[84] Guan B, Fan L, Wu X, et al. The facile synthesis and enhanced lithium-sulfur batteries performance of amorphous cobalt boride (Co$_2$B)@ graphene composite cathode[J]. J Mater Chem A, 2018, DOI: 10.1039/C8TA09301F.

[85] Demir-Cakan R, Morcrette M, Nouar F, et al. Cathode composites for Li-S batteries via the use of oxygenated porous architectures [J]. Journal of the American Chemical Society, 2011, 133(40): 16154-16160.

[86] Yang Y, Wang Z, Jiang T, et al. A heterogenized Ni-doped zeolitic imidazolate framework to guide efficient trapping and catalytic conversion of polysulfides for greatly improved lithium–sulfur batteries [J]. Journal of Materials Chemistry A, 2018, 6(28): 13593-13598.

[87] Fan L S, Wu H X, Wu X , et al. Fe-MOF derived jujube pit like Fe$_3$O$_4$/C composite as sulfur host for lithium-sulfur battery[J]. Electrochimica Acta, 2019, 295: 444-451.

[88] Li Y J, Fan J M, Zheng M S, et al. A novel synergistic composite with multi-functional effects for high-performance Li-S batteries [J]. Energy & Environmental Science, 2016, 9(6): 1998-2004.

[89] Fan L, Zhuang H L, Zhang K, et al. Chloride-reinforced carbon nanofiber host as effective polysulfide traps in lithium-sulfur batteries [J]. Advanced Science, 2016, 3(12): 1600175.

[90] Xie K, You Y, Yuan K, et al. Ferroelectric-enhanced polysulfide trapping for lithium-sulfur battery improvement [J]. Advanced Materials, 2017, 29(6): 1604724.

[91] Mi Y, Liu W, Yang K R, et al. Ferrocene-promoted long-cycle lithium-sulfur batteries [J]. Angewandte Chemie International Edition, 2016, 55(47): 14818-14822.

[92] Su Y S, Manthiram A. Lithium-sulphur batteries with a microporous carbon paper as a bifunctional interlayer [J]. Nature Communications, 2012, 3: 1166.

[93] Yang Y, Sun W, Zhang J, et al. High rate and stable cycling of lithium-sulfur batteries with carbon fiber cloth interlayer [J]. Electrochimica Acta, 2016, 209: 691-699.

[94] Deimede V, Elmasides C. Separators for lithium-ion batteries: a review on the production processes and recent developments [J]. Energy Technology, 2015, 3(5): 453-468.

[95] Lee H, Yanilmaz M, Toprakci O, et al. A review of recent developments in membrane separators for rechargeable lithium-ion batteries [J]. Energy & Environmental Science, 2014, 7(12): 3857-3886.

[96] Li C, Ward A L, Doris S E, et al. Polysulfide-blocking microporous polymer membrane tailored for hybrid Li-sulfur flow batteries [J]. Nano Letters, 2015, 15(9): 5724-5729.

[97] Deng N, Kang W, Liu Y, et al. A review on separators for lithiumsulfur battery: progress and prospects [J]. Journal of Power Sources, 2016, 331: 132-155.

[98] Tao T, Lu S, Fan Y, et al. Anode improvement in rechargeable lithium–sulfur batteries [J]. Advanced Materials, 2017, 29(48): 1700542.

[99] Xiang Y, Li J, Lei J, et al. Advanced separators for lithium-ion and lithium–sulfur batteries: a review of recent progress [J]. Chem Sus Chem, 2016, 9(21): 3023-3039.

[100] Chung S H, Manthiram A. Bifunctional separator with a light-weight carbon-coating for dynamically and statically stable lithium-sulfur batteries [J]. Advanced Functional Materials, 2014, 24(33): 5299-5306.

[101] Chang C H, Chung S H, Manthiram A. Effective stabilization of a high-loading sulfur cathode and a lithium-metal anode in Li-S batteries utilizing SWCNT-modulated separators [J]. Small, 2016, 12(2): 174-179.

[102] Zhou G, Li L, Wang D W, et al. A flexible sulfur-graphene-polypropylene separator integrated electrode for

advanced Li-S batteries [J]. Advanced Materials, 2015, 27(4): 641-647.

[103] Vizintin A, Patel M U, Genorio B, et al. Effective separation of lithium anode and sulfur cathode in lithium-sulfur batteries [J]. Chem Electro Chem, 2014, 1(6): 1040-1045.

[104] Zhou X, Liao Q, Tang J, et al. A high-level N-doped porous carbon nanowire modified separator for long-life lithium-sulfur batteries [J]. Journal of Electroanalytical Chemistry, 2016, 768: 55-61.

[105] Balach J, Jaumann T, Klose M, et al. Improved cycling stability of lithium-sulfur batteries using a polypropylene-supported nitrogen-doped mesoporous carbon hybrid separator as polysulfide adsorbent [J]. Journal of Power Sources, 2016, 303: 317-324.

[106] Chung S H, Manthiram A. High-performance Li-S batteries with an ultra-lightweight MWCNT-coated separator [J]. The Journal of Physical Chemistry Letters, 2014, 5(11): 1978-1983.

[107] Chung S H, Han P, Singhal R, et al. Electrochemically stable rechargeable lithium–sulfur batteries with a microporous carbon nanofiber filter for polysulfide [J]. Advanced Energy Materials, 2015, 5(18): 1500738.

[108] Chung S H, Chang C H, Manthiram A. Robust, ultra-tough flexible cathodes for high-energy Li-S batteries [J]. Small, 2016, 12(7): 939-950.

[109] Zhu J, Ge Y, Kim D, et al. A novel separator coated by carbon for achieving exceptional high performance lithium-sulfur batteries [J]. Nano Energy, 2016, 20: 176-184.

[110] Wang Z, Zhang J, Yang Y, et al. Flexible carbon nanofiber/polyvinylidene fluoride composite membranes as interlayers in high-performance lithium sulfur batteries [J]. Journal of Power Sources, 2016, 329: 305-313.

[111] Yao H, Yan K, Li W, et al. Improved lithium-sulfur batteries with a conductive coating on the separator to prevent the accumulation of inactive S-related species at the cathode-separator interface [J]. Energy & Environmental Science, 2014, 7(10): 3381-3390.

[112] Peng H J, Hou T Z, Zhang Q, et al. Strongly coupled interfaces between a heterogeneous carbon host and a sulfur-containing guest for highly stable lithium-sulfur batteries: mechanistic insight into capacity degradation [J]. Advanced Materials Interfaces, 2014, 1(7): 1400227.

[113] Wu F, Qian J, Chen R, et al. Light-weight functional layer on a separator as a polysulfide immobilizer to enhance cycling stability for lithium-sulfur batteries [J]. Journal of Materials Chemistry A, 2016, 4(43): 17033-17041.

[114] Wang M, Fan L, Qiu Y, et al. The electrochemical active separator with excellent catalytic ability toward high-performance Li-S batteries[J]. Journal of Materials Chemistry A, 2018, 6: 11694-11699.

[115] Huang J Q, Zhang Q, Peng H J, et al. Ionic shield for polysulfides towards highly-stable lithium-sulfur batteries [J]. Energy & Environmental Science, 2014, 7(1): 347-353.

[116] Wu F, Ye Y, Chen R, et al. Systematic effect for an ultralong cycle lithium-sulfur battery [J]. Nano Letters, 2015, 15(11): 7431-7439.

[117] Jin Z, Xie K, Hong X, et al. Application of lithiated Nafion ionomer film as functional separator for lithium sulfur cells [J]. Journal of Power Sources, 2012, 218: 163-167.

[118] Bauer I, Thieme S, Brückner J, et al. Reduced polysulfide shuttle in lithium-sulfur batteries using Nafion-based separators [J]. Journal of Power Sources, 2014, 251: 417-422.

[119] Huang J Q, Peng H J, Liu X Y, et al. Flexible all-carbon interlinked nanoarchitectures as cathode scaffolds for high-rate lithium-sulfur batteries [J]. Journal of Materials Chemistry A, 2014, 2(28): 10869-10875.

[120] Xu W T, Peng H J, Huang J Q, et al. Towards stable lithium-sulfur batteries with a low self-discharge rate: ion diffusion modulation and anode protection [J]. Chem Sus Chem, 2015, 8(17): 2892-2901.

[121] Hao Z, Yuan L, Li Z, et al. High performance lithium-sulfur batteries with a facile and effective dual functional

separator [J]. Electrochimica Acta, 2016, 200: 197-203.

[122] Jin Z, Xie K, Hong X. Electrochemical performance of lithium/sulfur batteries using perfluorinated ionomer electrolyte with lithium sulfonyl dicyanomethide functional groups as functional separator [J]. RSC Advances, 2013, 3(23): 8889-8898.

[123] Gu M, Lee J, Kim Y, et al. Inhibiting the shuttle effect in lithium-sulfur batteries using a layer-by-layer assembled ion-permselective separator [J]. RSC Advances, 2014, 4(87): 46940-46946.

[124] Conder J, Urbonaite S, Streich D, et al. Taming the polysulphide shuttle in Li-S batteries by plasma-induced asymmetric functionalisation of the separator [J]. RSC Advances, 2015, 5(97): 79654-79660.

[125] Kim J S, Hwang T H, Kim B G, et al. A lithium-sulfur battery with a high areal energy density [J]. Advanced Functional Materials, 2014, 24(34): 5359-5367.

[126] Zhang Z, Lai Y, Zhang Z, et al. Al_2O_3-coated porous separator for enhanced electrochemical performance of lithium sulfur batteries [J]. Electrochimica Acta, 2014, 129: 55-61.

[127] Xiang H, Chen J, Li Z, et al. An inorganic membrane as a separator for lithium-ion battery [J]. Journal of Power Sources, 2011, 196(20): 8651-8655.

[128] Song R, Fang R, Wen L, et al. A trilayer separator with dual function for high performance lithium-sulfur batteries [J]. Journal of Power Sources, 2016, 301: 179-186.

[129] Li W, Hicks-Garner J, Wang J, et al. V_2O_5 polysulfide anion barrier for long-lived Li-S batteries [J]. Chemistry of Materials, 2014, 26(11): 3403-3410.

[130] Li J, Ding B, Xu G, et al. Enhanced cycling performance and electrochemical reversibility of a novel sulfur-impregnated mesoporous hollow TiO_2 sphere cathode for advanced Li-S batteries [J]. Nanoscale, 2013, 5(13): 5743-5746.

[131] Xu G, Yuan J, Tao X, et al. Absorption mechanism of carbon-nanotube paper-titanium dioxide as a multifunctional barrier material for lithium-sulfur batteries [J]. Nano Research, 2015, 8(9): 3066-3074.

[132] Zhou T, Lv W, Li J, et al. Twinborn TiO_2-TiN heterostructures enabling smooth trapping-diffusion-conversion of polysulfides towards ultralong life lithium-sulfur batteries [J]. Energy & Environmental Science, 2017, 10(7): 1694-1703.

[133] Song J, Su D, Xie X, et al. Immobilizing Polysulfides with MXene-functionalized separators for stable lithium-sulfur batteries [J]. ACS Applied Materials & Interfaces, 2016, 8(43): 29427-29433.

[134] Ghazi Z A, He X, Khattak A M, et al. MoS_2/Celgard separator as efficient polysulfide barrier for long-life lithium-sulfur batteries [J]. Advanced Materials, 2017, 29(21): 1606817.

[135] Sun J, Sun Y, Pasta M, et al. Entrapment of polysulfides by a black-phosphorus-modified separator for lithium-sulfur batteries [J]. Advanced Materials, 2016, 28(44): 9797-9803.

[136] Wu X, Fan L, Qiu Y, et al. Ion‐selective prussian‐blue‐modified Celgard separator for high‐performance lithium-sulfur battery[J]. Chem Sus Chem, 2018, 11: 3345-3351.

[137] Hagen M, Hanselmann D, Ahlbrecht K, et al. Lithium-sulfur cells: the gap between the state-of-the-art and the requirements for high energy battery cells [J]. Advanced Energy Materials, 2015, 5(16): 1401986.

[138] Yang Y, Zhong Y, Shi Q, et al. Electrocatalysis in lithium sulfur batteries under lean electrolyte conditions [J]. Angewandte Chemie, 2018, 57: 15549-15552.

第七章
锂空气（氧气）电池

第一节　概述 / 259

第二节　锂氧气电池正极材料 / 264

第三节　锂氧气电池电解质 / 278

第一节
概述

近年来，随着经济的快速发展，化石能源的大量消耗，导致温室效应和环境问题日趋严重，人们对清洁能源的需求日益迫切。当今汽车工业开始朝着清洁能源的纯电动汽车、混合动力汽车等新能源汽车方向发展，以利于减少二氧化碳等温室气体的排放。动力电源是新能源汽车的核心部件，作为车用动力电源必须具备[1]：高功率、高能量密度、高安全性、强的环境适应性（可以在高温、潮湿、振动的环境下工作）。传统二次电池，如铅酸电池、镉镍电池、镍氢电池等存在质量大和比能量小（＜50W·h/kg）的问题。燃料电池不但成本高，还存在安全隐患。锂离子电池虽然在可移动式电子设备中得到广泛应用，但其比能量（200W·h/kg）仍较小，与内燃机汽车所需的比能量（约700W·h/kg）还有很大差距。锂空气电池技术因有望彻底解决这一问题而引起科研人员的广泛关注。锂空气电池的阳极材料是金属锂，阴极活性物质是空气中的氧气，由于目前人们在此领域的研究重点主要还是金属锂与纯氧气组成的电池，所以本章中称之为锂氧气电池。其理论放电比容量高达3860mA·h/g（按锂电极计算），理论比能量达到11140W·h/kg（不包括氧气）或5200W·h/kg（包括氧气），与汽油相当（图7-1）[1]。

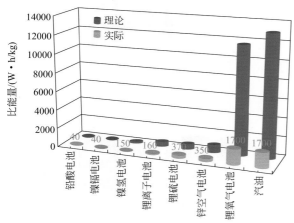

图 7-1 不同类型的可充电电池与汽油比能量对比图

锂氧气电池以其比能量高、环境友好、具有循环或反应可逆性等优点显示出良好的应用前景[2]。1996 年，Abraham 等[3] 首次报道了用非水性聚合物有机液体电解质的锂氧气电池，克服了水性液体电解质电池的致命缺点。该电池的开路电压接近 3V，工作电压介于 2.0～2.8V 之间，比能量为 250～350W·h/kg，高于常规的锂离子电池体系，开创了锂氧气电池研究的先河。2006 年，Bruce 等[4] 首次报道了具有良好循环性能的锂氧气电池，验证了锂氧气电池反应的可逆性，该电池 50 次循环后仍能保持 600mA·h/g 的放电比容量。至此，锂氧气电池作为新一代锂二次电池的研究得到重视。

目前，关于锂氧气电池报道的文章数量不断增长，但大部分研究工作仍处于起步阶段，距离实现商业化生产，用于电动汽车和电网储能，还需要经历很长的研发过程[5]。有许多影响锂氧气电池性能的限制因素[6]，如正负极材料、液体电解质、氧化还原催化剂和防水透氧膜等。此外，电池的反应机理、电池的构造等基础问题还需要深入研究。其中，金属锂负极在锂氧气电池中面对的挑战与其在锂硫电池中有很多共同点，在此不再赘述。

一、锂氧气电池体系

根据所采用电解质的不同，锂氧气电池主要分为四种类型[7]（图 7-2）：惰性

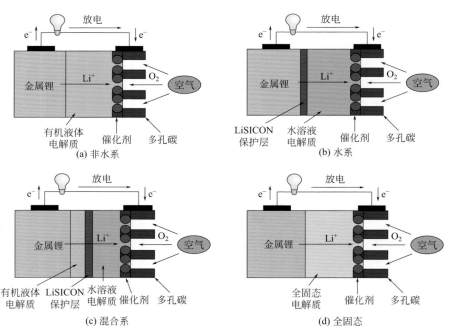

图 7-2 锂氧气电池的四种类型（均以锂金属为负极）

电解质体系（非水系）、水溶液电解质体系、混合电解质体系和半 / 全固态电解质体系。这四种锂氧气电池均由锂金属阳极和空气阴极组成。对于放电过程，锂在负极通过外电路释放电子被氧化为 Li⁺，Li⁺进入液体电解质中；正极活性材料为空气中的氧气，多孔骨架作为存储放电产物的载体，提供电子传输、Li⁺传输和氧气扩散通道，负载的催化剂可以有效促进氧还原反应（oxygen reduction reaction，ORR）和氧析出反应（oxygen evolution reaction，OER）。在反应过程中，氧气经由多孔正极扩散进入电池中，在液体电解质与正极催化剂接触的三相界面进行反应。充电过程是放电过程的逆过程。

由于电解质的作用不同，四类电池的反应机理有较大区别。

对于惰性电解质体系（有机、离子液体）和半 / 全固态电解质体系，电池反应如下 [8]。

阴极反应：$\qquad O_2 + 2e^- + 2Li^+ \longrightarrow Li_2O_2$ （7-1）

阳极反应：$\qquad Li \longrightarrow Li^+ + e^-$ （7-2）

电池反应：$\quad 2Li + O_2 \longrightarrow Li_2O_2 \left[E_0 = 2.96V \left(vs\ Li/Li^+ \right) \right]$ （7-3）

对于水溶液（酸性和碱性）电解质体系，电池反应如下。

碱性：

阳极反应：$\qquad Li \longrightarrow Li^+ + e^-$ （7-4）

阴极反应：$\qquad O_2 + 2H_2O + 4e^- \longrightarrow 4OH^-$（碱性） （7-5）

电池反应：$4Li + O_2 + 2H_2O \longrightarrow 4Li^+ + 4OH^- \left[E_0 = 3.43V \left(vs\ Li/Li^+ \right) \right]$ （7-6）

酸性：

阳极反应：$\qquad Li \rightarrow Li^+ + e^-$ （7-7）

阴极反应：$\qquad O_2 + 4H^+ + 4e^- \longrightarrow 2H_2O$（酸性） （7-8）

电池反应：$4Li + O_2 + 4H^+ \longrightarrow 4Li^+ + 2H_2O \left[E_0 = 4.26V \left(vs\ Li/Li^+ \right) \right]$ （7-9）

对于混合电解质体系的电池反应，则需要综合以上的反应。

在采用水电解质体系的锂氧气电池中，负极锂需要添加保护层来阻止锂和水的反应。而混合电解质体系的设计则避免了这一问题：即只在金属锂负极使用有机液体电解质，空气正极使用水性液体电解质，二者之间通过固态锂离子电解质隔开，防止两液体电解质发生混合，同时也能够阻止正极放电产物的析出。该电池通过放电反应生成的不是固体过氧化锂（Li_2O_2）产物，而是易溶于水性液体电解质的氢氧化锂（LiOH），这样就不会引起空气正极的多孔通道堵塞；并且，水和氧等无法通过固体电解质隔膜，不存在与锂金属负极发生反应的危险。配置了充电专用的正极后，可防止充电时空气极发生腐蚀和劣化。此外，这样设计的锂氧气电池既可以用于二次电池，也可作为燃料电池使用。

全固态电解质体系则需要具有较高的锂离子传导的固态电解质。以 Li_2O、BN 和 LTAP（GC）三种材料组成的具有全固态电解质结构的锂氧气电池，放电比能量以正极活性物质计算超过 1000W·h/kg[9]。对于提高工作温度的"高温"固态锂氧气电池，80℃下固态电解质离子电导率明显提高，充放电电位差显著减小 [10]。虽然固态电池具有优良的安全性能，但常 / 低温固态电解质的低离子导电性难以在短期内取得突破性进展。

针对水体系液体电解质引发的安全性和全固态体系离子导电性差的问题，采用准固态离子液体和半固态凝胶聚合物电解质的锂氧气电池在综合了两者优势的同时，避免了两者的不足。采用 PYR14TFSI-LiTFSI 离子液体作为电解质的锂氧气电池显示良好的稳定性，首次充放电过电位仅为 0.5 ～ 0.6V，能效达到 82%[11]。采用热塑性聚氨酯与 SiO_2 气凝胶制备的气凝胶聚合物电解质的锂氧气电池实现了 1000h 的充放电稳定循环 [12]。但是，离子液体和聚合物凝胶电解质仍存在成本高、稳定性不足、离子电导率偏低等缺点。最近，一种新型高能量密度的熔融盐电解质体系的锂氧气电池被报道。该电池在 150℃（高于熔融盐熔点）下工作，面积比容量达到 11mA·h/cm², 库仑效率接近 100%，为锂氧气电池的研究提供了一种新的有效途径 [13]。但关于熔融盐电解质长期稳定性及对器件的腐蚀性、电池衰败机理等问题还有待进一步深入研究。

相较于以上各种类型的锂氧气电池，具有惰性有机电解质体系的锂氧气电池具有配制简单、可逆性好、比能量高等较多优点，研究也最为成熟，是目前主要的研究对象。

二、锂氧气电池循环机理

锂氧气电池除了锂与氧的化学反应外，还存在水和二氧化碳等引起的副反应，产物多样，反应机理复杂，至今仍存在众多争议。在锂氧气电池中，基于不同的阴极催化剂和液体电解质组成具有不同的产物生成 / 分解机理，并导致不同的可逆放电产物的出现，根据循环可逆产物主要分为以下四种反应机理。

1. Li_2O_2 循环机理

1996 年，Abraham 等 [3] 首次报道了用非水性聚合物有机液体电解质的锂氧气电池，其放电产物即为 Li_2O_2。2006 年，Bruce 课题组 [4] 首次报道了具有良好循环性能的锂氧气电池，并验证 Li_2O_2 作为放电产物的可逆性。2012 年，Bruce 课题组以多孔 Au 为空气电极实现了锂氧气电池的高效长寿命循环，并运用多种监测方法，证明了 Li_2O_2 作为放电产物在循环中生成与分解的可逆性。Kumar 和 Yair 等研究的全固态锂氧气电池也进一步验证了 Li_2O_2 生成与分解的可逆性 [9, 10]。目前，以 Li_2O_2 为放电产物的机理研究相对成熟，一般认为会产生中间产物 LiO_2，涉及如下或其中数步反应 [14-16]：

$$Li^+ + O_2 + e^- \longrightarrow LiO_2 \tag{7-10}$$

$$2LiO_2 \longrightarrow Li_2O_2 + O_2 \tag{7-11}$$

$$LiO_2 + Li^+ + e^- \longrightarrow Li_2O_2 \tag{7-12}$$

$$2Li^+ + 2e^- + O_2 \longrightarrow Li_2O_2 \tag{7-13}$$

$$Li_2O_2 + 2Li^+ + 2e^- \longrightarrow 2Li_2O \tag{7-14}$$

2. LiOH 循环机理

近期的研究表明，在以还原氧化石墨烯作为阴极，乙二醇二甲醚作为液体电解质的有机体系中添加氧化还原介质 LiI 可形成放电产物 LiOH，并且检测不到 Li_2O_2，证明了 LiOH 生成与分解的高度可逆性；电池在 1A/g 电流密度下，比容量为 1000mA·h/g，实现了 2000 次的超长循环[17]，具体反应过程如下。

放电过程：

电化学反应 $\qquad 4Li^+ + 4O_2 + 4e^- \longrightarrow 4LiO_2 \tag{7-15}$

化学反应 $\qquad 4LiO_2 + 2H_2O \xrightarrow{\text{通过LiI反应}} 4LiOH + 3O_2 \tag{7-16}$

充电过程：

电化学反应 $\qquad 6I^- \longrightarrow 2I_3^- + 4e^- \tag{7-17}$

化学反应 $\qquad 4LiOH + 2I_3^- \longrightarrow 4Li^+ + 6I^- + 2H_2O + O_2 \uparrow \tag{7-18}$

3. LiO_2 循环机理

长期以来 LiO_2 一直被视为生成 Li_2O_2 的中间产物，其活性极高，极不稳定。通过表面增强拉曼（SERS）、高能 X 射线衍射（HEXRD）、X 射线吸收近边光谱（XANES）和电子顺磁共振（EPR）光谱等先进检测技术，仅能够证明瞬态稳定的中间产物 LiO_2 的存在[18-24]。然而，最近研究发现，以铱复合还原态的氧化石墨烯制备的空气阴极使得 LiO_2 能稳定存在，并在较低的充电电位（约 3.2 V）下实现电池的可逆循环。LiO_2 作为放电主产物能可逆生成与分解，首次放电循环中并未检测到明显的副产物生成，还证明 Ir 与还原氧化石墨烯的表面作用促进了 LiO_2 的稳定性（图 7-3）[25]。

图 7-3 LiO_2 形成机理示意图

4. Li$_2$O 循环机理

Li$_2$O 具有良好的化学稳定性和较低的化学活性，通常认为其不会与有机溶剂、碳材料等发生反应，但也因此具有较低的电化学可逆性。在有机体系锂氧气电池中，少量 Li$_2$O 的出现通常被认为是 Li$_2$O$_2$ 的进一步还原或歧化的副产物，难于在充电过程中分解，会造成充电过电位增大。采用高温熔融盐替代有机液体电解质，以 Ni 纳米颗粒复合硝酸盐作为阴极催化剂所制备的高温熔融盐锂氧气电池体系中，获得的放电产物为 Li$_2$O。原位在线质谱证明了 Li$_2$O 的氧化分解是基于 4e$^-$/O$_2$ 的一步分解过程，库仑效率接近 100%，具有优异可逆性[13]。高温熔融盐锂氧气电池的充放电过程如下：

放电过程：

$$O_2 \longrightarrow O_{2,\ ad} \tag{7-19}$$

$$O_{2,\ ad} + 2e^- + 2Li^+ \longrightarrow Li_2O_{2,\ ad} \tag{7-20}$$

$$Li_2O_{2,\ ad} \longrightarrow Li_2O_{2,\ electrolyte} \tag{7-21}$$

$$Li_2O_{2,\ ad} \longrightarrow Li_2O_{ad} + 1/2\ O_2 \tag{7-22}$$

$$Li_2O_{ad} \longrightarrow Li_2O_{electrolyte} \tag{7-23}$$

充电过程：

$$2Li_2O \rightarrow 4Li^+ + O_2 + 4\ e^- \tag{7-24}$$

第二节
锂氧气电池正极材料

一、正极材料的研究进展

无论在哪种体系的锂氧气电池中，正极（又称空气电极或气体扩散电极）部分均是电池反应的主要发生区。由外界进入的氧气在正极材料表面首先发生吸附，然后失去电子还原成氧负离子并与经过电解质传输过来的 Li$^+$ 结合生成中间产物，最后经过化学或电化学反应进一步生成最终的可逆放电产物。锂氧气电池的可逆放电产物溶解性较低，通常形成固态沉积物，因此空气电极既是气体的扩散通道，也是产物的存储空间，还是电子的传导载体，这就意味着正极材料的选择至关重要。理想的锂氧气电池的正极应具有：

① 优良的孔道结构。具有丰富的大孔介孔通道供氧气、Li$^+$ 以及液体电解质

的快速传输以提高反应速率，同时避免产物沉积堵塞通道。具有较大的孔体积，以尽可能多容纳固体放电产物实现高比容量。

② 良好的导电性。促进电子电荷迁移，减小阻抗，降低极化作用。

③ 优异的双功能催化活性及丰富的有效活性位点。金属锂与氧气反应主要涉及氧的 ORR 和 OER 过程，需要电极材料具有优异的 ORR 和 OER 双功能催化活性，以促进氧的动力学反应，减小极化，降低过电位，提高电极可逆性。大量的活性位点也是实现高比容量和高倍率性能的必然要求。

④ 优良的电化学和结构稳定性。锂氧反应的中间产物及最终产物均具有较高的活性，易与不稳定的有机黏结剂、碳材料等发生副反应，故要求气体电极材料自身有良好的电化学稳定性。此外，充放电产物是不溶性固体，其可逆性的生成分解要求多孔气体电极具有较强的结构稳定性，以适应这种体积变化。

近年来，在制备具有良好反应动力学和可逆性的 Li-O_2 电池的高效催化正极方面已经取得许多积极成果。目前 Li-O_2 电池正极材料研究最广泛的主要包括碳材料、金属氧化物、贵金属及合金。

1. 碳材料

碳材料由于导电性好、孔隙率高、成本低、氧还原活性好[26, 27]等特点，可以作为催化剂载体或电子导体。同时，它本身对氧还原也具有一定的催化作用，因而被广泛应用于锂氧气电池的空气电极。碳材料包括炭黑[28]、碳纳米管[29, 30]、功能化修饰的碳[31, 32]、石墨烯[33-35]等。碳材料的形貌、孔径、比表面积等对锂氧气电池性能的影响很大。多孔碳是空气电极的重要组成部分，本身可以作为催化剂使用，也可以作为其他催化剂的载体。

在锂氧气电池中，金属锂与氧气的反应（ORR 和 OER）主要发生在碳催化剂或载体上，用功能化修饰的碳构建合理的主体结构对锂氧气电池来讲十分重要。研究人员最初希望通过高比表面积的碳以提供更多的反应活性位或负载更多催化剂来构建空气电极。然而，锂氧气电池放电比容量更取决于孔的特性，孔应为介孔（2～50nm）[36, 37]。例如，商业炭黑 Super P 有较低的比表面积（62m^2/g）却表现出 3000mA·h/g 的放电比容量[38]。在相同的氧气压力下，活性炭（AC）有高的比表面积（2100m^2/g）却表现出比 Super P 更低的放电比容量，表明放电比容量与碳的孔径大小和孔体积有关[28, 37, 39]。因此，具有介孔（2～50nm）并有很大的孔容（7.6cm^3/g）的科琴黑（Ketjen black，KB）被广泛应用于构建空气电极。采用高载量科琴黑碳基的空气电极（15mg/cm^2）的锂氧气电池，其放电比容量达到 2340mA·h/g，证实了介孔结构及孔体积在空气电极中的重要性[40]。此外，由于 Li_2O_2 生成在液体电解质、碳、氧气共存的三相界面处，电极反应界面越多，生成的 Li_2O_2 越多，从而使电池比容量越高；过小或过大的孔均不利于氧还原过程。如果孔太小，反应生成的 Li_2O_2 会沉积在孔口而堵住通道，阻止氧气的进一步扩散；如果孔过大，大量液体电解质浸没会形成两相而不是三相反应界面[41,42]。

因此，大量的研究致力于优化空气电极的微结构。通过制备合适的空气电极，如一维纳米结构（纳米管、纳米纤维）、二维纳米片结构和三维纳米多孔结构，来提高碳材料的介孔体积、孔隙率和活性面积。

（1）一维纳米结构　一维碳纳米材料电极（纳米管、纳米纤维）被广泛应用于燃料电池、超级电容器和锂离子电池等领域，同样被应用于锂氧气电池。

Yang 等[29]采用化学气相沉积法（CVD）在多孔陶瓷底物上生长出直径为 30nm 的垂直中空的碳纳米管，其作为锂氧气电池正极材料，比能量达到 2500W·h/kg（以正极活性物质计），约是普通 $LiCoO_2$ 锂离子电池（600W·h/kg）的 4 倍。这是由于电极能够提供大量的氧还原吸附位点和大的孔隙率。使用此材料为正极可以清晰地观察 Li_2O_2 放电生成和充电分解时的形貌变化，这是了解影响倍率和循环效率的关键步骤。

Sun 等[31]采用悬浮催化化学气相沉淀法（FCCVD）制备出氮掺杂的碳纳米管（N-CNT）。测试表明，N-CNT 的平均管径为 50～60nm，比 CNT 略粗（40～50nm），具有竹节结构，其中氮掺杂量的原子百分数为 10.2%。将该材料应用到锂氧气电池正极后，电池放电比容量为 866mA·h/g（电流密度为 75mA/g），而纯 CNT 组装的电池的放电比容量仅为 590mA·h/g，电池放电容量提高到 1.5 倍；而且 N-CNT 电池的平均放电电压平台约为 2.52V，相对于 CNT 电池的 2.41V 的平均放电电压平台提高约 0.1V；平均充电电压平台为 4.22V，较 CNT 电池的 4.33V 降低约 0.1V，表明 N-CNT 相对于 CNT 具有更好的氧化还原反应活性，对 Li_2O_2 的分解表现出高的效率。

Kang 等[43]成功合成具有网状结构的碳纳米管纤维，并应用于锂氧气电池。组装的电池没有使用黏结剂，多孔结构有利于氧气进入空气电极内部，因而利于过氧化锂的生成和分解，防止孔道结构堵塞。此独特的结构有利于提高电池的循环和倍率性能。在不限容的条件下，循环 20 次之后比容量依然达到 2500mA·h/g，实现了锂氧气电池较长次数的不限容循环。在大电流（2A/g）和限比容量（1000mA·h/g）的条件下，能够稳定循环 60 次。

（2）二维纳米片结构　石墨烯有很高的电子电导率（$10^3～10^4$S/m）、大的比表面积（2630m²/g）和较高的氧还原催化活性，具有典型的二维片状结构，是很多领域研究的热点。作为正极材料或催化剂载体，其在锂氧气电池中表现出优异的性能。

Zhou 等[44]和 Sun 等[34]分别将石墨烯应用到混合体系和有机体系的锂氧气

电极。石墨烯纳米片因其导电性能优异和具有大的比表面积,从而有利于放电产物过氧化锂的沉积。其边缘缺陷位点具有大量不饱和碳原子,在不加入催化剂的情况下表现出很强的 ORR 催化活性。由石墨烯构成的锂氧气电池的放电比容量高达 8705.9mA•h/g。随后,Sun 等[45]又对石墨烯纳米片进行 N 掺杂,用来增加石墨烯边缘缺陷位点。通过电化学测试可以得出,N 掺杂后的石墨烯与氧气的结合能增大,相对于未掺杂的石墨烯组装的电池,提高了电池放电电压平台和放电比容量。

(3)三维纳米多孔结构 一般来说,理想的空气电极应该具有多级孔道结构,在放电过程中,大的通道可以使氧气很好传输到空气电极内部,而主通道的壁上应具有能进行气、固、液三相氧还原反应的纳米多孔结构。Xiao 等[33]制备了自主组装的三维多孔石墨烯,用微乳凝胶方法将石墨烯堆积成三维结构,在大的微孔周围形成有许多纳米级的孔。在放电过程中,大的微孔通道可以作为氧气进入内部的高速通道,而周围许多纳米级的孔提供足够的三相反应界面进行氧还原反应,使得放电比容量高达 15000mA•h/g,表现出良好的电化学性能。

然而,锂氧气电池放电过程形成的中间产物具有很高的电化学活性,致使碳材料的稳定性在循环过程中很难得到保证。Bruce 等[46]的研究结果表明,无论是亲水性碳还是疏水性碳,在锂氧气电池充放电循环过程中都会参与反应,导致碳材料的持续分解(图 7-4)。这就使碳材料无论作为催化剂还是导电剂,在锂氧气电池正极中的应用都存在障碍,也就促使人们开发更稳定的碳基或无碳基锂氧气电池正极材料。最近,孙克宁课题组设计了一种具有多级孔结构的氮掺杂中空碳球,并在碳球内外表面原位修饰金属铱纳米颗粒,作为锂氧气电池正极材料有效减缓了碳材料的腐蚀,显著提高电池的容量、倍率性能和循环可逆性(图 7-5)[47]。

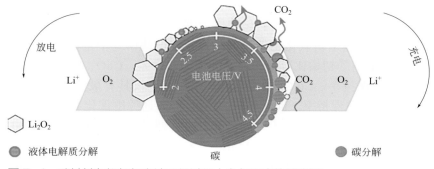

图 7-4 碳材料在锂氧气电池正极过程中参与反应的示意图

2. 金属氧化物

对于金属氧化物作为锂氧气电池的正极催化剂的探索，最早是受到同样涉及 ORR 和 OER 反应的燃料电池和其他金属空气电池正极催化剂材料的启发，如锌空气电池的催化剂 MnO_2、Co_3O_4、$LaNiO_{3-\delta}$ 和 $Pb_2Ru_2O_{7-\delta}$ 具有很高的双功能催化活性[48, 49]。与碳材料相比，金属氧化物具有晶相结构可调控、多重价态以及优异的 OER/ORR 催化活性等诸多优点。

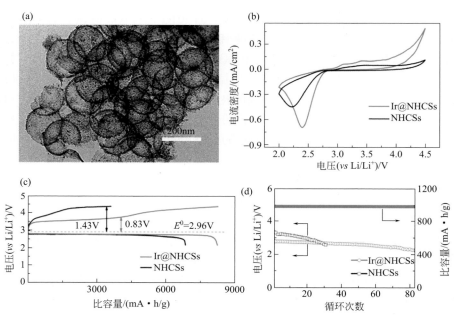

图 7-5 （a）载 Ir 纳米颗粒的氮掺杂多孔中空碳球（Ir@NHCSs）SEM 照片；（b）循环伏安曲线；（c）首次 100mA/g 下充放电倍率曲线；（d）充放电循环曲线

Bruce 等[50] 研究了不同金属氧化物作为催化剂对电池放电比容量及其循环性能的影响，而这些金属氧化物催化剂是锌空气电池研究中常见的催化剂。其中，Fe_2O_3 具有最高的初始比容量，但循环性能非常差。CuO、Fe_3O_4 和 $CoFe_2O_4$ 具有最大的容量保持率。Co_3O_4 的综合性能最好，不仅具有最大的初始比容量，而且具有良好的容量保持率。同时表明，传统的 O_2 还原电催化剂 Pt 并没有良好的催化效果。随后，Bruce 等[51] 又研究了不同类型锰氧化物作为锂氧气电极催化剂的性能，具体比较 α-MnO_2、β-MnO_2 纳米线和 α-MnO_2、β-MnO_2、λ-MnO_2、γ-MnO_2、Mn_2O_3、Mn_3O_4 颗粒催化剂的电化学活性。研究表明，α-MnO_2 纳米线材料的电催化性能最好且催化剂的类型、形貌和比表面积是影响电池性能的重要因素，尤其是影响电池的放电比容量。

Giordani 等[52]通过不同金属氧化物与 Li_2O_2 混合，研究了在充电过程中金属氧化物对 Li_2O_2 的催化效果。在充电过程中，复合电极只是分解 Li_2O_2（$Li_2O_2 \longrightarrow 2Li^+ + O_2 + 2e^-$）[53, 54]，可以有效避免复杂的锂氧反应，尤其是涉及有机电解质的副反应，只考察 Li_2O_2 的分解反应。研究表明，MnO_2 具有最好的催化性能，MnO_2 对 Li_2O_2 催化分解程度取决于 MnO_2 的结构和形貌，当其为纳米线结构时有最高的催化活性，即有最低的充电电压。Giordani 的实验结果和 Bruce 的实验结果[50, 51]是一致的，尽管 Bruce 实验中可能涉及在液体电解质的存在下有明显的副反应，导致主要产物为碳酸锂、氢氧化锂和烷基碳酸锂[54]。这表明 Li_2O_2 分解和电化学分解为其他的锂盐复合物（碳酸锂、氢氧化锂、烷基碳酸锂）是同时发生的。但 Giordani 实验中用的是商业 Li_2O_2 颗粒，这与放电过程中电化学生成的 Li_2O_2 在大小、表面化学和物理性质及体相特点方面有很大的不同[55, 56]，还需要进一步研究。另外，构筑具有优异孔道结构的过渡金属氧化物作为锂氧气电池催化剂也成为改善其电化学性能的一个主要方向[57-59]。

除了单金属氧化物，由两种或两种以上金属元素组成的烧绿石型、钙钛矿型和尖晶石型复合金属氧化物也被应用于锂氧气电池电极。其中，烧绿石型复合金属氧化物具有 $A_2B_2O_6O'$（A=Bi、Pb 等，B=Ru、Mn 等）通式，其结构由 BO_6 八面体和八配位的 AO_6O_2' 结构单元组成，通过 A 位或 B 位的掺杂可以改变其催化特性，该结构存在有序化的氧空位。此外，由金属氧八面体形成的笼可以提供电子高速传输通道[60-64]。尖晶石型过渡金属氧化物因其具有优异的 OER 和 ORR 双功能催化活性和易于调控形貌的特性而受到广泛研究。孙克宁课题组在高性能、长寿命尖晶石型过渡金属氧化物正极材料研究方面取得了重要进展[65-67]，利用溶剂热制备了超薄纳米片自组装的玫瑰花状 Co_3O_4 材料应用于二甲基亚砜基（DMSO）的锂氧气电池。在电流密度为 500mA/g 且放电比容量限制为 500mA·h/g 的条件下循环达到 150 次，但进一步的研究表明，高活性的花状 Co_3O_4 也会促进 DMSO 液体电解质分解，导致误导性的电化学性能，因此在研究开发高效的正极催化材料的同时，也应考虑到其与液体电解质的兼容性（图 7-6）。而后利用静电纺丝技术制备的中空 $CuCo_2O_4$ 纳米管相较于单一 Co_3O_4 金属氧化物材料具有更优异的催化活性。进一步将 Mn 代替 Cu 制备出的中空和套管结构的 $MnCo_2O_4$ 纳米管催化材料，不仅具有良好的催化活性，其电化学稳定性也显著提高，应用于锂氧气电池时，稳定循环 250 次以上，如图 7-7 所示。

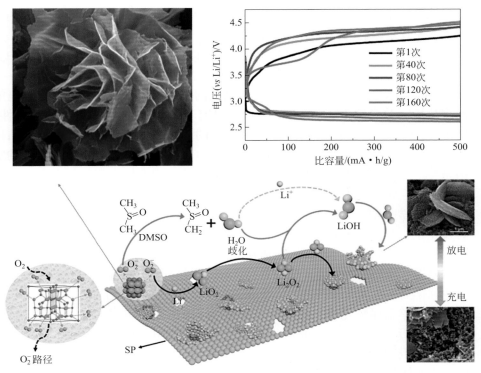

图 7-6　花状 Co₃O₄ 形貌及在锂氧气电池中的性能以及催化反应机理的示意图

3. 贵金属及合金

贵金属作为典型的催化剂，对 ORR 和 OER 反应均有很好的催化效果。Yang 等[68-70] 研究了多种贵金属催化剂对电池的充放电平台的影响，发现 Au 有利于氧还原反应，而 Pt 有利于氧析出反应。随后，他们[69] 研制出一种 Pt-Au 纳米粒子，可以作为双功能催化剂，能同时促进锂氧气电池中氧的还原和析出。锂氧气电池的循环效率为 77%，Pt-Au/C 电极的放电电压平台比常用的 XC-72 的电压平台高 200mV，充电平台为 3.6V，比碳的充电电压平台（4.5V）低 900mV（图 7-8）。

尽管使用贵金属催化剂使锂氧气电池在商业应用上不可行，但开发具有双功能的贵金属催化剂，对锂氧气电池催化机理研究及实用化催化剂的设计具有很大的指导作用。实际来讲，同一催化剂对氧还原（ORR）和氧析出（OER）的效果不同，这与氧还原（ORR）和氧析出（OER）的不同的反应机理是一致的[70]。在这一点上与水系的氧催化剂是相似的。例如：Pt 是氧还原（ORR）的良好催化剂，但对氧析出（OER）的催化效果不明显；相反，铱及其氧化物对氧还原（ORR）的催化效果不明显，但对氧析出有非常好的催化效果。

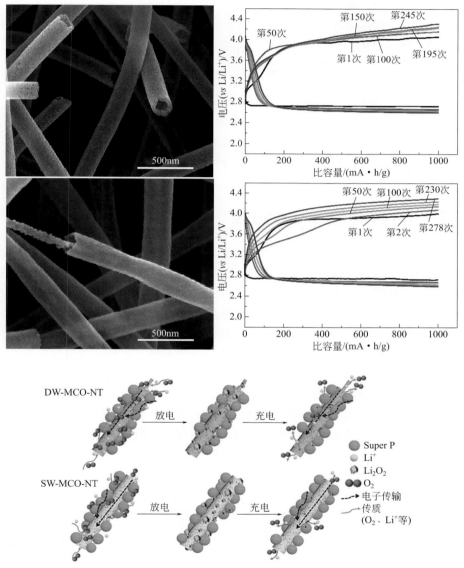

图7-7　$MnCo_2O_4$ 纳米管材料形貌及在锂氧气电池中的性能以及反应过程的示意图

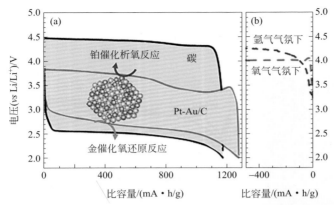

图 7-8 （a）纯碳与 Pt-Au/C 组装的锂氧气电池在电流密度 0.04mA/cm² 下充放电对比；
（b）Pt-Au/C 组装的锂氧气电池在 Ar 和 O₂ 气氛下的充电曲线

二、高稳定性自支撑锂氧气电池正极

在锂氧气电池正极催化剂之中，贵金属的催化能力强，但成本过高，很难被商业化应用。碳材料的催化能力一般，但导电性好、比表面积大、孔道结构易于调控、成本低廉，理论上是一种优异的锂氧气电池正极催化剂载体材料，然而其较低的惰性致使其在锂氧气电池正极中参与反应并发生分解，导致电池的循环稳定性差。过渡金属氧化物作为一种成本低、催化能力优越、稳定性好的材料，可以避免以上两种催化剂存在的问题，但其导电性不足。此外，锂氧气电池的正极通常是采用涂覆法制备的多孔碳气体扩散电极，多为低成本、导电性好且拥有丰富活性位的多孔碳材料，例如活性炭、碳纳米管和石墨烯等作为正极催化剂或载体材料。有机黏结剂的加入可以帮助碳材料形成一个多孔的物质传输网络，而材料的大比表面积为电极反应提供了丰富的活性位点。但是，正极反应的中间产物 O_2^- 及 LiO_2 拥有超高的活性，极易与碳材料（包括疏水性碳和亲水性碳）和有机黏结剂发生反应，导致正极分解并发生复杂的副反应，这是锂氧气电池循环性能差的主要原因。

通常，研究人员采用无碳无黏结剂的自支撑材料来解决上述问题，主要采用廉价的金属泡沫镍作为自支撑骨架。贵金属泡沫的高稳定性、高导电性和多孔结构帮助电池实现了优异的倍率和循环性能，但是其高昂成本限制了这类材料的实用化。综上所述，为了得到高功率、长寿命且实用的锂氧气电池正极，亟待开发一种高稳定、低成本、高催化能力、高导电性、拥有多孔结构的自支撑电极；同时，其应为将集流体、催化剂、气体扩散层集合于一体的多孔材料。孙克宁课题组在近几年的工作中，通过水热合成、电化学沉积等原位合成方法制备了多种多孔自支撑的锂氧气电池正极，实现优异的电池性能[71-80]。

以泡沫镍为基底制备了一系列金属氧化物多孔一体化自支撑正极[77-80]。采用气相沉积法（CVD）先在三维泡沫 Ni 表面制备石墨烯，再通过水热方式制备了三维石墨烯 @Co$_3$O$_4$ 复合正极，0.1mA/cm^2 电流密度下比容量为2453mA·h/g，583mA·h/g（1000mA·h/g 碳）限容稳定循环 62 次，如图 7-9 所示。

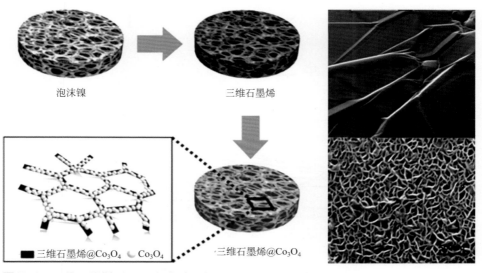

图 7-9　三维石墨烯 @Co$_3$O$_4$ 复合正极

采用水热合成 - 高温热处理方式在泡沫镍表面原位制备了具有三维网状分级孔道结构的 Co 系纳米线阵列催化电极，不但避免了碳材料和黏结剂的影响，还拥有垂直于基体的纳米线（片）与纳米线内介孔构成的包含大孔和介孔的多级孔道结构。其中，介孔结构增大了电池的比表面积，纳米线（片）结构赋予电池顺畅的气体通道和反应产物的容纳空间。采用 Co$_3$O$_4$ 纳米线的电池以 0.1mA/cm^{2}电流密度，放电比容量为 17118mA·h/g，限容 500mA·h/g 循环了 128 次。采用类似方法合成的自支撑 CuCo$_2$O$_4$ 纳米线电极应用于锂氧气电池时，电池放电平台为2.86V，充电平台为 3.14V，电势差仅为 0.28V，效率为 91.1 %，限容 500mA·h/g和 1000mA·h/g 下分别稳定循环 146 次和 76 次（图 7-10）。而采用 MnCo$_2$O$_4$ 纳米线自支撑电极的电池以 0.1mA/cm^2 电流密度放电比容量达到 12919mA·h/g，限容 500mA·h/g 循环超过了 300 次，充电电压显著降低至 3.5V（图 7-11）。

同时，还提出了利用更稳定的泡沫钛支撑的 TiO$_2$ 纳米管阵列作为正极基体，负载催化剂后作为电池正极，实现了超过 140 次的循环寿命。

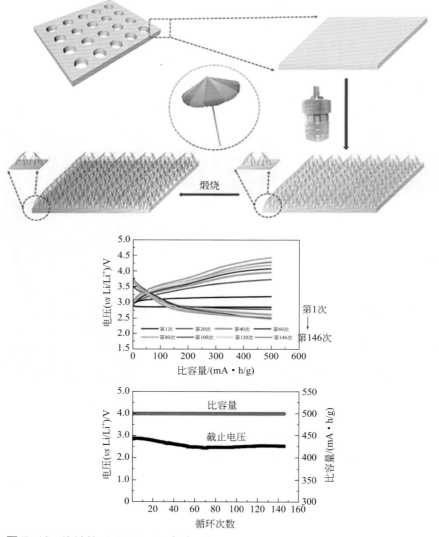

图 7-10 泡沫镍 @CuCo$_2$O$_4$ 复合正极

从图 7-12 中的 SEM 照片可以看出，TiO$_2$ 纳米管阵列规则地排列在泡沫钛表面，并使用冷溅射方法在 TiO$_2$ 纳米管表面成功沉积了一层尺寸小于 10nm 的 Pt 纳米颗粒催化剂。泡沫钛中的大孔隙和 TiO$_2$ 纳米管中的纳米级孔道为锂氧气电池正极反应提供发达的物质传输通道；而高分散的 Pt 纳米颗粒则为材料提供优异的催化能力。该电池实现了 5C 倍率下循环超过 140 次的循环性能，如图 7-13 所示。

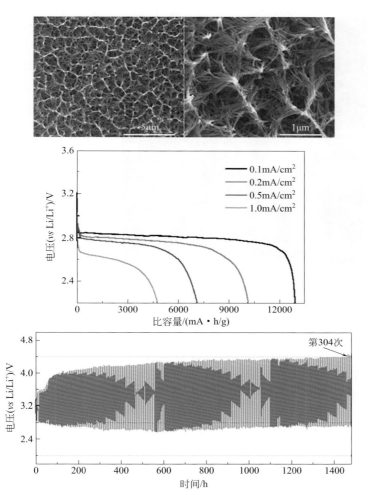

图 7-11　泡沫镍 @MnCo$_2$O$_4$ 复合正极

在此基础上，为了进一步改善载体的导电性，制备了泡沫钛支撑的钛纳米线阵列载体，通过电极电导率的提升进一步改善了电池性能，如图 7-14 所示。使用简单的 HF 酸刻蚀方法，在泡沫钛基底上制备了钛纳米线阵列。该载体既保持发达的物质传输通道，又拥有比 TiO$_2$ 纳米管阵列更好的导电性。当载体表面冷溅射上 Au 纳米颗粒（< 10nm）后，对电极的孔道结构没有丝毫影响。

由电池的充放电曲线和循环性能（图 7-15）可以看出，比起 TiO$_2$ 纳米管阵列作为载体的电极，钛纳米线阵列帮助电池实现了更小的过电位和更好的循环性能，达到 5C 倍率下的 640 次循环。XPS 和 HNMR 结果也表明，电极和液体电解质在锂氧气电池中长循环后保持很好的稳定性。

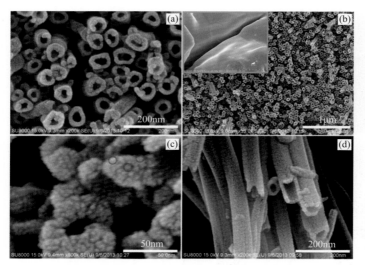

图 7-12　泡沫钛支撑的 Pt/TiO₂ 纳米管阵列的 SEM 照片

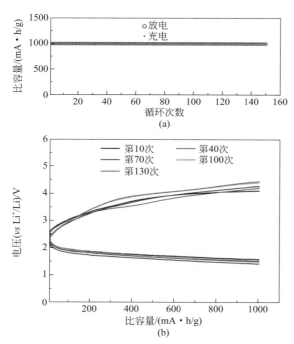

图 7-13　（a）Pt/TiO₂ 纳米管阵列催化的锂氧气电池在 5C 倍率下的循环性能；
（b）不同阶段的充放电曲线

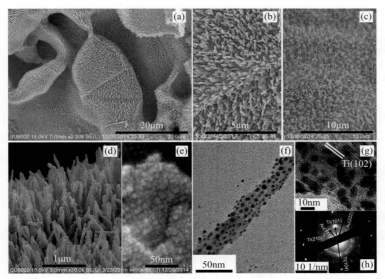

图 7-14 （a）～（c）泡沫钛支撑的钛纳米线阵列 SEM 照片；（d）（e）Ti@Au 纳米线阵列的 SEM 照片；（f）（g）Ti@Au 纳米线的 TEM 照片；（h）Ti@Au 纳米线的选区电子衍射图案

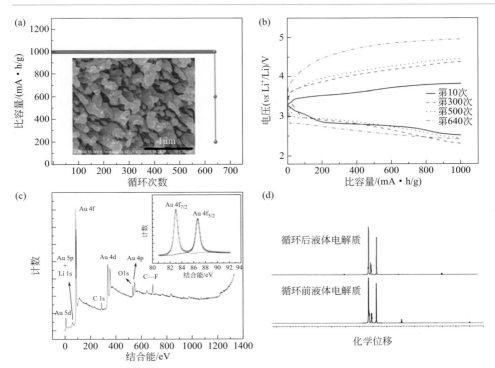

图 7-15 （a）以 Ti@Au 纳米线阵列为正极的锂氧气电池 5 C 倍率下的循环性能，插图为电极循环后的 SEM 照片；（b）不同阶段的充放电曲线；（c）循环后电极的 XPS 谱，插图为 Au 4f 的精细谱；（d）循环前后液体电解质的 H NMR 谱

目前锂氧气电池中使用的电解质主要分为水性电解质、有机电解质、离子液体电解质、固体电解质以及混合体系电解质。使用水性电解质的锂氧气电池往往放电容量不高，而且电池可充性也不好。固体电解质电池不存在漏液问题，且不用像液态电解质一样担心电解质中所含的水或是吸湿性导致负极锂的副反应，但其存在成膜工艺复杂、离子电导率低、电池内阻大且负极锂与电解质之间存在较大接触阻抗的缺点。离子液体作为液体电解质是一个较新的研究方向，也有一些相关报道。如疏水性离子液体（1-乙基-3-甲基咪唑双三氟甲磺酸酰亚胺）作为锂氧气电池的液体电解质，有较高的离子电导率，能避免与负极锂发生副反应，表现出良好的电解质特性[11, 37]。但研究开发更高离子电导率、价廉、真正适用的离子液体电解质仍需进一步深入研究。

有机体系由于比容量高、操作简单等优点，是目前研究最为成熟的体系。在近 10 年中经历了碳酸酯到砜类和醚类液体电解质的发展历程。然而，有机体系锂氧气电池在实用化前还面临着一些问题。首先，锂氧气电池的液体电解质在富氧环境下应保持一定的电化学稳定性。其次，液体电解质对水和其他杂质不敏感。换而言之，用于锂氧气电池的电解质除了要满足锂离子电池用电解质的要求外（高离子电导性，电子绝缘，宽的电化学窗口等）[81]，还应具有以下特征[82]：①富氧条件下的高稳定性；②高熔点和低蒸气压；③高的氧溶解度和扩散速率。更为理想的是，这些电解质可以溶解锂氧反应产物（如过氧化锂），至少是部分溶解。由于锂氧气电池的发展还处在起步阶段，还没有任何一种电解质可以完全满足以上要求，需要发现或者合成一种在富氧环境下具有电化学稳定性的电解质；在此基础上，才能够深入研究对过氧化锂的形成/分解有催化作用的催化剂。否则，高性能的催化剂可能会加速电解质的分解，例如锂氧反应的中间产物和产物会造成液体电解质的分解等[83]。不仅所选择的有机溶剂会对锂氧反应的副反应产生影响，而且锂盐、添加剂也会对其产生影响。因此，未来的研究工作需要不断探索合适的液体电解质。

一、锂氧气电池液体电解质有机溶剂

1. 有机碳酸酯类溶剂

碳酸酯类电解质，如 PC、EC 等已在可充锂氧气电池中得到广泛研究，主要是因为碳酸酯类溶剂作为锂离子电池电解质中的主导溶剂在常温下都是液体，且挥发性低，如 PC 在 -50 ～ 240℃温度范围内都呈液态。在锂氧气电池的研究初期，碳酸酯类溶剂被应用于该体系中，人们并没有意识到该溶剂的稳定性问题。很多报道都推测或者确认过氧化锂为电池反应的放电产物。然而，2010 年 Mizuno 等 [84] 报道使用 PC 基液体电解质的锂氧气电池的放电产物主要是碳酸锂，而并非过氧化锂。后续一些研究报道也相继证实了这一结果，即之前被广泛用在锂氧气电池中的碳酸酯类液体电解质在富氧条件下是不稳定的 [85, 86]。事实上，大约十几年前 Read 就指出这个问题，即这种有机溶剂在锂氧气电池中可能不稳定 [87]。

随后，Kuboki 等 [88] 也在实验中观察到这一问题。但遗憾的是，他们当时将在锂氧气电池放电产物中所观察到的碳酸锂归结于液体电解质与空气中的二氧化碳发生副反应。现有研究证明，在氧还原过程（锂氧气反应）中出现的中间产物，如 O_2^-、O_2^{2-}、LiO_2/LiO_2^- 等，能够以许多不同的方式与其他化学物质发生反应，如亲核反应、电子还原和氧化反应 [89]。这些中间产物可以轻易分解大部分有机溶剂。因此，当使用碳酸酯类电解质时，锂氧气电池的主要放电产物是碳酸锂、锂烷基碳酸盐和 / 或氢氧化锂等。相比之下，在这些反应中所需的可充化合物——过氧化锂却不是主要的放电产物。锂氧气电池能量效率低的主要原因是溶剂的分解和碳酸锂盐 / 氢氧化锂等副产物的生成和积累。副反应导致了液体电解质持续和不可逆地产生分解，因此，使得锂氧气电池从理论上不可能真正实现可逆循环。所以，锂氧气电池在使用相对稳定的液体电解质时一般会表现出相对低的充电电位 [90, 91]。

2. 醚基溶剂

当认识到碳酸酯基电解质不稳定后，人们又对替代溶剂开展大量的实验和理论研究，开发出许多新型溶剂，如各种醚基溶剂。McCloskey 等 [82] 采用多种分析方法，如 X 射线衍射（XRD），拉曼和同位素标记氧原子的微分电化学质谱等研究二甲醚（DME）基液体电解质在锂氧气电池中的充放电行为，所观察到的主要放电产物是过氧化锂。然而，实验中氧气还原的库仑效率仅为 60%（通过充电过程中析出的氧和放电过程中消耗的氧计算），这意味着使用这种液体电解质的电池充放电的可逆程度很低。值得注意的是，他们认为库仑效率低可能是由于过氧化锂和 DME 之间发生缓慢的热化学或者电化学反应。但本书作者认为真正的原因还不清楚，因为根据 Xu 等 [92] 的研究结果，商业过氧化锂和 DME 几乎不发生任何反应。因此，可以看出，上述提及的这些表征手段也都有其局限性，特别是拉曼和 XRD 分析技术，这些分析技术尚不能确定一些副反应的发生。这一点也可以从 Bruce 等的报道中看出。他们的研究结果表明，XRD 显示过氧化锂是唯一的放电产物；而 FT-IR、NMR、质谱等分析结果表明，副产物碳酸锂等也是存在的。这也说明，要弄清楚锂氧气电池的反应产物需要多重分析方法来表征。Bruce 等[83]还研究了一系列醚基电解质（如四甘醇二甲醚、三甘醇二甲醚、二甘醇二甲醚、1,3-二氧戊烷和2-甲基四氢呋喃等），如图7-16所示。电池第一周的主要放电产物是过氧化锂，但随着循环的进行，过氧化锂占放电总产物的比例逐渐降低，至第五周时几乎没有过氧化锂生成，而只剩下一些含锂的化合物，显然是副产物不断积累的结果。

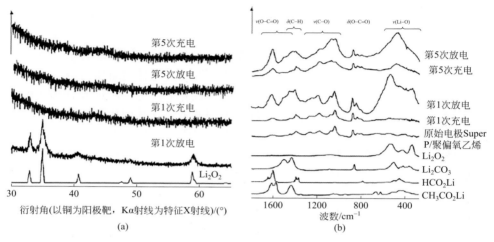

图7-16　氧气电极在 1mol/L LiPF$_6$/ 四甘醇二甲醚中的 XRD 谱图（a）和 FT-IR 图（b）

3. 其他有机溶剂

其他众多有机溶剂也得到了研究，如乙腈[93]、二甲基亚砜（DMSO）[94]、DMF（N,N-二甲基甲酰胺）[95]；离子液体包括 N-甲基 -N-哌啶双三氟甲基磺酰亚胺锂（PP13-TFSI）[90]、1-乙基 -3-甲基咪唑双三氟甲基磺酰亚胺锂（EMI-TFSI）[96]、N-丁基 -N-甲基吡咯双三氟甲基磺酰亚胺锂（PYR14-TFSI）[97] 等。这些有机溶剂对锂氧反应中间产物和活性基团表现出相对高的稳定性。Bruce 等[98] 报道了过氧化锂在乙腈中可以顺利地生成与分解。最近的研究结果也表明，与其他溶剂相比，基于 ACN 和 DMSO 的液体电解质表现出较好的循环稳定性。PP13-TFSI 离子液体似乎也非常稳定，而且使用 PP13-TFSI 的锂氧气电池同样也表现出相对低的充电电位。对使用 PP13-TFSI 的锂氧气电池的放电产物进行质谱分析也表明，充电过程中只有氧气析出而并无二氧化碳析出。上述这些有机溶剂的开发也有助于对稳定液体电解质的进一步研究。然而，过氧化锂是唯一的反应产物这一结论仍需进一步得到证实。总体而言，目前比较稳定的最常用的有机溶剂为乙二醇二甲醚（或四乙二醇二甲醚）和二甲基亚砜（DMSO）。

二、锂氧气电池液体电解质锂盐

锂离子电池中常用的锂盐大都已被用于锂氧气电池的研究中，包括 LiTFSI、LiTFS、LiPF$_6$、LiBOB、LiClO$_4$ 和 LiBF$_4$。在锂氧气电池的使用过程中，锂氧电化学反应的中间产物（如 O$_2^-$、O$_2^{2-}$、LiO$_2$/LiO$_2^-$）也会与普通的锂盐发生反应[89, 99, 100]。锂离子电池中最常用的锂盐 LiPF$_6$ 会与过氧化锂发生反应[99]。有文献报道称，在锂氧放电产物的特征谱图中发现了放电过程中 LiPF$_6$ 分解的证据[89]。理论计算表明，另一种锂盐 LiBOB 也可能会被氧还原反应的中间产物所分解。Nazar 等证实了这一结果，他们通过原位 XRD 和红外光谱分析证实含 LiBOB 盐的锂氧气电池的放电产物为草酸锂，他们将此结果归因于超氧根对硼原子的亲核取代反应[100]。E. Nasybulin 等[101] 研究发现，LiClO$_4$ 在 Li$_2$O$_2$ 存在条件下的稳定性很好。然而，进一步对锂盐在富氧环境下电化学循环稳定性的研究结果表明，LiClO$_4$ 和 LiBF$_4$ 均不很稳定，只有 LiCl 是较为稳定的。这也从另一个侧面说明锂盐（或锂盐的阴离子）的不稳定性是可充锂氧气电池目前面临的一个主要问题，这一点尚未引起人们足够的重视。

由于锂盐需要溶解在合适的溶剂中，开发稳定性良好的锂盐的最大困难是缺少一种可以溶解各种锂盐的稳定溶剂。因此，现阶段应首先开发出一种稳定的溶剂，只有研究出稳定的溶剂，才能够进一步研究锂盐的稳定性。当然，开发出一种在富氧条件下稳定的电解质同样也是比较困难的。

三、锂氧气电池液体电解质添加剂

在有机液体电解质中添加少量的某些物质，能显著改善电池的某些性能，这些少量的物质被称为功能添加剂。液体电解质功能添加剂在锂离子电池中的应用已非常普遍，在锂离子电池液体电解质中添加少量的某些物质作为添加剂是提高锂离子电池性能最经济、最有效的方法之一。添加剂的使用能显著改善锂离子电池的某些性能，如液体电解质的离子电导率、正负极匹配性能、电池的容量、循环寿命和安全性能等。而研究锂氧气电池有机液体电解质中的添加剂还是一个比较新的方向，近些年才开始有研究者关注添加剂在锂氧气电池有机液体电解质中的作用，从论文发表数量来看，这个方向正受到越来越多研究者的关注。

早期研究者关于锂氧气电池液体电解质添加剂的研究主要是参考锂离子液体电解质添加剂进行，目的是改善有机液体电解质本身的稳定性、黏度和离子电导率等物理性质。早在 2010 年，Armand 等[102] 就研究了用硼酯类作为可调控的阴离子添加剂添加到 EC/DMC 和 DMF 作为溶剂的液体电解质中，发现该类添加剂能有效提高产物 Li$_2$O$_2$ 等物质的溶解性，改善液体电解质离子电导率。同年，

Zhang 等[103] 研究了冠醚作为添加剂对锂氧气电池性能的影响，发现适量的 12-冠-4 醚，15-冠-5 醚有与 Li+ 协调的能力，能增加电解质的离子电导率，增加放电容量，提高电池性能。Zhang 等还探究了添加剂对液体电解质的黏度、O_2 溶解率等物性的影响。

由于锂氧气电池涉及氧的 ORR 和 OER 反应，其动力学过程缓慢，造成极化大、电池充放电电位差过大、能效低，严重影响锂氧气电池的性能及发展。为此，有研究者开始探讨参与充放电反应过程的氧化还原介质添加剂，以从根本上加快动力学反应，降低极化，减小过电位，从而减少极化引起的高充电电位等造成的副反应，改善电池性能。Owen 等[104] 发现乙基紫罗碱可作为可溶性氧化还原介质（redox mediators）添加剂催化氧还原反应（ORR），提出这种易溶的氧化还原对 $M^{(n+1)+}$ 在电极上被还原，然后扩散到氧气界面，被 O_2 氧化以形成 Li 的氧化物（放电产物），使产物形成于气体界面而非电极表面，能减轻固体产物堵塞电极表面通道，并且该添加剂具有高溶解性、稳定性。

2013 年，Bruce 等[105] 探究了二茂铁（FC）、N,N,N',N'-四甲基对苯二胺（TMPD）和四硫富瓦烯（TTF）作为氧化还原介质添加剂在充电过程（OER 过程）中的作用，发现添加 TTF 可使在原来不能充电的倍率下顺利充电。充电时，TTF 在电极表面氧化成 TTF+，接着 TTF+ 再氧化固态产物 Li_2O_2，自身被还原。这种介质添加剂实际上作为"电子 - 空穴转移媒介"促进 Li_2O_2 的氧化分解，从而极大降低充电过电位，大幅提高了电池的循环性能。2014 年 Goodenough 等[106] 研究了可溶性铁酞菁（FePc）添加到液体电解质中的影响，发现 FePc 可作为电子导体与放电产物 Li_2O_2 绝缘体的表面之间的氧负离子物质和电子的传输媒介。Li_2O_2 的生成与分解并不直接与碳接触，从而提高电化学稳定性。Bergner 等[107] 也研究了 2,2,6,6-四甲基哌啶氧化物（TEMPO）作为氧化还原介质添加剂的影响，发现其具有优异的稳定性，并能显著降低充电过电位，提高循环性能，如图 7-17 所示。

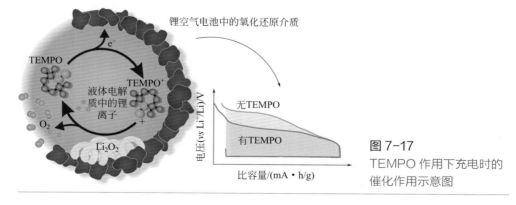

图 7-17
TEMPO 作用下充电时的催化作用示意图

上述研究表明，氧化还原中间介质对于改善锂氧气电池的可逆性和循环性能是有促进作用的，此类介质可以促进正极表面氧化还原反应的彻底进行，并保证电池正极的稳定性，大幅降低过电位和不可逆产物的连续沉积，是锂氧气电池液体电解质未来发展的一个方向。此类添加剂还包括 LiI 等氧化还原中间介质。但目前这类氧化还原介质也存在穿梭效应，会与负极锂金属反应，降低库仑效率。

综上所述，锂氧气电池由于正极过程的可逆性、液体电解质的稳定性以及金属锂的耐久性等问题还处于早期研究阶段，离商业化还有很远的距离。金属锂负极存在的问题属于贯穿本书存在的一个共性问题。对于液体电解质稳定性的研究，除了在正极过程和负极过程中需要深入探究外，锂氧气电池结构的改进也是一个重要突破口。正极过程的可逆性则需要研究者们开发出导电性更好、孔道结构更合理、催化能力更强、自身更稳定的正极催化剂，这也是当前锂氧气电池研究的重点方向。

参考文献

[1] Girishkumar G, McCloskey B, Luntz A C, et al. Lithium-air battery: Promise and challenges[J]. Journal of Physical Chemistry Letters, 2010, 1(14): 2193-2203.

[2] Bruce P G, Freunberger S A, Hardwick L J, et al. Li-O$_2$ and Li-S batteries with high energy storage[J]. Nat Mater, 2011, 11(1): 19-29.

[3] Abraham K M, Jiang Z. ChemInform abstract: A polymer electrolyte-based rechargeable lithium/oxygen battery[J]. Cheminform, 1996, 27(19):1-5.

[4] Ogasawara T, Aurélie Débart, Holzapfel M, et al. Rechargeable Li$_2$O$_2$ electrode for lithium batteries[J]. Journal of the American Chemical Society, 2006, 128(4):1390-1393.

[5] Dunn B, Kamath H, Tarascon J M. Electrical energy storage for the grid: A battery of choices[J]. Science, 2011, 334(6058):928-935.

[6] Padbury R, Zhang X. Lithium-oxygen batteries-limiting factors that affect performance[J]. Journal of Power Sources, 2011, 196(10):4436-4444.

[7] Lee J S, Kim S T, Cao R, et al. Metal-air batteries: Metal-air batteries with high energy density: Li-air versus Zn-air [J]. Advanced Energy Materials, 2011, 1(1).

[8] Shao Y, Park S, Xiao J, et al. Electrocatalysts for nonaqueous lithium-air batteries: Status, challenges, and perspective[J]. ACS Catalysis, 2012, 2(5): 844-857.

[9] Kitaura H, Zhou H. Electrochemical performance and reaction mechanism of all-solid-state lithium-air batteries composed of lithium, Li$_{1+x}$Al$_y$Ge$_{2-y}$(PO$_4$)$_3$ solid electrolyte and carbon nanotube air electrode [J]. Energy & Environmental Science, 2012, 5(10): 9077-9084.

[10] Moran B, Emanuel P, Diana G, et al. Liquid-free lithium-oxygen batteries[J]. Angewandte Chemie International Edition, 2015, 54(2):436-440.

[11] Elia G A, Hassoun J, Kwak W J, et al. An advanced lithium-air battery exploiting an ionic liquid-based electrolyte[J]. Nano Lett, 2014, 14(11): 6572-6577.

[12] Zou X, Lu Q, Zhong Y, et al. Flexible, flame-resistant, and dendrite-impermeable gel-polymer electrolyte for Li-O_2/air batteries workable under hurdle conditions[J]. Small, 2018, 14(34): e1801798.

[13] Xia C, Kwok C Y, Nazar L F. A high-energy-density lithium-oxygen battery based on a reversible four-electron conversion to lithium oxide[J]. Science, 2018, 361(6404): 777-781.

[14] Won-Jin K, Daniel H, Daniel S, et al. Understanding the behavior of Li-oxygen cells containing LiI[J].J Mater Chem A, 2015, 3, 8855-8864.

[15] Xue K, Euan McTurk, Lee Johnson, et al. A comprehensive model for non-aqueous lithium air batteries involving different reaction mechanisms[J]. Journal of The Electrochemical Society, 2015, 162 (4): A614-A621.

[16] Hardwick L J, Bruce P G. The pursuit of rechargeable non-aqueous lithium-oxygen battery cathodes[J]. Current Opinion in Solid State and Materials Science, 2012, 16(4):178-185.

[17] Liu T, Leskes M, Yu W, et al. Cycling Li-O_2 batteries via LiOH formation and decomposition[J]. Science, 2015, 350(6260).

[18] Zhai D, Wang H H, Lau K C, et al. Raman evidence for late stage disproportionation in a Li-O_2 battery[J]. J Phys Chem Lett, 2014, 5(15): 2705-2710.

[19] Zhai D, Wang H H, Yang J, et al. Disproportionation in Li-O_2 batteries based on a large surface area carbon cathode[J]. J Am Chem Soc, 2013, 135(41): 15364-15372.

[20] Yang J, Zhai D, Wang H H, et al. Evidence for lithium superoxide-like species in the discharge product of a Li-O_2 battery[J]. Physical Chemistry Chemical Physics, 2013, 15(11):3764-3771.

[21] Gittleson F S, Ryu W H, Taylor A D. Operando observation of the gold-electrolyte interface in Li-O_2 batteries[J]. ACS Appl Mater Interfaces, 2014, 6(21): 19017-19025.

[22] Forrest G, Yao K P C, Kwabi D G, et al. Raman spectroscopy in lithium-oxygen battery systems[J]. Chemelectrochem, 2015, 2: 1446-1457.

[23] Schaltin S, Vanhoutte G, Wu M, et al. A QCM study of ORR-OER and an in situ study of a redox mediator in DMSO for Li-O_2 batteries[J]. Physical Chemistry Chemical Physics, 2015, 17.

[24] Cao R, Walter E D, Xu W, et al. The mechanisms of oxygen reduction and evolution reactions in nonaqueous lithium-oxygen batteries[J]. Chemsuschem, 2015, 7(9):2436-2440.

[25] Lu J, Lee Y J, Luo X, et al. A lithium-oxygen battery based on lithium superoxide[J]. Nature, 2016, 529(7586):377-382.

[26] Beattie S D, Manolescu D M, Blair S L. High-capacity lithium-air cathodes[J]. Journal of The Electrochemical Society, 2009, 156(1): A44-A47.

[27] 武巍，田艳艳，高军，等. 碳材料在锂空气电池中的应用及研究进展 [J]. 电源技术，2012, 36(4): 581-586.

[28] Xiao J, Wang D, Xu W, et al. Optimization of air electrode for Li/air batteries[J]. Journal of The Electrochemical Society, 2010, 157(4): A487-A492.

[29] Mitchell R R, Gallant B M, Thompson C V, et al. All-carbon-nanofiber electrodes for high-energy rechargeable Li-O_2 batteries[J]. Energy & Environmental Science, 2011, 4(8): 2952-2958.

[30] Zhang G Q, Zheng J P, Liang R, et al. Lithium-air batteries using SWNT/CNF buckypapers as air electrodes[J]. Journal of The Electrochemical Society, 2010, 157(8): A953-A956.

[31] Li Y, Wang J, Li X, et al. Nitrogen-doped carbon nanotubes as cathode for lithium-air batteries[J].

Electrochemistry Communications, 2011, 13(7): 668-672.

[32] Kichambare P, Kumar J, Rodrigues S, et al. Electrochemical performance of highly mesoporous nitrogen doped carbon cathode in lithium-oxygen batteries[J]. Journal of Power Sources, 2011, 196(6): 3310-3316.

[33] Xiao J, Mei D, Li X, et al. Hierarchically porous graphene as a lithium-air battery electrode[J]. Nano Letters, 2011, 11(11): 5071-5078.

[34] Li Y, Wang J, Li X, et al. Superior energy capacity of graphene nanosheets for a nonaqueous lithium-oxygen battery[J]. Chemical Communications, 2011, 47(33): 9438-9440.

[35] Sun B, Wang B, Su D, et al. Graphene nanosheets as cathode catalysts for lithium-air batteries with an enhanced electrochemical performance[J]. Carbon, 2012, 50(2): 727-733.

[36] Yang X H, He P, Xia Y Y. Preparation of mesocellular carbon foam and its application for lithium/oxygen battery[J]. Electrochemistry Communications, 2009, 11(6): 1127-1130.

[37] Kuboki T, Okuyama T, Ohsaki T, et al. Lithium-air batteries using hydrophobic room temperature ionic liquid electrolyte[J]. Journal of Power Sources, 2005, 146(1-2): 766-769.

[38] Cheng H, Scott K. Carbon-supported manganese oxide nanocatalysts for rechargeable lithium-air batteries[J]. Journal of Power Sources, 2010, 195(5): 1370-1374.

[39] Mirzaeian M, Hall P J. Characterizing capacity loss of lithium oxygen batteries by impedance spectroscopy[J]. Journal of Power Sources, 2010, 195(19): 6817-6824.

[40] Zhang J G, Wang D, Xu W, et al. Ambient operation of Li/air batteries[J]. Journal of Power Sources, 2010, 195(13): 4332-4337.

[41] Aurbach D, Daroux M, Faguy P, et al. The electrochemstry of noble-metal electrodes in aprotic organic-solvents containing lithium-salts[J]. Journal of Electroanalytical Chemistry, 1991, 297(1): 225-244.

[42] Song M K, Park S, Alamgir F M, et al. Nanostructured electrodes for lithium-ion and lithium-air batteries: the latest developments, challenges, and perspectives[J]. Materials Science & Engineering R-Reports, 2011, 72(11): 203-252.

[43] Lim H D, Park K Y, Song H, et al. Enhanced power and rechargeability of a LiO_2 battery based on a hierarchical-fibril CNT electrode[J]. Advanced Materials, 2013, 25(9): 1348-1352.

[44] Yoo E, Zhou H. Li-air rechargeable battery based on metal-free graphene nanosheet catalysts[J]. ACS Nano, 2011, 5(4): 3020-3026.

[45] Li Y, Wang J, Li X, et al. Nitrogen-doped graphene nanosheets as cathode materials with excellent electrocatalytic activity for high capacity lithium-oxygen batteries[J]. Electrochemistry Communications, 2012, 18: 12-15.

[46] Thotiyl M M O, Freunberger S A, Peng Z, et al. The carbon electrode in nonaqueous Li-O_2 cells[J]. Journal of the American Chemical Society, 2013, 135(22): 494-500.

[47] Shen J, Wu H, Sun W, et al. In-situ nitrogen-doped hierarchical porous hollow carbon spheres anchored with iridium nanoparticles as efficient cathode catalysts for reversible lithium-oxygen batteries[J]. Chemical Engineering Journal, 2019, 358: 340-350.

[48] Goodenough J B, Manoharan R, Paranthaman M. Surface protonation and electrochemical activity of oxides in aqueous-solution[J]. Journal of the American Chemical Society, 1990, 112(6): 2076-2082.

[49] Neburchilov V, Wang H, Martin J J, et al. A review on air cathodes for zinc-air fuel cells[J]. Journal of Power Sources, 2010, 195(5): 1271-1291.

[50] Debart A, Bao J, Armstrong G, et al. An O_2 cathode for rechargeable lithium batteries: the effect of a catalyst[J]. Journal of Power Sources, 2007, 174(2): 1177-1182.

[51] Debart A, Paterson A J, Bao J, et al. Alpha-MnO_2 nanowires: A catalyst for the O_2 electrode in rechargeable

lithium batteries[J]. Angewandte Chemie-International Edition, 2008, 47(24): 4521-4524.

[52] Giordani V, Freunberger S A, Bruce P G, et al. H_2O_2 decomposition reaction as selecting tool for catalysts in Li-O_2 cells[J]. Electrochemical and Solid State Letters, 2010, 13(12): A180-A183.

[53] Xu W, Viswanathan V V, Wang D, et al. Investigation on the charging process of Li_2O_2-based air electrodes in Li-O_2 batteries with organic carbonate electrolytes[J]. Journal of Power Sources, 2011, 196(8): 3894-3899.

[54] Freunberger S A, Chen Y, Peng Z, et al. Reactions in the rechargeable lithium-O_2 battery with alkyl carbonate electrolytes[J]. Journal of the American Chemical Society, 2011, 133(20): 8040-8047.

[55] Radin M D, Rodriguez J F, Tian F, et al. Lithium peroxide surfaces are metallic, while lithium oxide surfaces are not[J]. Journal of the American Chemical Society, 2012, 134(2):1093-1103.

[56] Lu Y C, Kwabi D G, Yao K P C, et al. The discharge rate capability of rechargeable Li-O_2 batteries[J]. Energy & Environmental Science, 2011, 4(8): 2999-3007.

[57] Cui Y, Wen Z, Sun S, et al. Mesoporous Co_3O_4 with different porosities as catalysts for the lithium-oxygen cell[J]. Solid State Ionics, 2012, 225: 598-603.

[58] Cui Y, Wen Z Y, Liu Y. A free-standing-type design for cathodes of rechargeable Li-O_2 batteries[J]. Energy & Environmental Science, 2011, 4(11): 4727-4734.

[59] Xu S, Yao Y, Guo Y, et al. Textile inspired lithium-oxygen battery cathode with decoupled oxygen and electrolyte pathways[J]. Adv Mater, 2018, 30(4).

[60] Oh S H, Black R, Pomerantseva E, et al. Synthesis of a metallic mesoporous pyrochlore as a catalyst for lithium-O_2 batteries[J]. Nature Chemistry, 2012, 4(12): 1004-1010.

[61] Li P, Sun W, Yu Q, et al. An effective three-dimensional ordered mesoporous $CuCo_2O_4$ as electrocatalyst for Li-O_2 batteries[J]. Solid State Ionics, 2016, 289:17-22.

[62] Swette L, Kackley N, McCatty S A. Oxygen electrodes for rechargeable alkaline fuel-cells[J]. Journal of Power Sources, 1991, 36(3): 323-339.

[63] Kannan A M, Shukla A K, Sathyanarayana S. Oxide-based bifunctional oxygen-electrode for rechargeable metal air batteries[J]. Journal of Power Sources, 1989, 25(2): 141-150.

[64] Swette L, Kackley N. Oxygen electrodes for rechargeable alkaline fuel-cells[J]. Journal of Power Sources, 1990, 29(3-4): 423-436.

[65] Wu H, Sun W, Shen J, et al. Role of flower-like ultrathin Co_3O_4 nanosheets in water splitting and non-aqueous Li-O_2 batteries[J]. Nanoscale, 2018, 10(21): 10221-10231.

[66] Wu H, Sun W, Shen J, et al. Electrospinning derived hierarchically porous hollow $CuCo_2O_4$ nanotubes as an effectively bifunctional catalyst for reversible Li-O_2 batteries[J]. ACS Sustainable Chemistry & Engineering, 2018, 6: 15180-15190.

[67] Wu H, Sun W, Shen J, et al. Improved structural design of single- and double-wall $MnCo_2O_4$ nanotube cathodes for long-life Li-O_2 batteries[J]. Nanoscale, 2018, 10(27): 13149-13158.

[68] Lu Y C, Gasteiger H A, Parent M C, et al. The Influence of catalysts on discharge and charge voltages of rechargeable Li-oxygen batteries[J]. Electrochemical and Solid State Letters, 2010, 13(6): A69-A72.

[69] Lu Y C, Xu Z, Gasteiger H A, et al. Platinum-gold nanoparticles: A highly active bifunctional electrocatalyst for rechargeable lithium-air batteries[J]. Journal of the American Chemical Society, 2010, 132(35): 12170-12171.

[70] Thapa A K, Ishihara T. Mesoporous alpha-MnO_2/Pd catalyst air electrode for rechargeable lithium-air battery[J]. Journal of Power Sources, 2011, 196(16): 7016-7020.

[71] Zhao G, Mo R, Wang B, et al. Enhanced cyclability of Li-O_2 batteries based on TiO_2 supported cathodes with no

carbon or binder [J]. Chemistry of Materials, 2014, 26: 2551-2556.

[72] Zhao G, Niu Y, Zhang L, et al. Ruthenium oxide modified titanium dioxide nanotube arrays as carbon and binder free lithiumeair battery cathode catalyst [J]. Journal of Power Sources, 2014, 270:386-390.

[73] Zhao G, Xu Z, Sun K, et al. Hierarchical porous Co_3O_4 films as cathode catalysts of rechargeable Li-O_2 batteries[J]. Journal of Materials Chemistry A, 2013, 1: 12862-12867.

[74] Zhao G, Zhang L, Lv J, et al. A graphitic foam framework with hierarchical pore structure as self-supported electrodes of Li-O_2 batteries and Li ion batteries[J]. Journal of Materials Chemistry A, 2016, 4: 1399-1407.

[75] Zhao G, Zhang L, Lv J, et al. Vertically aligned graphitic carbon nanosheet arrays fabricated from graphene oxides for supercapacitors and Li-O_2 batteries[J]. Chemical Communications, 2016, 52: 6403-6406.

[76] Zhao G, Zhang L, Niu Y, et al. Enhanced durability of Li-O_2 batteries employing vertically standing Ti nanowire array supported cathodes[J]. J Journal of Materials Chemistry A, 2016, 4: 4009-4014.

[77] Zhang J, Li P, Wang Z, et al. Three-dimensional graphene-Co_3O_4 cathodes for rechargeable Li-O_2 batteries[J]. Journal of Materials Chemistry A, 2015, 3 (4): 1504-1510.

[78] Yu Q, Yu Q, Sun W, et al. Novel Ni@Co_3O_4 Web-like nanofiber arrays as highly effective cathodes for rechargeable Li-O_2 batteries[J]. Electrochimica Acta, 2016, 220: 654-663.

[79] Sun W, Wang Y, Wu H, et al. 3D free-standing hierarchical $CuCo_2O_4$ nanowire cathodes for rechargeable lithium-oxygen batteries[J]. Chemical communications, 2017, 53(62): 8711-8714.

[80] Wu H, Sun W, Wang Y, et al. Facile synthesis of hierarchical porous three-dimensional free-standing $MnCo_2O_4$ cathodes for long-life Li-O_2 batteries[J]. ACS Appl Mater Interfaces, 2017, 9(14): 12355-12365.

[81] 郑洪河. 锂离子电池电解质 [M]. 北京: 化学工业出版社, 2007.

[82] Girishkumar G, McCloskey B, Luntz A C, et al. Lithium-air battery: Promise and challenges[J]. The Journal of Physical Chemistry Letters, 2010, 1:2193-2203.

[83] Freunberger S A, Chen Y, Drewett N E, et al. The lithium-oxygen battery with ether based electrolytes[J]. Angewandte Chemie International Edition, 2011, 50(37): 8609-8613.

[84] Mizuno F, Nakanishi S, Kotani Y, et al. Rechargeable Li-air batteries with carbonate-based liquid electrolytes[J]. Electrochemistry Communications, 2010, 78(5):403-405.

[85] Freunberger S A, Chen Y, Peng Z, et al. Reactions in the rechargeable lithium-O_2 battery with alkyl carbonate electrolytes[J]. Angewandte Chemie International Edition, 2011, 133 (20):8040-8047.

[86] Mccloskey B D, Bethune D S, Shelby R M, et al. Solvents'Critical Role in Nonaqueous Lithium-Oxygen Battery Electrochemistry[J]. The Journal of PhysicalChemistry Letters, 2011, 2 (10):1161-1166.

[87] Read J, Mutolo K, Ervin M, et al. Oxygen transport properties of organic electrolytes and performance of lithium/oxygen battery[J]. Journal of The Electrochemical Society, 2003, 150 (10): A1351.

[88] Kuboki T, Okuyama T, Ohsaki T, et al. Lithium-air batteries using hydrophobic room temperature ionic liquid electrolyte[J]. Journal of Power Sources, 2005, 146(12):766-769.

[89] Zhang Z, Lu J, Assary R S, et al. Increased stability toward oxygen reduction products for lithium air batteries with oligoether-functionalized silane electrolytes[J]. The Journal of Physical Chemistry C, 2011, 115 (51): 25535-25542.

[90] Mizuno F, Nakanishi S, Shirasawa A, et al. Design of nonaqueous liquid electrolytes for rechargeable Li-O_2 batteries[J]. Electrochemistry, 2011, 79(11): 876-881.

[91] McCloskey B D, Scheffler R, Speidel A, et al. On the efficacy of electrocatalysis in nonaqueous Li-O_2 batteries[J]. Journal of the American Chemical Society, 2011, 133(45): 18038-18041.

[92] Xu W, Xu K, Viswanathan V V, et al. Reaction mechanisms for the limited reversibility of Li-O_2 chemistry in

organic carbonate electrolytes[J]. Journal of Power Sources, 2011, 196 (22): 9631-9639.

[93] Laoire C O, Mukerjee S, Abraham K M, et al. Elucidating the mechanism of oxygen reduction for lithium-air battery applications[J]. Journal of Physical Chemistry C, 2009, 113(46):20127-20134.

[94] Laoire C O, Mukerjee S, Abraham K M, et al. Influence of nonaqueous solvents on the electrochemistry of oxygen in the rechargeable lithium-air battery[J]. Journal of Physical Chemistry C, 2010, 114(19):9178-9186.

[95] Chen Y, Freunberger S A, Peng Z, et al. Li-O$_2$ battery with a dimethylformamide electrolyte[J]. J Am Chem Soc, 2012, 134(18): 7952-7957.

[96] Allen C J, Mukerjee S, Plichta E J, et al. Oxygen electrode rechargeability in an ionic liquid for the Li-air battery[J]. The Journal of Physical Chemistry Letters, 2011, 2(19):2420-2424.

[97] Giorgio F D, Soavi F, Mastragostino M. Effect of lithium ions on oxygen reduction in ionic liquid-based electrolytes[J]. Electrochemistry Communications, 2011, 13(10):1090-1093.

[98] Peng Z, Freunberger S A, Hardwick L J, et al. Oxygen reactions in a non-aqueous Li$^+$ electrolyte[J]. Angewandte Chemie International Edition, 2011, 50(28): 6351-6355.

[99] Oswald S, Mikhailova D, Scheiba F, et al. XPS investigations of electrolyte/electrode interactions for various Li-ion battery materials[J]. Analytical & Bioanalytical Chemistry, 2011, 400(3):691-696.

[100] Hyoung O S, Yim T, Pomerantseva E, et al. Decomposition reaction of lithium bis(oxalato)borate in the rechargeable lithium-oxygen Cell[J]. Electrochemical and Solid State Letters, 2011, 14 (12): A185.

[101] Nasybulin E, Xu W, Engelhard M H, et al. Effects of electrolyte salts on the performance of Li-O$_2$ batteries[J]. Journal of Physical Chemistry C, 2013, 117(6):2635-2645.

[102] Shanmukaraj D, Grugeon S, Gachot G, et al. Boron esters as tunable anion carriers for non-aqueous batteries electrochemistry[J]. Journal of the American Chemical Society, 2010, 132(9):3055-3062.

[103] Xu W, Xiao J, Wang D, et al. Crown ethers in nonaqueous electrolytes for lithium/air batteries[J]. Electrochemical and Solid-State Letters, 2010, 13(4): A48-A51.

[104] Lacey M J, Frith J T, Owen J R. A redox shuttle to facilitate oxygen reduction in the lithium air battery[J]. Electrochemistry Communications, 2013, 26:74-76.

[105] Chen Y, Freunberger S A, Peng Z, et al. Charging a Li-O$_2$ battery using a redox mediator[J]. Nat Chem, 2013, 5(6): 489-494.

[106] Sun D, Shen Y, Zhang W, et al. A solution-phase bifunctional catalyst for lithium-oxygen batteries[J]. J Am Chem Soc, 2014, 136(25): 8941-8946.

[107] Bergner B J, Schürmann A, Peppler K, et al. TEMPO: A mobile catalyst for rechargeable Li-O$_2$ batteries[J]. Journal of the American Chemical Society, 2014, 136(42):15054-15064.

第八章

锂离子电池生产技术

第一节　锂离子电池结构及设计 / 290

第二节　锂离子电池生产工艺 / 300

第一节
锂离子电池结构及设计

一、锂离子电池的结构

锂离子电池按照封装形式的不同分为圆柱电池、方形电池和软包电池三种[1]。无论何种锂离子电池，其基本结构均可分为：正极片、负极片、集流体、黏结剂、导电剂、隔膜、液体电解质、外壳等。其中，正极片、负极片、隔膜和液体电解质作为电池的主要成分，对电池性能起到了决定性的关键作用，同时也占据电池成本的绝大部分。在正、负极片制备过程中，除了活性物质之外，还需要引入导电剂和黏结剂等辅助材料。本节从电池生产技术的角度阐述各部件在电池中所起的作用，以及各部件对电池性能的影响。

（1）正极片　目前商业化的正极一般采用 $LiCoO_2$、NCM（镍钴锰酸锂）、$LiFePO_4$、$LiMn_2O_4$ 等，将活性物质与黏结剂、导电剂进行混合，然后涂覆在正极集流体铝箔上，通过辊轧、分切、制片等工艺制成正极片。

（2）负极片　采用与正极同样的方式，以石墨、硅碳复合物等碳基材料或钛酸锂等作为活性物质，混料后通过涂覆工艺在负极集流体铜箔上制备成为负极片。

（3）集流体　锂离子电池的集流体必须具备以下特性：具有足够的机械强度，质量轻，厚度较薄；在液体电解质中具有足够的化学稳定性和电化学稳定性；与电极中的活性材料、黏结剂和导电剂具有良好的黏结性能。

负极的集流体一般采用铜箔（厚度 5 ~ 10μm）。对于 Cu 而言，当电压达到 3.56V 时（ vs Li/Li$^+$ 电极），会发生 Cu ⟶ Cu$^+$ + e$^-$ 反应，造成 Cu 的溶解，负极片开裂。因此，电池的放电电压应控制在 2.5V 以上。

在 EC/DEC-LiPF$_6$ 液体电解质中，高纯度铝的耐腐蚀性最佳，因此正极集流体一般采用铝箔（厚度 8 ~ 16μm）。在空气及中性水环境中，铝的表面会形成一层致密的氧化物保护膜，具有稳定的热力学性能。在有机液体电解质中铝同样可以形成稳定的钝化膜层，故性能也得到保持。但是，正极充电电位较高，铝在有机液体电解质中容易发生氧化或点蚀，使金属铝溶解于电解液形成金属阳离子。在过充电时局部点蚀加剧，导致内阻增加，容量下降。在极端情况下，甚至使力学性能极速下降。

（4）黏结剂　在一般的充放电过程中，黏结剂起着以下基本作用：黏附粉体状活性物质，使活性物质与集流体良好接触，在生产电池过程中形成浆状，利于涂布。对于锂离子电池碳负极而言，由于嵌入锂时极片体积会发生膨胀，因此黏结剂还起着缓冲的作用。理想的黏结剂应具备良好的耐热性、耐溶剂性、电化学稳定性等性能。

（5）导电剂　由于活性材料的电导率低，一般加入导电剂来加速电子的转移，同时也能有效地提高离子迁移速率。常用的导电剂为石墨、炭黑、乙炔黑等。炭黑和乙炔黑材料一般通过烃热分解的方法制备，表面憎水，在混合过程中不能被溶剂完全分散。在亲水性聚合物中，将其分散为直径 $0.1 \sim 0.2\mu m$ 的均匀粒子，可以得到胶体碳（以导电碳、炭黑、乙炔黑等碳材料作为分散系的质点，在其表面吸附一层亲水性物质，阻碍胶粒间的相互接触，从而得到相当长时间能够保持稳定且不产生沉淀的一种胶体溶液）。除常规的导电碳以外，目前商业化较为成功的锂电导电剂还有 CNT、VGCF（气相生长碳纤维）、石墨烯等新型导电剂。相对于传统的导电碳而言，新型的导电碳材料因其更大的比表面积和更发达的网络结构，可有效提高锂离子电池的极片电导率，降低导电剂的消耗量，有效提升活性物质的含量，同时提升电池的功率密度和能量密度。

（6）隔膜　在电池体系中，为了防止电池短路，一般采用隔膜将正、负极隔开。隔膜位于正极和负极之间，主要起两个作用：防止正、负极活性物质相互接触，引起短路；在电化学反应的过程中保持液体电解质与正、负极的接触，给予离子转移通道。在实际应用中，隔膜应具备以下条件：

① 非电子导体；

② 化学稳定性好，在电池体系内能够耐受有机溶剂；

③ 在电池组装过程中必须具备较高的机械强度，较长使用寿命；

④ 有机液体电解质的离子电导率比水溶液体系低，为了提高电子的转移效率，所需电极面积尽可能大，隔膜必须很薄；

⑤ 当电池体系发生异常时，温度升高，为了防止产生危险，在达到快速产热温度（$120 \sim 140℃$）时，热塑性隔膜发生熔融，微孔关闭，变为绝缘体，防止电解质通过，阻断电流，防止短路；

⑥ 从电池正常工作的角度而言，隔膜要能被有机液体电解质充分浸渍，而且在反复充放电过程中能够保持高度浸渍。

隔膜材料主要为多孔性聚烯烃。多孔性聚丙烯膜是最先使用的隔膜材料，其中以 Celgard 公司产品为代表。在多孔性聚丙烯膜的基础上，逐渐进行改性或采用其他类型的聚烯烃膜，如丙烯与乙烯的共聚物、聚乙烯均聚物等。目前商业化主流隔膜的厚度为 $5 \sim 12\mu m$ 并在被不断压缩，电池的能量密度同时在不断提升。但是，电池的安全性也随着隔膜的逐渐减薄而变差。为了兼顾电池的能量密度与安全性，在逐步减薄隔膜厚度的同时，隔膜涂覆工艺越来越受到电池生产企业的重视。目前主流的隔膜处理工艺有陶瓷涂覆工艺、黏结剂涂覆工艺、混合涂覆工艺以及最近兴起的芳纶涂覆工艺。经过涂覆的隔膜能够显著提升其热收缩、穿刺强度等与电池安全性密切相关的性能。

（7）液体电解质　液体电解质作为电池的重要组成部分，从实用角度出发，必须满足以下几个基本要求：

① 离子电导率高　液体电解质需要具有良好的离子导电性且不具有电子导电性，一般在室温下，离子电导率要达到 $10^{-3} \sim 10^{-2}$ S/cm。

② 迁移数大　液体电解质中的 Li^+ 不仅是电荷载体，也是电池反应的活性物质。高的锂离子迁移数能减少电池在充放电过程中电极反应的浓差极化现象，是电池具有高能量密度及高功率密度的必要条件。对锂离子电池而言，理想的锂离子迁移数应接近 1。

③ 稳定性强　稳定性包括热稳定性、化学稳定性和电化学稳定性三方面。热稳定性高是指液体电解质在较宽的温度范围内不发生分解反应；化学稳定性高是指液体电解质不与电极材料、隔膜、集流体等电池组成部分发生化学反应；电化学稳定性高是指液体电解质在较宽的电位范围内不发生分解。

④ 使用温度范围宽　对一般电池而言，要求液体电解质的使用温度在 $-30 \sim 60℃$ 之间。动力电池对温度上限的要求更高。为了得到一个合适的操作温度范围，液体电解质必须熔点足够低且沸点足够高。

⑤ 安全低毒，价格低廉　锂离子电池的液体电解质由锂盐和混合有机溶剂组成。$LiPF_6$ 是液体电解质中最常添加的锂盐，溶剂为环状碳酸烷基酯（EC、PC 等）和链状碳酸烷基酯（DEC、DMC、DME 和 EMC 等）的混合物，并以 EC 为主体，组成二元、三元或多元体系。$1 \sim 2$ mol/L 的 $LiPF_6$/EC+DMC 体系是理想的液体电解质组合。

（8）正温度系数端子　对于锂离子电池而言，安全问题是重中之重，因此与此相关的正温度系数端子更为重要。在正常温度下，正温度系数端子的电阻很小，但是当温度达到一定值时，电阻会突增，导致电流迅速下降。当温度下降之后，其电阻又减小，可以正常充放电。一般而言，跃变温度约为 120℃。常见正温度系数端子元件组分为聚合物与导电性填料的复合材料。当电流明显变大时，正温度系数端子元件因电阻的存在而发热，聚合物组分产生膨胀，导电性填料粒子之间的距离突然变大，电阻明显增大，形成"熔断"现象。当温度降低时，聚合物冷却，又回到低阻值。

（9）安全阀　在电池体系中，因电流大、放热量大等原因产生大量气体时，体系的内压会急剧增大，将铝片向上挤压，发生弯曲形变，从而与正极产生分离，使电池断路，抑制电池体系进一步产生热量。在通常状况下，如果使用纯 $LiCoO_2$ 作为正极材料，当电流大或过充电时，电池体系温度突然升高，产生的气体量虽然不足以挤压铝片，安全阀也无法发挥作用，但此时电池体系已经遭到了破坏。由于 Li_2CO_3 的分解电压在 4.8 ～ 5V 附近，索尼公司在 $LiCoO_2$ 中加入 Li_2CO_3，过充电时，Li_2CO_3 发生分解产生 CO_2 气体，内压明显增加，此时安全压力阀发生作用，使体系断路，抑制温度升高；一般而言，温度不应超过 50℃。

二、锂离子电池的设计

1. 电池设计基础

电池设计就是根据用电设备的要求，为用电设备设计动力电源或工作电源。因此，电池设计首先必须根据用电设备的需要及电池的特性，确定电池的电极、液体电解质、隔膜、外壳以及其他部件的参数，并对其工艺参数进行优化，将所有部件组成有一定规格和指标的电池或电池组。电池设计是否合理，关系到电池的使用性能，为了使使用性能更优异，必须尽可能达到电池设计最优化。

（1）电池设计要求　电池设计的原则是必须了解用电设备对电池性能指标及电池使用条件的要求，一般应考虑以下几个方面：

① 电池的工作电压。

② 电池的工作电流，即正常放电电流和峰值电流。

③ 电池工作时间，包括连续放电时间、使用期限或循环寿命。

④ 电池工作环境，包括电池工作环境及环境温度。

⑤ 电池的最大允许空间，特别是随着电子产品的小型化和轻量化，允许电池存在的空间将越来越有限。

锂离子电池由于具有优良的性能，使用范围越来越广，有时要应用于一些特殊场合，所以有一些特殊要求，如耐冲击、振动、加速度、低温、低气压等。在考虑上述基本要求的同时，还应考虑：①材料来源；②电池特性的决定因素；③电池性能；④电池制造工艺；⑤技术经济分析；⑥环境问题。

（2）评价电池性能的主要指标　电池性能一般通过以下几个指标来评价：

① 容量　容量是指在一定放电条件下，能够从电池获得的电量，即电流对时间的积分，单位为 mA·h 或 A·h，它直接影响到电池的最大工作电流和工作时间。

② 放电特性和内阻　放电特性是指电池工作电压的平稳性，电压平台的高低以及大电流放电性能等，表明电池的负载能力。内阻包括欧姆内阻和电化学内阻，在大电流放电时，内阻对放电特性的影响尤为明显。

③ 工作温度范围　用电设备的工作环境和使用条件要求电池在特定的工作温度范围内有良好的性能。

④ 储存性能　电池储存一段时间后，会受某些因素的影响使性能发生变化，导致电池自放电，造成液体电解质泄漏、电池短路等不良现象。

⑤ 循环寿命　循环寿命是指电池按照一定的进程进行充放电，其性能衰减到某一程度时的循环次数。

⑥ 内压和耐过充电性能　对于密封的锂离子电池，大电流充电过程中电池内压能否达到平衡，平衡压力的高低，电池耐大电流过充电性能等都是衡量电池性能优劣的重要指标。如果电池内部压力达不到平衡或平衡压力过高，就会使电池限压装置开启而引起电池漏气或漏液，从而导致电池迅速失效。如果限压装置失效，则有可能引起电池外壳开裂或爆炸。

（3）决定电池特性的主要因素

① 电极活性物质的选择　电极活性物质的类型决定了电极的理论容量和平衡电位，从而决定电池的容量和电动势。电极活性物质的化学当量越小，其电化学当量也越小，理论比容量就越大。

电池的电动势是电池体系理论上能给出最大能量的量度之一。在设计电池时，应注意选择正极活性物质的平衡电位尽量正，选择负极活性物质的平衡电位尽量负，则电池的电动势就会更高。除此之外，电极活性物质还要有合适的晶态、密度、粒度、表面状态等，并且与电池内各组分不发生作用，具有良好的稳定性。

② 液体电解质　液体电解质是电池的主要组成部分之一，液体电解质的性质直接决定了电池的性质。因此，在电池设计的过程中，应该根据电池及活性物质的性质选择合适的液体电解质。一般来说，应注意液体电解质的稳定性，是否与活性物质相互作用，液体电解质的电导率，导电盐及液体电解质的物态等。

③ 隔膜的选择　电池对隔膜的基本要求是具有足够的化学稳定性、电化学稳定性、隔离性、电子绝缘性，一定的耐磨蚀性、耐腐蚀性，能保证正负极的机械隔离，阻止活性物质的迁移，并具有足够的吸液保湿能力和离子导电性，保证正负极间良好的离子导电作用。此外，还要求有良好的透气性能，以及足够的机械强度和防振能力。隔膜的好坏对电池的内阻、放电特性、储存性能、循环寿命和内压等影响巨大，选择合适的隔膜对电池的性能非常重要。

④ 电池的结构　常见的电池按形状分为圆柱电池、方形电池和扣式电池，按开口方式分为密封型电池和开口型电池，还可根据不同的用途设计特殊的电池。电池的尺寸直接影响电池的性能，特别是随着电子产品的薄型化和轻量化，根据用电设备的需要和电池允许空间，合理设计电池形状是非常重要的。

⑤ 电池极片生产工艺　电极的制造方法有粉末压成法、涂膏法、烧结法和电沉积法等。不同的制造方法各有其特点：粉末压成法的设备简单，操作方便，较为经济，一般电池均可采用；涂膏法应用较为普遍；烧结法制备得到的电极循环寿命长，大电流放电性能好，适用于动力电池；电沉积法制备的电极孔隙率高，比表面积大，活性高，适用于大功率、快速激活的电池。锂离子电池的电极采用涂布、辊压的方法制造。负极碳材料与黏结剂等搅拌均匀呈糊状，在铜箔上

使用专用涂布设备涂布，再经过干燥、辊压而成。同样，正极活性物质与黏结剂、导电剂等搅拌均匀呈糊状，在铝箔上进行涂布，经干燥、辊压而成。

⑥ 电池的装配　电池的结构设计同样需要根据电池的使用条件及电池的特性来进行。合理的电池结构有利于使电池达到其最佳性能。为了保证电池的安全性，除了改进工艺（如改进两极物质的配比，采用良好的密封方式，设置安全阀、防爆栓等）外，还应注意电池的使用条件，尤其是电池温度、工作温度和储存温度等与电池性能及寿命有着紧密的联系的条件。

密封型电池是由正、负极用隔膜隔开后卷成电芯装入电池壳中组装而成。因此，电芯的松紧度对电池性能影响很大：松紧度过大，不利于加工装配，且极板、隔膜润湿较困难，放电电压低，导致容量低；松紧度过小，不仅使比容量降低，还会使极板体积过度膨胀，严重影响电池寿命。

图 8-1（a）是锂离子电池的电极涂布机，涂布机能够将搅拌后的浆料均匀地涂覆在金属箔片上，厚度控制在 3μm 以下。图 8-1（b）是辊压机，使用辊压机将涂布后的极片压实，提高电池的能量密度。图 8-1（c）是全自动卷绕机，使用全自动卷绕机将制造好的极片卷绕成电池。图 8-1（d）是自动注液机，保证将液体电解质真空注入电池包装材料内。图 8-1（e）是激光焊机，可以全自动焊接导电接触件。

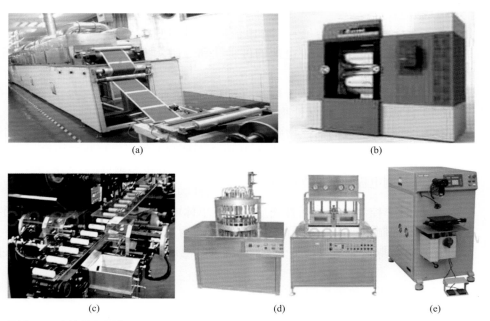

(a)　　　　　　　　　　　　　　　　(b)

(c)　　　　　　　　(d)　　　　　　　　(e)

图 8-1　电池装配设备

（a）电极涂布机；（b）辊压机；（c）全自动卷绕机；（d）自动注液机；（e）激光焊机

2. 电池设计的基本步骤

电池设计主要包括参数计算和工艺制定，具体步骤如下。

（1）确定组合电池中单体电池数目、单体电池工作电压与工作电流密度

① 确定单体电池数目：

$$单体电池数目 = \frac{电池组工作电压}{单体电池工作电压}$$

② 确定单体电池工作电压与工作电流密度　根据选定系列电池的伏安曲线，确定单体电池的工作电压与工作电流密度。同时，应考虑工艺对电池的影响，如对电极结构的影响等。

（2）计算电极总面积和电极数目　根据要求的工作电流和选定的工作电流密度，计算电极总面积（以控制电极为准）：

$$电极总面积 = \frac{工作电流}{工作电流密度}$$

根据要求的电池外形最大尺寸，选择合适的电极尺寸，计算电极数目：

$$电极数目 = \frac{电极总面积}{极板面积}$$

（3）计算电池容量

① 额定容量：

$$额定容量 = 工作电流 \times 工作时间$$

② 设计容量　为了保证电池的可靠性和寿命，一般设计容量应大于额定容量的 10% ～ 20%：

$$设计容量 = （1.1 \sim 1.2）\times 额定容量$$

（4）计算电极正、负活性物质的用量

① 计算控制电极的活性物质用量　根据控制电极的活性物质的电化学当量、设计容量及活性物质利用率来计算单体电池中控制电极的活性物质用量：

$$控制电极的活性物质用量 = \frac{设计容量 \times 电化学当量}{活性物质利用率}$$

② 计算非控制电极的活性物质用量　单体电池中非控制电极活性物质的用量，应根据控制电极活性物质的用量来确定。为了保证电池有较好的性能，一般应过量，通常取过剩系数为 1 ～ 2。锂离子电池通常采用负极碳材料过剩，过剩系数取 1.1。

（5）计算正、负极板的平均厚度

① 计算每片电极物质用量：

$$每片电极物质用量 = \frac{单体电池正、负物质用量}{单体电池正、负极极板数目}$$

② 计算正、负极活性物质平均厚度：

$$正、负极活性物质平均厚度 = 集流体厚度 + \frac{每片正、负极物质用量}{物质密度 \times 极板面积 \times (1-孔隙率)}$$

（6）隔膜的选择 锂离子电池常用隔膜为聚乙烯和聚丙烯微孔膜，Celgard 公司的一系列隔膜已广泛应用于锂离子电池中。由于数码产品对锂离子电池的体积能量密度要求极高，干法制备的聚丙烯隔膜厚度较厚，已逐步被淘汰。取而代之的是旭化成公司、东丽公司引领的湿法制备的聚乙烯隔膜。

（7）液体电解质的浓度及用量 根据选定的电池系列特性，结合具体设计电池的使用条件（如工作电流、工作温度等）或根据经验数据来确定液体电解质的浓度及用量。

（8）电池的装配比及单体电池容器尺寸 电池的装配比由电池特性及设计电池的电极厚度等情况来确定，一般控制在 80% ～ 90%。先根据用电设备对电池的要求选择电池，再根据电池壳体材料的物理性能和力学性能，确定电池容器的宽度、长度和壁厚等。随着电子产品的薄型化和轻量化，电池的空间越来越小，这就更要求选用先进的电极材料，制备比容量更高的电池。

三、锂离子电池的安全性

对于锂离子电池，特别是使用液体电解质的锂离子电池，首先要关注安全问题。要想获得安全系数高的电池产品，应考虑电池体系在充放电过程中及其他非正常情况下可能发生的反应，然后通过一系列测试方法进行表征，进而采取一系列措施以提高安全系数[2]。

1. 锂离子电池热量的产生

电池体系的温度由热量的产生和散失两个因素所决定，热量可以通过热分解和电极材料之间的反应产生，主要有以下几个方面：

（1）电解质与负极的反应 虽然电解质与金属锂或碳化锂之间有一层界面保护膜，使得二者之间的反应受到限制，但是当温度升高时，反应活性增加，该界面保护膜不足以完全限制二者之间的反应，只有进一步反应生成更厚的保护膜才能防止反应发生。而该反应为放热反应，会使电池体系的温度升高。将电池置于保温器中，空气温度升高到一定温度时，电池体系的温度上升，且周围空气的温度上升，但是经过一段时间后，又恢复到周围的空气温度。这表明当保护膜达到一定厚度时，反应停止，反应温度与保护膜的类型有关。

（2）电解质的热分解 当锂离子电池体系达到一定温度时，电解质会分解并产生热量，可以用加速量热法测试分解温度。

（3）电解质与正极的反应　由于锂二次电池电解质的分解电压必须高于正极的电压，因此电解质与正极很少发生反应。但是，当电池过充电时，电极变得不稳定，会与电解质发生氧化反应而产生热量。

（4）负极的热分解　对于金属碳负极而言，$Li_{0.86}C_6$在180℃时发生分解产生热量。针刺实验表明，锂的安全插入限度为60%，插入量过多易导致在较低的温度下就发生放热分解反应。

（5）正极的热分解　4V正极材料不稳定，特别是处于充电状态时。对于4V正极材料，处于充电状态时，分解温度按如下顺序降低：$LiMnO_2 > LiCoO_2 > LiNiO_2$。$LiNiO_2$的可逆容量高，但稳定性差，通过掺杂（如加入Al、Co、Mn等元素）可有效提高其热稳定性。

（6）正极活性物质以及负极活性物质发生熔变　锂离子电池充电时吸热，放电时放热，主要是由于嵌入正极材料中的活性物质的熔变。以$LiCoO_2$为正极的锂离子电池为例，以36mA的电流进行充放电，吸收和放出的热量虽然低于10mW，但是不可完全忽略。

（7）电流通过电池体系时，由于内阻存在而产生热量。当电池外部短路时，电池内阻产生的热量占主导地位。

当某个部分发生偏差时，如内部短路、大电流充放电或过充电，就会产生大量的热，导致电池体系的温度升高。当电池体系达到较高的温度时，就会导致分解反应的发生，使电池产生热失效。由于液体电解质易燃，因此在较严重的情况下电池会发生起火现象。就目前的技术来看，对于锂离子电池而言，安全性较为可靠。但是，在电池运行过程中发生的一切意外情况会引起不可预测的安全事故。

① 负极或正极在两端发生脱落　与另外一侧电极接触，局部电流突然增大，易产生大量热量。

② 循环时负极片发生脱落　如果负极片与集流体焊接不牢固，在充放电过程中会导致电流密度突增，易产生锂沉积，从而可能引起锂枝晶的形成，并进一步导致电池短路。

③ 内部短路　内部短路的主要检测方法是针刺法。即使电池通过了针刺检测，内部短路也会使电池体系温度达到100℃以上，因此应尽可能减少短路的发生。在生产过程中，如果不慎将少量导电粒子卷入，或隔膜有裂纹及排列不好都会造成内部短路。

2. 锂离子电池设计中的安全措施

锂离子电池体系非常复杂，会发生多种多样的化学反应。为了防止这些反应的发生，应防止电池体系电流突然增大及温度过高。在锂离子电池体系的设计中，采用的主要措施如下：

① 采用正温度系数端子；

② 采用具有电流遮断性能的多孔性隔膜；

③ 采用安全压力阀；

④ 采用防止过充电、过放电控制回路，充电终止电压为 4.1V 或 4.2V，放电终止电压为 2.5V。

3. 安全测试

为了保证锂离子电池的安全性，在电池出厂前，必须对电池进行测试。其主要安全测试方法可分为 4 类，如表 8-1 所示。

表8-1　电池的主要安全测试方法

类别	主要安全测试方法
电性能测试	过充电、过放电、外部短路、强制放电
机械测试	落体、冲击、针刺、振动、挤压、加速
热测试	着火、沙浴、热板、热冲击、油浴
环境测试	降压、高度、浸泡、耐菌性

（1）外部短路　将电池正、负极用导线直接连接，检验其性能。例如，多孔聚丙烯的电流遮断温度较高，这时易发生危险，可采用聚乙烯或共聚物作为隔膜来降低电流遮断温度，提高安全性。

（2）过充电　过充电有两种形式：定电压或定电流。发生过充电时，锂在负极发生沉积，液体电解质发生分解反应。对于锂离子电池而言，过充电时即使安全方面不出现问题，电池的使用寿命也会明显缩短。

（3）强制过放电　在强制过放电时，部分锂会在正极表面发生沉积。因此，在设计时，正极材料均会部分过量，应尽可能避免此类状况的发生。

（4）挤压测试　挤压测试有两种：一种为板式；另一种为条式，后者更难通过测试。如果电池的安全性不好，就会在测试条与电池发生接触的 3s 内起火。目前对于起火的机制并不是很清楚，有可能是下述原因所引起：在挤压测试时，隔膜某些地方出现破损，导致内部短路，产生大电流；隔膜发生破裂，正极和负极的活性物质混合，发生放热反应；挤压时隔膜产生破裂，出现电火花，从而使电解质起火。

（5）针刺测试　针刺测试主要是模拟电池内部短路，测试时将直径为 3mm 的针插入电池中。同挤压测试一样，如果电池安全性不高，会在 3s 内起火。

（6）用交流电进行充电、放电测试　由于日本等一些国家的交流电压为 100～110V，而中国的交流电压为 220V，因此电池检测应根据不同电压的情况进行测试。同时，采用交流电进行充电、放电时，应避免出现危险状况。

（7）投火测试　将电池投入炭火、沸水或加热的油浴当中，电池会发生燃烧，但是不应发生爆炸。也可在加热板上加热至180℃进行测试。

（8）高温、低温循环测试　该测试是在高温、低温下反复进行测试：高温条件为65℃，相对湿度为90%，时间8h；低温条件为-30℃，时间8h，循环次数为5次。

（9）盐水喷雾。

（10）高处跌落实验（自1.5m高度自由下落）。

当然，电池的安全性还应包括后处理问题，以及电池使用寿命期满之后会不会造成严重的环境污染。对于锂离子电池而言，基本上可以通过上述测试来提高电池的安全性。即使对电动车配备的100A·h的大型动力电池而言，当完成了过充电、过放电、高处跌落、挤压、弯曲、针刺、水中浸泡、外部短路、外部加热等测试后，通常不易发生起火或爆炸。如果电动汽车在碰撞时电池不会发生爆炸，从安全角度而言将比内燃机汽车的安全性高出许多，市场吸引力也会大为增加。

第二节
锂离子电池生产工艺

锂离子电池按照封装形式的不同主要分为圆柱电池、方形电池和软包电池三种，不同结构的电池的优缺点不同。圆柱电池方面，目前中国、日本、韩国等都有成熟的生产企业。另外在商业化市场上，特斯拉公司已经启动21700电池的规模化生产，并计划用于Model 3上。因此，之前使用的18650电池将会被全面替换为21700电池，特斯拉公司的这一做法或将在全球范围内引领一股"21700风潮"。

在软包电池方面，消费类电子产品对于电池的要求正向着体积小、轻薄化的方向发展，软包电池在智能手机、平板电脑、可穿戴设备等消费类电子产品中已经被广泛使用。同时，软包电池也已装备到国内许多新能源汽车上。

在方形电池方面，方形硬壳电池壳体多为铝合金、不锈钢等材料，内部采用卷绕式或叠片式工艺，对电芯的保护作用优于软包电池，电芯安全性相对圆柱电池也有了较大改善。方形铝壳电池具有机械强度高、成组（多块单体电池组成电池组）容易、可靠性较好、寿命长等优点。此外，方形铝壳电池的梯次回收利用也较为容易实现。但是，它也有缺点，即成本较高。此外，锂电池铝壳是在钢壳基础上发展而来的，与钢壳相比重量轻且安全性高，由此带来性能的提升，使铝壳成为锂电池外壳的主流。锂电池铝壳目前还在向高硬度和轻量化的技术方向发展，将为市场提供性能更加优异的锂离子电池产品。

对于锂离子电池而言，另外一种常见的分类模式是按主要的电极材料进行分类。按电池使用的正极材料不同，可以分为钴酸锂电池、锰酸锂电池、磷酸亚铁锂电池和三元电池等；按电池使用的负极材料不同，可以分为钛酸锂电池、石墨烯电池等。动力电池目前量产的主要有三种体系，分别为锰酸锂电池、磷酸亚铁锂电池和三元电池。

三元正极材料综合了钴酸锂、镍酸锂和锰酸锂三类正极材料的优点，具有容量高、成本低、安全性好等优异特性。对锂离子电池而言，钴金属是必不可少的材料。但是，金属钴价格高昂又存在毒性，无论是日本、韩国电池企业，还是国内电池企业，近年来都致力于电池"少钴化"。在这种趋势下，以镍盐、钴盐、锰盐为原料制备而成的镍钴锰酸锂三元材料渐渐受到推崇。从化学性质角度出发，三元材料属于过渡金属氧化物，电池的能量密度较高。尽管在三元材料中，钴仍是不可或缺的部分，但其质量分数通常控制在 20% 左右，成本显著下降。同时，其还兼具钴酸锂和镍酸锂的优点。随着近年来国内外企业的不断改进，以三元材料取代钴酸锂材料的趋势已十分明显。特斯拉公司最早将三元电池应用在电动汽车上，如 Model S 的续航里程能够达到 486km，电池容量达到 85kW·h，共采用了 8142 只 3.4A·h 的松下 18650 型电池。日本、韩国企业是三元电池研发中的佼佼者。国内三元电池生产则从 2005 年左右开始起步，目前也已出现了十几家规模企业。

磷酸铁锂具有无毒、无污染、安全性能好、原材料来源广泛、价格便宜、寿命长等优点，是新一代锂离子电池的理想正极材料。但磷酸铁锂电池也有缺点，例如其振实密度较小，因此在高比能电池领域方面不具有优势。磷酸铁锂材料的固有特点，决定了其低温性能劣于锰酸锂等其他正极材料。在一般情况下，对于单只电芯（注意是单只而非电池组；对于电池组而言，实测的低温性能可能会略高，会受到散热条件的影响）而言，其 0℃时的容量保持率约为 60% ～ 70%，-10℃时为 40% ～ 55%，-20℃时为 20% ～ 40%。上述低温性能显然不能满足动力电池的使用要求。当前一些厂家已经通过改进液体电解质体系、改进正极配方、改进材料性能和改善电芯结构设计等途径，使磷酸铁锂的低温性能有所提升。

锰酸锂是较有前景的锂离子正极材料之一。相比钴酸锂等传统正极材料，锰酸锂具有无污染、安全性好、资源丰富、成本低、倍率性能好等优点，是理想的动力电池正极材料，但其较差的循环性能及电化学稳定性限制了其产业化。锰酸锂主要包括尖晶石型锰酸锂和层状结构锰酸锂，其中尖晶石型锰酸锂结构稳定，易实现工业化生产，现今市场中的锰酸锂产品均为此种结构。如今，传统锰酸锂能量密度低、循环性能差的缺点已经有了很大改善。表面修饰可有效抑制锰的溶解和液体电解质的分解，而掺杂能够有效地抑制充放电过程中的 Jahn-Teller 效应。将表面修饰与掺杂结合无疑能进一步提高材料的电化学性能，这将是今后对尖晶石型锰酸锂进行改性研究的方向之一。

基于以上的两种分类模式，可以清晰地看到不同类型锂离子电池之间的显著差异，这些电池的制备工艺也有巨大差异。因此，除了各类电池的通用流程和工艺外，以下对于锂离子电池的生产流程和工艺将根据不同类型的锂离子电池进行介绍。

一、圆柱锂离子电池的生产流程

圆柱电池作为一致性控制最优、生产工艺最为成熟的锂离子电池，其生产流程大致包含 20 多道工序，根据各企业静置及老化流程的不同，整个电芯的生产过程从投料开始到电芯出货，大约历时 20 ~ 30d。方形铝壳和软包锂离子电池生产工艺流程与圆柱锂离子电池基本一致。圆柱锂离子电池简要生产流程可以概括为图 8-2。

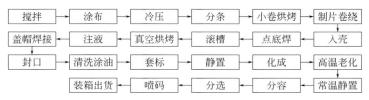

图 8-2　圆柱锂离子电池简要生产流程

（1）混合和搅拌　通过混合和搅拌，将各种组分按标准比例混合在一起，调制成浆料，以利于均匀涂布，保证极片的一致性。由于动力电池所需极片量大，在制造过程中需要搅拌大量的电池正、负极浆料。为了尽量保证电池的一致性，必须保证同一批次浆料的一致性，这就要求搅拌机的类型向大容量型发展，并且需要同时解决以下关键技术：

① 高速状态下，存在腐蚀性气体的真空密封技术。

② 高速状态下，搅拌拐材料磨损对电池性能的影响。

③ 搅拌机上与电池浆料接触的材料必须具备耐蚀性、高耐磨性、化学稳定性与物理稳定性。

④ 搅拌形式必须使整个搅拌过程无死点，并尽量避免搅拌过程中产生局部升温，浆料粉料粒度分布要求均匀。

⑤ 搅拌拐的搅拌形式、搅拌速率以及与搅拌桶的间隙对浆料的影响，特别是对黏结剂分子链剪切的影响。

⑥ 在搅拌机的设计中，应特别注重安全性和防爆性。

锂离子电池搅拌机见图 8-3。

图 8-3
锂离子电池搅拌机

国外锂离子电池厂认为搅拌工艺在锂离子电池的整个生产工艺中对产品的品质影响度大于 30%，是整个生产工艺中最重要的环节。国外新型锂离子电池专用搅拌机在高速搅拌拐上采用多级冲动叶轮，即在一根高速轴上安装多个叶轮，每个叶轮上有倾斜的叶片，叶片长度几乎延伸到器壁或挡板。当叶轮转动时，反向倾斜的叶片开始工作，使靠近桶中心的液体向下流，靠近器壁的液体向上流，壁面湍动和各向异性的自由湍动均为剪切流湍动。同时，国外锂离子厂的搅拌机在低速拐的设计中，采用双螺旋同步搅拌方式，避免浆料"打旋"现象的产生。锂离子电池浆料为多相系统，在离心力的作用下无法混合而造成分层或分离，其中的固体颗粒被甩到筒壁，然后沿筒壁下落到底面上，造成了"打旋"现象。搅拌拐以及搅拌桶应采用耐腐蚀材料。同时，密封系统相关元件（如阀门、泵体等）需除去铁、铜，避免铁、铜等元素对浆料的影响。国外的搅拌机多是实现自动供料配料的搅拌系统，能够实现粉料、黏结剂、溶剂的自动配比，避免搅拌过程中产生人为干扰因素，便于对搅拌工艺流程的精确控制，保证浆料批次的一致性和稳定性。

（2）涂布 将搅拌好的浆料均匀地涂布在金属箔的表面，烘干，分别制成正、负极片。涂布过程主要在锂离子电池涂布机上进行，在锂离子电池的生产过程中，正、负极片的制造是其工艺路线的核心。因此，极片浆料涂布设备也就成为锂离子电池研制和生产的关键设备之一（图 8-4）。涂布机的涂布精度和浆料黏度、设备的涂布方法都有着紧密的联系。

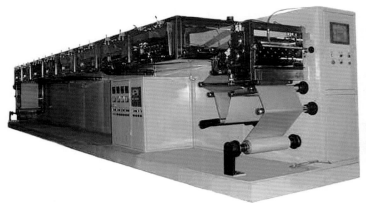

图 8-4　锂离子电池涂布机

涂布机主要由涂布辊、背辊、刮刀辊以及各自驱动系统组成。涂布辊、背辊的传动系统由于其提供速度的不连续会导致涂布精度的下降。为满足非常精确的涂布要求，涂布辊、背辊的驱动需要技术性能稳定可靠、动作灵敏、精度高的电机来完成。在国外设计中，均采用带有精密行星减速器的伺服电机对涂布辊、背辊进行直接驱动。

影响涂布质量的因素很多，涂布头的制造精度，设备运行速度的平稳性以及对运动过程中动态张力的控制，烘干过程风量、风压大小及温度曲线控制等都将对涂布质量产生影响。

目前国际上主要采用日本平野公司生产的涂布机，涂布速度为 8～10m/min，烘干区间为 30～40m。国内涂布机的涂布速度为 3～5m/min，烘干区间为 10～12m。随着近几年研究的不断深入，国内厂家对烘干方式、风量大小、风压大小对涂布质量的影响有了进一步认识，如烘干温度曲线不同的参数设置将影响电池极片材料的微孔架构等。因此，出现了采用低温逐步烘干的设计思路。同时，对极片在烘箱内的状态也进行了研究。

（3）冷压　国内外主流设备均采用极片连续轧制的方式，即放卷（含自动纠偏）、切边（含除尘）、辊压和收卷的极片密实方式。锂离子电池辊压机见图 8-5。部分冷压工艺需要加热步骤，由于轧辊加热后变形不易控制，因此在极片进入轧辊之前可采用烘箱加热的方法对极片进行预热，国外也有用油加热轧辊，从而实现对极片进行加热。动力电池极片辊压机未来主流机型应做到辊径为 800～1000mm，辊面宽度为 600～700mm，最大轧制压力为 200～300tf（1tf=9.8×10³N），极片轧制速度大于 12～15m/min。轧辊为硬度大于 HRC64 的微米级高精度电镀镜面复合辊。

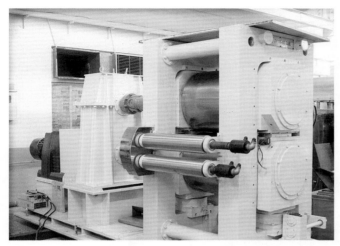

图 8-5　锂离子电池辊压机

根据锂离子动力电池工艺的要求，极片的轧制工序要解决以下技术问题：

① 降低极片在轧制过程中的延展率，并减少微孔架构的破坏；

② 轧制后提高极片表面材料的密实度，并保证极片轧制后的平整度；

③ 减少极片在轧制后表面材料的反弹。

（4）分条　分条也称为分切，主要作用是将冷压后的大卷极片分切成单个电芯宽度的极片供制片卷绕，主要在锂离子电池分切机中进行（图 8-6）。分切机主要依照电池规格，对经过冷压的电池极片进行分条。目前电芯的制造工艺主要有卷绕和叠片两种，对极片的主要技术要求是分条后的极片尺寸精度高，不能出现褶皱、脱粉等问题，同时需要使极片边缘的毛刺尽可能小；否则在毛刺上会产生枝晶刺破隔膜，造成电池内部的短路。只有达到工艺要求，才能为后续电芯的制作工序提供保障。

目前国际上主流机型为日本西村公司专门为电池极片分条开发的机型。该机型实现了自动分切及除尘的功能，并配有自动放卷、纠偏、张力控制、自动收卷、切刀系统、控制系统，基本满足电池工艺对于分条的要求。

国外锂离子电池极片全自动分切主流机型的分切机构已经由辊刀分切方式改成片刀组合连续剪切方式，从根本上解决了分切时极片产生毛刺的问题。而差速分切的工作原理则大幅提高了极片的分切精度。国外分切机环锥式无级变速器在分切机构速度匹配上的应用，使差速分切的工作原理得到有效保证和实施。带式无级变速器的应用使得极片的边料收集得到极好的控制。边料的收集对极片分切精度的影响也是相当明显的，尤其是对第一条和最后一条边缘的处理。

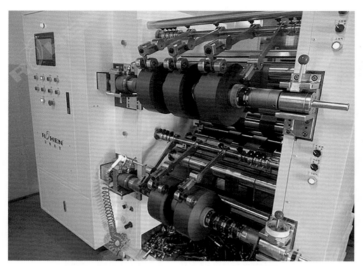

图8-6　锂离子电池分切机

（5）制片卷绕　该工序是向正、负极片焊接极耳、贴胶，并将已加工（焊接极耳、贴胶）的正、负极片和隔离膜卷绕成裸电芯，主要在卷绕机中进行（图8-7）。常见异常及不良情况包括：极耳虚焊（负极较多见），焊接掉料（负极多见），正极耳包胶不良，极耳胶开胶，正极料脆，隔膜打皱等。

图8-7　锂离子电池卷绕机

（6）入壳　该工序将焊好镍极耳的裸电芯插入钢壳里面，便于后面底焊和滚槽等工序的进行。锂离子电池自动入壳机见图8-8。装配比是电芯设计过程中一个十分重要的参数，与入壳松紧度直接相关。装配比的设计需要综合考虑极片尺寸和厚度在制成中的变化、制成能力和生产实际等诸多因素。圆柱电池推荐的装配比一般在93.5%左右。

图 8-8　锂离子电池自动入壳机

（7）底焊、滚槽、真空烘烤　采用电阻焊将镍极耳与钢壳底部焊接在一起称为底焊。滚槽的主要作用是为封口支撑盖帽提供平台，并将裸电芯固定在钢壳里面。真空烘烤的主要作用是去除裸电芯里的水分，保证电芯性能。通常对正极片水分的要求为 $< 180 \times 10^{-6}$，而负极片水分则需 $< 250 \times 10^{-6}$。锂离子电池真空烘烤机见图8-9。

图 8-9
锂离子电池真空烘烤机

（8）注液　注液是将液体电解质注入钢壳内部，采用的设备为注液机（图8-10），可将注液机分为称量系统、注液系统、渗液系统三大部分。

图8-10　锂离子电池注液机

（9）盖帽焊接、封口、清洗　盖帽焊接是将盖帽和裸电芯正极耳连通，使盖帽成为正极端，操作时应避免虚焊、偏焊、焊穿等。为了得到更好的激光焊品质，需将极耳上残留的液体电解质擦干净。封口的主要作用是将盖帽和钢壳铆合起来，为电池提供稳定的电化学反应环境。清洗的主要作用是除去残留在盖帽和钢壳上的液体电解质，防止电芯生锈。

（10）套标　套标即套热缩管，是为了避免电芯在运输、储存和使用过程中发生短路。

（11）静置、化成、老化　静置的主要作用是让液体电解质充分浸润。化成的主要作用是激活电池，改善电池的充放电、自放电、储存等综合性能。老化的主要作用是对电池进行高温和常温搁置，让电池的容量和电压趋于稳定。

（12）分容、分选、喷码、出货　对电池进行容量、电压、内阻分档，便于后续的成组及分选，同时做好标示，便于出货。

二、软包锂离子电池的生产流程

相对于圆柱电池而言，软包电池的灵活性更好，可以根据客户的需求进行定制化设计。由于软包电池的封装需要通过铝塑膜进行热熔封装，所以整个电芯装配段和圆柱电池有较大差异。

所谓的软包电芯，其实就是使用铝塑包装膜作为包装材料的电芯。软包电芯采用的是热封装，而金属外壳电芯一般采用焊接（激光焊）封装。软包电芯可以采用热封装的原因是其使用铝塑包装膜这种材料。

（1）铝塑膜成型工序　软包电芯可以根据客户的需求设计成不同尺寸，当外形尺寸设计好后，就需要开具相应的模具，使铝塑膜成型。成型工序也叫作冲坑，顾名思义，就是用成型模具在加热的情况下，在铝塑膜上冲出一个能够装卷芯的坑。铝塑膜冲好并裁剪成型后，一般称为"袋"。

（2）顶侧封工序　顶侧封工序是软包锂离子电芯的第一道封装工序。顶侧封实际包含了两个工序：顶封与侧封。首先要把卷绕好的卷芯放到冲好的坑里，然后将包装膜对折。把卷芯放到坑中之后，整个铝塑膜能够放到夹具中，在顶侧封机里进行顶封与侧封。顶封是要封住极耳，极耳是金属（正极铝，负极镍），靠极耳胶来将极耳和 PP 封装到一起。极耳胶在加热时能够与铝塑膜的 PP 层熔化黏结，构成有效的封装结构。

（3）注液、预封工序　软包电芯在顶侧封之后，需要利用 X 射线检查其卷芯的平行度，然后在干燥房中除水汽，接着进入注液、预封工序。电芯在顶侧封完成之后，通过剩下的最后一个开口进行注液。注液完成之后，需要马上进行气袋边的预封，也叫作"一封"。当"一封"封装完成后，电芯从理论上来说，内部就完全与外部环境隔绝。"一封"的封装原理与顶侧封相同。

（4）静置、化成、夹具整形工序　在注液与"一封"完成后，首先需要将电芯进行静置，根据工艺的不同分为高温静置与常温静置，静置的目的是让注入的液体电解质充分浸润极片。然后将电芯进行化成，进入夹具整形工序。

（5）"二封"工序　化成过程中会产生气体，所以要将气体抽出后再进行二次封装（即"二封"）。"二封"时首先由铡刀将气袋刺破，同时抽真空，这样气袋中的气体与一小部分液体电解质就会被抽出。然后马上对封头在"二封"区进行封装，保证电芯的气密性。最后把封装完的电芯剪去气袋，一个软包电芯就基本成型。"二封"是锂离子电池的最后一个封装工序。

（6）后续工序　"二封"剪完气袋之后需要进行裁边与折边，就是将"一封"边与"二封"边裁到合适的宽度，然后折叠起来，保证电芯的宽度不超标。折边后的电芯上分容柜进行分容，看电芯的容量有没有达到规定的最小值。从原则上来说，所有的电芯出厂之前都需要做分容测试。但在电芯生产量大的时候，某些公司会做部分分容，以统计概率来判断该批次电芯容量的合格率。分容后，容量合格的电芯可进入后续工序，包括检查外观、贴黄胶（贴在两侧边，防止两侧折边翘起）、边电压检测、极耳转接焊等，可以根据客户的需求来增减若干工序，再进行 OQC（出货品质管控）检查，最后包装出货。

三、方形铝壳锂离子电池的生产流程

方形铝壳锂离子电池简要生产流程如图 8-11 所示。

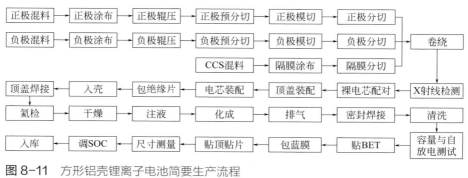

图 8-11　方形铝壳锂离子电池简要生产流程

相对于圆柱电池而言，方形电池采用的是多极耳电芯结构。电芯在极片制备过程中，采用连续多道斑马涂布形式，同时增加极耳成型工序（模切）。方形电芯在装配工序段和圆柱电池也有着较大差异。

（1）模切　通过五金刀模模具或激光光束的冲裁，在极片空箔区处以指定的间距加工出极耳。

（2）电芯热压　通过对预热后的电芯加热，使之达到一定温度，与此同时对电芯上下面及侧面施加一定的压力，将松散的电芯压平，完成对电芯的整形，并对热压后的电芯进行耐压测试，挑选出内阻不良品。

（3）超声波焊接　将物流线上的 A、B 电芯分拣进行配对，将配对好的电芯与软连接、保护片进行超声波焊接。

（4）顶壳激光焊接　电池顶壳与已经和电芯正、负极超声波焊接后的铜、铝软连片进行自动激光焊接。

（5）包绝缘胶带　该工序主要作用为使绝缘膜包裹裸电芯，并使绝缘膜热熔固定，此后裸电芯与外壳间形成完整的绝缘层，防止电池使用过程中正、负极与壳体接触短路。电芯自动入壳并完成预点焊。

（6）顶壳焊接与一次氦检　采用激光焊接的形式，将电池顶壳和铝壳焊接在一起。焊接后的电芯进行气密性干式检漏，对被检工件抽真空和充注氦气，应用真空箱法进行氦质谱气密性检测，判断出被检工件中的合格品与不合格品。

（7）注液与化成　通常注液要分两次进行。第一次注液在烘烤干燥后，注液量为总注液量的 80%。为了获得更好的电芯界面和稳定的 SEI 膜，同时减少工序复杂性，方形电芯通常在高温及负压的条件下进行化成，在负压化成之后再进行第二次注液，将剩余 20% 的总注液量的液体电解质全部注入。

（8）密封焊接与二次氦检　在电池注液完成之后，将注液孔用铝钉焊接密封；之后进行干式检漏，通过机械手将已充入氦气的工件放入真空箱，然后应用真空箱法进行氦质谱气密性检测，判断出被检工件的合格品与不合格品。随后对合格电芯进行容量测试（多数采用抽检模式）、电压自放电测试、内阻测试，并按照测试值的不同进行分档。电芯出货前，还要进行清洗、包蓝膜、贴顶贴片、尺寸测量等工序。

总之，无论是圆柱、方形还是软包电芯都各有其优缺点。圆柱电芯生产效率高、一致性好、成本相对较低，但空间利用率低、径向导热差、成组设计难；方形电芯散热性好、可靠性高、成组设计简单，但其机械件设计复杂、成本相对较高、电芯型号多、行业内工艺不统一；软包电芯安全性好、空间利用率高、能量密度高、尺寸设计灵活，但成本高、成组复杂、封装工艺难、单体电芯机械强度差。在政策与市场的驱动下，动力电池产业正从导入期向高速发展期加速前进。而在技术路线选择上，国内方形电芯、软包电芯、圆柱电芯三足鼎立的局面将长期保持，其市场占比主要取决于下游厂商的选择。

参考文献

[1] 黄可龙，王兆翔，刘素琴. 锂离子电池原理与关键技术 [M]. 北京：化学工业出版社，2008.

[2] 杨德才. 锂离子电池安全性——原理、设计与测试 [M]. 成都：电子科技大学出版社，2012.

第九章
锂离子电池的应用

第一节　锂离子电池在新能源汽车中的应用 / 313

第二节　锂离子电池在军事领域的应用 / 319

第三节　锂离子电池在储能及其他方面的应用 / 324

锂离子电池的下游应用主要包括消费类、储能及动力电池三大领域，具有替代各种二次电源的潜力，也具有广阔的应用前景。目前虽然消费类电池市场增速放缓，但新能源汽车产业受政策支持和技术进步推动而高速发展，我国和世界许多著名汽车厂商都致力于开发纯电动汽车（EV）及混合动力汽车（HEV）。其中，大部分采用的是锂动力电池。

除了民用领域，在航天及军事应用中，锂离子电池也有广阔的应用前景。锂离子电池一直被称为第三代航天电源，世界各国都对锂离子电池在空间领域的应用进行了研究和评估，美国宇航局（NASA）、欧洲航天局（ESA）、日本宇宙航空研究开发机构（JAXA）都已经进行了多年的工作，如英国在 STRV-1d 小型卫星上首先使用了锂离子电池作为储能电源。我国在 2008 年发射的神七伴星也采用了锂离子电池作为储能电源。截至 2016 年底，全球有近 350 个航天器采用了锂离子电池作为储能电源在轨飞行。随着锂离子电池材料和技术的成熟，将会有更多的航天器采用锂离子电池作为储能电源。

第一节
锂离子电池在新能源汽车中的应用

一、新能源汽车概述

凭借其排放无污染、能源清洁等优点，新能源汽车在全世界都得到了发展和应用，一些国家甚至提出了一些帮助新能源汽车应用推广的政策，将发展新能源汽车放到了战略地位。在政府的扶持和科技的推动下，新能源汽车取得了十分快速的发展，动力锂离子电池已经在新能源汽车中取得了较为广泛的应用。

根据中国化学与物理电源行业协会统计分析，2017 年中国锂离子电池销售收入达到 1589 亿元，比 2016 年的 1330 亿元同比增长 19.5%；锂离子电池的产量由 87.3GW·h 增长到 100.9GW·h，同比增长 15.6%，这主要得益于中国新能源汽车动力电池和储能用电池市场的快速发展：2017 年新能源汽车动力电池配套量达到 37.06GW·h，其中，乘用车配套量 13.98GW·h，占比 37.72%；客车配套量 14.57GW·h，占比 39.31%；专用车配套量 8.51GW·h，占比 22.97%。

我国工业和信息化部已牵头编制了《汽车产业中长期发展规划》。该规划提出，动力电池系统的比能量将达到 260W·h/kg，成本将降到 1 元/（W·h）。到 2025 年，新能源汽车销量占汽车总销量的比例将达到 20% 以上，动力电池系统的比能量达到 350W·h/kg。同时，我国新能源汽车骨干企业在全球的影响力和市场份额将进一步提升，争取早日迈入世界新能源汽车生产强国行列。

新能源汽车主要包括四种：纯电动汽车、混合动力汽车、燃料电池电动汽车以及氢发动机汽车。其主要构成包括电控系统、电机、动力电池等。动力电池是新能源汽车的关键构成，是新能源汽车的动力源泉。当前能在新能源汽车上使用的二次电池主要包括铅酸电池、镍镉电池、镍氢电池和锂离子电池，其性能比较见表 9-1[1, 2]。其中，锂离子电池在新能源汽车中的应用具有许多十分明显的优势。首先，动力锂离子电池的能量密度与普通电池相比更高，其储存的能量是常见铅酸电池的 7 ~ 8 倍。其次，生产动力锂离子电池的过程对水资源的消耗极少，几乎不消耗水。为此，生产动力锂离子电池相比其他普通电池可以在一定程度上实现节水目的。再次，动力锂离子电池在使用、生产、报废等环节中都不会产生有害物质或元素，具有保护环境的优点。此外，动力锂离子电池对温度的适应性强，即使是在低温、高温等极端温度条件下也可以使用。最后，动力锂离子电池还具有重量轻、自放电率低、充放电能力高、使用寿命长等显著优势。新能源汽车中应用动力锂离子电池还能有效降低成本，使新能源汽车的发展前景更加广阔。

表9-1　电动汽车常用动力电池性能比较[1, 2]

电池类型	比能量 /（W·h/kg）	体积比能量 /（W·h/L）	比功率 /（W/kg）	循环寿命 /次	成本预估 /（美元·kW/h）
铅酸电池	30~45	60~90	200~300	400~600	75~150
镍镉电池	40~60	80~110	150~350	500~1000	100~200
镍氢电池	60~80	120~160	550~1350	500~1000	230~500
锂离子电池	90~160	140~200	250~450	800~1200	120~200

目前，新能源汽车发展限制的主要因素就是电池技术和电池材料，纯电续航里程和成本成为新能源汽车发展需要解决的最重要问题。不同锂动力电池正极材料性能指标如表 9-2[3, 4] 所示。由于安全性以及续航里程较为固定，磷酸铁锂电池更适用于新能源客车领域；而乘用车市场为追求更长的续航里程，因此高能量密度的三元材料电池被推上前台且发展较快，在业内被普遍认为将成为未来市场的主流。另外，未来可能的高能量密度材料，如层状富锂锰基材料、尖晶石型高压镍锰酸锂等将受到更多关注。

表9-2　锂动力电池正极材料性能指标[3, 4]

正极材料	理论比容量 /（A·h/kg）	实际比容量 /（A·h/kg）	比能量 /（W·h/kg）	工作电压 /V	80%循环寿命 /次	价格	安全性	环保
钴酸锂	274	135～150	180～240	3.7	500～1000	高	低	高污染
锰酸锂	148	110～130	130～180	3.8	500～2000	低	较高	无毒
磷酸铁锂	170	130～155	130～160	3.4	2000～6000	较低	高	无毒
三元材料	285	155～220	180～240	3.6	800～2000	较高	一般	钴、镍有污染

　　隔膜是锂离子电池四大关键部件之一。优异的隔膜对提高电池的综合性能有非常重要的作用，其性能影响电池的结构、电阻、容量、循环以及安全性能等方面，特别是隔膜的抗穿刺、自关断、耐高温等性能是电池内部安全性的主要保障。目前，国内中低端隔膜市场产能过剩，但高端锂动力电池隔膜仍然供不应求。2016年隔膜国内消费量数据显示，隔膜的整体国产化率已经达到86%，其中干法隔膜早已完全实现了国产化，且国内湿法隔膜的出货量也达到3亿平方米以上，但中高端湿法隔膜大多仍然依赖进口，60%以上的中高端市场被日本、韩国、美国等国外隔膜厂商所占有。

　　此外，电池管理系统（BMS）是保证电池应用的核心部件，能够时刻监控电池的使用状态，通过必要措施缓解电池组的不一致性，为锂电池的使用安全提供保障。当电池完成一致性生产后，能够确定电池寿命的主要因素在于BMS。尤其是当动力电池比能量达到300W·h/kg甚至500W·h/kg时，动力电池系统更加复杂精密，因而要求BMS的监测更为精确，通信更为稳定，电池安全保护措施更为及时。同时，为适应更宽温度范围的工作环境，需要BMS配合PACK温度管理来实现动力电池在最佳温度下工作。目前国内BMS已基本能消除单体以及模块级别的过充、短路、挤压等情况下的安全隐患，但整包级别的安全性仍没有完全得到解决。

二、锂离子电池在纯电动汽车中的应用

　　传统汽车的动力能源是燃油，即汽车的发动机需要依靠燃油才能够产生巨大动力，从而驱使汽车运行前进。但在燃油发动机工作的过程中，会产生大量的有毒、有害气体，如二氧化碳、二氧化硫等，从而给大气环境带来严重的污染。同时，燃油本身就是一种不可再生能源，在汽车中大量使用燃油也会加速能源的紧缺。而纯电动汽车（EV）是一种利用电能作为汽车动力来源的新能源汽车，蓄电池为驱动系统供电，通过电动机的运作驱使汽车前进。纯电动汽车的驱动系统不再是传统汽车的内燃式发动机，而是将电能转化为动能的电动机，因此蓄电池

就相当于传统汽柴油汽车的油箱。纯电动汽车的能源储存装置是动力电池，因此动力电池的性能直接决定着汽车的续航能力和性能。

纯电动汽车的动力系统是由动力电池、电动机、充电器及相关控制系统构成[4]。纯电动汽车完全是靠电力驱动，如图 9-1（a）所示，没有消耗汽油、柴油、天然气等传统能源，车辆自身可以说是"零排放"，对环境不会造成污染。另外，将内燃式发动机转换为电动机，极大地减少了噪声污染。在一定程度上，纯电动汽车简化了传统汽车的动力系统和内部结构，便于保养、维修。纯电动汽车还有一项优点就是电动机能够在低速区内提供大扭矩输出，这是内燃式发动机无法比拟的。

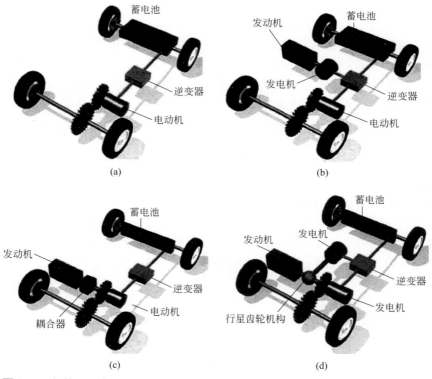

图 9-1　新能源汽车结构
（a）纯电动汽车；（b）串联式混合动力汽车；（c）并联式混合动力汽车；（d）混联式混合动力汽车

从能源的使用效率来看，纯电动汽车在堵车或者等红绿灯的情况下不消耗电力，而传统汽车的内燃式发动机在这种情况下一直处于运转当中，消耗能源。另外，纯电动汽车还可以利用下坡，将重力势能转化为电能，为蓄电池充电。

由于纯电动汽车的车载动力电池能量有限，其续航里程远达不到燃油车的水平。为解决续驶里程不足的问题，除了不断开发先进的动力电池外，还应有效地利用能量管理系统，估计电池的剩余能量，分析电池的功率状态，并设计合理的能量分配策略，高效地利用有限的能量源，同时应使整车保持良好的安全性能、动力性能和经济性能。此外，随着电动汽车的逐步推广及电动汽车技术的日益发展，电动汽车对充电站的技术要求表现出新的趋势，充电设施需满足充电快速化、通用化、智能化的要求。

三、锂离子电池在混合动力汽车中的应用

混合动力汽车（HEV）拥有两套或两套以上能同时运行的联合式驱动系统，能相互切换或同时工作为汽车提供动力。与传统汽车相比，混合动力汽车至少使用两种动力源驱动，一般除常规发动机外，混合动力汽车配有驱动电机作为辅助动力设备。控制系统可根据汽车行驶过程中对功率的需要，由车辆单独驱动系统或不同驱动系统共同提供动力，通过合理和最优控制策略来控制汽车的行驶，从而实现汽车能耗最低。通过近些年的科研攻关，目前混合动力汽车已经得到了较好的商业化推广，技术也日趋成熟。混合动力汽车的优越性也得到市场的认可，主要表现在续航里程长、加油时间短、电池成本低，燃油经济性和尾气排放量优于传统汽车，且不需要额外的基础设施等。根据混合动力驱动方式，混合动力系统主要分为串联式、并联式和混联式3种。

（1）串联式混合动力汽车[5] 从机械角度来说，只有电动机和车辆行驶系统直接连接，而发动机并不直接参与车辆驱动，如图9-1（b）所示。发动机工作在最佳状态带动发电机发电，所发电力供给电动机工作，电池在该系统内起到电量调节作用，用来平衡电动机的输入功率和发电机的输出功率。如果汽车需求功率低于发电机带动电动机所发出的电功率，则多余的电能反馈给电池，此时电池在充电；相反，如果汽车需求功率高于发电机带动电动机所发出的电功率，那么需要从电池上释放电能给电动机，此时电池在放电，系统的切换由车辆动力控制系统进行控制和管理。

在串联结构中，汽车中的电动机和发动机串联在同一条动力传输路径上，两者中间还多了发电机。串联式混合动力汽车的动力来自电动机，而发动机的作用是为电动机提供或补充电能，不直接驱动汽车。串联式混合动力汽车是三种结构中最简单的，驾驶模式只有纯电模式，易于操作，发动机始终工作在高效工况下，在传统能源消耗方面处于较优工况，同时因为发动机与车轮没有机械连接，车辆系统布局有较大的自由度。该类型的混合动力系统目前在一些大型客车，如城市公交上有所采用。

（2）并联式混合动力汽车[6]　在并联结构中，汽车拥有两套独立的驱动系统，一套是内燃式发动机驱动系统，另一套则是电动机驱动系统，可同时运行也可相互切换。两套驱动系统（发动机和电动机）通过动力耦合装置，与汽车驱动系统连接工作，两个系统通过汽车动力控制系统进行协调工作或者单独驱动车辆行驶，如图9-1（c）所示。汽车行驶时可选择纯电、纯油和混合三种模式。汽车在行驶过程中，控制系统使车辆发动机在高效率状态下工作，从而使车辆燃油经济性最佳。当车辆驱动功率需求较小时，发动机的燃油经济性变差，并联式混合动力汽车控制系统将发动机关闭，而只用电动机来驱动汽车。如果仍然开启发动机，那么发动机驱动车辆行驶以外的能量将通过电机（此时电机工作在发电状态）整流存储于电池内。与串联式混合动力汽车相比，并联式混合动力汽车发动机直接和驱动系统相连，能量利用效率较高，加速和爬坡时发动机与电动机共同驱动，低速时采用纯电动机驱动。

目前市面上绝大多数的混合动力汽车都是并联式。但因并联式混合动力汽车需要扭矩耦合装置和变速装置，采用该系统的车辆结构比较复杂，同时其系统的控制较为复杂，开发成本也较高。

（3）混联式混合动力汽车　混联式混合动力汽车兼具串联式和并联式混合动力汽车的结构特点，如图9-1（d）所示。汽车发动机的输出功率通过系统的行星齿轮机构分别传导至汽车驱动系统（并联）和发电机（串联）。混联式混合动力汽车的机构使该系统中的发动机、电动机等实现最优工作状态，可以更加灵活地根据车辆工况来调节发动机的输出功率和电机的运转，使车辆在不同工况下有着良好的适应能力，且系统总效率更高。混联式结构结合了并联式结构汽车的所有优点，并在此基础上解决了油电混合模式中为电池充电的问题，在其行驶模式中比并联式混合动力汽车多了充电模式，避免混合模式行驶下电力不足，被迫切换成纯油模式的情况。但该类型混合动力汽车驱动系统的结构更加复杂，研发等成本较高。目前这种混联式结构车型技术要求非常高，行业核心技术被丰田公司垄断，并且其结构复杂，市面上这种汽车价格明显高于前两种。

混合动力汽车作为我国传统汽车向"零排放"新能源汽车过渡的车型，其独特的动力系统解决了当前传统汽车和纯电动汽车存在的问题。与纯电动汽车相比，混合动力汽车独特的结构摆脱了蓄电池对续航里程的限制。另外，两套驱动系统可以相互切换，能合理利用两套系统的优势，使其保持良好的运行状态，也能延长电池寿命。除此之外，因汽车中空调和除霜设备运行时耗能较大，混合动力汽车可利用传统汽车中的发动机提供能量。

从新能源汽车市场结构来看，纯电动汽车相较于混合动力汽车来说结构较为简单，便于量化生产，车型设计空间较大，加上政府对纯电动汽车的补贴，国内汽车生产企业更倾向于生产纯电动汽车，这就使得我国在纯电动汽车领域有更多的车型选择，满足人们多样化的需求。此外，在商用车方面，运用最广的就是公交汽车，针对公交汽车运营时启停次数多、路程较短的特点，纯电动汽车更加适合，所以市面上公交汽车以纯电动车居多。

如果说混合动力汽车是我国未来新能源汽车的主要技术发展趋势的话，那么纯电动汽车就是未来新能源汽车的最终发展形态。无论从环境保护方面来看，还是从方便使用和管理方面来看，纯电动汽车都是汽车动力方式选择的最优化结果，更是新能源汽车的终极目标。虽然纯电动汽车在续航方面和充电时间方面仍有很大不足，但随着未来技术的不断成熟，这些问题都将获得有效解决。总体而言，阻碍纯电动汽车发展的最主要因素就是技术方面的不成熟，所以在这方面我国还有很长一段路要走。为此，我国已经出台了多项政策来扶持汽车制造企业对纯电动汽车的研发，相信在不久的将来就能够看到成果。

第二节
锂离子电池在军事领域的应用

早在 20 世纪 70 年代末期，世界先进国家就已经将锂离子电池用于军事装备中。锂离子电池的应用覆盖了陆（军用通信设备、单兵系统、陆军战车等）、海（潜艇、水下机器人）、空（无人侦察机）、天（卫星、飞船）等诸多领域。锂离子电池技术已不是一项单纯的产业技术，它还关系着信息产业和新能源产业的发展，更是现代和未来军事装备不可缺少的重要能源。

电池是现代军事装备和武器的动力源之一。各种武器及装置的检测系统、引信系统等都需要高可靠性的电池。对于陆军部队，特别是在地形复杂地区作战的前线部队，主要依靠便携式电池作为电源。因此，电池能量密度是影响前线部队战斗力的重要因素。对于军用水下航行设备（如潜艇），用锂离子电池作为常规潜艇的动力源时，水下一次航程至少可以提高 1 倍以上，水面充电时间也可大大缩短，其隐蔽性将大幅度提高。应用于航天领域的电池必须可靠性高，低温工作性能好，循环寿命长，能量密度高，体积和质量小，从而降低发射成本。正因为电池在陆、海、空、天军事装备和军用通信中起着如此重要的作用，各国军事部门都很重视电池的研发。目前，国外锂离子电池在军事上主要用于便携式通信设备、自动武器、空间能源与导航定位仪（GPS）等。美国 Rayovac 公司和 Covalent 公司都在开发用于水下无人探测装置的锂离子蓄电池技术。这种电池的循环寿命比锂金属负极电池长得多。Rayovac 公司与美国海军签订了合同，开发大容量锂离子电池的负极材料及 20A·h 的单体电池。NASA 对发展低温性能良好的锂离子电池十分感兴趣，还与各著名大学和研究所建立了合作关系，以适应空间站和便携式军事装备的开发需要。

军事装备对电池有特定的要求：①高安全性，在高强度的冲击和打击时，要保证电池安全，不会造成人身伤亡；②高可靠性，要保证电池在使用时有效、可靠；③高环境适应性，要保证电池在不同气候条件、高强度电磁环境、高 / 低气压环境、高放射性辐射环境，以及高盐分环境下均能正常使用。

陆军地面作战使用的便携式武器需要高比能量和高低温性能优良、重量轻、小型化、后勤供应方便、成本低的二次电池；军事通信和航天应用的锂离子电池趋向高安全可靠性、超长循环寿命、高比能量和轻量化。因此，环境适应性好、高比能量、高安全性和小型轻量化的锂离子电池是目前国内外的研究热点和未来发展方向。

一、在陆军装备中的应用

（1）单兵电源　在未来的战场中，每个单兵作为信息网络的一个节点，都要使用各类信息设备，因此电源的能量密度将成为影响部队作战能力的重要因素。锂离子电池是当今质量能量密度和体积能量密度最高的蓄电池，加之锂离子电池具有使用可靠、可快速充电等特点，各国都把锂离子电池作为未来单兵通信设备电源的首选。

在伊拉克战争中，美国军方使用新研制的 BB-2590 型锂离子电池代替 BB-390 镉镍电池，其使用效果惊人，每块电池都工作了大约 34.5h，受到官兵的高度评价。英国"未来士兵技术"计划（FIST）也将锂离子电池作为单兵作战系统中的补给能源。德国 IDZ 计划的单兵电台使用锂离子电池作为电源，其他北约国家也将单兵电源列为其单兵作战系统发展计划之中，如法国 FELIN 计划、意大利 SF 计划、荷兰 SMP 计划等。

（2）地面车辆　陆军战车升级换代，其中很重要的一项就是升级多种陆军战车的动力驱动部分，力图使车辆的电动源采用锂离子动力电池或燃料电池。使用这种驱动方式的好处：①在必要时刻，可以油、电同时驱动，提高战车的机动性；②在单独使用电驱动时，车辆发出的声音和热辐射均较低，加强了侦察车辆的隐蔽性，实现战斗车辆打击的突然性，提高战车在战场上的生存能力；③可将电动机安装在车辆的每个轮子上，提高车辆的机动性和复杂道路上的通过能力；④降低油耗，减轻后勤供应负担。就目前技术发展来看，锂离子动力电池已经开始在民用混合动力车辆（HEV）中应用，完全满足混合动力陆军战车主电源的需求。

（3）作战机器人　目前已开发出执行排弹任务的机器人，而锂离子电池则是这些机器人性价比最高的动力源。英国公开的耗资 560 万美元研制的新一代拆弹机器人的原型机"卡弗"，其电源可采用锂离子电池组。"卡弗"从 2000 年开始研制，使用常规电池时质量为 420kg，使用锂离子电池时质量为 318kg。

（4）机载、车载和舰载通信设备电源　目前，机载、车载和舰载通信设备所用的电源或 UPS，一般多采用铅酸电池，若改用锂离子电池将大幅减轻设备重量，延长通信时间。部队在野外宿营时通常使用便携式或小型供电电源，要靠发电机来供电，但发电机的声音、辐射热将降低其隐蔽性。若采用锂离子电池制成的电源为指挥所、战地医院供电，则可以提高隐蔽性。

（5）超级盔甲　韩国研制的超级盔甲也是用锂离子电池为盔甲中的电池与情报处理器补给能源。未来战士将不再背着装有替换衣服和干粮等的背囊，而是换成了具有锂电池、通信装备与小型信息处理器的盔甲。

二、在海军装备中的应用

对于军用水下航行的设备（如潜艇），在水下航行时间越长，在水面时间越短，其隐蔽性就越强。锂离子电池的质量比容量是铅酸电池的 3 ～ 4 倍，体积比容量是铅酸电池的 2 倍，大电流放电时间是铅酸电池的数倍，而充电时间可以是铅酸电池的几分之一甚至十几分之一，循环寿命是铅酸电池的 3 ～ 5 倍。按理论推测，用锂离子电池作为常规潜艇的动力源，水下一次航程至少可以提高 1 倍以上，水面充电时间也可大大缩短，其隐蔽性将大幅度提高。而在发起攻击后，由于大电流放电时间的延长，可以大幅度延长高速逃逸的里程，提高逃逸航速也是可能的，这将大大提高潜艇的机动性和生存能力。另外，锂离子电池是完全密封的，在工作过程中不会释放各种气体，减小了潜艇在水下航行的危险性。同时，锂离子电池在正常工作时，基本上是免维护的，可降低维护成本。由于锂离子电池具有上述优点，已引起各国海军的重视。目前发达军事国家已将锂离子电池应用于微型潜艇和水下航行器（UUV），同时正在开发适用于中远程潜艇的锂离子动力电池。

（1）水下无人探测装置　美国 Rayovac 公司和 Covalent 公司都在开发用于水下无人探测装置的锂离子蓄电池技术，这种电池的循环寿命比使用锂金属负极的电池长得多。Rayovac 公司为美国海军开发了大容量锂离子电池的负极材料及单体电池。

（2）"先进蛙人输送系统"（ASDS）　美国国防授权委员会在 2003 年批准了一系列计划，为 ASDS 研制一种新型电池，以改善这种迷你潜艇的性能。ASDS

是一种能运载特种作战部队执行远距离秘密使命的迷你潜艇。它能减少蛙人暴露于冷水中的时间，减轻队员身体和精神方面的疲劳程度。锂离子电池的使用可改善这种迷你潜艇的自持力和声学特征。2003年9月，美国SAFT公司及亚德尼公司分别与美国海上系统司令部签署合同，为ASDS研发锂离子电池。据称，电池系统分为14组，每组容量为85kW·h，总容量为1190kW·h，工作年限为10年以上，充电时间为8h，充放电寿命为1000次。

（3）无人水下航行器（UUV）2002年波音公司向美国海军交付了第一套AN/BLQ-11"远期水雷侦查系统"（LMRS），该系统由锂离子电池作为动力源，工作电压为324V，总能量为10kW·h，电池组由360只2A·h锂离子电池经串并联组成，可工作40～48h。英国BAE公司研制的多用途无人潜航器（UUV）于2005年8月下水，动力源使用锂离子电池，可工作24h，可以用来探雷和一次性灭雷。日本于1999年10月完成了锂离子电池无人潜艇的水下试验，该潜艇装备了汤浅公司提供的锰酸锂电池。

（4）潜艇 法国SAFT公司于2002年透露潜艇用锂离子电池开发计划：2000年完成潜艇用锂离子动力电池可行性研究，并于同年签订研制合同；2003年夏完成陆上样机试验；2004年冬完成海上试验；2007年首艘锂离子动力电池潜艇交付。据悉，SAFT公司研制的锂离子动力电池单体容量为3000A·h，质量为120kg，体积为60L。美国海军特战潜艇则选择锂离子电池作为动力源。由小泽和典领导的日本ENAX公司专门设立了潜艇用锂离子动力电池生产研发机构。据报道，日本准备用锂离子动力电池装备电动常规潜艇。

三、在航空领域中的应用

（1）侦察机 目前锂离子电池在航空领域主要应用于无人小/微型侦察机。其中，最为有名的是航空环境（AeroVironment）公司研制的"龙眼"（Dragon Eye）无人机。"龙眼"无人机重2.3kg，升限90～150m，使用锂离子电池作为动力源，以76km/h速度飞行时，可飞行60min。该无人机具有全自动、可返回和手持发射等特点。据报道，美国海军陆战队计划为每个连队配备"龙眼"无人机。继小型无人机成功以后，又有微型无人侦察机试飞成功。这些微型无人机均使用锂离子电池作为动力源，适用于极端军事环境。美国Tadiran电池公司推出的TLI系列长寿命可充锂离子电池，可在要求高耐受性的恶劣环境下使用。该电池适用于军事和航空航天领域，如远程无线传感器，包括夜视系统、紧急定位器和GPS跟踪装置的电池供电设备，便携式军用级计算机，以及即使暴露在极端温度下还必须可靠运行的通信系统。

（2）战斗机　法国 Saft 公司将为美国洛克希德·马丁公司 F-35 战斗机提供高功率锂离子电池。该公司将生产先进的大功率电池，作为飞行操纵装置中电子-机械驱动的备用电源。电池可以为航空器关键系统提供飞行中紧急备用电源，每个航空器上装备 1 个 JSF 270V 电池和 1 个 JSF 28V 电池。

四、在航天领域中的应用

（1）航天器　在航天事业中，蓄电池同太阳能电池共同组成供电电源。能应用于航天领域的蓄电池必须可靠性高，低温工作性能好，循环寿命长，能量密度高，体积和质量小，从而降低发射成本。从目前锂离子电池具有的性能特性看（如自放电率小、无记忆效应、比能量大、循环寿命长、低温性能好等），锂离子电池作为供电电源性能比原用 Cd-Ni 电池或 Zn/Ag_2O 电池组成的联合供电电源要优越得多。国际上，锂离子电池在空间电源领域的应用已进入工程化应用阶段。目前已经有十几颗航天器采用了锂离子电池作为储能电源。锂离子电池在航天领域的发展势头非常强劲：

① 2000 年发射的 STRV-1d 航天器首次采用了锂离子电池，该航天器采用的锂离子电池比能量为 100W·h/kg。

② 2001 年发射的 PROBA 航天器采用了锂离子电池作为其储能电源。这颗带有 3 个科学仪器的航天器质量只有 95kg，采用 6 节 9A·h 锂离子电池组，质量为 1.87kg，比能量为 104W·h/kg。每月进行 400 次充放电循环，放电深度为 8%～15%。地面试验按 30% DOD 低轨制度进行了 16000 次循环寿命考核，电池组的放电电压从 23V 下降到 22.2V，表现出优异的循环寿命性能。

③ 2003 年 ESA 发射的火星快车项目的储能电源也采用了锂离子电池，电池组的能量为 1554W·h，电池组的质量为 13.5kg，比能量为 115W·h/kg。地面模拟试验进行了 9280 次循环，放电深度为 5%～67.55%。火星着陆器小猎犬 2 号也采用了锂离子电池。

（2）宇宙飞船　美军的 X-37B 宇宙飞船由波音公司下属的机密机构"鬼怪工程部"制造，长度超过 8.8m，高约 2.74m，翼展接近 4.6m，质量将近 5t。与普通轨道飞行器使用的氢氧燃料电池不同，X-37B 在轨时由砷化镓太阳能电池和锂离子蓄电池提供动力。

现代战争主要是高科技条件下的战争，军事装备的高科技水平是一个国家国防实力的重要标志。在石油资源日益匮乏的今天，锂离子电池在军事装备上的广泛应用将使军事装备的小型化、轻量化和节能化得以实现。

第三节
锂离子电池在储能及其他方面的应用

一、锂离子电池在储能方面的应用

　　储能技术，尤其是大规模储能技术具有调峰、调频、日负荷调节、系统备用、平滑可再生资源功率波动、电能质量控制等许多优点，在发电、输电、配电、用电等环节得到广泛应用。储能技术可分为机械储能、电化学储能、电磁储能等几大类，其中机械储能（如抽水蓄能、压缩空气储能）具有规模大、循环寿命长和运行费用低等优点，但是需要特殊的地理条件和场地，建设的局限性较大，且一次性投资费用较高，不适合较小功率的离网发电系统。从发展水平及实用角度来看，电化学储能比机械储能具有更广阔的应用前景。在各种电化学储能电池中，锂离子电池短期内用于新能源储能将占有先机。因其产业链和技术最为成熟，成本下降空间大，许多国家已建成或者正在建设锂离子电池储能示范工程，如我国最大的风光储能示范工程中锂离子电池储能就占据了其中大部分应用份额[7]。

　　多年来，安全性和大规模成组技术一度限制了锂离子电池的大容量应用，但是随着磷酸铁锂电池的出现和技术进步，安全性和大规模成组技术均取得了突破，锂离子电池已进入大容量储能时代，应用前景广阔[8]。目前，锂离子电池储能的主要应用场合包括：

　　（1）通信基站电源　锂离子电池用于数量众多的通信基站供电时，可有效减少从公共电网敷设电缆的费用，提高通信基站布设的灵活性。通过车载化等便携式处理，在无公共电网覆盖区域可满足一定时间的持续供电需求。

　　（2）孤岛发电　锂离子电池用于边远山区和海岛等距离公共输电线路较远的用电场所时，可解决集中式供电难以解决的问题。采用锂离子电池作为储能介质，也可有效避免铅酸电池带来的严重环境污染问题，同时可延长储能系统的寿命，减少故障概率和降低维护成本。

　　（3）分布式储能　分布式储能的布置和组网灵活，可以根据实际使用需求，决定分布式电站的数量，以及分布式电站间是否组网。通过分布式电站远程综合管理平台，可实现对组网和未组网状态下的分布式电站进行实时远程监测和控制等功能。

二、动力锂离子电池的梯次利用

为了充分保障电动汽车的续航里程和安全运行，电动汽车电池在剩余80%容量时，就需提前退役。但是，以目前储能电池的生产水平来看，剩余80%容量时，电池仅处于循环寿命的前半段，如果后期可应用于温和工况，退役的储能电池至少还可工作数年[9,10]。如将电动汽车退役电池应用到电力储能，既可以降低储能电站的投资成本，又可以最大化地利用电池资源，减少环境污染。

（1）梯次利用研究现状　我国目前已经成为全球最大的新能源汽车市场，2017年已达到77万辆。随着电动汽车关键部件电池使用寿命逐渐到期，动力电池报废量也越来越大。预计到2030年，车用动力电池报废量将达101GW·h，报废电池折算量约为116万吨[11]。对于退役动力电池，直接报废回收处理会对环境造成极大的危害，同时也是对电池价值的巨大浪费。退役动力电池虽然无法满足在电动汽车应用领域的性能要求，但仍可在其他场合发挥其作用，一个最主要的用途就是用于储能领域，比如用于可再生能源发电等领域[12]。这些都可以在一定程度上降低电池储能系统的成本，优化储能配置。对退役动力电池进行梯次利用，可充分发挥动力电池的容量价值，延长使用寿命，促进节能减排，有利于缓解大量电池报废带来的回收工作压力，并能在一定程度上分摊电池储能的高成本。

把退役动力电池规模化应用于电力储能后，将会降低电力储能成本，提高电池生产环境效益，对于储能行业与电池生产行业均具有重大意义。目前，国内、外已经有一些示范项目的先期探索，并建成了百千万级的梯次利用电池储能电站[13,14]。

（2）梯次利用的过程和技术问题　动力电池的梯次利用过程一般可以分为三个阶段。第一阶段包括回收电池的性能评估以及二次利用领域的调研。电池的性能评估要全面，包括电性能和安全性测试等信息，也要有针对性，包括针对二次利用领域的使用环境和电池要求的特定性能分析。二次利用领域的调研要有详细的电池使用状态、环境和要求，与现有电池产品（铅酸电池等）进行的性价对比，预期的市场规模等信息。另外，要初步确定动力电池的梯次利用策略，比如在某个特定的二次利用领域。电池的再利用需要考虑各种因素对电池寿命和经济收益的影响，包括在用于电动汽车的一次利用阶段需要考虑在何种电池状态，或者何时从电动汽车取下电池为最佳，在电池的重新整修阶段要考虑电池如何收集、分类、筛选、整修以及配组等。在二次利用时，需要考虑如何安排附件、电池配组的使用以及如何维修、处理等，在电池的回收和再利用中还需要考虑电池的所有权问题。

动力电池梯次利用的第二阶段包括电池在二次利用领域的产品设计、性能评估以及市场开发和推广等。产品设计要考虑二次利用电池的物理和化学性能，电池本身的成本估算以及重新处理加工成本的控制，针对二次利用锂离子电池价格较低的特点，体现出再利用电池产品与现有电池相比的优势，在满足性能要求的基础上充分发挥电池的价值。对回收电池的重组产品在二次利用领域中的性能进行评估，参照该领域现有电池的使用条件和运行环境等参数，进行性能研究、寿命分析、安全性测试等工作，这包括在实验室中精确地控制运行条件下的电池性能测试，以及实际工况测试评估等。这个阶段的测试分析要可靠和全面，其中特别需要注意在产品设计和性能评估时要重点考虑二次利用电池的一致性和安全性。在动力电池的二次利用中，市场开发和推广也是非常重要的，现阶段锂离子电池的应用领域仍处在不断开发和推广中。因此，对于回收锂离子电池的二次利用，除了现有电池应用市场之外，可能更需要开发和拓展一些新的市场领域，以相对较低的价格弥补锂离子电池成本昂贵的缺点，不断推动锂电池行业的发展。

梯次利用的第三阶段是在前两个阶段对动力锂离子电池二次利用的评估调研、产品开发推广的基础上，逐步形成锂离子电池回收和梯次利用的标准流程和方法体系。目前电动汽车的市场推广已经起步，建立动力电池的回收和处理的标准体系已成为一个迫切需要解决的问题。动力电池梯次利用的方法体系应包括回收电池的分选和配组体系的建立，电池回收处理标准流程的形成等。

现今对于电动汽车用锂电池梯次利用的研究，仍处于第一阶段的初始阶段，其中还有很多技术问题需要解决，比如回收的电动汽车用锂离子电池的分档和筛选问题。与新电池不同，回收动力电池的一致性较差，电芯的性能参数差异较大，如何确定简单、合适、可靠并具备一定普适性的分选条件是电池二次利用首先面临的问题之一，而电池的分选需要建立在对回收动力电池性能全面了解的基础上。另外一个技术问题则是如何对回收电芯进行整修，如何重新配组。除了电性能与新电池有差异外，回收的动力电池物理外观也有可能不同，比如电芯胀气等。这些电芯如何整修，如何设计配组成包，如何控制电池整修重配，如何确定简单普适的技术以方便大规模利用回收电池，也是非常关键的问题。此外，回收电池二次利用重新配组后，电池组的容量衰减、一致性和安全性能，动力电池二次利用市场的开发，竞争力、性价比和收益分析等方面的问题也是需要考虑的。

总之，锂离子电池的发展越来越受到人们的关注，其高昂的成本成为限制发展的重要因素，而通过电池的二次利用可以降低电池成本。国内、国外对于电动汽车用锂离子电池的梯次利用仍处于初级阶段，成熟的产品技术还未出现，因此开展动力电池梯次利用的研究，对于推动电力行业的健康绿色发展、储能系统的推广应用以及节能环保具有重要的经济、社会意义[15]。

三、锂离子电池在电子产品方面的应用

锂离子电池在电子产品方面的应用通常包括手机、笔记本电脑、平板电脑、可穿戴设备等，目前手机用锂电池主要以液体锂离子电池为主，近期手机锂离子电池的发展主要是围绕两方面来进行。一是传统的液体锂离子电池在正、负极材料及液体电解质方面的改进。手机功能的日趋多样化对电池性能提出了更高要求，不断推出新型电极材料的电池将是今后一段时间锂离子电池厂商的竞争焦点。目前，日本三洋公司和索尼公司已利用 Ni、Co、Mn 三组分材料生产出 4.4V 的高容量电池；而正极活性材料 $Li(NiCoMn)_{1/3}O_2$ 已由日本本庄公司实现商业化，这些材料的成本约为 $LiCoO_2$ 的一半，因而，它们的应用将使锂电池，特别是锂动力电池的价格降低一个档次。二是柔性锂离子电池在手机中的应用比例会逐步上升。所谓柔性电池，是指可以承受弯曲、扭曲、拉伸甚至折叠等形变的电池。目前，许多公司提出了柔性电子产品的概念并生产了相关产品。例如，苹果公司的 iPhone Procare 概念机，透明的屏幕可以前后弯曲并且手机很薄。诸如这样的概念产品已有不少，然而这些柔性电子产品的发展离不开与之匹配的柔性电源的发展。为了满足可弯曲、可植入、可穿戴的电子产品的需要，柔性储能装置和电源，例如不同大小、形状和力学性能的柔性锂离子电池亟待发展[16, 17]。

四、锂离子电池在其他方面的应用

随着电极材料及相关技术的发展，锂离子电池在其他方面也有极为广泛的应用，比如医学、采油、采矿等。

目前锂离子电池在医学方面的应用包括助听器、心脏起搏器等。锂离子电池的优势非常明显，主要有以下几点：

① 超高能量密度和能量效率。锂离子电池可以轻松满足助听器复杂功能的耗电量需求，如双耳互通、音频传输等。

② 续航时间超长。一次充电续航时长约为 24h，不论是否外接音频源。

③ 快速充电模式。30min 快充可以达到约 7h 的续航时间，能够基本满足一整天的使用。

④ 使用寿命长，自发放电率低。

⑤ 使用便捷。类似于镍氢电池，锂离子电池被整合于助听器内，日常使用更加无忧，且有多种型号可选。

锂离子电池具备众多的优点，无疑是助听器未来的首选电池。目前，已有部分厂家将可充锂离子电池应用于助听器中。

当前，人们对锂离子电池的要求越来越高，促使锂电行业不断发展，企业从

设计开始就要考虑人们对锂电设备的性能、安全性和适用性的需求，将设计的细节、技术等融入制造之中，保证设备所生产出来的产品具有企业特色。相信随着人们的不断努力，锂离子电池的安全性和质量会越来越高，会给人们提供更多、更高质量的服务。

参考文献

[1] Hannan M A, Lipu M S H, Hussain A, et al. A review of lithium-ion battery state of charge estimation and management system in electric vehicle applications: Challenges and recommendations[J]. Renewable & Sustainable Energy Reviews, 2017, 78: 834-854.

[2] Manzetti S, Mariasiu F. Electric vehicle battery technologies: From present state to future systems[J]. Renewable & Sustainable Energy Reviews, 2015, 51: 1004-1012.

[3] 李方方, 张晓龙, 吴怡, 等. 我国动力锂电池行业现状和发展趋势 [J]. 交通节能与环保, 2016, 12(3): 14-16.

[4] 黄志峰. 新能源汽车技术原理及相关技术 [J]. 电力与能源, 2014, 35(4): 505-508.

[5] 舒红. 并联型混合动力汽车能量管理策略研究 [D]. 重庆 : 重庆大学, 2008.

[6] 于永涛. 混联式混合动力车辆优化设计与控制 [D]. 吉林 : 吉林大学, 2010.

[7] 李仕锦, 程福龙, 薄长明. 我国规模储能电池发展及应用研究 [J]. 电源技术, 2012, 36(6): 905-907.

[8] 邓颖, 袁野, 张霞. 大容量锂电池在分布式储能系统中的应用和前景 [J]. 现代机械, 2015(6): 83-86.

[9] 高飞, 杨凯, 惠东, 等. 储能用磷酸铁锂电池循环寿命的能量分析 [J]. 中国电机工程学报, 2013, 33(5): 41-45.

[10] 赵淑红, 吴锋, 王子冬. 磷酸铁锂动力电池工况循环性能研究 [J]. 电子元件与材料, 2009, 28(11): 43-47.

[11] 朱国才, 何向明. 废旧锂离子动力电池的拆解及梯次利用 [J]. 新材料产业, 2017(9): 43-46.

[12] 朱广燕, 刘三兵, 海滨, 等. 动力电池回收及梯次利用研究现状 [J]. 电源技术, 2015, 39(7): 1564-1566.

[13] Dai H F, Wei X Z, Sun Z C, et al. Online cell SOC estimation of Li-ion battery packs using a dual time-scale kalman filtering for EV applications[J]. Applied Energy, 2012, 95: 227-237.

[14] 李哲. 纯电动汽车磷酸铁锂电池性能研究 [D]. 北京 : 清华大学, 2011.

[15] 仝瑞军. 动力锂电池梯次利用的关键技术研究 [J]. 客车技术与研究, 2014(3): 30-32.

[16] Cui J R, Li Q, Hu G D, et al. Asymptotical stability of 2-D linear discrete stochastic systems[J]. Digital Signal Processing, 2012, 22(4): 628-632.

[17] Jeong G, Kim Y U, Kim H, et al. Prospective materials and applications for Li secondary batteries[J]. Energy & Environmental Science, 2011, 4(6): 1986-2002.

索引

B

包覆　006，008，029，036
比容量　006
闭合温度　193
标准电势　124
表面能　088

C

层－边端－表面储锂　106
超离子导体　181
成核　088
充电　005
储锂机制　086
储能　324
穿梭效应　220
纯电续航里程　314
萃取法　177

D

单体电池　296
导电剂　291
等级多孔碳　224
第一性原理　037
电沉积　118
电池管理系统　315

**电导率　024，029
电化学窗口　024，143
电化学改性　086
电化学转化　250
电流密度　296
电子传导　024
多层锂　105
多向诱导　097

E

二次电池　002
二氧杂环戊烷基　003

F

法拉第电流　095
反胶团微乳液　119
放电　005
放电特性　293
非水溶剂体系　004
分等级结构　074
分条　305
粉化　112
复合材料　009
复合隔膜　200
富锂材料　042

G

钙钛矿结构 182

高能球磨法 118

高压静电纺丝 179

隔膜 012

根部诱导 097

工作电压 296

共沉淀法 046

共混 169

共价键 113

共聚 168

钴酸锂 006

固溶体 029

过充电 299

过电位 090

H

化学还原 118

化学势 024

化学吸附 238

还原电位 144

混排 031

J

机械强度 134

极性 135

集流体 011

挤压测试 299

记忆效应 323

尖端效应 232

尖端诱导 096

尖晶石 025

间位芳纶 212

交联 168

接触角 090

接枝 168

解离 138

介电常数 135

介孔碳 222

金属氮化物 236

金属磷化物 238

金属硫化物 234

金属硼化物 239

金属碳化物 235

金属氧化物 231

金属有机骨架结构 239

浸润性 193

晶格常数 055

晶格缺陷 028

晶胚 089

晶体结构 015

晶系 028

静电作用力 005

聚对亚苯基苯并二唑 213

聚合物电解质 166

聚合物涂层 202

聚烯烃隔膜 196

聚酰亚胺 210

聚阴离子 063

卷绕 306

K

开路电压　024

可逆结构转化　120

空间电荷　092

空间群　028

空穴　029

孔道结构　264

库仑效率　010，112

扩散速率　024

扩渗　060

L

拉曼光谱　107

离子迁移数　134

离子液体　154

锂分子　104

锂合金　109

锂枝晶　002，003，011

磷酸铁锂　006

硫负载量　248

M

醚基溶剂　279

密度泛函理论　088

N

纳米浇注　078

内阻　293

能带　031

黏度　136

黏结剂　290

镍钴铝酸锂　007

凝胶复合物　032

P

配体　149

配位能力　138

破膜温度　193

Q

迁移能垒　088

迁移数　098

强制过放电　299

全固态　167

R

热熔法　118

容量保持率　008

溶剂化　149

溶胶凝胶法　058

软包电池　300

软碳　103

S

三相界面　238

三元材料　008

生产工艺　302

生物质碳　225

双功能催化　265

T

碳－锂－氢　108

碳凝胶　113

梯次利用　325

添加剂　146

投火测试　300

透气阻力　193

涂布　303

W

外部短路　299

微孔储锂　105

微孔碳　223

无机涂层　200

X

吸液率　173

析出电位　115

纤维素　214

相图　044

协同作用　073

芯吸效应　176

循环伏安法　146

循环寿命　006

Y

岩盐相　031

赝势法　116

氧化电位　014,144

氧化物玻璃电解质　184

氧还原反应　282

氧空位　045

氧气电池　260

氧气扩散　261

液程　154

液体电解质　134

异质成核　089

应力　110

硬碳　103

有机/无机复合涂层　204

有机碳酸酯　278

有机液体电解质　141

原位复合　205

原位生长　073

Z

杂原子掺杂　224

增塑剂　172

针刺测试　299

振实密度　064

蒸发诱导自组装法　244

蒸气压　151,154

正极材料　024

支撑材料　272

注液　308

转换反应　120

自放电　245

自由基　065

自由能　090

自组装技术　051